U0197865

“十四五”时期国家重点出版物出版专项规划·重大出版工程规划项目

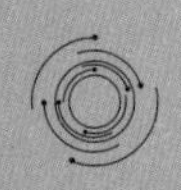

变革性光科学与技术丛书

Chaos Applications: Radar, Sensing and Secure Communication

混沌信号应用
——雷达、传感与保密通信

王云才　著

清華大学出版社
北京

内容简介

混沌理论的高速发展使得光电混沌信号在各种工程技术应用中得到广泛关注和发展。本书是作者团队十几年来关于光电混沌信号在雷达、传感、保密通信和毫米波噪声产生等应用领域研究成果的全面总结。在雷达探测方面，介绍了混沌激光雷达、混沌穿墙生命探测雷达和混沌探地雷达。在光纤测量与传感方面，阐述分析了混沌时域反射测量技术和混沌分布式光纤传感技术。在保密通信领域，论述了混沌光同步、混沌保密光通信、物理随机数发生器和基于混沌同步的密钥分发相关技术和成果。在噪声产生方面，介绍了混沌光混频产生毫米波、太赫兹噪声的机理及相应噪声源的研制。

本书可作为从事雷达探测、激光技术、光纤传感、光通信、测试计量技术及仪器等相关领域研究的科技工作者、教师、研究生和高年级本科生的参考书。

图书在版编目(CIP)数据

混沌信号应用：雷达、传感与保密通信/王云才著. —北京：清华大学出版社，2023.5
(变革性光科学与技术丛书)
ISBN 978-7-302-63313-6

Ⅰ. ①混… Ⅱ. ①王… Ⅲ. ①信号处理－混沌理论 Ⅳ. ①TN911.7

中国国家版本馆 CIP 数据核字(2023)第 060496 号

责任编辑：鲁永芳
封面设计：意匠文化·丁奔亮
责任校对：赵丽敏
责任印制：杨 艳

出版发行：清华大学出版社
网　　址：http://www.tup.com.cn，http://www.wqbook.com
地　　址：北京清华大学学研大厦 A 座　　**邮　　编**：100084
社 总 机：010-83470000　　**邮　　购**：010-62786544
投稿与读者服务：010-62776969，c-service@tup.tsinghua.edu.cn
质量反馈：010-62772015，zhiliang@tup.tsinghua.edu.cn
印 装 者：小森印刷(北京)有限公司
经　　销：全国新华书店
开　　本：170mm×240mm　　**印　　张**：20.5　　**字　　数**：391 千字
版　　次：2023 年 7 月第 1 版　　**印　　次**：2023 年 7 月第1 次印刷
定　　价：169.00 元

产品编号：078445-01

丛书编委会

丛书序

光是生命能量的重要来源，也是现代信息社会的基础。早在几千年前人类便已开始了对光的研究，然而，真正的光学技术直到400年前才诞生，斯涅耳、牛顿、费马、惠更斯、菲涅耳、麦克斯韦、爱因斯坦等学者相继从不同角度研究了光的本性。从基础理论的角度看，光学经历了几何光学、波动光学、电磁光学、量子光学等阶段，每一阶段的变革都极大地促进了科学和技术的发展。例如，波动光学的出现使得调制光的手段不再限于折射和反射，利用光栅、菲涅耳波带片等简单的衍射型微结构即可实现分光、聚焦等功能；电磁光学的出现，促进了微波和光波技术的融合，催生了微波光子学等新的学科；量子光学则为新型光源和探测器的出现奠定了基础。

伴随着理论突破，20世纪见证了诸多变革性光学技术的诞生和发展，它们在一定程度上使得过去100年成为人类历史长河中发展最为迅速、变革最为剧烈的一个阶段。典型的变革性光学技术包括激光技术、光纤通信技术、CCD成像技术、LED照明技术、全息显示技术等。激光作为美国20世纪的四大发明之一（另外三项为原子能、计算机和半导体），是光学技术上的重大里程碑。由于其极高的亮度、相干性和单色性，激光在光通信、先进制造、生物医疗、精密测量、激光武器乃至激光核聚变等技术中均发挥了至关重要的作用。

光通信技术是近年来另一项快速发展的光学技术，与微波无线通信一起极大地改变了世界的格局，使“地球村”成为现实。光学通信的变革起源于20世纪60年代，高琨提出用光代替电流，用玻璃纤维代替金属导线实现信号传输的设想。1970年，美国康宁公司研制出损耗为20 dB/km的光纤，使光纤中的远距离光传输成为可能，高琨也因此获得了2009年的诺贝尔物理学奖。

除了激光和光纤之外，光学技术还改变了沿用数百年的照明、成像等技术。以最常见的照明技术为例，自1879年爱迪生发明白炽灯以来，钨丝的热辐射一直是最常见的照明光源。然而，受制于其极低的能量转化效率，替代性的照明技术一直是人们不断追求的目标。从水银灯的发明到荧光灯的广泛使用，再到获得2014年诺贝尔物理学奖的蓝光LED，新型节能光源已经使得地球上的夜晚不再黑暗。另外，CCD的出现为便携式相机的推广打通了最后一个障碍，使得信息社会更加丰富多彩。

20世纪末以来，光学技术虽然仍在快速发展，但其速度已经大幅减慢，以至于很多学者认为光学技术已经发展到瓶颈期。以大口径望远镜为例，虽然早在1993年美国就建造出10 m口径的"凯克望远镜"，但迄今为止望远镜的口径仍然没有得到大幅增加。美国的30 m望远镜仍在规划之中，而欧洲的OWL百米望远镜则由于经费不足而取消。在光学光刻方面，受到衍射极限的限制，光刻分辨率取决于波长和数值孔径，导致传统i线（波长为365 nm）光刻机单次曝光分辨率在200 nm以上，而每台高精度的193光刻机成本达到数亿元人民币，且单次曝光分辨率也仅为38 nm。

在上述所有光学技术中，光波调制的物理基础都在于光与物质（包括增益介质、透镜、反射镜、光刻胶等）的相互作用。随着光学技术从宏观走向微观，近年来的研究表明：在小于波长的尺度上（即亚波长尺度），规则排列的微结构可作为人造"原子"和"分子"，分别对入射光波的电场和磁场产生响应。在这些微观结构中，光与物质的相互作用变得比传统理论中预言的更强，从而突破了诸多理论上的瓶颈难题，包括折反射定律、衍射极限、吸收厚度-带宽极限等，在大口径望远镜、超分辨成像、太阳能、隐身和反隐身等技术中具有重要应用前景。譬如，基于梯度渐变的表面微结构，人们研制了多种平面的光学透镜，能够将几乎全部入射光波聚集到焦点，且焦斑的尺寸可突破经典的瑞利衍射极限，这一技术为新型大口径、多功能成像透镜的研制奠定了基础。

此外，具有潜在变革性的光学技术还包括量子保密通信、太赫兹技术、涡旋光束、纳米激光器、单光子和单像元成像技术、超快成像、多维度光学存储、柔性光学、三维彩色显示技术等。它们从时间、空间、量子态等不同维度对光波进行操控，形成了覆盖光源、传输模式、探测器的全链条创新技术格局。

值此技术变革的肇始期，清华大学出版社组织出版"变革性光科学与技术丛书"，是本领域的一大幸事。本丛书的作者均为长期活跃在科研第一线，对相关科学和技术的历史、现状和发展趋势具有深刻理解的国内外知名学者。相信通过本丛书的出版，将会更为系统地梳理本领域的技术发展脉络，促进相关技术的更快速发展，为高校教师、学生以及科学爱好者提供沟通和交流平台。

是为序。

罗先刚

2018年7月

序

网上流传着一句爱因斯坦的名言:“提出一个问题往往比解决一个问题更重要”。我没有去考证这句话的真伪,因为我不认可这句话的含义。如果我们的研究者都在提出问题而不是解决问题,那么我们的世界将充满假说、猜想,甚至玄学。我始终认为,科学研究的最终目的是推动技术进步、服务社会需求。正缘于此,我们一直将混沌的应用作为主要研究内容,本书也是我们20年来在混沌信号应用研究上的一个总结。

坦率地讲,我们当初选择混沌信号应用作为研究选题,并不是因为混沌信号天赋异禀,在应用上独具优势,而是因为这是一个低门槛、轻资产的研究课题,是30年前一个非知名高校中一位青年教师的偶然选择。但幸运的是,经过课题组师生20多年的努力,我们基于混沌信号,相继研发出混沌激光雷达、混沌穿墙/探地雷达、混沌光/电时域反射仪、高速随机数发生器和毫米波噪声发生器,同时也验证了混沌保密光通信及混沌分布式光纤传感上的应用。

本书从酝酿到付梓经历了13个年头。2011年冬,我与静冈大学的大坪顺次(Junji Ohtsubo)教授在台南市成功大学附近的一家小酒馆闲聊,称赞他送我的专著 *Semiconductor Lasers Stability, Instability and Chaos* 写得很好,他说一个教授应该有一本专著作为一生研究成果的总结,并询问我何时写自己的专著。其实我在2010年7月就写好《混沌激光的产生与应用》一书的提纲,但一年半后仍只字未动,就只能含糊地说:谢谢他的建议。本书从起意到付梓拖了10余年之久,用追求完美,或者孔子的“述而不作”做理由,大概率是托词。水平不高、能力有限、内心忐忑才是实情。

非常感谢太原理工大学王冰洁、王龙生、徐航、张建国、张明江及广东工业大学李璞等老师的支持。他们以前是我的学生与同事,现在是我的老师兼同行,正是在他们的鼓励与努力下,本书才得以付梓。本书的第1章和第9章由我完成,第2章由徐航副教授撰写,第3章由王冰洁教授撰写,第4章由张明江教授撰写,第5～6章和第8章由王龙生副教授撰写,第7章由张建国副教授和李璞教授共同撰写,全书的统稿由王冰洁教授协助我完成。同时,太原理工大学的张建忠教授、赵彤副教授和广东工业大学的王安帮教授、孙粤辉副教授、刘文杰副教授等均为本书提供了一些内容或有益的建议。

感谢国家自然科学基金委和科技部的持续支持，以及山西省科技厅与广东省科技厅的接力式支持！感谢“珠江人才计划”项目的支持！本书的所有工作都是在相关基金的资助下完成的。特别要感谢国家自然科学基金委先后资助了我主持的三个重大科学仪器研制项目，才使得我们的研究结果能够从纸面文章变为现实仪器。

“丑媳妇早晚是要见公婆的”。凡是肯花时间指出我们不足的人，都是希望我们能更优秀。还望大家不吝赐教。

王云才

2023 年 4 月

目　录

第1章　绪论 ………………………………………………………… 1

1.1　混沌理论及其发展 ………………………………………………… 1
1.2　混沌信号应用研究历程 …………………………………………… 5
　1.2.1　混沌信号在保密通信中的应用 ……………………………… 5
　1.2.2　混沌信号在雷达中的应用 …………………………………… 8
　1.2.3　混沌信号在光纤故障检测与传感中的应用 ………………… 9
　1.2.4　混沌信号在太赫兹噪声产生中的应用 ……………………… 10
参考文献 ……………………………………………………………… 11

第2章　混沌雷达 …………………………………………………… 17

2.1　混沌激光雷达 ……………………………………………………… 18
　2.1.1　混沌激光雷达系统 …………………………………………… 19
　2.1.2　混沌激光雷达测距原理 ……………………………………… 19
　2.1.3　测距结果与抗干扰性分析 …………………………………… 20
2.2　混沌穿墙生命探测雷达 …………………………………………… 26
　2.2.1　混沌穿墙生命探测雷达 ……………………………………… 28
　2.2.2　混沌雷达生命检测算法 ……………………………………… 30
　2.2.3　穿墙生命探测结果 …………………………………………… 35
2.3　混沌探地雷达 ……………………………………………………… 43
　2.3.1　极化混沌探地雷达系统 ……………………………………… 44
　2.3.2　极化混沌探地雷达数据融合 ………………………………… 45
　2.3.3　地下管线探测结果 …………………………………………… 47
参考文献 ……………………………………………………………… 53

第 3 章　时域反射测量 …… 56

3.1　光时域反射测量 …… 56
3.1.1　光时域反射测量原理 …… 56
3.1.2　光时域反射仪主要性能参数 …… 58
3.1.3　光时域反射仪技术的发展 …… 60
3.2　混沌光时域反射仪 …… 63
3.2.1　混沌光时域反射仪原理 …… 63
3.2.2　单链路故障测量 …… 64
3.2.3　光纤的损耗测量 …… 69
3.2.4　波分复用无源光网络故障测量 …… 74
3.2.5　时分复用无源光网络故障测量 …… 80
3.2.6　故障可视混沌光时域反射仪 …… 84
3.3　混沌电时域反射测量 …… 88
3.3.1　混沌电时域反射测量原理与装置 …… 89
3.3.2　混沌信号发生器的设计与实现 …… 91
3.3.3　电缆故障测量结果 …… 95
3.3.4　电缆故障在线检测 …… 98
参考文献 …… 105

第 4 章　混沌分布式光纤传感 …… 109

4.1　基础理论 …… 111
4.1.1　光纤中的布里渊散射 …… 111
4.1.2　布里渊散射传感机理 …… 113
4.2　混沌布里渊光相关域反射传感技术 …… 114
4.2.1　测量原理 …… 114
4.2.2　实验结果 …… 116
4.3　混沌布里渊光相关域分析传感技术 …… 121
4.3.1　测量原理 …… 121
4.3.2　实验结果 …… 124
4.4　时域门控混沌布里渊光相关域分析传感技术 …… 127
4.5　光纤拾音器传感技术 …… 141
4.5.1　测量原理 …… 141

4.5.2 实验结果…… 143
参考文献…… 147

第5章 混沌光同步…… 150

5.1 半导体激光器混沌同步 …… 150
5.1.1 单向注入同步…… 150
5.1.2 互注入同步…… 153
5.1.3 共同驱动同步…… 154
5.2 光电振荡器混沌同步 …… 158
参考文献…… 163

第6章 混沌保密光通信…… 167

6.1 基本原理 …… 167
6.1.1 信息掩藏…… 168
6.1.2 信息解调…… 171
6.2 关键技术方案 …… 174
6.2.1 高速率…… 174
6.2.2 大容量…… 187
6.2.3 长距离…… 190
6.2.4 集成化…… 199
6.2.5 安全性…… 201
6.3 展望 …… 203
参考文献…… 204

第7章 物理随机数发生器…… 210

7.1 基于混沌的随机数产生原理 …… 212
7.2 电学混沌随机数发生器 …… 214
7.2.1 基于离散时间混沌映射电路的随机数发生器…… 214
7.2.2 基于连续时间混沌振荡器的随机数发生器…… 218
7.3 光学混沌随机数发生器 …… 227
7.3.1 光电混沌随机数发生器…… 227

7.3.2 全光随机数发生器 …… 238
参考文献 …… 254

第 8 章 基于混沌同步的密钥分发 …… 258

8.1 引言 …… 258
8.2 基于互耦合混沌同步的密钥分发 …… 260
8.3 基于共同驱动混沌同步的密钥分发 …… 261
8.4 展望 …… 271
参考文献 …… 272

第 9 章 毫米波及太赫兹噪声源 …… 274

9.1 噪声源概述 …… 274
9.1.1 噪声源的应用领域 …… 274
9.1.2 噪声源的主要参数 …… 276
9.1.3 噪声产生研究的发展趋势 …… 278
9.2 毫米波噪声产生技术 …… 280
9.2.1 基于热噪声的冷热负载噪声源 …… 280
9.2.2 有源冷噪声源 …… 282
9.2.3 固态噪声源研究进展 …… 283
9.2.4 光子毫米波噪声产生技术 …… 286
9.3 基于混沌光的毫米波噪声产生 …… 289
9.3.1 双波长混沌混频 …… 289
9.3.2 多波长光混频 …… 294
9.3.3 基于游标效应的混沌光梳混频 …… 296
9.3.4 毫米波/太赫兹噪声发生器的研制 …… 300
9.4 展望 …… 303
参考文献 …… 304

符号及缩略语说明 …… 308

附录 作者团队基于混沌源研制的 10 种仪器 …… 310

索引 …… 315

绪　论

1.1　混沌理论及其发展

人类对混沌的认识经历了一个从朦胧到清晰，从感性到科学的漫长过程。

我国古代用“混沌”表示宇宙之初天地未开之时的一团模糊状态。《西游记》开篇的第一句话：“混沌未分天地乱，茫茫渺渺无人见。”就反映了古人对“混沌”的认识。据三国时东吴人徐整的《三五历纪》记载，现在的“天”和“地”是一个叫“盘古”的神从混沌状态中开出来的，这也是“盘古开天地”传说的由来。

“混沌”也被我国古人用来形容一种神兽，《庄子·应帝王》中记载了“七窍开而混沌死”的故事：“南海之帝为倏，北海之帝为忽，中央之帝为浑沌(作者注：古文中‘浑沌’与‘混沌’相通)……倏与忽谋报浑沌之德，曰：‘人皆有七窍以视听食息，此独无有，尝试凿之。’日凿一窍，七日而浑沌死。”

古代西方对混沌的理解与中国古人是完全一样的。亚里士多德(Aristotle)认为：万物之初，天地未形，称为混沌，混沌之后，才有天地万物。据古希腊诗人赫修德(Hesiod)的《神谱》(Theogony)记载，宇宙之初只有一个名为 χάο ς(希腊文，音：卡奥斯)的神，卡奥斯是一个无边无际、模糊一团无性别的神，它自身诞生了大地女神 Gaia、地狱神 Tartarus、爱神 Eros 等五个神灵，由此才有了世界。混沌的英文单词 chaos 就来自卡奥斯神的希腊名称 χάο ς。

现代科学对混沌的研究是在经典力学建立之后才开始的。

1686 年，牛顿(Isaac Newton)等科学家建立起以牛顿三大定律为核心的经典力学，完美地解释了观测到的许多物理现象。当时的科学家普遍认为，用经典力学就可以描述客观世界的所有现象。1814 年，法国学者拉普拉斯(Pierre Simon de

Laplace)曾经自信地说：假设有一个具有强大计算能力的智者，如果告诉他某一时刻宇宙中所有物体的位置和之间的相互作用力，那么这位智者就可以计算出宇宙任意时刻所有物体——从最大的天体到最小的原子——的位置与状态。对这个智者而言，没有什么是不确定的，宇宙的未来就像它的过去一样，会完全浮现在他眼前。

后来对“三体问题”的研究证明，拉普拉斯的论断是完全错误的，拉普拉斯头脑中的这位智者(intellect)现在被戏称为“拉普拉斯妖”(Laplace's demon)。

所谓的三体问题，是科学家试图用牛顿的经典力学求解太阳、地球与月亮三个天体的运动规律。人类用了200多年的时间也无法解出三体运动的解析解。1873年，麦克斯韦(James Clerk Maxwell)意识到：系统初始状态的微小变化可能会演变成一个有限的偏差……这使得人们无法预测未来的事件。这实际上就是孔子在《礼记·经解》里所说的“差若毫厘，谬以千里”。但无论是2500年前中国的孔子，还是150年前英国的麦克斯韦的思想，都还只是一种哲学思想，不能称为真正的混沌研究。

1890年，法国科学家庞加莱(Jules Henri Poincaré)研究发现：三体问题不可能得到精确的定量解析解，即使给定初试条件，也无法预测无限长时间后物体运动的最终状态。庞加莱运用相图、拓扑学以及相空间截面对微分方程进行了定性分析，并提出庞加莱截面、庞加莱映射等方法。庞加莱可以称为混沌研究的第一人。

1892年，俄国数学家李雅普诺夫(Aleksandr Mikhailovich Lyapunov)在其博士论文中提出可用系统在相空间中相邻轨道间收敛的平均指数来判断系统是否存在混沌，这一指数被称为李雅普诺夫指数或李指数。1954年，苏联数学家柯尔莫哥洛夫(Andrey Nikolaevich Kolmogorov)认为保守系统在微小扰动下可能会出现混沌，十年后被他的学生Vladimir Arnold和德国学者Jürgen Moser独立给出了严格的数学证明，现在称为KAM定理。

公认的混沌理论的创立者是麻省理工学院的气象学家洛伦茨(Edward Norton Lorenz)。洛伦茨当时一直在研究“长期天气预报”的课题，1961年，洛伦茨用计算机来仿真他推导出的气象动力学方程组(现在这个方程称为洛伦茨方程或洛伦茨系统)。第一次计算，他输入的初始值是0.506127，第二次重新计算，他输入的初始值只是0.506。尽管两次输入的初始值相差很小，但计算两个月后天气预报的结果却大相径庭！在反复检查计算过程后，洛伦茨意识到：这是由于他建立的数学模型对初始条件极其敏感。1963年，洛伦茨发表了题为“Deterministic Nonperiodic Flow”的论文(Lorenz，1963)，他在论文中指出：初始条件的微小差异最后会演化为完全不同的结果！而在任何实际系统中，误差总是不可避免的，因此要准确预测长期(如两周之后)的天气是不可能的。这也是我们现在从智能手机上只能查看十日内天气预报的主要原因。KAM 和洛伦茨分别揭示了保守系统和耗散系统在长期演化过程中是如何产生混沌运动状态的。

但是，洛伦茨论文发表之后的十多年内并没有引起学者们的太多重视，这篇论文平均一年只有一次引用。为引起学界的注意，1972 年，洛伦茨以题为“巴西的一只蝴蝶拍打一下翅膀，会在得克萨斯州引发一场龙卷风吗？”的演讲作为他在美国科学促进会上的学术报告。这次演讲创造了一个新词：“蝴蝶效应”(butterfly effect)。

其实，北宋诗人苏轼早在 1100 年就曾写过与“蝴蝶效应”异曲同工的“水滴潮起”：“竹中一滴曹溪水，涨起西江十八滩”(苏轼《赠龙光长老》)。与洛伦茨严谨的科学研究不同，苏轼的诗只是文人的天马行空想象。

但洛伦茨在其论文中并没有使用 chaos 一词，第一个用 chaos 描述系统对初试条件敏感性的是美籍华人学者李天岩和其导师、马里兰大学的约克(James Alan Yorke)教授。1975 年，李天岩与约克发表了一篇题为“Period Three Implies Chaos”的文章，指出对于一维离散系统，如果存在周期三的周期点，则该系统一定存在不稳定的非周期轨道(Li et al.，1975)。

1976 年，美国生态学家 Robert McCredie May 在美国《自然》杂志上发文指出，简单的一维迭代映射逻辑斯谛(Logistic)模型可以通过倍周期分岔达到混沌(May，1976)。1977 年，首届国际混沌会议在意大利召开。1978 年，费根鲍姆(Mitchell Jay Feigenbaum)发现了倍周期分岔发生时参数之间的差率是常数(后称为费根鲍姆常数)，使混沌状态可以被定量计算(Feigenbaum，1978)

1983 年，加州大学伯克利分校蔡少棠(Leon Ong Chua)教授等发现简单的电路(后来被称为蔡氏电路)就可以产生诸如倍周期分岔、混沌等现象(Chua et al.，1983)。同年，Peter Grassberger 等提出重构动力系统的理论方法，从时间序列中计算其分数维(Grassberger et al.，1983)。1985 年，Alan Wolf 等提出了计算混沌时间序列李雅普诺夫指数的方法。依据计算出的李雅普诺夫指数是否大于零，就可以判断该时间序列是否为混沌(Wolf et al.，1985)。

至此，混沌的理论框架逐步形成，混沌的一些概念，如标度性、普适性、李雅普诺夫指数、分数维、吸引子等逐步被确定。1987 年，美国科普专家 James Gleick 畅销书 *Chaos：Making a New Science* 的出版，使得“蝴蝶效应”家喻户晓，也吸引了更多的研究者从事混沌研究。经检索 Web of Science(WOS)数据库，全世界以“Chaos”为主题的文章在 1985 年以前每年仅有十余篇发表，1987 年发表了 146 篇，2005 年发表的文章数量就超过 3500 篇，图 1.1.1 给出了 1980 年至 2005 年，25 年间每年发表的主题为“Chaos”的 SCI 文章的数量。1998 年发表文章数量的暴增是因为混沌保密通信技术被提出。

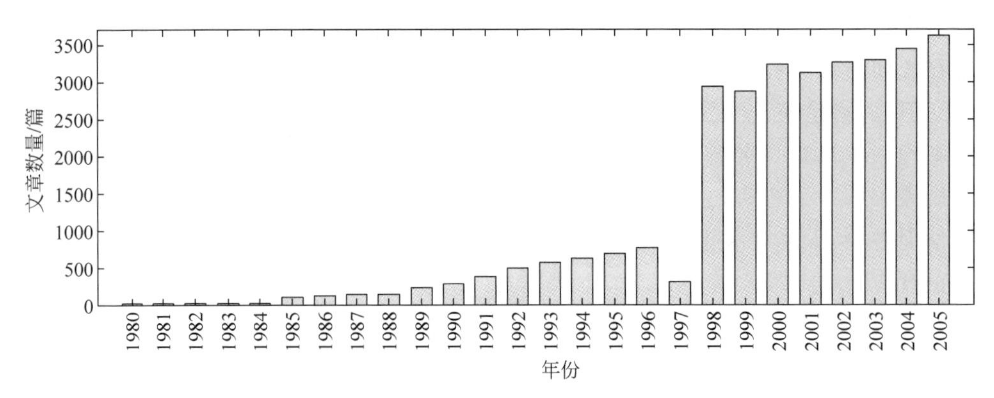

图 1.1.1　1980—2005 年 25 年间 WOS 数据库收录的主题为“Chaos”的论文数量演变

国内对混沌的研究大体上始于郝柏林院士于 1984 年出版《混沌》。近年来，国内学者在混沌研究领域已成为最重要的研究力量。特别是，2015 年中国密码学会成立了混沌保密通信专业委员会，2018 年中国电子学会电路与系统分会增设了混沌与非线性电路专业委员会，进一步推动了国内对混沌研究的关注。目前，国内在混沌电路研究方向上的代表性学者有：香港城市大学的陈关荣，北京航空航天大学的吕金虎，重庆大学的廖晓锋，湖南大学的王春华，中南大学的孙克辉，黑龙江大学的丁群，广东工业大学的禹思敏等；在混沌光通信及传感研究方向上的典型代表有：西南交通大学的潘炜、闫连山团队，上海交通大学的义理林、杨学林，电子科技大学的邱昆、江宁，苏州大学的李孝峰团队，北京大学的王兴军团队，西南大学的夏光琼、吴正茂团队，华中科技大学的刘德明团队，香港城市大学的陈仕俊，太原理工大学的张明江、王冰洁、王龙生和广东工业大学的王安帮、李璞、高震森等。

目前，尽管国际上对混沌的定义尚未完全统一，但学者普遍认为：所有的混沌系统都具有以下相同的几个特征。

(1) 对初始条件的敏感性。即前面讲过的“蝴蝶效应”。蝴蝶效应是混沌系统最明显的特征，也是最能体现混沌研究意义之处。James Gleick 认为混沌理论应该与相对论、量子力学并称为 20 世纪的三大重要发现。因为相对论打破了牛顿的绝对时空观的幻想，量子力学粉碎了测量过程可精确控制的牛顿式梦想，而混沌则消除了一切可确定性预测的拉普拉斯式的幻想。

(2) 随机性。混沌系统是一个确定性的动力系统，在初始条件确定的情况下，经过一段时间运动后，系统的运动状态呈现类随机的特点。这种随机性是由系统本身对初值的极度敏感造成的，故称为内随机性。

(3) 有界性。混沌的运动虽然是随机的，但却是在一定范围内的随机，即混沌运动的轨迹始终局限在一个确定的运动区域(混沌吸引域)。尽管混沌系统是无序、随机和不稳定的，但它的运动状态却始终局限在混沌吸引域内。整体来说，混沌系统是稳定的。

(4) 标度性。混沌运动是无序中的有序态。只要数值或实验设备精度足够高,总可以在小尺度的混沌区内看到其中有序的运动形式。

(5) 分维性。系统运动轨道在相空间的几何形态可以用分维来描述。分维性表明混沌运动具有无限层次的自相似结构,即混沌运动是有一定规律的,这是混沌运动与随机运动的重要区别之一。

(6) 统计特征。混沌系统的统计特征主要包括正的李雅普诺夫指数和连续功率谱。正的李雅普诺夫指数表明其运动轨迹在每个局部都是非稳定的,相邻的轨道呈指数分离。当最大李雅普诺夫指数大于零时,系统就是混沌的;或者说,如果系统是混沌的,那么肯定存在大于零的李雅普诺夫指数。

由于混沌系统输出的信号是非周期的、随机的,故其功率谱与噪声信号的功率谱类似,是连续谱。

蔡少棠教授曾说:目前对混沌的探索仅处于一座险峻冰山的表面,在这座冰山的下面,蕴藏着各种极其美妙的具有无限复杂性的结构,如同一个曲折回旋没有终点的几何迷宫,或者像一幅超现实的令人神魂颠倒的内涵深邃的美景。

混沌信号可在越来越多的场景中得到应用,应该是混沌研究所展现出的"美景"中最靓丽的部分。

1.2　混沌信号应用研究历程

1990 年,美国马里兰大学的 Edward Ott、Celso Grebogi 和 James Alan Yorke 发现:利用吸引子中不稳定的周期轨道具有对小参数扰动敏感的特性,如果给混沌系统施加一个小参量扰动的控制量,就可以控制混沌系统工作在一个不动点上(Ott et al.,1990)。这种控制混沌运动的方法称为 OGY 方法(Ott-Grebogi-Yorke),它为混沌应用奠定了基础。此后,混沌理论又与复杂网络、自组织、耗散结构相结合,形成若干新的研究方向。

目前,混沌在生物学、经济学、图像加密、癫痫病人的脑电波识别等方面都进入应用阶段。本书重点讲述混沌在保密通信、雷达、传感及毫米波噪声产生等领域的应用。

1.2.1　混沌信号在保密通信中的应用

在发现不同类型的混沌电路的同时,科学家发现激光器也可以产生混沌激光。在光通信领域,半导体激光器(laser diode,LD)广泛地用作光发射模块的光源,所以混沌激光的产生研究主要集中于半导体激光器上。

1975 年,Hermann Haken 在研究半导体激光器的速率方程时,发现激光器和混沌之间存在联系(Haken,1975)。随后,Kensuke Ikeda 等提出了半导体激光器时延反馈产生混沌的数学模型(Ikeda,1979),Roy Lang 和 Kohroh Kobayashi 发现了外部光反馈结构可以引起半导体激光器的不稳定性和混沌态(Lang et al.,1980),Carl Otto Weiss 等首次观察到激光器的混沌现象(Weiss et al.,1985)。

目前已经证实的产生混沌光的技术有:光反馈法(Mork et al.,1992; Rondoni et al.,2017)、光注入法(Simpson et al.,1994)和光电反馈法(Tang et al.,2001)等。

1990 年,美国海军实验室 Louis M. Pecora 和 Thomas L. Carroll 首次通过驱动-响应方法,实现了两个混沌系统的同步(Pecora et al.,1990)。1993 年,基于混沌电路同步的保密通信实验得到验证(Cuomo et al.,1993)。

混沌信号具有异常复杂的运动轨迹和不可预测性,非常适合作为保密通信中隐藏信号的载体。在发现混沌电路存在混沌同步后的第四年,佐治亚理工学院的 Rajarshi Roy 团队首先证明两个光纤激光器可以实现混沌同步,并基于混沌同步完成了混沌保密通信的实验验证(Colet et al.,1994)。

激光器存在混沌同步,意味着两个具有相同混沌系统的异地通信者能够产生相同的混沌信号,并从中提取出相同的随机数,这使得长距离高速密钥分发成为可能。特别是,与其他保密通信技术相比,混沌保密通信具有以下优点:

(1) 它是一种用光收发模块结构参数作为密钥的硬件加密方案,消除了算法加密可以被计算机破解的安全隐患;

(2) 与现行的多数光纤通信技术兼容,可便利地移植现有光纤通信系统中的绝大多数技术;

(3) 在密钥生成率、传输距离等方面比量子密钥分发具有明显的优势。

1996 年,西班牙学者 Claudio R. Mirasso 等提出了单向主从注入方案的半导体激光器混沌同步方案(Mirasso et al.,1996)。1998 年,法国弗朗什孔泰大学(Franche-Comté)的 Jean Pierre Goedgebuer 等利用可调谐反馈半导体激光器演示了混沌保密通信(Goedgebuer et al.,1998)。

混沌保密通信技术的快速发展始于美国和欧盟资助的几个项目。1998—2003 年,美国陆军研究办公室资助加州大学洛杉矶分校和圣地亚哥分校等联合承担"Digital Communication Devices Based on Nonlinear Dynamics and Chaos"国防项目。2000—2005 年,在 174 万欧元项目经费的支持下,欧盟第五届科技框架计划项目"Optical Chaos Communications Using Laser-diode Transmitters"(OCCULT),利用雅典城的光通信网,完成了混沌保密通信历史上一个里程碑式的实验,实现了 120 km、码率为 1 Gbit/s、误码率为 10^{-7} 的混沌保密通信外场实验(Argyris et al.,2005)。2006—2009年,欧盟第六届科技框架计划又支持了总经费为393万欧元的“Photonic Integrated Components Applied to Secure Chaos Encoded Optical Communications Systems”(PICASSO)项目,为混沌保密通信研究集成光收发器件,并在法国贝桑松城进行了100 km、10 Gbit/s的混沌保密通信实验验证(Lavrov et al.,2010)。

在以上项目的推动下,混沌保密通信研究得以快速发展,取得的主要研究成果如下。

在混沌同步研究上,发现了完全同步、滞后同步、广义同步、有限时间同步等同步类型。同时一些混沌同步的控制技术也先后被提出,如反馈控制同步法、自适应同步法、主动控制同步法、鲁棒控制同步法等。

在信息编码与解密研究上提出的主要方案有:混沌掩模(Chee et al.,2005;Zhu,2009)、混沌键控(Kolumbra et al.,1997)、混沌调制(Bai et al.,2005)和开关键控(Heil et al.,2002)等技术。

由于混沌保密通信是利用混沌激光器的结构参数作为随机密钥,而光反馈半导体激光器是最简单,也是最常用的混沌通信的发射源。但激光器外部反馈腔的腔长(又称为时延特征)可以通过时间序列分析法等方法提取出来(Wang et al.,2010),这种时延特征的泄漏会减少混沌保密系统的密钥空间,降低了非合法用户仿制相同混沌激光器的难度。为此,研究者提出了多种抑制时延特征的方案,如通过调节激光器的偏置电流和反馈腔长度,利用弛豫时间来掩藏外腔时延,通过两个或多个镜面反馈增加反馈腔的复杂度,通过调制反馈光的偏振态或相位消除时延信息,利用啁啾光纤光栅等构建准连续的分布式反馈腔,或者直接用垂直腔面发射激光器(VCSEL)替代边发射半导体激光器消除时延信息。

在大密钥空间的混沌激光器研究上,研究者提出多种增加激光器结构参数及调控参数的方案(Bogris et al.,2008;Li et al.,2019),如设计集成有相位调制区和半导体放大区的光子集成混沌激光器,或增加反馈参数来增加混沌激光器的密钥空间(Rontani et al.,2016;Wang et al.,2019)。

目前,混沌保密通信的研究方向主要有:发展更安全、更鲁棒的保密技术,研发集成、便携的大密钥空间的硬件加密模块,不断提升保密通信的传输距离和传输码率。混沌保密光纤通信系统从吉比特每秒量级的通信水平发展到了如今数十吉比特每秒、百千米量级的高速长距离保密通信水平,保密信号也由最初的开关键控调制格式向高阶信号调制格式演进,研究结果从实验室演示逐渐走向城域网等现场通信系统。太原理工大学王龙生利用全光反馈混沌掩藏开关键控调制信号,实现了速率为10 Gbit/s、距离为40 km的混沌保密通信(Wang et al.,2019)。上海交通大学义理林课题组利用光电振荡混沌源,并结合双二进制及四电平16QAM

调制格式,实现了速率为 30 Gbit/s、距离为 100 km 的混沌保密通信(Ke et al.,2018)。此外,通过提升混沌载波带宽、结合高阶信号掩藏、混沌相位加密等技术实现高速混沌保密通信方案也被相继提出(Wang et al.,2020; Gao et al.,2020)。

利用宽带的混沌激光可以产生高速的随机数,其码率比现有的基于热噪声或量子噪声产生随机数的码率要高两个数量级。2007 年,王云才申请了第一个基于混沌激光产生随机码的发明专利(王云才等,2009)。2008 年 12 月,日本学者内田淳夫(Atsushi Uchida)等利用宽带混沌激光信号,首次实验产生了速率为 1.7 Gbit/s 的实时物理随机数,将物理随机数的产生速率从传统的兆比特每秒量级提升到吉比特每秒量级(Uchida et al.,2008)。此后,通过提高混沌激光的带宽或者采用更加多样化的后处理技术,提高物理随机数产生速率的技术方案被陆续提出(Reidler et al.,2009; Li et al.,2012; Sakuraba et al.,2015; Wang et al.,2017)。为突破电子 ADC 带宽的限制,李璞等提出并研制出光子物理随机数发生器(Li et al.,2016)。

保密通信的核心是密钥的安全分发。理论上,如果能实现完全随机的密钥安全分发,就可以构建出绝对安全的保密通信系统。混沌同步为高速密钥分发提供了可能性。2010 年,Ido Kanter 等理论提出基于互注入混沌同步的密钥分发方案(Kanter et al.,2010),并于 2016 年被实验验证(Porte et al.,2016)。Kazuyuki Yoshimura 等提出基于同一噪声源驱动的两个相同混沌激光器,使其同步进而实现密钥分发的方案(Yoshimura et al.,2012)。2013 年,基于噪声共驱级联半导体激光器实现了相距 120 km 的 64 kbit/s 的密钥分发(Koizumi et al.,2013)。此后,各种消除同步恢复时间限制、提升密钥分发速率的技术方案也相继被提出(Xue et al.,2015; Gao et al.,2021)。

今后基于混沌同步的密钥分发的研究,应重点聚焦于安全性分析、无误码分发技术等。

1.2.2 混沌信号在雷达中的应用

雷达已广泛应用于气象、军事、交通、航空航天、地形监测等领域。随着雷达技术的发展,出现了多种雷达体制,如连续波雷达、脉冲压缩雷达、脉冲多普勒雷达、超宽带雷达、极化雷达、合成孔径雷达和逆合成孔径雷达等。

以噪声(或随机信号调制连续波)作为探测信号的雷达称为噪声雷达(或随机信号雷达)。由于噪声具有不可预测性,噪声雷达具有低的截获概率、强的抗干扰能力和图钉型的模糊函数,具有其他体制雷达所不具备的独特优点。

Billy M. Horton 最早提出将噪声调制信号用于雷达测距,通过将回波信号与延迟后的发射信号进行互相关运算来获得目标的距离信息(Horton,1959)。但噪声雷达的快速发展还是在固态微波器件以及大规模集成电路发展之后，南京理工大学刘国岁教授是国际上最早研究随机信号雷达的研究者之一(Liu et al.,1997)。随后，超宽带合成孔径噪声雷达(Garmatyuk et al.,1999)、全极化随机噪声雷达(Narayanam et al.,2005)和基于正交频分多址(OFDMA)的噪声雷达网络(Surender et al.,2006)等技术相继被提出。

混沌信号具有与噪声或随机信号相似的类随机特性。特别是混沌信号的类噪声特性和初值敏感性，使得混沌信号雷达具有较强的隐蔽性和较低的截获概率。与噪声雷达相比，混沌雷达具有两个特殊的优点：

(1) 混沌信号更易于产生和控制，避免了噪声信号产生、复制都比较困难的缺点；

(2) 混沌系统的初值敏感性使得不同系统参数存在不同的混沌态，因此混沌雷达信号天然具有无数个正交波形，便于雷达组网及实现多输入多输出(MIMO)雷达。

1993年，美国亚利桑那大学(The University of Arizona)Wendy Tolle Walker博士提出将混沌信号应用于雷达波形设计，研究了混沌二值序列作为脉冲压缩编码的可能性(Walker,1993)。1996年，德国德累斯顿理工大学Andreas Bauer博士研究了混沌应用于雷达和声呐的可能性，讨论了混沌基带雷达的实现机理(Bauer,1996)。2005年，超宽带(UWB)混沌穿墙雷达被提出(Vijayaraghavan,2005)。同年，电气和电子工程师协会天线与传播分协会(IEEE AP-S)首次将混沌雷达列入特邀议题。2006年，第一届欧洲混沌雷达会议召开，至此，混沌信号雷达作为一种新体制雷达引起越来越多的关注。

光混沌比电混沌具有更高的带宽，可实现更高的空间分辨率。2001年，Krishna Myneni等利用光反馈半导体激光器产生混沌激光，验证了对目标的精确测距(Myneni et al.,2001)。2004年，加州大学洛杉矶分校的博士生林凡异与导师刘佳明提出混沌激光雷达的概念，构建了混沌激光测距系统，得到3 cm的距离分辨率(Lin et al.,2004)。随后，混沌激光雷达的应用与技术被不断拓展和完善，如基于混沌激光雷达实现多目标实时探测(Wang et al.,2008)，实现对水下目标的探测(Rumbaugh et al.,2013)，利用时分复用技术验证多输入多输出的混沌激光三维成像雷达(Chen et al.,2022)。2023年，北京大学王兴军等利用微纳光纤环产生的混沌光频梳，构建了平行混沌激光雷达，实现了毫米级的测距精度和毫米每秒的速度分辨率(Chen et al.,2023)。

将混沌同步应用于混沌雷达，是未来混沌信号雷达的主要研究方向之一。

1.2.3 混沌信号在光纤故障检测与传感中的应用

时域反射测量(TDR)本质上和雷达类似，均是在脉冲测距技术的基础上发展出的一种远程遥感测试技术。1977年,诺基亚贝尔电话实验室提出了光时域反射仪(OTDR)概念(Personick,1977)。OTDR是通过测量入射到光纤中的脉冲光的后向瑞利散射和菲涅耳反射光,实现对光纤链路异常损耗的探测和定位,是测试光纤传输特性和检测光纤故障的主要技术手段。

传统的光时域反射仪技术成熟、结构简单,但其动态范围和空间分辨率之间存在无法调和的矛盾。2008年,王云才等提出混沌光时域反射仪(C-OTDR)技术,用宽带混沌激光信号替代OTDR的脉冲激光,实现了对光纤故障的厘米量级分辨率(Wang et al.,2008)。随后又将混沌光时域反射测量技术应用拓展至无源光网络和有源光网络线路故障的高分辨率检测和定位(Zhao et al.,2013)。同时,基于电混沌信号,对电缆故障的高精度在线检测和定位技术也被提出(Wang et al.,2011)。

此外,混沌激光也被应用于布里渊分布式光纤传感,基于其类噪声、宽带宽、相干长度可调谐等特性,可消除传统布里渊传感方案脉冲激光时空同步激励及正弦啁啾激光周期性相干光场的限制,实现长传感距离与高空间分辨率兼顾的分布式温度、应变测量。2015年,太原理工大学的张明江等提出了混沌布里渊光相关域反射技术(Ma et al.,2015),采用时延特征抑制联合时域门控方案,通过抑制旁瓣噪声与非零基底等背景噪声,在10.2 km的范围内,实现了9 cm空间分辨率的温度、应变测量(Zhang et al.,2018)。进一步,采用带宽增强混沌激光联合锁相探测方案,以10 GHz的宽带混沌激光为信号源,利用锁相探测增强测量信噪比、提升测量速度,空间分辨率最大提升至3.1 mm(Wang et al.,2019)。

1.2.4 混沌信号在太赫兹噪声产生中的应用

在特定频率范围内产生功率谱平坦的毫米波及太赫兹波段噪声有着重要的应用需要,如测量待测器件的噪声系数、检验雷达的抗干扰能力、进行消散斑噪声的成像等。

热噪声可以产生功率谱平坦的毫米波或太赫兹噪声源(Johnson,1927)。但是,热噪声源的超噪比很小,要获得15 dB的超噪比,就要求近1万开的电阻温度!而且热噪声源工作需要在液氮环境,操作不便。

利用半导体的PN结在反向偏压下产生的雪崩噪声,可以制备毫米波段的噪声源。这类噪声源具有体积小、寿命长、可集成等优点,如中国电子科技集团第41研究所基于GaAs肖特基二极管,研制出10 MHz~50 GHz、超噪比为5~19 dB系列同轴噪声源。

基于GaAs肖特基二极管,美国加州理工学院产生了150~180 GHz的噪声,但在180 GHz处的超噪比很小,无法实用(Parashare et al.,2014);美国NASA戈达德(Goddard)航天飞行中心则产生了 160～210 GHz 的噪声，在 200 GHz 处的超噪比为 9.6 dB(Ehsan et al.，2015)，但其超噪比都很低且极不平坦。

基于硅基肖特基二极管，法国国家科学研究中心利用 BiCMOS 的 55 nm 工艺平台，制备了 130～260 GHz 的噪声源(Goncalves et al.，2019)，但超噪比随着频率增加快速下降(Ghanem et al.，2020a)。为提高超噪比，2021 年，他们用 4 个低噪声放大器对噪声信号进行放大，在改善超噪比的同时又不得不牺牲频率范围(下降到 140～170 GHz)(Fiorese et al.，2021)。

2021 年，芬兰国家技术研究中心(VTT)与欧洲航天局(ESA)等合作，用三级级联 CMOS 放大器产生了 125～235 GHz 的噪声，但同样超噪比不平坦(Forstén et al.，2021)。同时，硅基工艺一般采用深掺杂衬底，电磁波泄漏会引入较大的损耗。

英国卢瑟福阿普尔顿实验室(RAL)最早提出了光子产生太赫兹噪声的技术：利用掺铒光纤放大器(EDFA)的放大自发辐射(ASE)噪声，经过高速光电探测器转换为 160～300 GHz 的电噪声(Huggard et al.，2004)。2008 年，日本 NTT 通过两个阵列波导光栅对 ASE 噪声进行光谱滤波，选定波长的光经过单行载流子光电探测器(UTC-PD)混频，产生了 293～357 GHz，超噪比超过 30 dB 的太赫兹噪声(Song et al.，2008)。2020 年，法国国家科学研究中心利用 ASE 噪声和 UTC-PD，产生了 260～320 GHz 的噪声(Ghanem et al.，2020b)。

基于光子技术产生噪声具有频率高、超噪比高且平坦等优点，是近年来太赫兹噪声产生研究方向上探索出来的最佳技术路线。但是，目前 ASE 光源体积大、不便集成、热管理困难，需要研发专用的混沌熵源。

混沌信号是宏观的随机振动信号，可产生大幅的非相干混沌信号。利用高光谱密度混沌激光器替代 ASE 非相干光源，有望实现高效的集成毫米波噪声源。

目前，基于两个混沌法布里-珀罗(Fabry-Perot，FP)LD 及多束混沌光混频，已产生了 90～140 GHz、超噪比为 35 dB、平坦度小于±2.3 dB 的毫米波噪声和频率范围为 220～390 GHz、超噪比为 45 dB、平坦度小于±2.8 dB 的太赫兹噪声(Liu et al.，2022；黄奕敏等，2022)。

未来光子技术噪声产生研究的发展方向主要有：研发宽带更宽、响应度更高的光混频器，研发光谱可控、高亮度的非相干半导体光源，以及研制片上集成噪声源芯片。

参考文献

ARGYRIS A，SYVRIDIS D，LARGER L，et al，2005. Chaos-based communications at high bit rates using commercial fibre-optic links[J]. Nature，438(7066)：343-346.

AZEVEDO G J C, GHANEM H, BOUVOT S, et al, 2019. Millimeter-wave noise source development on SiGe BiCMOS 55-nm technology for applications up to 260 GHz[J]. IEEE Transactions on Microwave Theory and Techniques, 67(9): 3732-3742.

BAI E W, LONNGREN K E, UCAR A, 2005. Secure communication via multiple parameter modulation in a delayed chaotics system[J]. Chaos, Solutions and Fractals, 23(3): 1071-1076.

BAUER A, 1996. Utilization of chaotic signals for radar and sonar purposes[J]. Norsig, 96: 33-36.

BOGRIS A, RIZOMILIOTIS P, CHLOUVERAKIS K E, et al, 2008. Feedback phase in optically generated chaos: A secret key for cryptographic applications[J]. IEEE Journal of Quantum Electronics, 44(2): 119-124.

CHEE C Y, XU D, 2005. Secure digital communication using controlled projective synchronization of chaos[J]. Chaos, Solutions and Fractals, 23(3): 1063-1070.

CHEN J D, WU K W, HO H L, et al, 2022. 3-D multi-input multi-output(mimo) pulsed chaos lidar based on time-division multiplexing[J]. IEEE Journal of Selected Topics in Quantum Electronics, 28(5): 0600209.

CHEN R X, SHU H W, SHEN B T, et al, 2023. Breaking the temporal and frequency congestion of LiDAR by parallel chaos[J]. Nature Photonics, 17(4): 306-314.

CHUA L O, YU J, YU Y, 1983. Negative resistance devices[J]. International Journal of Circuit Theory and Applications, 11(2): 161-186.

COLET P, ROY R, 1994. Digital communication with synchronized chaotic lasers[J]. Optics Letters, 19(24): 2056-2058.

CUOMO K M, OPPENHEIM A V, 1993. Circuit implementation of synchronized chaos with applications to communications[J]. Physical Review Letters, 71(1): 65.

EHSAN N, PIEPMEIER J, SOLLY M, et al, 2015. A robust waveguide millimeter-wave noise source[C]. Paris: IEEE European Microwave Conference.

FEIGENBAUM M J, 1978. Quantitative universality for a class of nonlinear transformations[J]. Journal of Statistical Physics, 19(1): 25-52.

FIORESE V, AZEVEDO-GONCALVES J C, BOUVOT S, et al, 2021. A 140 GHz to 170 GHz active tunable noise source development in SiGe BiCMOS 55 nm technology[C]. London: 16th European Microwave Integrated Circuits Conference.

FORSTÉN H, SAIJETS J H, KANTANEN M, et al, 2021. Millimeter-wave wmplifier-based noise sources in SiGe BiCMOS Technology[J]. IEEE Transactions on Microwave Theory and Techniques, 69(11): 4689-4696.

GAO H, WANG A B, WANG L S, et al, 2021. 0.75 Gbit/s high-speed classical key distribution with mode-shift keying chaos synchronization of Fabry-Perot lasers[J]. Light: Science & Applications, 10(1): 1-9.

GAO Z S, LIAO L, SU B, et al, 2020. Photonic-layer secure 56 Gb/s PAM4 optical communication based on common noise driven synchronous private temporal phase en/decryption[J]. Optics Letters, 47(19): 5232-5235.

GARMATYUK D, NARAYANAN R M, 1999. Ultrawideband noise synthetic aperture radar:

theory and experiment[C]. Orlando: IEEE Antennas and Propagation Society International Symposium, 3: 1764-1767.

GHANEM H, AZEVEDO G J C, CHEVALIER P, et al, 2020. Modeling and analysis of a broadband schottky diode noise source up to 325 GHz based on 55-nm SiGe BiCMOS technology[J]. IEEE Transactions on Microwave Theory and Techniques, 68(6): 2268-2277.

GHANEM H, LÉPILLIET S, DANNEVILLE F, et al, 2020. 300-GHz intermodulation/noise characterization enabled by a single THz photonics source[J]. IEEE Microwave and Wireless Components Letters, 30(10): 1013-1016.

GOEDGEBUER J P, LARGER L, PORTE H, 1998. Optical cryptosystem based on synchronization of hyperchaos generated by a delayed feedback tunable laser diode[J]. Physical Review Letters, 80(10): 2249.

GRASSBERGER P, PROCACCIA I, 1983. Measuring the strangeness of strange attractor[J]. Physics, 9: 189-208.

HAKEN H, 1975. Analogy between higher instabilities in fluids and lasers[J]. Physics Letters A, 53(1): 77-78.

HEIL T, MULET J, FISCHER I, et al, 2002. ON/OFF phase shift keying for chaos-encrypted communication using external-cavity semiconductor lasers[J]. IEEE Journal of Quantum Electronics, 38(9): 1162-1170.

HORTON B, 1959. Noise-modulated distance measuring systems[J]. Proceedings of the IRE, 47: 821-828.

HUGGARD P G, AZCONA L, ELLISON B N, et al, 2004. Application of 1.55 μm photomixers as local oscillators & noise sources at millimetre wavelengths[C]. Karlsruhe: Joint 29th International Conference on Infrared and Millimeter Waves and 12th International Conference on Terahertz Electronics: 771-772.

IKEDA K, 1979. Multiple-valued stationary state and its instability of the transmitted light by a ring cavity system[J]. Optics Communications, 30(2): 257-261.

JOHNSON J B, 1927. Thermal agitation of electricity in conductors[J]. Nature, 119(2984): 50-51.

KANTER I, BUTKOVSKI M, PELEG Y, et al, 2010. Synchronization of random bit generators based on coupled chaotic lasers and application to cryptography[J]. Optics Express, 18(17): 18292-18302.

KE J X, YI L L, XIA G Q, et al, 2018. Chaotic optical communications over 100-km fiber transmission at 30-Gb/s bit rate[J]. Optics Letters, 43(6): 1323-1326.

KOLUMBRA G, KENNEDY M P, CHUA L O, 1997. The role of synchronization in digital communications using chaos. I. Fundamentals of digital communications[J]. IEEE Transactions on Circuits and Systems I: Fundamental Theory and Applications, 44(10): 927-936.

KOIZUMI H, MORIKATSU S, AIDA H, et al, 2013. Information-theoretic secure key distribution based on common random-signal induced synchronization in unidirectionally-coupled cascades of semiconductor lasers[J]. Optics Express, 21(15): 17869-17893.

LANG R, KOBAYASHI K, 1980. External optical feedback effects on semiconductor injection laser properties[J]. IEEE Journal of Quantum Electronics,16(3): 347-355.

LAVROV R,JACQUOT M,LARGER L,2010. Nonlocal nonlinear electro-optic phase dynamics demonstrating 10 Gb/s chaos communications[J]. IEEE Journal of Quantum Electronics,46(10): 1430-1435.

LI M,ZHANG X,HONG Y,et al,2019. Confidentiality-enhanced chaotic optical communication system with variable RF amplifier gain[J]. Optics Express,27(18): 25953-25963.

LI P,SUN Y Y,LIU X L,et al,2016. Fully photonics-based physical random bit generator[J]. Optics Letters,41(14): 3347-3350.

LI T,YORKE J,1975. Period three implies chaos[J]. American Mathmatics Monthly,82(10): 985-992.

LI X,CHAN S,2012. Random bit generation using an optically injected semiconductor laser in chaos with oversampling[J]. Optics Letters,37(11): 2163-2165.

LIU G S,GU H,ZHU X H,et al,1997. The present and the future of random signal radars[J]. IEEE Aerospace and Electronic Systems Magazine,12(10): 35-40.

LIU W J,HUANG Y M,SUN Y H,et al,2022. Broadband and flat millimeter-wave noise source based on the heterodyne of two Fabry-Perot lasers[J]. Optics Letters,47(3): 541-544.

LORENZ E N,1963. Deterministic nonperiodic flow[J]. Journal of the Atmospheric Sciences,20: 130-141.

LIN F Y,LIU J M,2004. Chaotic lidar[J]. IEEE Journal of Selected Topics in Quantum Electronics,10(5): 991-997.

MA Z,ZHANG M J,LIU Y,et al,2015. Incoherent Brillouin optical time-domain reflectometry with random state correlated Brillouin spectrum[J]. IEEE Photonics Journal,7(4): 1-7.

MAY R,1976. Simple mathematical models with very complicated dynamics[J]. Nature,261: 459-467.

MIRASSO C R,COLET P,CARCÍA-FEMÁNDEZ P,1996. Synchronization of chaotic semiconductor lasers: application to encoded communications[J]. IEEE Photonics Technology Letters,8(2): 299-301.

MORK J,TROMBORG B,MARK J,1992. Chaos in semiconductor lasers with optical feedback: theory and experiment[J]. IEEE Journal of Quantum Electronics,28(1): 93-108.

MYNENIK,BARR T A,REED B R,et al,2001. High-precision ranging using a chaotic laser pulse train[J]. Applied Physics Letters,78(11): 1496-1498.

NARAYANAM R M,KUMRU C,2005. Implementation of fully polarimetric random noise radar[J]. IEEE Antennas and Wireless Propagation Letters,4: 125-128.

OTT E,GREBOGI C,YORKE J A,1990. Controlling chaos[J]. Physics Review Letters,64: 1196-1199.

PARASHARE C R,KANGASLAHTI P P,BROWN S T,et al,2014. Noise sources for internal calibration of millimeter-wave radiometers[C]. Pasadena: IEEE 13th Specialist Meeting on Microwave Radiometry and Remote Sensing of the Environment.

PECORA M L,CARROLL T L,1990. Synchronization in chaotic systems[J]. Physical Review Letters,64(8): 821-824.

PERSONICK S D,1977. Photon probe—an optical-fiber time-domain reflectometer[J]. The Bell

System Technical Journal,56(3): 355-366.

PORTE X,SORIANO M C,BRUNNER D,et al,2016. Bidirectional private key exchange using delay-coupled semiconductor lasers[J]. Optics Letters,41(12): 2871-2874.

REIDLER I, AVIAD Y, ROSENBLUH M, et al, 2009. Ultrahigh-speed random number generation based on a chaotic semiconductor laser[J]. Physics Review Letters, 103(2): 024102.

RONDONI L, ARIFFIN M R K, VARATHARAJOO R, et al, 2017. Optical complexity in external cavity semiconductor laser[J]. Optics Communications,387: 257-266.

RONTANI D,MERCIER E,WOLFERSBERGER D,et al,2016. Enhanced complexity of optical chaos in a laser diode with phase-conjugate feedback[J]. Optics Letters,41(20): 4637-4640.

RUMBAUGH L K,BOLLT E M,JEMISON W D,et al,2013. A 532 nm chaotic lidar transmitter for high resolution underwater ranging and imaging[C]. OCEANS-San Diego.

SAKURABA R,IWAKAWA K,KANNO K,et al,2015. Tb/s physical random bit generation with bandwidth-enhanced chaos in three-cascaded semiconductor lasers[J]. Optics Express, 23(2): 1470-1490.

SIMPSON T B,LIU J M,GAVRIELIDES A,et al,1994. Period-doubling route to chaos in a semiconductor laser subject to optical injection[J]. Applied Physics Letters, 64(26): 3539-3541.

SONG H J,SHIMIZU N,FURUTA T,et al,2008. Subterahertz noise signal generation using a photodetector and wavelength-sliced optical noise signals for spectroscopic measurements[J]. Applied Physics Letters,93(24): 241113.

SURENDER S C, NARAYANAN R M, 2006. Covert netted wireless noise radar sensor: OFDMA-based communication architecture[C]. Washington: 2006 Military Communications Conference.

TANG S,LIU J M,2001. Chaotic pulsing and quasi-periodic route to chaos in a semiconductor laser with delayed opto-electronic feedback[J]. IEEE Journal of Quantum Electronics,37(3): 329-336.

UCHIDA A, AMANO K, INOUE M, et al, 2008. Fast physical random bit generation with chaotic semiconductor lasers[J]. Nature Photonics,2(12): 728-732.

VIJAYARAGHAVAN V,2005. A novel chaos-based high resolution imaging technique and its application to through-the-wall imaging[J]. IEEE Signal Processing Letters,12: 528-531.

WALKER W T,1993. Chaotic pseudorandom sequences and radar[D]. Tucson: The University of Arizona.

WANG A B,WANG L S,LI P,et al,2017. Minimal-post-processing 320-Gbps true random bit generation using physical white chaos[J]. Optics Express,25(4): 3153-3164.

WANG A B,ZHANG M J,XU H,et al,2011. Location of wire faults using chaotic signal[J]. IEEE Electron Device Letter,32(3): 372-374.

WANG B J,WANG Y C,KONG L Q,et al,2008. Multi-target real-time ranging with chaotic laser radar[J]. Chinese Optics Letters,6(11): 868-870.

WANG D M,WANG L S,GUO Y Y,et al,2019. Key space enhancement of optical chaos secure communication: chirped FBG feedback semiconductor laser[J]. Optics Express, 27(3): 3065-3073.

WANG L S, GUO Y Y, WANG D M, et al, 2019. Experiment on 10-Gb/s message transmission using an all-optical chaotic secure communication system[J]. Optics Communications, 453: 124350.

WANG L S, MAO X X, WANG A B, et al, 2020. Scheme of coherent optical chaos communication [J]. Optics Letters, 45(17): 4762-4765.

WANG Y C, LIANG J S, WANG A B, et al, 2010. Time-delay extraction in chaotic laser diode using RF spectrum analyser[J]. Electronics Letters, 46(24): 1621-1623.

WANG Y H, ZHANG M J, ZHANG J Z, et al, 2019. Millimeter-level-spatial-resolution Brillouin optical correlation-domain analysis based on broadband chaotic laser[J]. Journal of Lightwave Technology, 37(15): 3706-3712.

WEISS C O, KLISCHE W, ERING P S, et al, 1985. Instabilities and chaos of a single mode NH_3 ring laser[J]. Optics Communications, 52(6): 405-408.

WOLF A, SWIFT J B, SWINNEY H L, et al, 1985. Determining Lyapunov exponents from a time series[J]. Physica D: Nonlinear Phenomena, 16(3): 285-317.

XIANG S, PAN W, LUO B, et al, 2011. Conceal time-delay signature of chaotic vertical-cavitysurface-emitting lasersbyvariable-polarization optical feedback[J]. Optics Communications, 284(24): 5758-5765.

XUE C, JIANG N, QIU K, et al, 2015. Key distribution based on synchronization in bandwidth-enhanced random bit generators with dynamic post-processing[J]. Optics Express, 23(11): 14510-14519.

YOSHIMURA K, MURAMATSU J, DAVIS P, et al, 2012. Secure key distribution using correlated randomness in lasers driven by common random light[J]. Physical Review Letters, 108(7): 070602.

ZHANG J Z, ZHANG M T, ZHANG M J, 2018. Chaotic Brillouin optical correlation-domain analysis[J]. Optics Letters, 43(8): 1722-1725.

ZHANG J Z, WANG Y H, ZHANG M J, et al, 2018. Time-gated chaotic Brillouin optical correlation domain analysis[J]. Optics Express, 26(13): 17597-17607.

ZHAO T, WANG A B, WANG Y C, et al, 2013. Fiber fault location utilizing traffic signal in optical network[J]. Optics Express, 21(20): 23978-23984.

ZHU F, 2009. Observer-based synchronization of uncertain chaotic system and its application to secure communications[J]. Chaos, Solutions and Fractals, 40(5): 2384-2391.

黄奕敏，刘文杰，郭亚，等，2022. 利用游标效应的两非相干光频梳混频产生全波段毫米波白噪声[J]. 光学学报，42(13): 236-240.

王云才，汤君华，韩国华，等，2007. 一种基于混沌激光的真随机码发生器及其产生随机码的方法: ZL200710062140.1[P]. [2007-06-08]. [2009-12-09].

混沌雷达

雷达(radio detection and ranging,Radar)通过发射电磁波并接收目标物反射的回波信号来测量目标的距离、方位和速度等信息,已广泛应用于国防和民用领域。

两个因素推动了混沌雷达研究的发展:第一个因素是我们在第1章讲到的,人们对噪声雷达和随机信号雷达的研究自然而然推广到混沌信号雷达;第二个因素是研究者发现混沌激光信号的频谱与超宽带(ultra-wideband,UWB)信号频谱基本重叠。

UWB信号通常指信号的分数带宽(fractional band-width,FBW)大于25%或绝对带宽大于500 MHz的信号。其中分数带宽定义为信号带宽(信号最高频率f_H与最低频率f_L之差)与平均频率($(f_H+f_L)/2$)之比:

$$\mathrm{FBW}=\frac{f_H-f_L}{(f_H+f_L)/2} \tag{2.1.1}$$

2010年,郑建宇等发现混沌信号的频谱(图2.1.1(a))与美国联邦通信委员会(Federal Communications Commission,FCC)2002年颁布的超宽带信号的功率谱轮廓(图2.1.1(b))很相似(Zheng et al.,2010)。同时混沌信号具有内禀随机性、宽而平坦的功率谱以及图钉形的自相关函数,其作为雷达探测信号具有低的截获概率。此外,混沌信号能实现控制和同步,可用于恢复混沌雷达回波信号中的原始信号。混沌系统还具有初值敏感性,存在的不同混沌态可应用于雷达组网系统中。目前混沌激光雷达和混沌电信号雷达已应用于测距、测速、成像和目标识别等领域。

本章主要介绍混沌激光雷达、混沌穿墙生命探测雷达和混沌探地雷达,展现混沌信号应用于雷达探测中的优势。

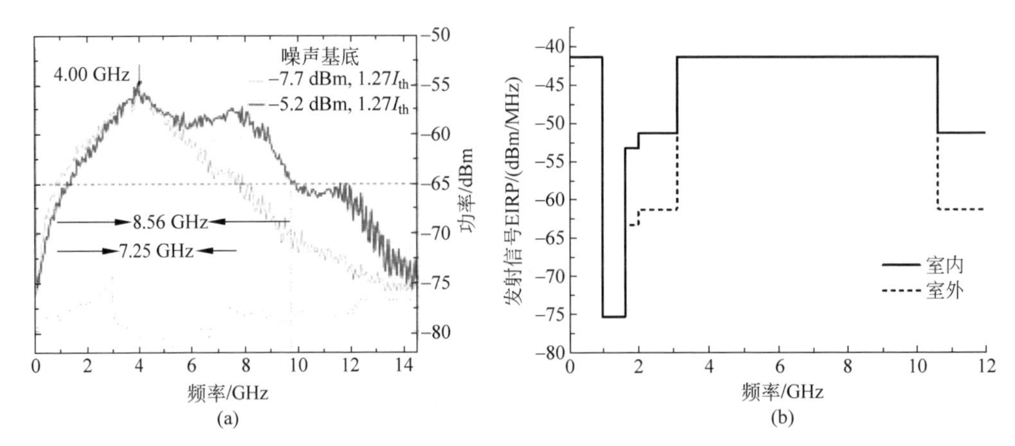

图 2.1.1 光反馈 DFB LD 产生的混沌激光信号频谱(a),以及美国 FCC 规定的 UWB 信号的频率与功率谱(b)

2.1 混沌激光雷达

激光雷达能够实现测距、测速和测角等功能,其中最基础的功能是对距离的测量。依据原理的不同,激光测距可分为飞行时间法、相位测距法、干涉测距法等。

飞行时间法是通过测量激光脉冲从发射到接收到回波信号的飞行时间,计算出待测目标的距离。通过提高激光脉冲的峰值功率和增加激光脉冲的宽度,飞行时间法可实现超远距离的测量,如测量地球到月球间的距离。但增加激光脉冲的宽度,又会降低测量精度,因此通常测量距离与测量精度是一对矛盾,需要折中考虑。

相位测距法与连续波调频测距原理一样,是通过测量激光往返后所产生的相位变化,来计算光波所经过的距离,其精度一般在毫米或微米量级,但通常需要多次测量,测量时间长。

干涉测距法是通过测量激光干涉条纹的变化来测量距离,因为激光单色性好、光波波长短,这种方法的距离分辨率通常为测量激光波长的一半,但它是一种相对距离的测量,要实现绝对距离的测量需要特殊考虑。

2001 年,混沌激光脉冲序列被用于激光测距实验,利用光反馈半导体激光器产生混沌激光信号,基于相关处理实现了目标的精确测距(Myneni et al.,2001)。2004 年,混沌激光雷达的概念被提出:利用光注入半导体激光器产生的混沌激光信号,实现了 3 cm 的距离分辨率(Lin et al.,2004)。

2.1.1 混沌激光雷达系统

混沌激光雷达系统的结构如图 2.1.2 所示，主要由发射系统(包括混沌激光源和发射光学系统)、接收系统以及信号采集与处理系统组成。混沌激光源由光反馈半导体激光器构成，激光器输出激光经过准直镜准直，通过一个分束镜分成两路，其中一路经反射镜反射，沿原路返回激光器形成扰动，产生混沌激光。混沌激光经分束镜分成参考光和探测光。探测光通过望远镜构成的扩束镜发射。探测光遇到目标反射，反射光由倒装望远镜所构成的接收光学系统所接收，并由光电探测器转换为电信号进入信号采集与处理系统。高速数据采集卡和计算机实现信号的采集与相关运算，通过相关曲线的峰值实现目标定位。图 2.1.3 是作者研制的混沌激光雷达样机及其关键器件的照片，尺寸为 35 cm×36 cm×19 cm。

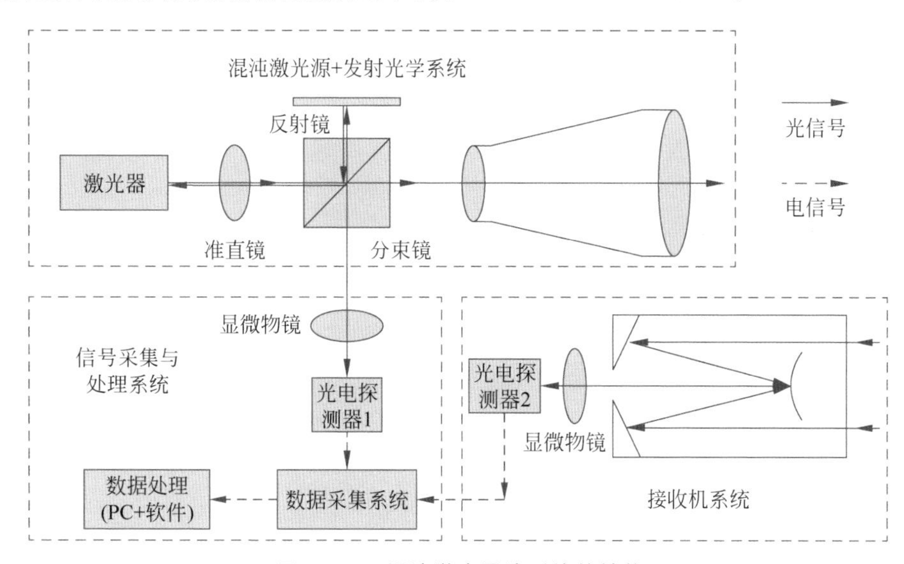

图 2.1.2 混沌激光雷达系统的结构

2.1.2 混沌激光雷达测距原理

设 $X(t)$ 为混沌信号波形，$X_1=X(t_1)$ 和 $X_2=X(t_2)$ 分别为混沌信号在 t_1 和 t_2 时刻的采样值，则 $X(t)$ 的自相关函数表达式为

$$R_x(t_1,t_2)=E[X_1X_2]=\int_{-\infty}^{+\infty}\mathrm{d}X_1\int_{-\infty}^{+\infty}X_1X_2P(X_1,X_2)\mathrm{d}X_2 \tag{2.1.2}$$

式中，$P(X_1,X_2)$ 为 X_1 和 X_2 的联合概率密度函数，$E[\cdot]$ 为期望运算。

在各态历经的前提下，式(2.1.2)可写为

$$R_x(t_1,t_2)=R_x(\tau)=\lim_{T\to\infty}\frac{1}{2T}\int_{-\infty}^{+\infty}x(t)x(t+\tau)\mathrm{d}t \tag{2.1.3}$$

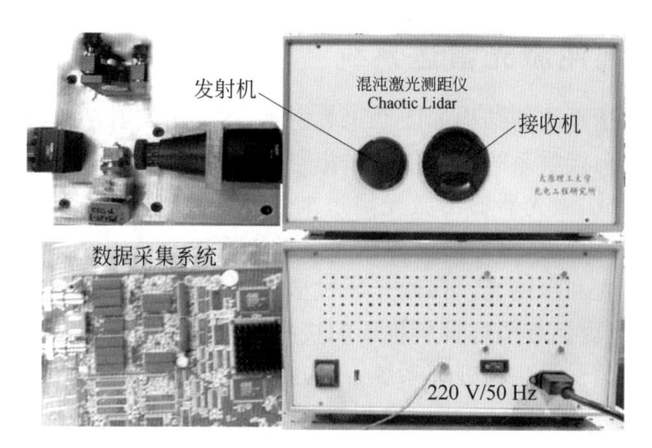

图 2.1.3　混沌激光雷达的样机及其关键器件

式中，$x(t)$为 $X(t)$的样本函数。

对于离散时间序列，其自相关函数的表达式为

$$R_x(n)=E[X(m)X(m+n)] \quad \text{或} \quad R_x(n)=\lim_{N\to\infty}\frac{1}{N}\sum_{m=1}^{N-n}x(m)x(m+n) \tag{2.1.4}$$

在实际系统中，信号处理的时间是有限的，用时间平均求得相关函数更为方便。实际上所获得的相关函数是部分相关函数，如下式所示：

$$R_x(\tau)=\frac{1}{T}\int_0^T x(t)x(t+\tau)\mathrm{d}t \quad \text{或} \quad R_x(n)=\frac{1}{N}\sum_{m=1}^{N-n}x(m)x(m+n) \tag{2.1.5}$$

混沌信号的类噪声特性使其相关曲线呈现 δ 函数的线型。由式(2.1.5)可知，离散混沌信号序列 $x(m)$与其延迟了 m_{lag} 的序列 $x(m-m_{\mathrm{lag}})$的相关函数为

$$\begin{aligned}R_x(n-m_{\mathrm{lag}})&=E[x(m)x(m-m_{\mathrm{lag}}+n)]\\&=\frac{1}{N}\sum_{m=1}^{N-n}x(m)x(m-m_{\mathrm{lag}}+n)\end{aligned} \tag{2.1.6}$$

其最大值出现在两序列的相对延迟处，$n=m_{\mathrm{lag}}$。

从式(2.1.6)可以分析出，若将混沌激光分为两束：一束作为参考信号，另一束作为探测信号，探测光信号经目标反射延迟 $\tau=2L/c$ 后，再和参考信号相关，相关峰值出现在两者的相对延迟时间 τ 处，且相关曲线具有 δ 线型。由相关峰所在位置确定 τ 值，从而计算目标距离 $L=c\tau/2$，c 为空气中的光速。

2.1.3　测距结果与抗干扰性分析

利用混沌激光首先对单个目标进行测量。实验中采用反射率为 95%的镜面目标作为合作目标。当探测目标分别放置在距离雷达约 20 m、60 m 和 130 m 时，测量

结果如图2.1.4所示，目标峰值分别出现在19.48 m、59.69 m和131.63 m处。相关曲线中的目标峰值远远高于背景噪声，说明该测距系统至少可测量130 m的测距范围。如果增加激光器的出射功率，可以进一步提高测距范围。

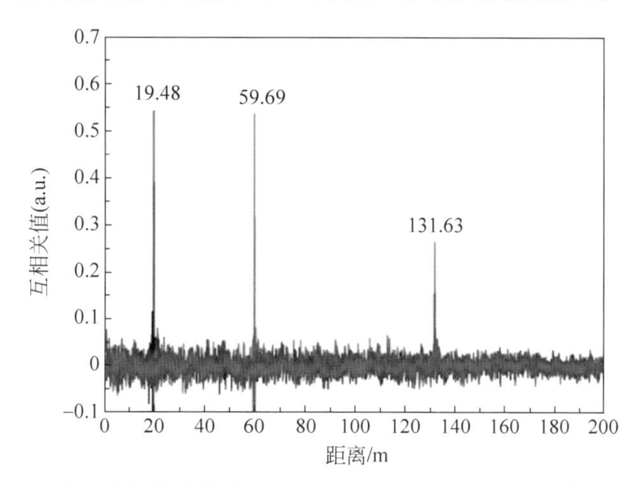

图2.1.4　单个目标分别位于19.48 m、59.69 m和131.63 m处的测距结果

其次用混沌激光对三个目标物同时进行了测量。实验中，分别用三个镜面目标模拟待测目标1、2、3。三个目标反射的回波信号经接收系统进入探测器，将同时含有三个探测目标信息的探测信号和参考信号相关，在相关曲线中同时出现了三个相关峰，如图2.1.5所示。峰值远远大于背景噪声，分别位于2.03 m、2.58 m和3.00 m处，和实际目标放置的位置相符，表明混沌激光雷达具有同时测量多个目标的能力。

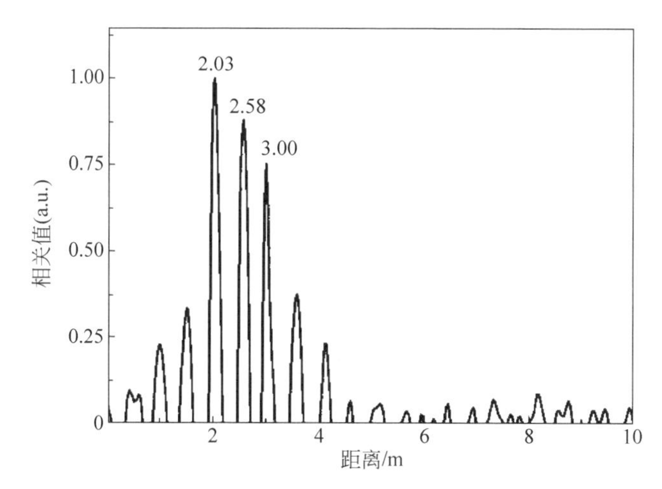

图2.1.5　三个目标的同时测距结果

进一步对混沌激光雷达的多目标距离分辨率进行实验测量。在实验过程中改变两个目标之间的距离，如图 2.1.6 所示，当两个目标之间的距离约为 18 cm 时，相关曲线中仍有两个明显的相关峰出现；但当两个目标之间的距离小于 18 cm 时，两个相关峰就不能被辨别了，由此实验确定了混沌激光雷达的距离分辨率为 18 cm。需要说明的是，此分辨率主要受限于采集卡的 500 MHz 采集带宽。

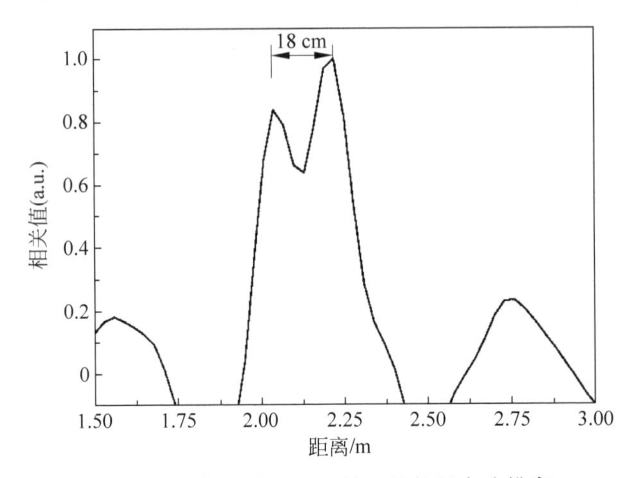

图 2.1.6　间距为 18 cm 的双目标距离分辨率

激光雷达在工作过程中，可能会受到来自周围环境的被动干扰或者来自其他雷达的主动干扰。例如，应用于汽车防撞的激光雷达，可能会同时接收到来自其他汽车雷达的回波信号，引起误判。而混沌雷达系统则不同，因为混沌信号本身的特殊性和相关接收体制的应用，混沌信号只和自身信号进行相关时，才会在相关曲线中出现目标峰值。其他干扰信号和混沌信号之间没有相关性。混沌信号的这种特性决定了混沌激光雷达具有天然的抗干扰能力。

混沌激光雷达抗干扰性能分析的实验装置如图 2.1.7 所示，干扰信号源发射干扰信号，经目标反射后和雷达回波信号一起进入接收光学系统，将混合有干扰信号的混沌回波信号和参考信号进行相关，通过不断增加干扰信号的强度，分析混沌激光雷达对不同类型干扰信号的承受能力。实验中目标放置于距离混沌激光雷达约 2 m 处。

实验中分别选择了混沌激光、连续波调制激光和脉冲激光作为干扰信号。

1. 相同体制激光雷达干扰研究

为定量评估混沌雷达的抗干扰能力，要在雷达的回波信号中加入不同类型的干扰信号。为此，我们引入通信领域的信号干扰比(signal to interference ratio, SIR)的概念。信号干扰比是指在给定的条件下所测量到的有用信号功率与干扰信号加电磁噪声的总功率之比，通常以分贝表示。

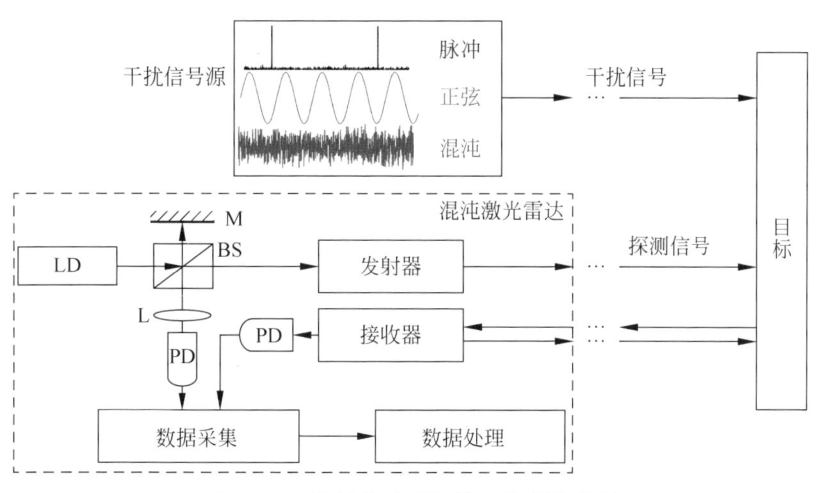

图 2.1.7　混沌激光雷达抗干扰实验装置

首先用同一混沌激光器不同时段的输出来模拟其他混沌激光雷达的干扰信号，分析混沌激光雷达对相同体制雷达的抗干扰能力。

图 2.1.8(a)是无干扰时混沌激光雷达对 1.95 m 处目标的测量结果。图 2.1.8(b)是在另外的混沌激光干扰下混沌激光雷达的互相关曲线，此时 SIR＝－26.7 dB。可以看出，尽管干扰信号强度是探测信号强度的 300 多倍，互相关曲线的信噪比（signal to noise ratio，SNR）依然清晰，不影响对测距结果的判定，而且互相关曲线的半高全宽（full width at half maximum，FWHM）不变，FWHM 亦称为半峰全宽或半高宽，是指自相关函数峰值一半处的曲线宽度。在相关法测距中，FWHM 用来表示测距系统的空间分辨率。

图 2.1.8(c)给出了混沌激光干扰时，测距结果的信噪比及互相关曲线的 FWHM 随 SIR 的变化关系。可以看出，测量结果的信噪比随 SIR 的减少而线性减少，当 SIR＝－26.7 dB 时，SNR＝3 dB；而 FWHM 基本上不随 SIR 变化，即测距精度只取决于探测信号的带宽，不受干扰信号的影响。

2. 不同体制激光雷达干扰研究

现有激光雷达主要采用连续波调制激光和脉冲激光实现目标测距，与混沌激光雷达体制完全不同，以下分别分析了连续波调制激光和脉冲激光作为干扰信号对混沌激光雷达测量精度和信噪比的影响。

1）连续波调制激光干扰

实验中利用信号源产生的正弦电信号调制半导体激光器，产生正弦调制激光作为干扰信号，经目标反射后耦合进混沌激光雷达的接收机。图 2.1.9(a)为混沌激光雷达无干扰时采集的混沌激光信号，利用其作为探测信号的测距结果如

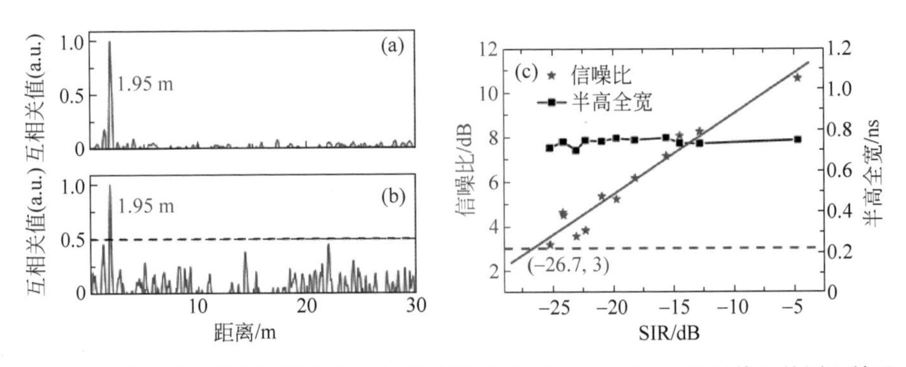

图 2.1.8　无干扰时的测距结果(a)，30 路混沌激光(SIR＝－26.7 dB)干扰后的测距结果(b)，以及信噪比和半高全宽随 SIR 的变化(c)

图 2.1.9(c)所示。图 2.1.9(b)为受到正弦调制激光干扰后采集的混沌激光信号，干扰后的测距结果如图 2.1.9(d)所示。可见混沌激光雷达受正弦激光干扰后，影响了测量的信噪比，噪声基底增大。但是互相关曲线主峰清晰，互相关曲线的半高全宽不变，即分辨率不受影响。

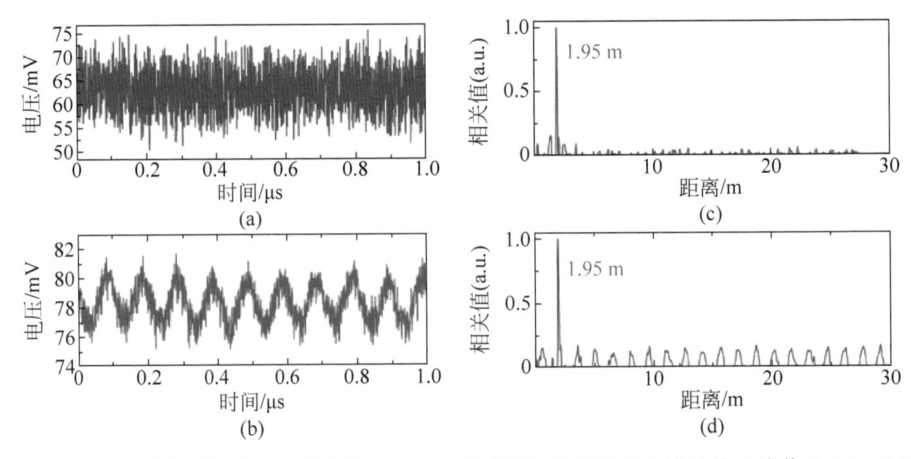

图 2.1.9　无正弦调制激光干扰的混沌信号(a)，受到正弦调制激光干扰后的混沌信号(b)，无正弦调制激光干扰时的测距结果(c)，以及受到(b)中正弦调制激光干扰后的测距结果(d)

鉴于常用连续波调制激光测距仪发射频率十几到几十兆赫兹的正弦信号激光，实验中首先采用频率为 10 MHz 的正弦信号调制激光作为干扰信号，分析不同强度的干扰信号对混沌激光雷达测距信噪比的影响，结果如图 2.1.10(a)所示。从图中可以看出随着 SIR 的增大，信噪比线性增大。当正弦干扰激光强度高于混沌探测激光 21.5 dB(SIR＝－21.5 dB)时，仍然可实现 3 dB 的信噪比。数值分析结果(虚点)与实验结果变化基本吻合。

选取强度相同、频率不同的正弦调制激光作为干扰信号，分析了调制频率对混沌激光雷达测距信噪比的影响，实验结果如图 2.1.10(b)(实点)所示。可见正弦信号的调制频率对信噪比几乎无影响，数值分析结果(虚点)也证实了这一点。

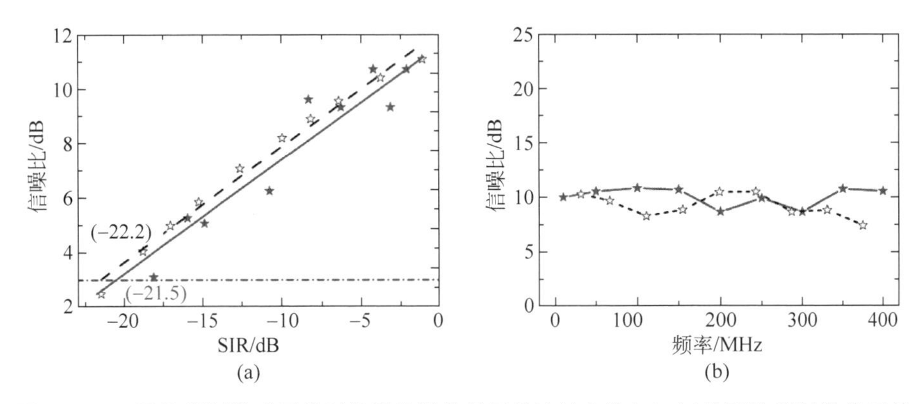

图 2.1.10　正弦调制激光干扰时信噪比随信号干扰比的变化(a)，以及正弦调制激光干扰时信噪比随频率的变化(b)(实线表示实验结果，虚线表示数值分析结果)

2) 脉冲激光干扰

本节数值分析了脉冲激光作为干扰信号对混沌激光雷达的影响。鉴于常用激光测距仪激光脉冲的重复频率为 10～100 kHz、脉冲宽度在 5～30 ns，模拟中采用与混沌激光波长相同、重复频率为 10 kHz、脉冲宽度为 6.3 ns 的脉冲激光作为干扰信号，研究了脉冲激光干扰对混沌激光雷达测距精度和信噪比的影响。从图 2.1.11(b)可以看出，和无干扰时混沌激光雷达测距结果(图 2.1.11(a))相比，混沌激光雷达受

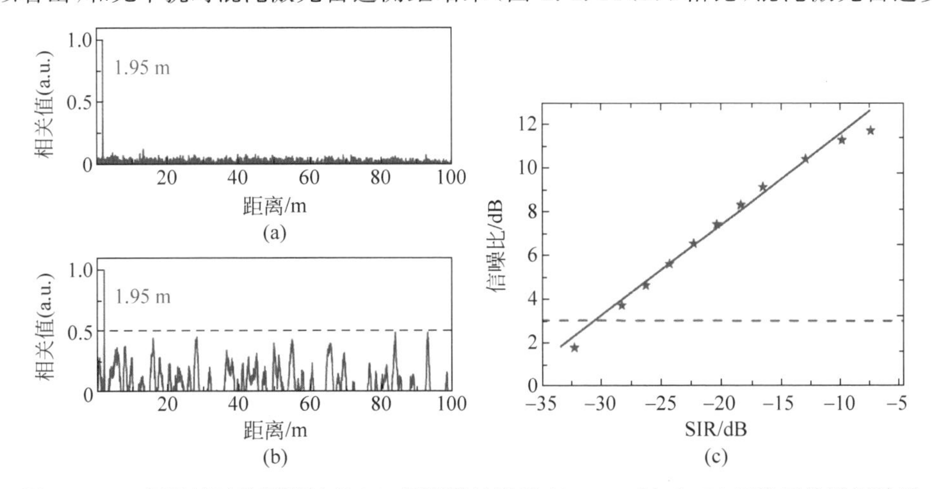

图 2.1.11　无干扰时的测距结果(a)，受到脉冲激光(SIR＝－31.1 dB)干扰后的测距结果(b)，以及信噪比随 SIR 的变化关系(c)(实线为拟合直线)

到脉冲激光严重干扰(SIR=-31.3 dB,相当于噪声功率是信号功率的31倍)时,信噪比降低。图2.1.11(c)给出了脉冲激光干扰对混沌激光雷达测距信噪比的影响,可见在不采用任何提高信噪比的措施下,当脉冲干扰激光强度是混沌探测激光的31.1 dB时,依然可实现3 dB信噪比。

可见混沌激光雷达具有很高的抗干扰能力,适用于汽车防撞雷达等多干扰应用环境。

2.2 混沌穿墙生命探测雷达

地震、火灾等灾害在日常生活中时有发生,严重威胁着人民生命和财产安全,在灾后黄金救援时间内对废墟、墙体等障碍物后的被困人员进行高效准确的搜救尤为重要。生命探测仪器是救灾现场提高搜救速度的重要保障,也是进行非接触式生命体征监测的可靠助力。

生命探测雷达主动向待测空间发射电磁波作为探测信号,并通过接收和分析人体目标反射的回波信号提取其呼吸、心跳等微动生命特征,从而判断废墟或墙后是否存在生命并定位其距离,或者根据其呼吸、心跳频率等特征监测人体健康状态。相较于基于光学成像、红外线、音频和声波的各类生命探测仪,基于电信号的生命探测雷达具有良好的障碍物穿透能力以及不受环境温度、背景噪声和现场可见度影响等优势。

现有生命探测雷达根据发射信号的不同,主要分为连续波多普勒生命探测雷达、线性调频/步进频率连续波生命探测雷达、脉冲超宽带生命探测雷达和随机信号生命探测雷达。

连续波多普勒生命探测雷达发射单频连续波作为探测信号,人体目标反射的回波相位因其胸腔周期性前后径向运动而被调制,相位解调后的信号与呼吸、心跳引起的胸腔表面位移成比例,因此可以通过解调人体胸腔引起的回波相位变化获得其呼吸和心跳频率。基于36 GHz连续波雷达的非接触式生命参数检测系统被实验证明能在近距离范围内穿透衣物探测到人体目标的心跳和呼吸信号(Wang et al.,2004)。但连续波多普勒生命探测雷达存在无法准确定位人体位置的缺陷。

为了同时获得距离信息和生命体征信号,线性调频/步进频率连续波雷达和脉冲超宽带雷达被应用于生命探测领域中。线性调频/步进频率连续波生命探测雷达分别发射调频连续波或步进频率连续波作为探测信号,通过探测回波信号和发射信号之间的频率差和相位变化来探测雷达和人体目标之间的距离,克服了连续波多普勒雷达不能准确定位的缺陷，同时通过观察该距离的缓慢变化规律来探测人体呼吸频率。一种频段为960 MHz～1.8 GHz的微波超宽带步进频率雷达被验证可探测到墙体后18 m处人体目标的运动轨迹以及地下2 m管道内的生命体征信号(Vertiy et al.,2005)。一种中心频率为5.8 GHz、带宽为160 MHz的线性调频连续波雷达结合相位距离跟踪算法也被证明可以实现对人体生命体征信号探测(Wang et al.,2014)。然而，线性调频/步进频率连续波雷达的信号发生器要求低相位噪声、快速设置时间及精确的频率控制。

脉冲超宽带生命探测雷达发射窄脉冲作为探测信号，基于脉冲到达时间可获取人体目标的距离信息，通过检测该距离在慢时间上的周期变化可探测呼吸信号。一种中心频率为400 MHz的脉冲超宽带雷达联合恒虚警率(constant false alarm rate,CFAR)检测和聚类方法被证明可实现嘈杂环境下的呼吸检测(Xu Y,2012b)。脉冲超宽带雷达穿透能力强、距离分辨率高，然而远距离探测要求脉冲能量足够大，高分辨率要求脉冲宽度足够窄，但高能量的极窄脉冲产生相对困难。

随机信号生命探测雷达采用伪随机编码信号、混沌信号或者噪声信号作为探测信号，通过相关测距获得人体目标的呼吸频率和距离信息。随机信号具有大时间带宽积，可以在不影响分辨率的同时获得大发射功率。一种M序列伪随机编码手持式超宽带雷达用于探测墙后14.5 m内静止人体的呼吸频率，以及墙后17 m内动目标的运动轨迹(夏正欢等,2015)。此外，一种频段为2.6～3.6 GHz的噪声雷达被提出用于探测墙后人体目标的位置、速度和呼吸、心跳等信号(Susek et al.,2015)。一种基于宽带布尔混沌信号的穿墙生命探测雷达被验证可用于墙后人体目标距离和呼吸频率的同时检测(Xu et al.,2019)。

生命探测雷达的原始回波中不仅包含有用的生命微动信息，还存在大量静态杂波、噪声、与呼吸同频带的非静态杂波干扰等，导致生命信号的准确探测较为困难。因此，各种噪声杂波抑制方法也是生命探测雷达研究的一个重要方向。一种基于多重高阶累积量(multifold high order cumulant,MHOC)的非接触式生命体征检测方法被提出，该方法利用线性趋势去除(linear trend subtraction,LTS)法去除静态杂波和线性趋势干扰，并利用MHOC抑制噪声以实现低信噪比环境中人体目标的距离和生命体征信息的提取(Xu et al.,2012a)。一种结合移动目标指示器(moving target indicator,MTI)和奇异值分解(singular value decomposition,SVD)的生命检测算法被证明可实现杂波和噪声的去除以实现墙后两个人体目标的区分(Mabrouk et al.,2014)。基于时域平均去除(time-domain mean subtraction,TMS)法、LTS法和SVD也可以实现噪声和杂波的抑制(Liang et al.,2017)。此外，已有研究表明变分模态分解(variational mode decomposition,VMD)也可用于近距离人体呼吸和心跳的检测和区分(Shen et al.,2018; Duan et al.,2019)。一种结合自相关和VMD的生命体征检测方法被提出用于检测呼吸、心跳频率,以及确定人体目标位置(Shen et al.,2018)。一种基于超宽带雷达也被证明可以探测到墙后的人体生命体征,该雷达应用相干背景和MTI去除噪声和杂波,再通过VMD提取人体目标的心跳信号和呼吸信号(Duan et al.,2019)。

2.2.1 混沌穿墙生命探测雷达

在穿墙雷达中,我们采用布尔混沌电路产生的混沌电信号作为探测信号。布尔混沌电路的电路结构及产生装置如图2.2.1所示。布尔混沌电路是由七个节点组成的自治布尔网络,网络中的每个节点代表一个具有三输入三输出端口的电子逻辑器件;其中,节点1为同或逻辑门,节点2～节点7为异或逻辑门,图中带有箭头的线表示逻辑门端口之间的连接关系以及信号的传递方向。由于布尔混沌信号源全部由数字器件组成,因此可以方便的在可编程门阵列(field programmable gate array,FPGA)电路上实现,如图2.2.1(b)所示。网络节点1输出的布尔混沌信号经FPGA芯片(Altera Cyclone Ⅳ EP4CE10F17C8N)的I/O接口直接输出至SMA端口。需要说明的是,布尔混沌信号源中的七个节点均可输出布尔混沌信号,且信号之间无相关性。

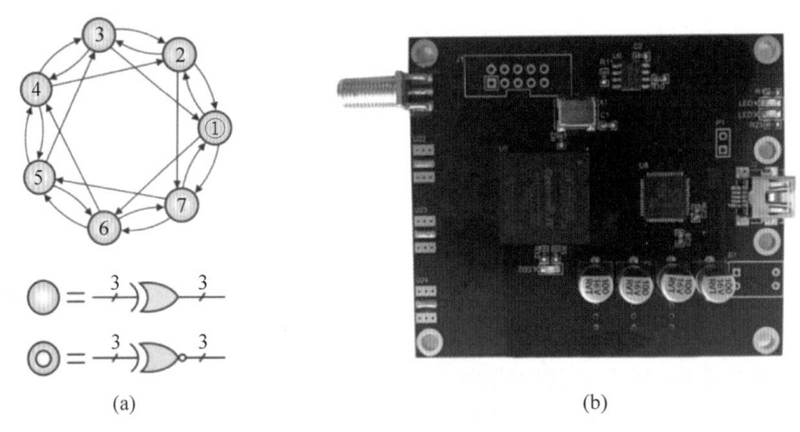

图2.2.1 布尔混沌电路结构图(a)和电路装置图(b)

图2.2.2给出了实验产生的布尔混沌信号的时序、功率谱和自相关曲线。由图2.2.2(a)可知,布尔混沌信号是由电压幅值呈高低电平二值变化的脉冲序列,相邻脉冲之间的时间间隔呈混沌变化,布尔混沌也由此得名。布尔混沌信号的功率谱连续且平坦,其-20 dB的带宽($BW_{-20\ dB}$)约为1 GHz,如图2.2.2(b)所示。图2.2.2(c)为布尔混沌信号的自相关曲线,可以看出其形状为类δ函数,实验测到

的自相关曲线的 FWHM =1 ns(如图 2.2.2(c)中插图所示),峰值旁瓣比(peak sidelobe ratio,PSR,指自(互)相关曲线的最大旁瓣与主瓣的高度比)为 17.8 dB。

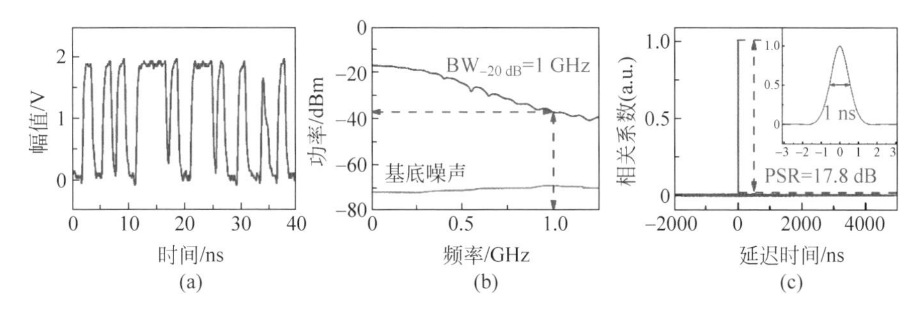

图 2.2.2　布尔混沌信号的时序(a),功率谱(b)和自相关曲线(c)

对于雷达系统,探测信号的模糊函数决定了雷达的无模糊探测性能和抗干扰能力。布尔混沌信号具有图钉形的自模糊函数,如图 2.2.3(a)所示,图中的二维曲面中除尖锐的主峰,沿延迟时间轴和多普勒频率轴均没有明显的旁瓣,说明将布尔混沌信号作为探测信号可以使雷达具备优良的无模糊探测性能,实现较高的距离分辨率。图 2.2.3(b)为布尔混沌信号的互模糊函数,图中的二维曲面平坦且无明显的相关峰与旁瓣,表明将布尔混沌信号作为探测信号可以使雷达具备极低的截获概率和良好的抗干扰能力。

上述分析表明,布尔混沌信号具备良好的随机性、宽带特性和模糊函数,适合将其作为生命探测雷达的理想探测信号。

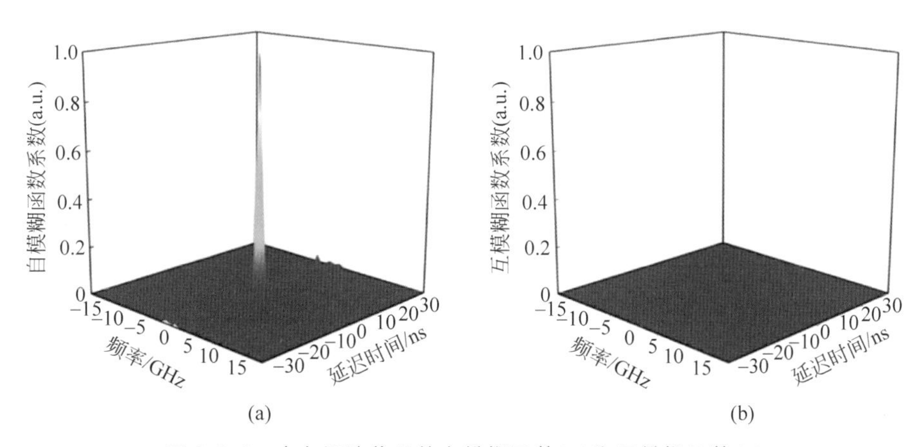

图 2.2.3　布尔混沌信号的自模糊函数(a)和互模糊函数(b)

混沌穿墙生命探测雷达系统的结构如图 2.2.4 所示。布尔混沌信号由布尔混沌信号源产生,经定向耦合器分为参考信号 $r(t_m)$ 和探测信号 $d(t_m)$,二者分别占总功率的 5%和 95%。探测信号经过混频器 1 和宽带放大器 1 分别实现上变频和功率放大，然后被宽带喇叭天线发射进入墙后探测区域。另一个宽带喇叭天线作为接收天线，接收来自墙后人体目标的回波信号。回波信号经宽带放大器 2 进行功率放大，再经过功分器 2、混频器 2 和 3 以及 90°电桥实现下变频和 IQ 分解，输出 I 路和 Q 路回波信号 $e_{\mathrm{I}}(t_m)$和 $e_{\mathrm{Q}}(t_m)$。正弦波发生器产生 2.4 GHz 的正弦波作为混频器 1、2 和 3 的本振信号。实时示波器同时采集并储存参考信号 $r(t_m)$、I 路和 Q 路回波信号 $e_{\mathrm{I}}(t_m)$和 $e_{\mathrm{Q}}(t_m)$。对于每路信号，在 60 s 的采集时间（慢时间）内记录 1200 组数据，每组数据包含 4×10^4 个采样点。最终，计算机基于生命检测算法实现雷达数据处理和探测结果显示。

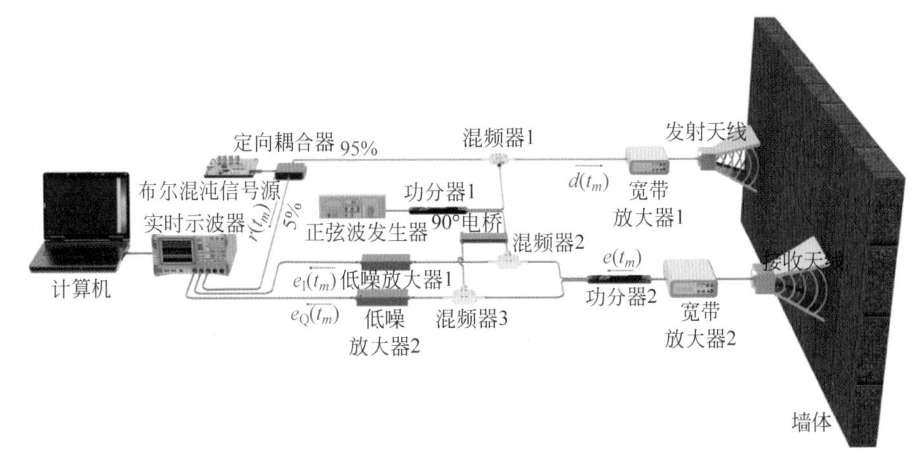

图 2.2.4　混沌穿墙生命探测雷达系统的结构

2.2.2　混沌雷达生命检测算法

混沌穿墙生命探测雷达利用参考信号和墙后人体反射的回波信号进行相关运算得到雷达和人体目标之间的瞬时距离，理论上通过提取该距离在慢时域上的变化频率即可获得人体呼吸频率。但在实际探测中，雷达原始回波中除了含有生命信号还存在大量噪声和杂波。因此，混沌雷达生命检测算法以相关测距为基础，利用 VMD 去除静态杂波、噪声和线性趋势，结合 CFAR 能量窗滑动计算去除非静态杂波，最终实现生命信号的自动准确提取。

混沌雷达生命检测算法的流程如图 2.2.5 所示，包括混沌相关慢时域积累（步骤 1）、慢时域 VMD（步骤 2）、慢时域快速傅里叶变换（fast Fourier transform，FFT）（步骤 3）、CFAR 窗滑动计算和阈值判决（步骤 4）以及质心估计（步骤 5）。

步骤 1：假设参考信号、I 路和 Q 路回波信号分别为 $r(t_m)$、$e_{\mathrm{I}}(t_m)$和 $e_{\mathrm{Q}}(t_m)$，

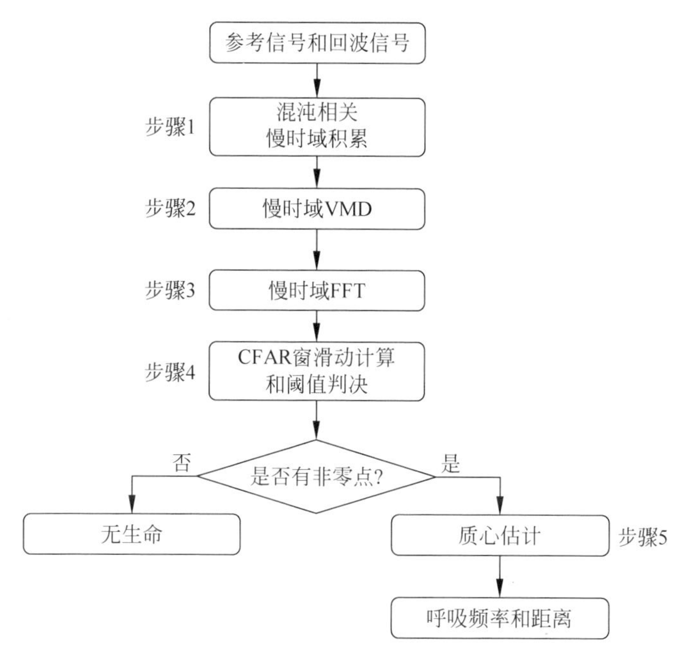

图 2.2.5　混沌雷达生命检测算法流程

混沌相关运算如下所示：

$$\begin{cases} c(\tau)=\sqrt{c_{\mathrm{I}}^{2}(\tau)+c_{\mathrm{Q}}^{2}(\tau)} \\ c_{\mathrm{I}}(\tau)=\lim\limits_{T\to\infty}\int_{-T/2}^{T/2} e_{\mathrm{I}}(t_m)r^{*}(t_m-\tau)\mathrm{d}t_m \\ c_{\mathrm{Q}}(\tau)=\lim\limits_{T\to\infty}\int_{-T/2}^{T/2} e_{\mathrm{Q}}(t_m)r^{*}(t_m-\tau)\mathrm{d}t_m \end{cases} \tag{2.2.1}$$

式中，$c_{\mathrm{I}}(\tau)$和 $c_{\mathrm{Q}}(\tau)$分别表示参考信号与 I 路和 Q 路回波信号的互相关函数，t_m 表示信号传播的快时间，T 表示相关时间长度。若墙后存在人体目标，则 $c(\tau)$存在明显相关峰，相关峰位置对应混沌信号在人体和雷达之间的往返时间 t_d。对 $c(\tau)$进行慢时间积累可以得到原始回波矩阵 $\boldsymbol{R}$，如下所示：

$$R[m,n]=r(t_m=mT_m,t_n=nT_n) \tag{2.2.2}$$

式中，t_n 表示信号采集的慢时间，快时间采样点 $m=0,1,\cdots,M-1$，慢时间采样点 $n=0,1,\cdots,N-1$。T_m 和 M 分别表示快时间 t_m 的采样间隔和离散时刻个数，T_n 和 N 分别表示慢时间 t_n 的采样间隔和离散时刻个数。根据 $ct_d/2$($c=3.0\times10^8$ m/s)可以得到目标和雷达之间的距离，故可将原始回波矩阵 $\boldsymbol{R}$ 的快时间转换为相应的距离。

步骤 2：利用 VMD 去除雷达回波中的噪声和杂波，准确重构生命信号。VMD 的实质是通过不断寻找变分模型的最优解来确定每个本征模态函数（Instrinsic mode function，IMF）分量的带宽和中心频率 IMF 分量可以反映出原始信号在不同时间 R 度下的局部特性。使分解得到的 IMF 估计带宽之和最小，并且各 IMF 之和等于原始信号，就可实现对信号的有效分离。假设原始信号序列 $f(t)$ 通过 VMD 可以分解成 K 个 IMF，这个分解过程是通过求解如式(2.2.3)所示的约束变分问题来实现的：

$$\min_{\{u_k\},\{\omega_k\}}\left\{\sum_{k=1}^{K}\left\|\partial_t\left[\left(\delta(t)+\frac{\mathrm{j}}{\pi t}\right)*u_k(t)\right]\mathrm{e}^{-\mathrm{j}\omega_k t}\right\|_2^2\right\}\ \text{s. t.}\ \sum_{k=1}^{K}u_k(t)=f(t) \tag{2.2.3}$$

式中，$\{u_k\}$ 表示分解后的 IMF 集合 $\{u_1,u_2,\cdots,u_K\}$，$\{\omega_k\}$ 表示 IMF 对应的中心频率集合 $\{\omega_1,\omega_2,\cdots,\omega_K\}$，$\delta(t)$ 表示单位脉冲函数，$*$ 表示卷积运算，$\|\cdot\|_2^2$ 表示 L2 范数的平方。在利用 VMD 对 $f(t)$ 进行分解的过程中，通过引入拉格朗日乘子 λ 和二次惩罚因子 α 将上述约束变分问题转变为无约束变分问题。式(2.2.3)改写为

$$L(\{u_k\},\{\omega_k\},\lambda)=\alpha\sum_{k=1}^{K}\left\|\partial_t\left[\left(\delta(t)+\frac{\mathrm{j}}{\pi t}\right)*u_k(t)\right]\mathrm{e}^{-\mathrm{j}\omega_k t}\right\|_2^2+\left\|f(t)-\sum_{k=1}^{K}u_k(t)\right\|_2^2+\left\langle\lambda(t),f(t)-\sum_{k=1}^{K}u_k(t)\right\rangle \tag{2.2.4}$$

式中，$\langle\cdot\rangle$ 表示内积运算。进而将求解约束变分问题转化为寻找增广拉格朗日函数的“鞍点”，具体步骤如下：

(1) 初始化 $\{\hat{u}_k^1\}$，$\{\omega_k^1\}$，$\hat{\lambda}^1$ 和迭代次数 $n^*\leftarrow 0$。

(2) 设置迭代次数 $n^*\leftarrow n^*+1$。

(3) 根据式(2.2.5)和式(2.2.6)更新 $\hat{u}_k$ 和 ω_k，

$$\hat{u}_k^{n^*+1}(\omega)\leftarrow\frac{\hat{f}(\omega)-\sum_{i=1}^{k-1}\hat{u}_i^{n^*+1}(\omega)-\sum_{i=k+1}^{K}\hat{u}_i^{n^*}(\omega)+\frac{\hat{\lambda}^{n^*}(\omega)}{2}}{1+2\alpha(\omega-\omega_k^{n^*})^2} \tag{2.2.5}$$

$$\omega_k^{n^*+1}\leftarrow\frac{\int_0^{\infty}\omega\left|\hat{u}_k^{n+1}(\omega)\right|^2\mathrm{d}\omega}{\int_0^{\infty}\left|\hat{u}_k^{n+1}(\omega)\right|^2\mathrm{d}\omega} \tag{2.2.6}$$

式中，$\hat{f}(\omega)$、$\hat{u}_k(\omega)$ 和 $\hat{\lambda}(\omega)$ 分别是 $f(t)$、$u_k(t)$ 和 $\lambda(t)$ 的傅里叶变换。

(4) 根据式(2.2.7),更新 $\hat{\lambda}$,

$$\hat{\lambda}^{n^*+1}(\omega) \leftarrow \hat{\lambda}^{n^*}(\omega) + \tau\left[\hat{f}(\omega) - \sum_{k=1}^{K}\hat{u}_k^{n^*+1}(\omega)\right] \tag{2.2.7}$$

式中,τ 为噪声容限参数。当信号中包含较多干扰时,为减小干扰信号的影响,设 $\tau=0$。

(5) 直到 $\dfrac{\sum_{k=1}^{K}\|\hat{u}_k^{n^*+1}-\hat{u}_k^{n^*}\|_2^2}{\|\hat{u}_k^{n^*}\|_2^2}<\varepsilon$,停止迭代,最终输出 K 个 IMF 分量。

设信号序列 $R_m(n)$ 为原始回波矩阵 $\boldsymbol{R}$ 的第 m 行,根据上述步骤对 $R_m(n)$ 进行 VMD 处理得到 K 个 IMF 分量。

若对 $R[m,n]$ 的 M 个距离单元逐一进行 VMD 处理,耗时长且效率低。因此,通过提取原始回波矩阵 $\boldsymbol{R}$ 的 $1/2t_n$ 处相关曲线,寻找其所有极大值点,并引入 0 dB 峰值噪声比(peak noise ratio,PNR)判决条件选取潜在目标区域以降低数据量,减小处理时间。PNR≥0 dB 的 W 个极大值点对应潜在目标的相关峰值,以该极大值点为中心,左右各取 J 个距离单元构成潜在目标区域矩阵 $R'[q,n]$,J 对应布尔混沌信号的距离分辨率,$q=W\times 2J$。PNR 定义如下:

$$\text{PNR}=10\lg\left[\frac{p}{\bar{n}+3\times\text{std}(n)}\right] \tag{2.2.8}$$

式中,p 是极大值对应的相关峰值,n 是除 p 以外的背景旁瓣。

由于 VMD 不具有递归性,需预先设定 IMF 个数 K 和二次惩罚因子 α。为保证分解的准确性,α 的取值通常与采样长度一致,选择 $\alpha=1200$ 对应慢时域采集时间 60 s 内的 1200 个采样组数。而每个模态主要根据中心频率的不同进行区分,因此可以通过计算和分析每个 IMF 的中心频率来合理选择 K 值。VMD 处理得到的 IMF 个数 K 取不同值时,对应的 K 个中心频率为 $f_k(\text{IMF}b)$,$b=1,2,\cdots,K$。如果出现相邻三个及三个以上的 IMF 对应的中心频率比值 $f_k(\text{IMF}b)/f_{k+1}(\text{IMF}b)$ 均满足区间[1,1.1]时,表明过分解产生,此时的临界值 K 即可作为合适的分解模态数。然后根据选取的 K 值对潜在目标区域矩阵 $\boldsymbol{R}'$ 中不同距离单元信号进行 VMD 处理,得到有限个 IMF,将 IMF 按中心频率由大到小的顺序排列。在得到 IMF 分量时序的基础上,需要从众多 IMF 分量中自动提取呼吸信号分量。首先对 IMF 分量进行 FFT 得到相应频谱,然后计算频谱曲线的峰值噪声比 PNR 来进行判决。

当 PNR≥3 dB 时,判断该 IMF 为呼吸信号分量,将其保留,反之则置零处理。最终沿潜在目标区域矩阵 $\boldsymbol{R}'$ 的慢时域进行 VMD 处理得到去除噪声和杂波信号的生命信号矩阵，称为生命矩阵 $\bar{\boldsymbol{R}}$。VMD 方法流程如图 2.2.6 所示。

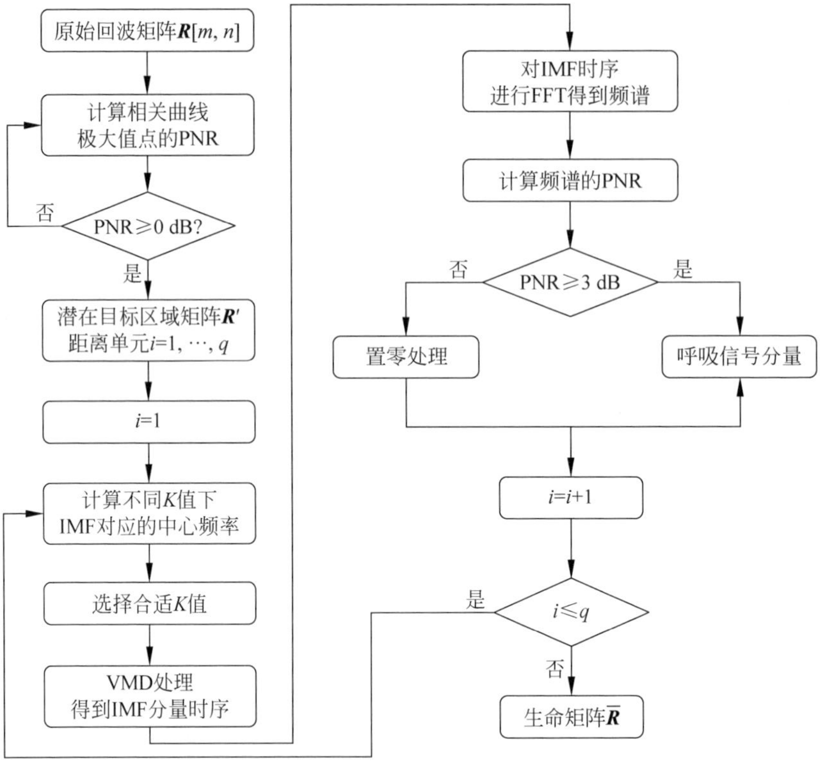

图 2.2.6　步骤 2 所述 VMD 方法的完整处理流程

步骤 3：对生命矩阵 $\bar{\boldsymbol{R}}$ 在慢时域上进行 FFT 计算，可以提取多个人体目标的呼吸频率，得到 $M \times K_f$ 距离-频率矩阵 $\hat{\boldsymbol{R}}$。

步骤 4：由于雷达回波中还可能存在与呼吸同频带的非静态杂波，因此采用 CFAR 能量窗滑动计算以去除非静态杂波。首先在距离-频率矩阵 $\hat{\boldsymbol{R}}$ 的距离向进行 M'点平均抽取，降低数据量。处理过程如下：

$$\tilde{R}[k_m, \tilde{n}] = \frac{1}{M'} \sum_{m=k_m M'}^{(k_m+1)M'-1} \hat{R}[m, \tilde{n}], \quad \tilde{n} = 0, 1, \cdots, K_f - 1 \tag{2.2.9}$$

式中，$k_m = 1, 2, \cdots, K_m$，$K_m = \lfloor M/M' \rfloor$为经 M'点抽取后的距离向点数，这里选取 $M'=2$，$\lfloor x \rfloor$表示小于 x 的最大整数，得到尺寸为 $K_m \times K_f$ 的矩阵。然后进行阈值处理，去除矩阵中的零值点或接近零值的点。当像素值小于 η 时，该像素值设为 η；反之则保留原值，η 一般为最大像素值的 0.1 倍。经阈值处理后，再进行 CFAR 能量窗滑动计算。CFAR 能量窗由内窗、警戒窗和外窗构成，I_{f}、I_{r} 和

E_I 分别为内窗的频率维数、距离维数和能量值，G_f、G_r 和 E_G 分别为警戒窗的频率维数、距离维数和能量值，O_f、O_r 和 E_O 分别为外窗的频率维数、距离维数和能量值。要求警戒窗大于内窗，并且外窗大于警戒窗，设置 $I_f=1$，$I_r=13$，$G_f=3$，$G_r=I_r+4$，$O_f=5$，$O_r=G_r+10$。对距离-频率矩阵两端补零后逐像素滑动 CFAR 能量窗计算局部能量比值。若(X,Y)表示 CFAR 能量窗的中心点，由各能量值定义中心点(X,Y)的局部能量比 $r(X,Y)$，如下所示：

$$r(X,Y)=\frac{E_I}{E_O-E_G} \tag{2.2.10}$$

最后进行阈值判决，若其值大于 a，该中心像素点则被判别为生命特征点，将其赋值为 1，反之赋值为 0。阈值 a 通常大于 1，此处设置 $a=1.2$。如果 r 大于 a，则表明当 CFAR 能量窗计算的内窗能量大于局部背景能量时，窗的中心像素点即生命特征点。

步骤 5：利用质心估计处理二值图像矩阵并识别质心，质心计算公式如下：

$$\begin{cases}\bar{x}=\dfrac{1}{X'\times Y'}\sum\limits_{i}^{X'}\sum\limits_{j}^{Y'}x_{ij}\\[2ex]\bar{y}=\dfrac{1}{X'\times Y'}\sum\limits_{i}^{X'}\sum\limits_{j}^{Y'}y_{ij}\end{cases} \tag{2.2.11}$$

式中，x_{ij} 和 y_{ij} 分别表示像素点的横、纵坐标，$X'\times Y'$表示该区域尺寸大小，$\bar{x}$ 和 $\bar{y}$ 分别表示区域质心点的横、纵坐标。最终通过读取质心坐标获取墙后人体目标的呼吸频率和距离。

2.2.3 穿墙生命探测结果

1. 单个人体目标探测结果

在单个人体目标的探测场景中，在 20 cm 厚的煤渣砖墙后 1.20 m 处的人体目标正对雷达天线静止站立，且保持正常呼吸。图 2.2.7 为对应于 2.2.2 节所提算法每一步的检测结果。如图 2.2.7(a)所示为沿慢时间轴排列的相关曲线。由于相关峰有一定宽度且受墙体色散影响，虽然进行了零点标记，但 0 m 附近仍存在墙体反射引起的部分相关峰。1.20 m 处的相关峰代表墙后目标距离，其他距离处的旁瓣则是由噪声和杂波引起的。对应的原始回波矩阵 $\boldsymbol{R}$ 如图 2.2.7(b)所示。经过 VMD 处理去除了噪声和静态杂波，目标回波更加清晰，如图 2.2.7(c)所示。再通过 FFT 提取目标的呼吸频率，如图 2.2.7(d)所示。CFAR 能量窗滑动计算的检测结果如图 2.2.7(e)所示，显示与呼吸同一频带内的非静态杂波得到了有效抑制。最终通过质心估计同时检测到呼吸频率和距离分别为 0.25 Hz(15 次/分钟)和 1.22 m。此测量距离与实际距离 1.2 m 非常接近。

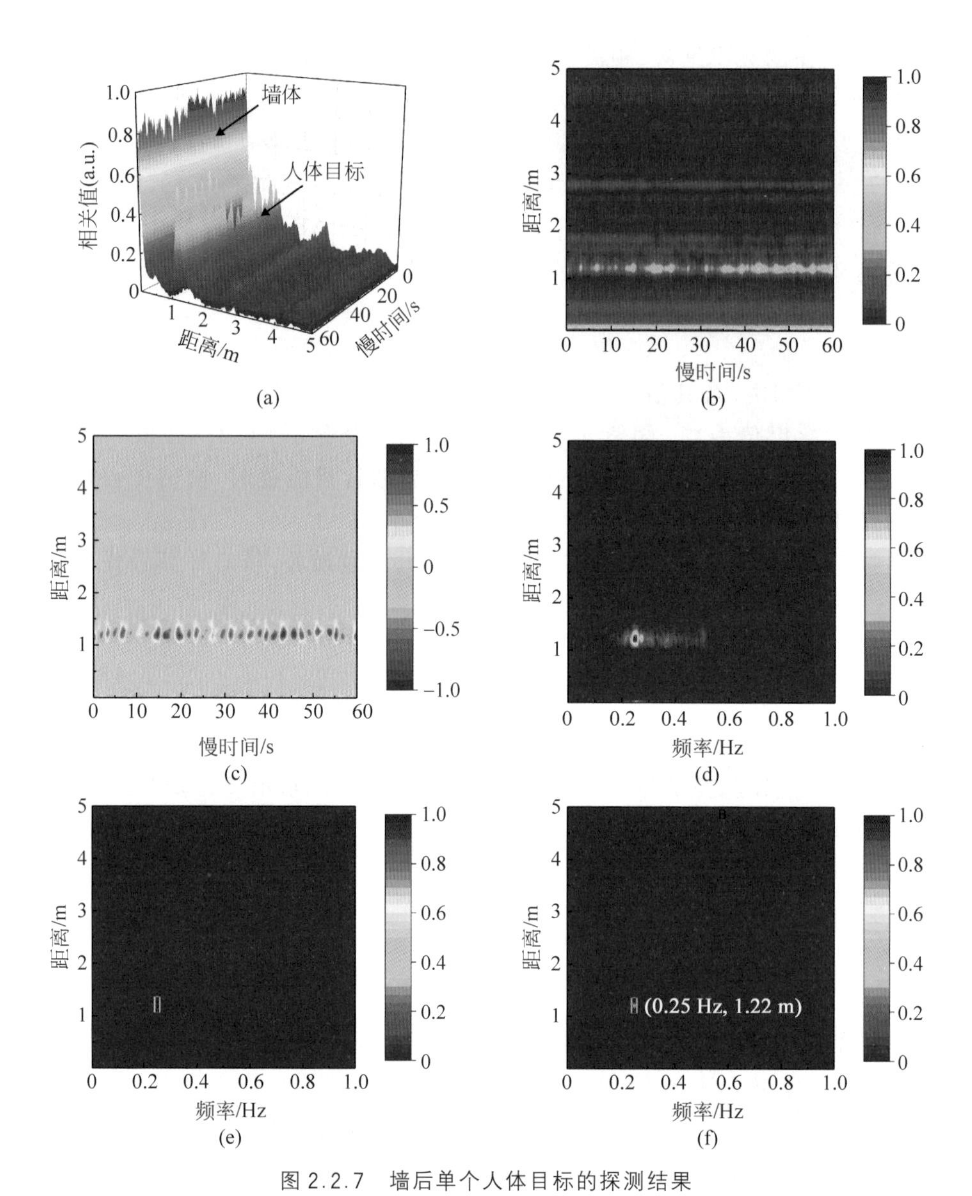

图 2.2.7 墙后单个人体目标的探测结果

(a) 相关曲线；(b) 原始回波矩阵；(c) 慢时间 VMD；(d) 慢时间 FFT；(e) CFAR 检测；(f) 质心估计的检测结果

实验同时证明，即使在 20 cm 的墙体后，再增加 4 cm 的石灰板、3 cm 的水泥板和 4 cm 的木板等多层障碍物，混沌穿墙生命探测雷达依然能穿透超过 30 cm 的屏蔽层，探测到墙后 3 m 处人的呼吸频率与位置。

2. 多个人体目标探测结果

在多个人体目标的探测场景中，搭建 20 cm 厚的煤渣砖墙进行墙后多个人体目标的探测。墙后三个目标的实验场景位置关系和照片分别如图 2.2.8(a)和(b)所示。经测量并考虑胸腔 2 cm 的位移，给出了三个目标位于墙后距离的近似值分别为 1.00 m、1.70 m 和 2.60 m，三人均面向雷达静止站立且保持正常匀速呼吸，天线高度与胸腔高度保持一致，距离向三人不完全重叠。经相关测距得到的原始回波矩阵如图 2.2.8(c)所示，图中可以观察到 0 m 附近由于墙体引起的部分反射以及墙后 1.00 m、1.70 m 和 2.60 m 处的目标回波，其中 2.60 m 处的目标回波相对较弱，此外其他距离处还存在噪声和杂波。

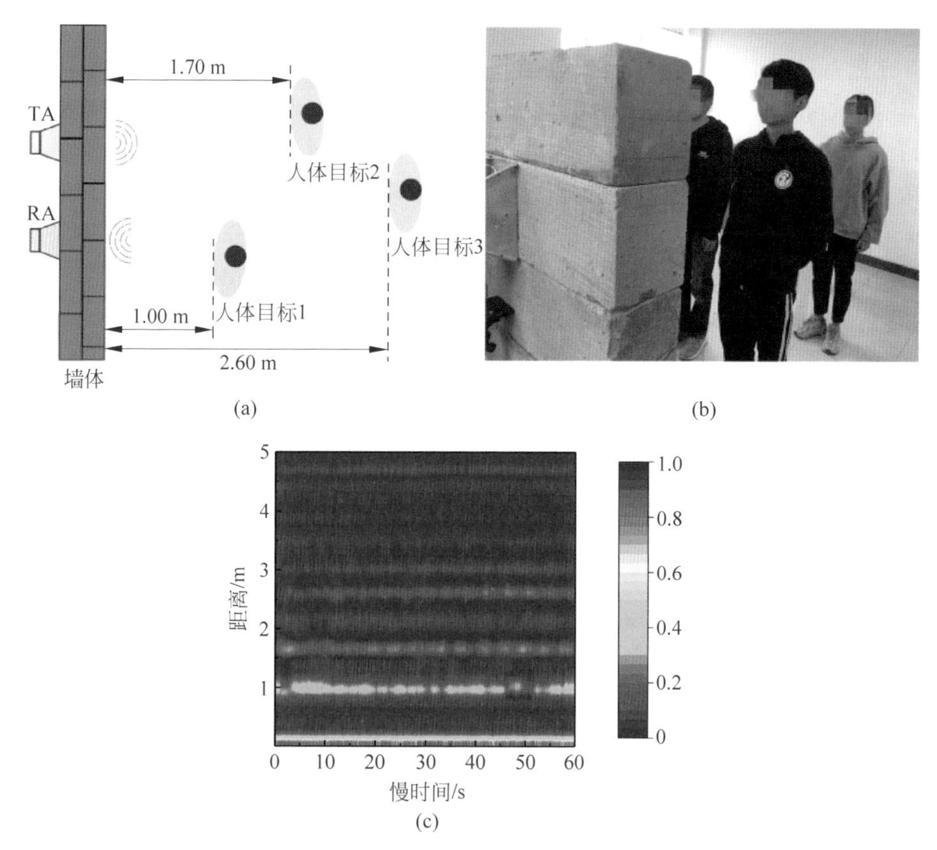

图 2.2.8　墙后三个人体目标实验场景及原始回波矩阵

(a) 实验场景位置关系；(b) 实验场景照片；(c) 原始回波矩阵

选取慢时间 30 s 时的相关曲线，计算所有极大值点的 PNR，见表 2.2.1。再进行 0 dB PNR 判决，获得四个极大值点，如表 2.2.1 中加粗部分所示。以四个极大值点为中心、左右各取 20 个距离单元(对应 15 cm 距离分辨率)构成四个潜在目标区域矩阵。

表 2.2.1 极大值点对应的距离和 PNR

极大值点序号	1	2	3	4	5	6	7
距离/m	**0.05**	0.44	0.76	**0.98**	1.44	**1.67**	2.12
PNR/dB	**5.63**	−5.40	−4.52	**1.32**	−7.33	**0.69**	−5.06
极大值点序号	8	9	10	11	12	13	14
距离/m	**2.61**	3.00	3.54	3.84	3.85	4.21	4.69
PNR/dB	**0.26**	−2.33	−6.54	−8.26	−8.26	−5.52	−3.36

在此基础上,选取不同潜在目标区域的单个距离单元,计算不同 K 值下 IMF 对应的中心频率,K 的取值范围设置为[2,10]。表 2.2.2 和表 2.2.3 分别列出了 0.05 m 处(位于第一潜在目标区域内)和 2.61 m 处(位于第四潜在目标区域内),K 取 2~10 分解得到的 K 个 IMF 对应的中心频率。从表 2.2.2 中可以看出:当 $K=6$ 时,IMF2、IMF3 和 IMF4 对应的中心频率比值分别为 $f_6(\text{IMF2})/f_7(\text{IMF2})=1.05$、$f_6(\text{IMF3})/f_7(\text{IMF3})=1.05$ 和 $f_6(\text{IMF4})/f_7(\text{IMF4})=1.05$;当 $K=7$ 时,IMF2 对应的中心频率比值为 $f_7(\text{IMF2})/f_8(\text{IMF2})=1.82$。同理,如表 2.2.3 显示:当 $K=6$ 时,$f_6(\text{IMF2})/f_7(\text{IMF2})=1.08$、$f_6(\text{IMF3})/f_7(\text{IMF3})=1.03$、$f_6(\text{IMF4})/f_7(\text{IMF4})=1.04$,均满足区间[1,1.1],表明此时过分解现象开始产生,临界值 $K=6$ 即作为合适的分解模态数。

表 2.2.2 0.05 m 处不同 K 值的中心频率

K	K 个 IMF 的中心频率									
2	3.3424×10^{-6}	0.3006								
3	3.0068×10^{-6}	0.1184	0.3160							
4	2.9029×10^{-6}	0.1057	0.2739	0.3883						
5	2.7078×10^{-6}	0.0893	0.1791	0.3048	0.4016					
6	2.5975×10^{-6}	**0.0826**	**0.1624**	**0.2622**	**0.3252**	**0.4148**				
7	2.5329×10^{-6}	**0.0789**	**0.1554**	**0.2501**	**0.3137**	**0.3827**	0.4553			
8	1.5699×10^{-6}	0.0433	0.1072	0.1758	0.2617	0.3188	0.3857	0.4576		
9	1.0611×10^{-6}	0.0301	0.0921	0.1505	0.2115	0.2698	0.3219	0.3883	0.4601	
10	9.7013×10^{-7}	0.0279	0.0888	0.1446	0.2038	0.2663	0.3177	0.3743	0.4268	0.4807

表 2.2.3　2.61 m 处不同 *K* 值的中心频率

K	*K* 个 IMF 的中心频率									
2	1.3255×10^{-4}	0.2201								
3	1.3081×10^{-4}	0.1408	0.3709							
4	1.2797×10^{-4}	0.1223	0.2239	0.3804						
5	3.1282×10^{-5}	0.0219	0.2098	0.3315	0.4380					
6	2.7778×10^{-5}	**0.0192**	**0.1319**	**0.2233**	0.3563	0.4450				
7	2.4809×10^{-5}	**0.0177**	**0.1276**	**0.2149**	0.2966	0.3756	0.4525			
8	2.6860×10^{-5}	0.0181	0.1254	0.2081	0.2714	0.3274	0.3845	0.4566		
9	2.2315×10^{-5}	0.0164	0.0728	0.1420	0.2148	0.2761	0.3313	0.3866	0.4580	
10	2.1344×10^{-5}	0.0159	0.0683	0.1387	0.2129	0.2720	0.3240	0.3762	0.4289	0.4735

图 2.2.9 为对 0.05 m 和 2.61 m 处的回波信号进行 VMD 处理得到的 IMF 时序。对比图 2.2.9(a)和(b),图 2.2.9(b)的 IMF2 时序清晰地反映出周期性的呼吸运动,而图 2.2.9(a)的 IMF2 时序则完全与呼吸信号无关,其余 IMF 显示存在的高低频噪声和杂波等。对上述两个不同距离单元的 IMF2 分别进行 FFT 得到相应频谱,如图 2.2.10 所示。相较于图 2.2.10(a),(b)中明显存在一个 0.24 Hz 的频率主峰,且其他频率旁瓣能量较低,表明 2.61 m 处存在呼吸频率为 0.24 Hz 的人体目标。如图 2.2.10(a)和(b)所示频谱曲线的 PNR 分别为 0.5 dB 和 5.5 dB,执行 3 dB PNR 的判决条件即可自动提取呼吸信号。

图 2.2.11(a)~(d)对比了基于 VMD 的方法和文献(Xu et al.,2012a; Mabrouk et al.,2014; Liang et al.,2017)报道的三种噪声杂波抑制方法重构生命信号的结果。图 2.2.11(a)显示了 VMD 方法的处理效果,三个不同距离单元的生命信号清晰可见。LTS+MHOC(Xu et al.,2012a)的处理结果如图 2.2.11(b)所示,图中仅剩下近距离 1.00 m 处的生命信号,两个远距离生命信号被误判为噪声和杂波而被消除。图 2.2.11(c)和(d)分别展示了经 MTI+SVD(Mabrouk et al.,2014)和 TMS+LTS+SVD(Liang et al.,2017)的处理结果,二者 1.00 m 处的生命信号能量虽然可见,但远距离的两个生命信号能量较弱,这是因为远距离生命信号对应的奇异值与杂波的奇异值无法被严格分离,导致 SVD 在去除杂波对应的奇异值时,会削弱远距离生命信号的能量。对比上述结果,可以发现 VMD 方法相较于其他方法具有更好的抑制噪声杂波并且重构多生命信号的效果。

图 2.2.12(a)为图 2.2.8(c)的原始回波矩阵经过 FFT 的结果,从图中可以看到三个生命特征点。经 CFAR 检测处理得到三个对应的能量窗,如图 2.2.12(b)所示。最终经质心估计得到如图 2.2.12(c)所示的三个质心,坐标显示三个人体目标的呼吸频率和距离分别为(0.30 Hz,0.98 m)、(0.24 Hz,1.65 m)和(0.24 Hz,

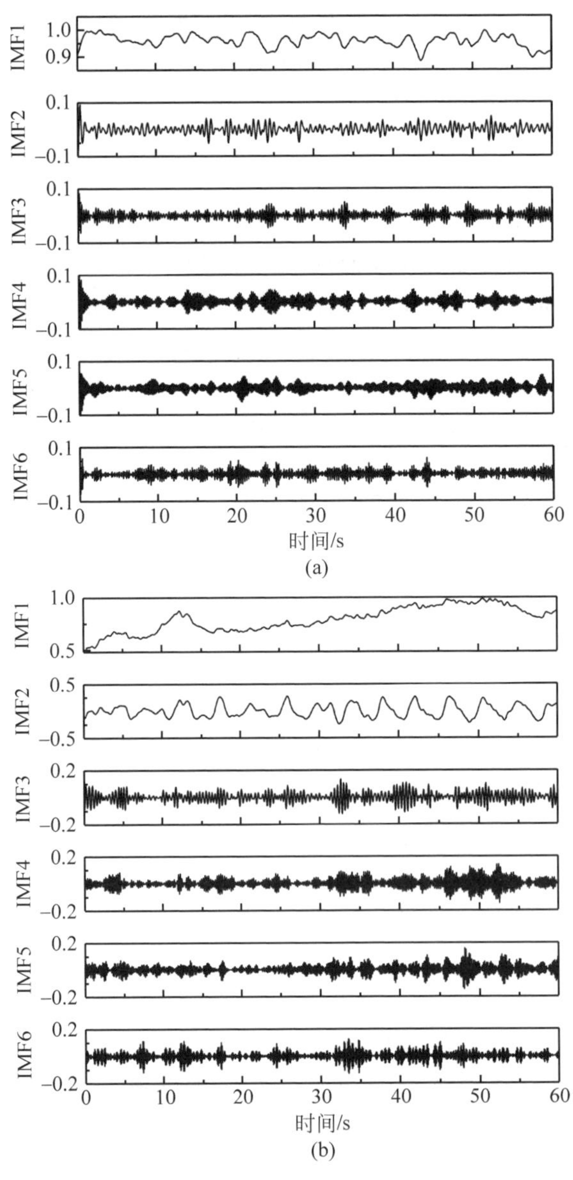

图 2.2.9　$K=6$ 时不同区域处 IMF 时序

(a) 0.05 m 处；(b) 2.61 m 处

2.54 m)。雷达所测距离与卷尺所测距离非常接近，检测到的呼吸频率也在正常频率范围(0.2～0.7 Hz)。

进一步添加目标数量，对墙后五个人体目标进行实验验证，图 2.2.13(a)为五个目标的实验场景位置关系，图 2.2.13(b)为经过混沌相关测距得到的五个目标的

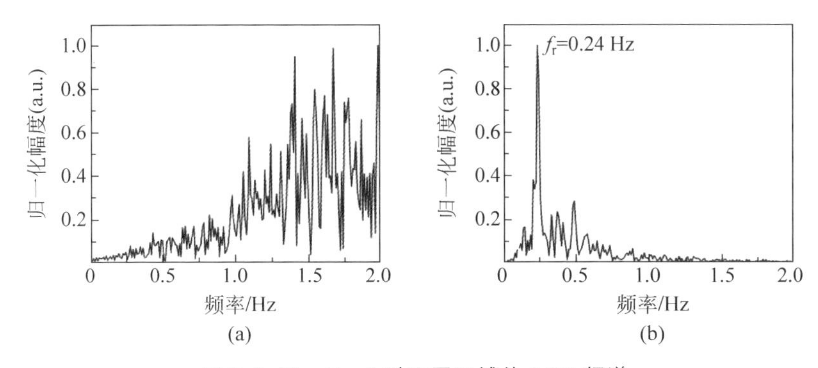

图 2.2.10　$K=6$ 时不同区域处 IMF2 频谱

(a) 0.05 m 处；(b) 2.61 m 处

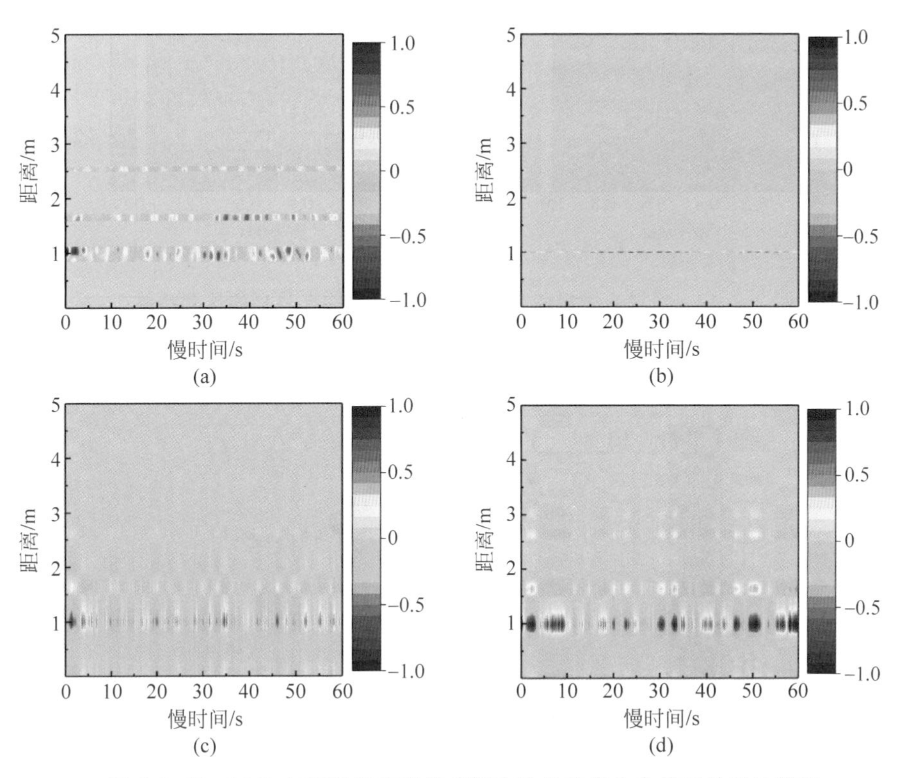

图 2.2.11　VMD 与三种噪声杂波抑制方法重构多生命信号的对比结果

(a) VMD；(b) LTS+MHOC；(c) MTI+SVD；(d) TMS+LTS+SVD

原始回波矩阵，经过后续生命检测算法处理后，五个人体目标的呼吸频率和距离可以清晰识别，如图 2.2.13(c)所示。

上述结果表明，混沌穿墙生命探测雷达可以实现复杂探测环境中人体目标呼

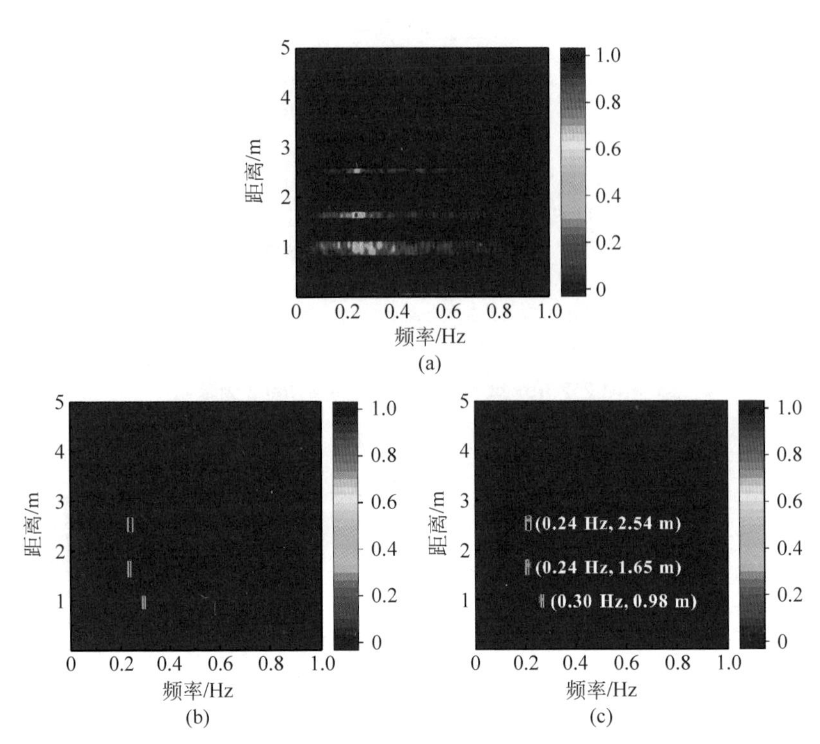

图 2.2.12　经过生命检测算法不同步骤对墙的三目标的探测结果

(a) FFT；(b) CFAR；(c) 质心估计

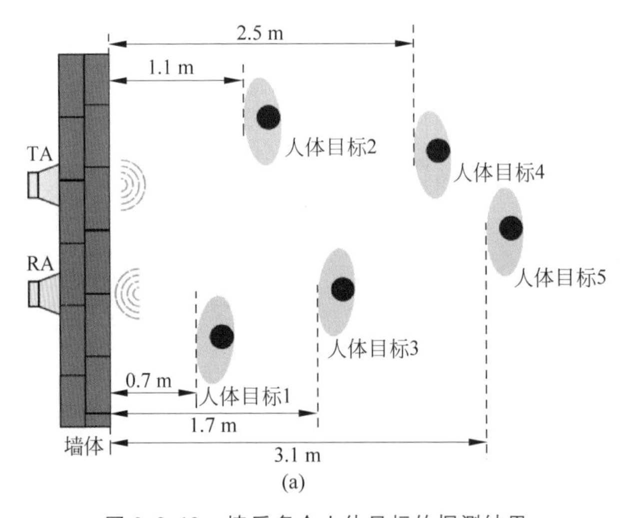

图 2.2.13　墙后多个人体目标的探测结果

(a) 墙后多个人体目标的实验场景；(b) 墙后四个和五个目标原始回波矩阵；(c) 相应的生命探测结果

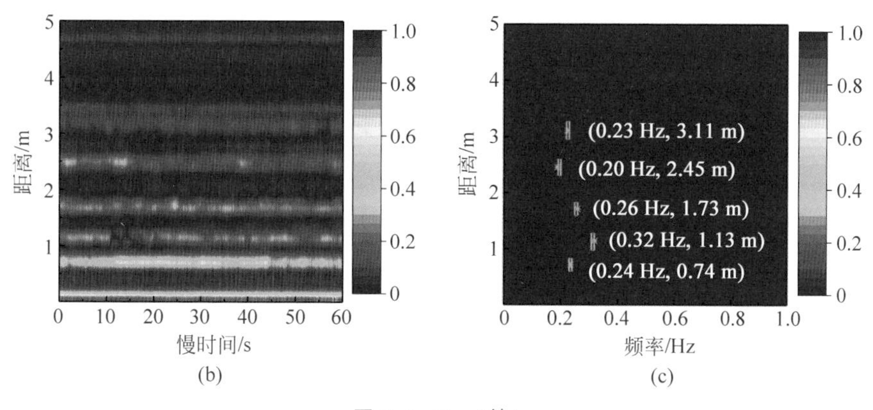

图 2.2.13 （续）

吸频率和距离的同时估计，包括穿透多重障碍物以及墙后多个人体目标的同时探测。结合混沌雷达生命检测算法能够准确地重构障碍物后的多生命信号，为灾后复杂环境中高效、准确搜寻多名被困者提供了一种新的途径。

2.3 混沌探地雷达

城市地下管线担负着传输能量、水源供应和排放废液等职能，为城市日常运行提供基础保障。随着城市现代化的快速发展以及城市交通设施的不断完善，城市地下管线的分布也越来越复杂。地下管线老化和资料管理不规范使得在基础建设施工过程中管线事故频繁发生，造成停水、停电，甚至引发火灾、爆炸等重大事故和灾难。因此，精准有效地探测地下管线位置以及刻画管线分布已经成为城市地下工程建设中必不可少的一项重要工作。

探地雷达利用天线发射高频电磁波并接收来自地下介质界面的反射波，通过分析反射波实现地下管线探测。可以在不破坏地表结构的情况下获取地下埋设的目标信息，同时具有高效实时、测量精度高、操作简单等优点。

探地雷达根据不同类型的发射信号，分为脉冲探地雷达、调频连续波探地雷达、步进频探地雷达和随机信号探地雷达。脉冲探地雷达通过发射天线向地下发射周期性的无载波电磁脉冲，脉冲经过地下介质以及目标物的反射被接收天线接收，基于回波信号与发射信号之间的时间延迟对地下管线进行定位。一种用于扫雷的手持式脉冲探地雷达系统被研发(Takahashi et al.，2008)。基于超宽带短脉冲信号的多通道探地雷达被用于地下介质的诊断和典型地下物体的识别(Grinev et al.，2010)。脉冲探地雷达测量原理简单并且测量快捷，但需要折中考虑探测距离和分辨率，且抗干扰性能较弱。

调频连续波探地雷达在扫频周期内发射不同频率的连续波，通过探测地下目标回波的频率差来获得目标埋藏的深度信息。一种线性调频连续波雷达系统被研发用于简单目标的监测和分类(Chan et al.,2009)。在目标识别方面，采用变周期调频连续波雷达解决多目标识别中的虚假目标问题(徐涛等,2002)。调频连续波探地雷达分辨率高，发射频谱易于控制，且具有较宽的动态范围，但当频带宽度不够或功率较大时，易产生电磁干扰。

步进频探地雷达在频域实现信号的发射和采集，获得地下目标响应的频域复信号，即振幅与相位信息，通过傅里叶变换获得地下目标的响应特征(Iizuka et al.,1983)。利用阵列天线可实现对地下的类地雷目标的高分辨率探测(Sato et al.,2004)。步进频探地雷达的优点是信号波形的可控性，但存在距离旁瓣高、信噪比低以及多普勒效应严重等问题。

随机信号探地雷达向地下发射随机信号(包括伪随机码、混沌信号等)作为探测信号，通过对携带着地下空间信息的回波信号和参考信号进行相关计算和成像处理实现对地下目标探测。基于格雷互补码的超宽带探地雷达被证明可显著改善探测信号的信噪比(Li et al.,2019a)。以混沌信号作为探测信号，基于相关处理和后向投影算法可实现多根地下塑料管线和金属管线的成像与定位(Li et al.,2019b)。

近年来，极化技术已成功应用于探地雷达中，一些研究利用极化分解技术对地下目标进行分类(Feng et al.,2015; Liu et al.,2022)，另一些研究则考虑综合多极化成分实现精确检测(Tsoflias et al.,2004; Böniger et al.,2011)。多极化测量被证明可以用于探测薄的、高角度裂缝的位置和方位(Tsoflias et al.,2004)，结合不同的极化数据也可以增强目标的结构和物理特性(Böniger et al.,2011)。此外，一种多极化的多输入多输出步进频率连续波探地雷达系统被提出用于提高目标检测精度(Zeng et al.,2015)，混合双极化步进频率连续波探地雷达也被用于探测线性物体(Liu et al.,2015)。

2.3.1 极化混沌探地雷达系统

极化混沌探地雷达系统的结构如图2.3.1所示。由FPGA产生带宽为1.56 GHz的混沌脉冲位置调制(chaotic pulse position modulation,CPPM)信号。从FPGA的输出接口产生两路差分信号：一路作为参考信号与示波器连接；另一路先通过功率放大器放大，再经过混频器与3.4 GHz的正弦波混频，经过第二级放大器放大后，通过发射天线发射。在接收端，采用IQ分解结构，类似零中频结构。首先接收天线接收到的信号先经过放大器放大，然后经过功分器分成I路和Q路，将两路分别经过混频器下变频，最后经过低噪声放大器接入示波器。示波器最终接入三路信号，分别是参考信号、I路回波信号和Q路回波信号。在实际探测中，雷达系统内部的时间延迟影响对地下管线位置探测的准确性。实验中将发射天线和接收天线对接，将回波信号与参考信号进行互相关处理，通过相关峰位置得到雷达系统内部的时间延迟。由于该雷达实现定位的原理是基于收发回波进行互相关运算，因此在最后进行成像时，将此部分时间延迟减去即可得到最后的目标成像位置信息。

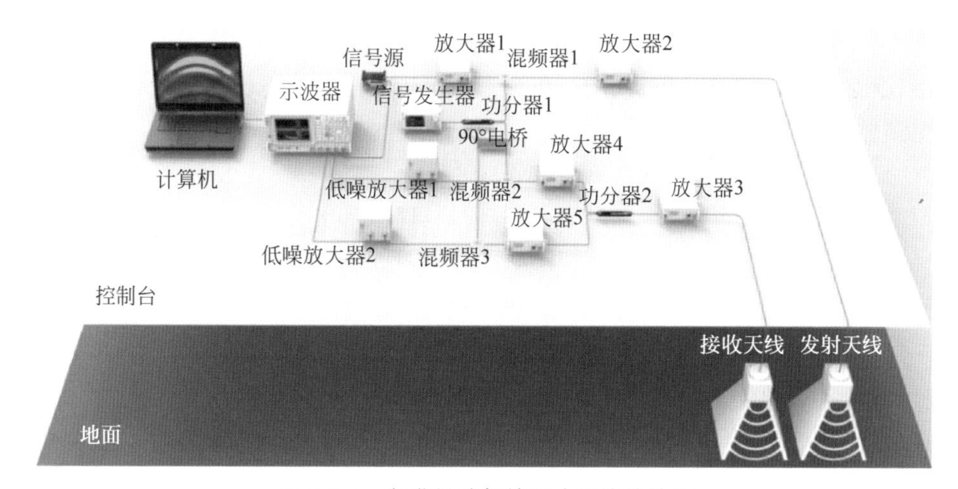

图 2.3.1　极化混沌探地雷达系统的结构

2.3.2　极化混沌探地雷达数据融合

极化混沌探地雷达采用多极化天线获取目标的不同极化分量，极化分量数据代表着同一目标的不同极化特征，若要完整体现目标的物理特征，需要将多极化数据进行融合处理。拉普拉斯金字塔(Laplacian pyramid，LP)数据融合法是一种典型的数据融合方式，利用该数据融合算法可以将不同极化模式下的目标信息进行融合，有助于提高目标探测精度。

图像的拉普拉斯金字塔分解通过将原图像分解到不同的频带范围，分解的每一层都与上一层的尺寸有所区别，将分解后的尺寸扩充到与原始图像尺寸一致再进行融合，不同的频带采用不同的融合规则，最后通过图像重构获取融合后的图像。

天线极化方式包括水平极化(horizontal transmitting and horizontal receiving，HH)、垂直极化(vertical transmitting and vertical receiving，VV)、水平-垂直极化(horizontal transmitting and vertical receiving，HV)和垂直-水平极化(vertical transmitting and horizontal receiving，VH)。

以 HH 极化数据为例进行 LP 分解。

步骤 1：构建高斯金字塔。使用天线的 HH 极化模式获取 HH 极化探地雷达数据。令原始的 HH 极化数据 S_0^{HH} 作为高斯金字塔最底层。然后，通过对 $L-1$ 层图像数据 S_{L-1}^{HH} 和窗函数 U 进行卷积运算并下采样，构建第 L 层高斯金字塔图像数据 S_L^{HH}，如下式所示：

$$S_L^{\mathrm{HH}}(i,j)=4\sum_{m=-2}^{2}\sum_{n=-2}^{2}U(m,n)S_{L-1}^{\mathrm{HH}}(2i+m,2j+n),$$
$$0<L\leqslant Q,\quad 0\leqslant i<M_L,\quad 0\leqslant j<N_L \tag{2.3.1}$$

式中，Q 是金字塔顶部的层数，M_L 和 N_L 分别是第 L 层的行数和列数。一个 5×5 的窗函数 U 如下所示：

$$U=\begin{pmatrix}1 & 4 & 6 & 4 & 1\\ 4 & 16 & 24 & 16 & 4\\ 6 & 24 & 36 & 24 & 6\\ 4 & 16 & 24 & 16 & 4\\ 1 & 4 & 6 & 4 & 1\end{pmatrix} \tag{2.3.2}$$

步骤 2：从高斯金字塔构造 LP。引入放大算子 E_{P}。将 S_L^{HH} 进行放大运算得到 $S_L^{\mathrm{HH}'}$，使其与 S_{L-1}^{HH} 尺寸相同。此处，放大算子 E_{P} 定义如下式所示：

$$S_L^{\mathrm{HH}'}(i,j)=E_{\mathrm{P}}[S_L^{\mathrm{HH}}(i,j)]=4\sum_{m=-2}^{2}\sum_{n=-2}^{2}U(m,n)S_L^{\mathrm{HH}}\left(\frac{i+m}{2},\frac{j+n}{2}\right),$$
$$0<L\leqslant Q,\quad 0\leqslant i<M_{L-1},\quad 0\leqslant j<N_{L-1} \tag{2.3.3}$$

式中，

$$S_L^{\mathrm{HH}}\left(\frac{i+m}{2},\frac{j+n}{2}\right)=\begin{cases}S_L^{\mathrm{HH}}\left(\frac{i+m}{2},\frac{j+n}{2}\right), & \frac{i+m}{2},\frac{j+n}{2}\ \text{为整数时}\\ 0, & \text{其他}\end{cases}$$

第 L 层图像 P_L^{HH} 如下式所示：

$$\begin{cases}P_L^{\mathrm{HH}}=S_L^{\mathrm{HH}}-E_{\mathrm{P}}(S_{L+1}^{\mathrm{HH}}), & 0\leqslant L<Q\\ P_Q^{\mathrm{HH}}=S_Q^{\mathrm{HH}}, & L=Q\end{cases} \tag{2.3.4}$$

重复上述过程，即可得到不同极化模式下的第 L 层 LP 图像数据。

步骤 3：获得多极化融合图像数据的 LP。在 LP 图像数据中，低层包含较多的高频信息，而较高层包含较多的低频信息。这里假设 P_Q^{HH}、P_Q^{VV}、P_Q^{HV} 和 P_Q^{VH} 都是低频信息，其他是高频信息。由于图像的高频部分和低频部分分别代表细节和轮廓，可以通过以下规则获得多极化融合数据：对于低频部分，采用基于多极化数据平均的融合规则，这可以在多极化模式下保留目标反射；对于高频部分，选择多极化数据中的最大值，这个最大值最能反映目标的细节。基于这个融合规则，得到多极化融合图像数据 $P_0^F,P_1^F,\cdots,P_L^F$ 的 LP。

步骤4：使用融合数据重建图像。从LP顶层反演式(2.3.4)得到融合后的高斯金字塔图像S_0^F，即如式(2.3.5)所示的LP数据融合图像。最后得到S_0^F，即多极化融合图像数据。

$$\begin{cases} S_{L-1}^F = P_{L-1}^F + E_P(S_L^F), & 0 < L < Q \\ S_Q^F = P_Q^F, & L = Q \end{cases} \tag{2.3.5}$$

2.3.3 地下管线探测结果

由于地下管线探测通过极化混沌探地雷达获取的管线回波数据成像实现，因此选择合适的图像评价指标至关重要。采用信息熵(information entropy，IE)、平均梯度(average gradient，AG)、空间频率(spatial frequency，SF)和标准差(standard deviation，SD)来量化分析图像质量。IE用于反映图像信息的丰富程度，AG用于反映不同图像部分之间的清晰度，SF反映了图像中的整体活动水平，SD表示图像中不同部分的对比度，这四个指标值越大表示融合图像的清晰度越好。

图像的信息熵常被用来评价一个系统中的有效信息量。其定义如下所示：

$$\mathrm{IE} = -\sum_{i=1}^{n} p(x_i)\lg p(x_i) \tag{2.3.6}$$

式中，$p(x_i)$表示图像矩阵中灰度值为i的像素个数与总的像素个数的比值，n为图像的灰度级数。应用到探地雷达成像上，信息熵大小反映图像中平均有效信息量，即目标体极化信息量的多少。熵值越大代表图像包含有效信息越多，图像质量越好。

平均梯度是对小窗口下图像色差的累计。平均梯度越大，代表图像细节色差越强烈，图像表现越优秀。平均梯度计算如下所示：

$$\mathrm{AG} = \frac{1}{(M-1)(N-1)}\sum_{x=1}^{M-1}\sum_{y=1}^{N-1}\sqrt{\frac{(\partial f(x,y)/\partial x)^2 + (\partial f(x,y)/\partial y)^2}{2}} \tag{2.3.7}$$

式中，M和N分别代表图像$f(x,y)$的行数与列数。

空间频率作为一种图像矩阵评价指标用于测量图像的整体活动性，其值越高代表图像所携带的信息量越多，细节表现能力越强。其定义如下式所示：

$$\mathrm{SF} = \sqrt{\mathrm{RF}^2 + \mathrm{CF}^2} \tag{2.3.8}$$

式中，RF和CF分别为图像的行频和列频，由式(2.3.9)给出

$$\begin{cases} \mathrm{RF} = \sqrt{\dfrac{1}{MN}\sum_{n=1}^{N}\sum_{m=2}^{M}[Z(n,m) - Z(n,m-1)]^2} \\ \mathrm{CF} = \sqrt{\dfrac{1}{MN}\sum_{n=1}^{N}\sum_{m=2}^{M}[Z(n,m) - Z(n-1,m)]^2} \end{cases} \tag{2.3.9}$$

式中，$Z(n,m)$表示图像的样本，M 和 N 分别是图像的行数和列数。

标准差的数学表达式为

$$\mathrm{SD}=\sqrt{\frac{1}{N}\sum_{i=1}^{N}(x_i-\mu)^2} \tag{2.3.10}$$

1. 管线极化响应实验结果

如图 2.3.2 所示为单根非金属管线实验场景图。在实际探测中，管线埋设于 2.0 m×1.2 m×0.8 m(长×宽×高)的干沙坑中，干沙的介电常数为 4～6 m · N/C。非金属管线直径为 10 cm，介电常数为 9 m · N/C，长度为 0.65 m，埋深为 0.15 m。天线采用 HH 极化与 VV 极化两种极化方式对地下目标进行探测，发射天线和接收天线的间距为 2 cm，天线紧贴沙坑表面。图 2.3.3(a)和(b)分别为非金属管线的极化效应图，包括 HH 极化和 VV 极化。从图中可以看出不同极化形式下，管线的散射能量不同，其中 VV 极化的散射能量强于 HH 极化的。但图像中双曲线特征不明显，考虑到所用系统是由独立器件搭建而成，各器件存在电子噪声且器件级联后噪声更大，所以会呈现双曲线断裂的现象。由图 2.3.3(a)和(b)验证了混沌与极化相结合探测地下管线的可行性。进一步，分别采用加权平均(weight average，WA)、主成分分析(principal component analysis，PCA)、多尺度小波变换(wavelet transform，WT)和 LP 进行多极化数据融合，如图 2.3.3(c)～(f)所示。从图中可以看出当采用 LP 数据融合时，图像的散射能量更强，相较于其他融合方法，图像更加清晰。分别采用信息熵、平均梯度、空间频率和标准差进行量化分析，见表 2.3.1。由量化指标可得当采用 LP 数据融合时的数值最大。

图 2.3.2　非金属管线实验场景

表 2.3.1　非金属管线四种融合方法量化对比

融合方法	IE	AG	SF	SD
PCA	5.8004	1.0232	2.3377	23.2282
WA	5.8227	1.0403	2.3674	23.4790
WT	5.7586	1.0090	2.2860	22.9239
LP	**6.2690**	**1.2602**	**2.7672**	**35.6404**

2. 管线分布实验结果

实验场景如图 2.3.4 所示。T 型非金属管线埋设于 2.0 m×1.2 m×0.8 m

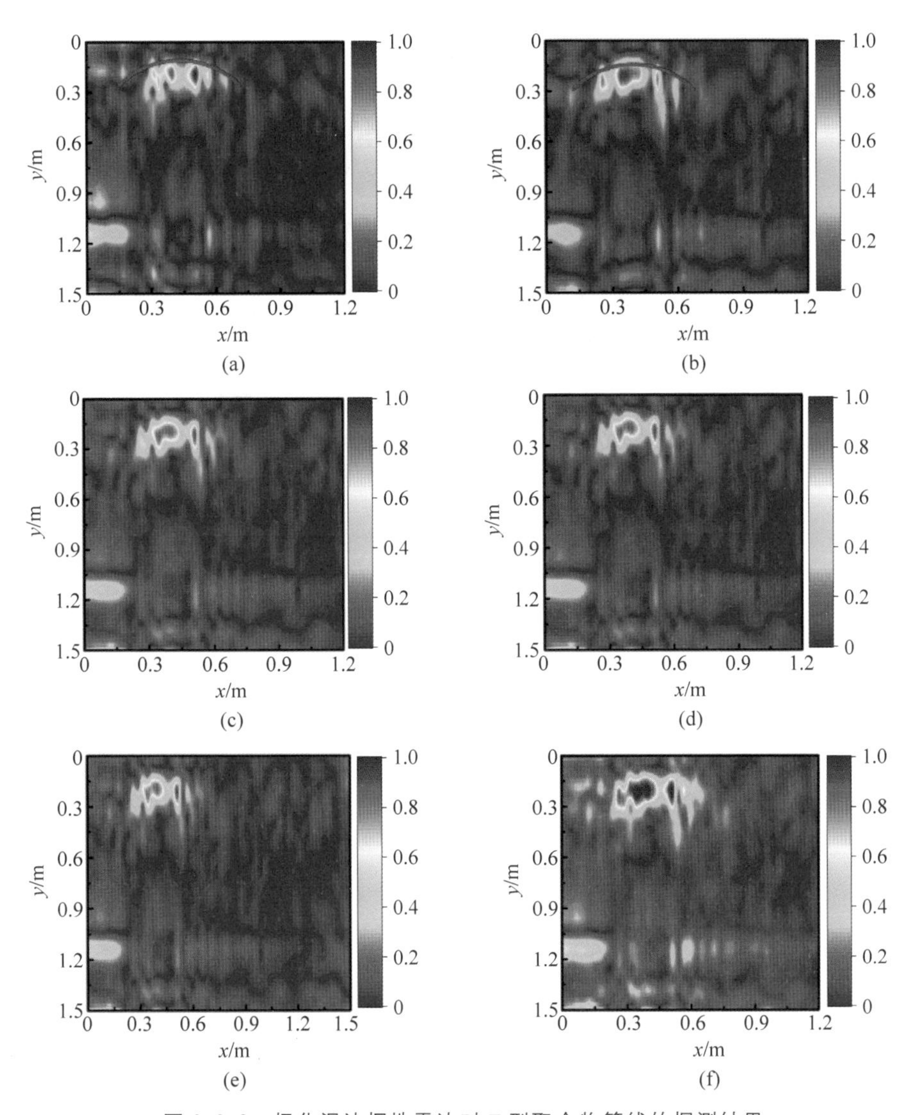

图 2.3.3　极化混沌探地雷达对 T 型聚合物管线的探测结果

(a) HH 极化；(b) VV 极化；(c) 加权平均数据融合；(d) PCA 数据融合；(e) WT 数据融合；(f) LP 数据融合

(长×宽×高)的干沙箱中。其中干沙的介电常数为 4～6 m·N/C，T 型非金属管线的埋深为 38 cm，直径为 20 cm，介电常数为 9 m·N/C。天线采用 HH 极化与 VV 极化两种极化方式对地下目标进行探测，发射天线和接收天线间距为 2 cm。在 x 轴测线上，每隔 5 cm 为一个测点，一条测线上共有 27 个测点。在 y 轴测线上，每次步进 5 cm，共 20 条测线，因此在平面上共有 540 个测点。

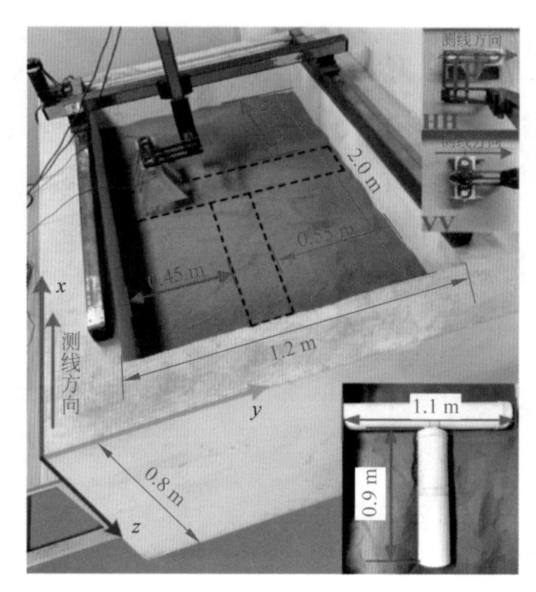

图 2.3.4　T 型非金属管线实验场景

探测结果如图 2.3.5 所示。其中图 2.3.5(a)和(b)为 T 型非金属管线极化效应图,图 2.3.5(c)～(f)分别为基于 PCA、WT、WA 和 LP 数据融合图像。由不同的融合图像可知,当采取 LP 数据融合时,会得到 T 型非金属管线更多的细节信息,比如管线边缘处和管线相交的接头处散射能量更强。当选择其他融合方式时,整体散射能量变弱。对应的量化指标见表 2.3.2,该指标进一步证明了混沌极化探地雷达结合 LP 数据融合方法的有效性。图 2.3.6 给出了 T 型非金属管线的三维显示。

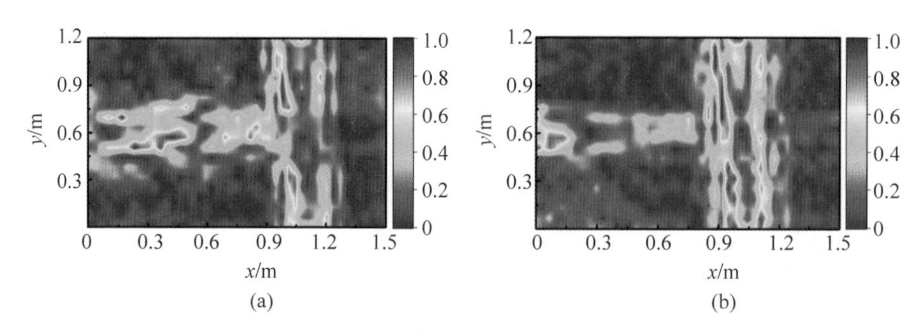

图 2.3.5　极化混沌雷达对 T 型非金属管线的极化效应图及数据融合图

(a) HH 极化;(b) VV 极化;(c) PCA 数据融合;(d) WT 数据融合;(e) WA 数据融合;(f) LP 数据融合

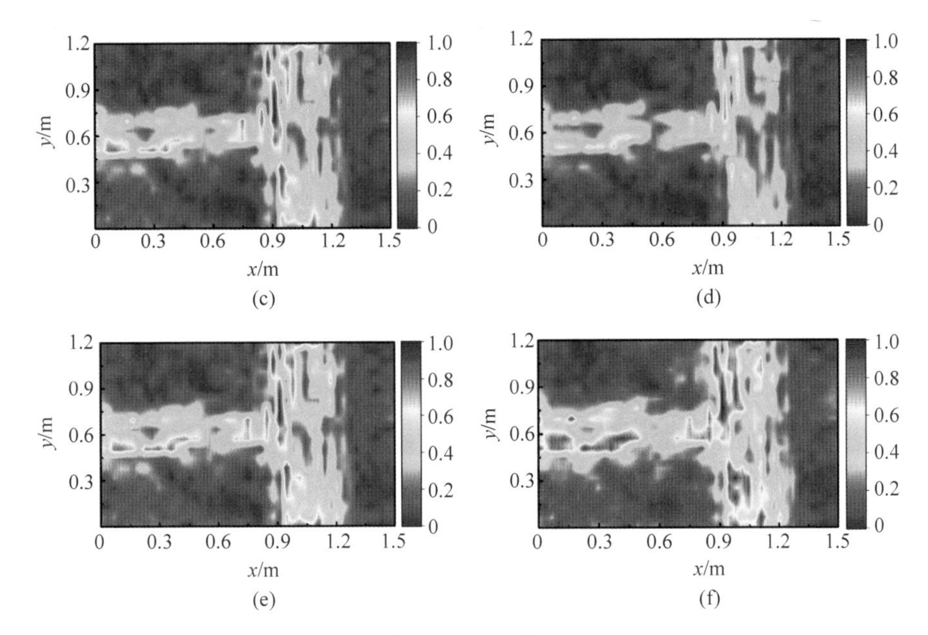

图 2.3.5 （续）

表 2.3.2 T型非金属管线四种融合方法量化对比

融合方法	IE	AG	SF	SD
PCA	6.8231	1.4196	3.1216	107.9438
WA	6.8334	1.4128	3.0605	106.8261
WT	6.8134	1.4128	3.0555	109.6101
LP	**7.3549**	**1.8166**	**3.8304**	**130.7836**

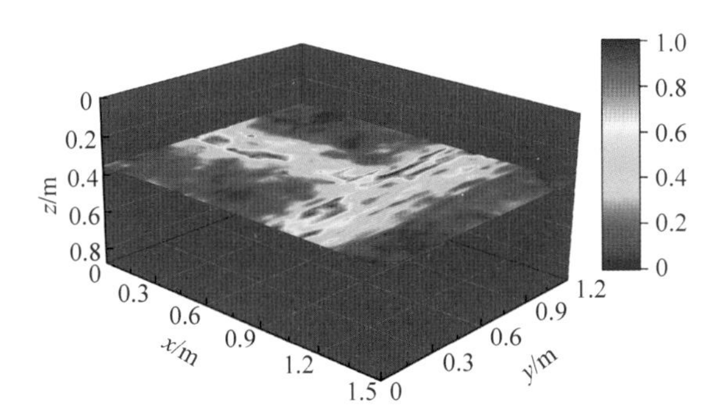

图 2.3.6 T型非金属管线三维显示

3. 不同体制雷达探测结果比较与分析

将极化混沌探地雷达与极化步进频率探地雷达做对比实验。管线埋设场景及其相关参数与混沌探地雷达实验相同，探测目标为T型非金属管线，实验场景如图2.3.4所示。实验中将矢量网络分析仪与喇叭天线连接作为步进频率雷达系统。为使探测条件一致，设置步进频率探地雷达的起始频率和终止频率分别为1.8 GHz和5 GHz，中心频率为3.4 GHz。其中，干沙的介电常数为4～6 m·N/C，T型非金属管线的埋深为38 cm，直径为20 cm，介电常数为9 m·N/C。天线采用HH极化与VV极化两种极化方式对地下目标进行探测，发射天线和接收天线的间距为2 cm。在x轴测线上，每隔5 cm进行一个测点，一条测线上共有27个测点。在y轴测线上，每次步进5 cm，共20条测线，因此在平面上共有540个测点。

成像结果如图2.3.7所示。其中图2.3.7(a)和(b)为T型非金属管线极化效应图，图2.3.7(c)～(f)分别为基于PCA、WA、WT和LP数据融合图像。图2.3.7(a)和(b)显示，在步进频率雷达体制下，也可以看出不同延伸方向管线的极化效应，但极化效应不易识别，且不同延伸方向的管线只在管线边缘有体现。同时步进频率探地雷达成像背景伪影较高，几乎淹没了管线。在实际工程中，当地下目标体未知时，该体制雷达对地下管线分布成像会给勘探人员带来较大干扰，而极化混沌探地雷达系统成像周围背景伪影较小，从侧面也反映出极化混沌探地雷达可以探测更深的目标。

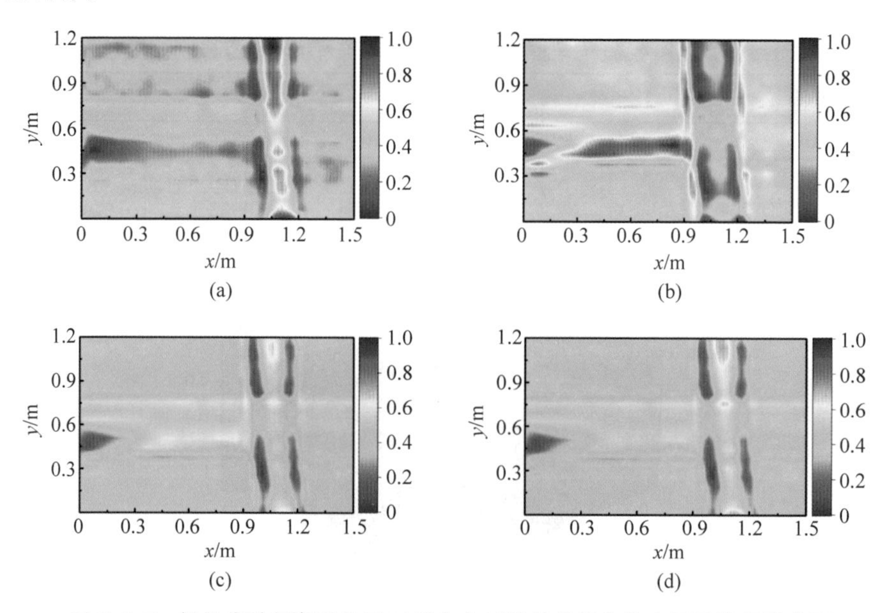

图2.3.7 极化步进频率雷达对T型非金属管线的极化效应图及数据融合图

(a) HH极化；(b) VV极化；(c) PCA数据融合；(d) WA数据融合；(e) WT数据融合；(f) LP数据融合

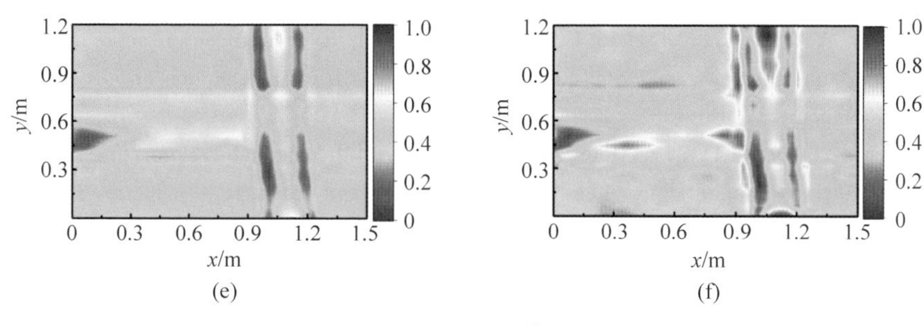

图 2.3.7 （续）

进一步，对比了步进频率探地雷达四种图像融合算法。从图像中可以直观地看出无论采用何种融合方式，在该体制下，T 型非金属管线均几乎淹没于背景噪声中，难以辨别。其中，当采取 LP 数据融合时，T 型管线的边缘成像较明显，但对于整体管线成像仍不清晰。从量化指标上看（表 2.3.3），LP 数据融合时数值最大，成像质量最好。但无论从成像图还是从量化指标上看，极化混沌探地雷达的成像效果均优于极化步进频率探地雷达的。

表 2.3.3　T 型非金属管线四种融合方法量化对比

融合方法	IE	AG	SF	SD
PCA	6.2319	0.8693	1.6969	49.2542
WA	6.2417	0.8578	1.9459	49.5538
WT	6.2176	0.8915	1.9723	49.3561
LP	**6.5940**	**1.0942**	**2.4369**	**74.2820**

上述结果表明，采用极化混沌探地雷达系统探测地下非金属管线时，在共极化模式下，可以获得管线更强的散射能量。此外，结合拉普拉斯金字塔数据融合方式，能更精确地得到目标形状及其分布，为探测地下更深的目标提供了可能性。

参考文献

BÖNIGER U，TRONICKE J，2011. Subsurface utility extraction and characterization：Combining GPR symmetry and polarization attributes[J]. IEEE Transactions on Geoscience and Remote Sensing，50(3)：736-746.

CHAN Y K，ANG C Y，KOO V C，et al，2009. Design and development of a FMCW ground based imaging radar system[J]. PIERS Online，5(3)：265-268.

DUAN Z，LIANG J，2019. Non-contact detection of vital signs using a UWB radar sensor[J].

IEEE Access,7: 36888-36895.
FENG X,YU Y,LIU C,et al,2015. Combination of H-alpha decomposition and migration for enhancing subsurface target classification of GPR[J]. IEEE Transactions on Geoscience and Remote Sensing,53(9): 4852-4861.
GRINEV A Y,BAGNO D V,ZAIKIN A E,et al,2010. Multi-channel ground penetrating radar based on ultra-wideband short-pulse signal: Hardware and software[C]. Lecce: Proceedings of the XIII Internarional Conference on Ground Penetrating Radar.
IIZUKA K, FREUNDORFER A P, 1983. Detection of nonmetallic buried objects by a step frequency radar[J]. Proceedings of the IEEE,71(2): 276-279.
LI J,LIU Y,XU H,et al,2019a. A high signal-noise ratio UWB radar for buried pipe location using golay complementary sequences[J]. Applied Sciences,9(23): 5090.
LI J,GUO T,LEUNG H,et al,2019b. Locating underground pipe using wideband chaotic ground penetrating radar[J]. Sensors,19(13): 2913.
LI Z,AN Q,QI F,et al,2018. Detection of people trapped under the ruins using dual-frequency IR-UWB radar[C]. Madrid: 15th European Radar Conference.
LIANG X,ZHANG H,FANG G,et al,2017. An improved algorithm for through-wall target detection using ultra-wideband impulse radar[J]. IEEE Access,5: 22101-22118.
LIN F Y,LIU J M,2004. Chaotic lidar[J]. IEEE Journal of Selected Topics in Quantum Electronics,10(5): 991-997.
LIU H,ZHAO J,SATO M,2015. A hybrid dual-polarization GPR system for detection of linear objects[J]. IEEE Antennas and Wireless Propagation Letters,14: 317-320.
LIU H, ZHONG J, DING F, et al, 2022. Detection of early-stage rebar corrosion using a polarimetric ground penetrating radar system[J]. Construction and Building Materials, 317: 125768.
MABROUK M,RAJAN S,BOLIC M,et al,2014. Detection of human targets behind the wall based on singular value decomposition and skewness variations[C]. Cincinnati: 2014 IEEE Radar Conference.
MYNENI K,BARR T A,REED B R,et al,2001. High-precision ranging using a chaotic laser pulse train[J]. Applied Physics Letters,78(11): 1496-1498.
SATO M,HAMADA Y,FENG X,et al,2004. GPR using an array antenna for landmine detection [J]. Near Surface Geophysics,2(1): 7-13.
SHEN H,XU C,YANG Y,et al,2018. Respiration and heartbeat rates measurement based on autocorrelation using IR-UWB radar[J]. IEEE Transactions on Circuits and Systems II: Express Briefs,65(10): 1470-1474.
SUSEK W,STEC B,2015. Through-the-wall detection of human activities using a noise radar with microwave quadrature correlator[J]. IEEE Transactions on Aerospace and Electronic Systems,51(1): 759-764.
TAKAHASHI K,SATO M,2008. A hand-held dual-sensor system using impulse GPR for demining[C]. Hannover: IEEE International Conference on Ultra-Wideband.
TSOFLIAS G P,VAN GESTEL J P,STOFFA P L,et al,2004. Vertical fracture detection by exploiting the polarization properties of ground-penetrating radar signals[J]. Geophysics,

69(3): 803-810.

VERTIY A A, VOYNOVSKYY I V, ÖZBEK S, 2005. Microwave through-obstacles life-signs detection system[C]. Kiev: Microwaves, Radar and Remote Sensing Symposium MRRS-2005: 261-265.

WANG G, MUNOZ-FERRERAS J M, GU C, et al, 2014. Application of linear-frequency-modulated continuous-wave (LFMCW) radars for tracking of vital signs [J]. IEEE Transactions on Microwave Theory and Techniques, 62(6): 1387-1399.

WANG J Q, ZHENG C X, JIN X J, et al, 2004. Study on a non-contact life parameter detection system using millimeter wave[J]. Space Medicine & Medical Engineering, 17(3): 157-161.

XU H, LI L, LI Y, et al, 2019. Chaos-based through-wall life-detection radar[J]. International Journal of Bifurcation and Chaos, 29(7): 1930020.

XU Y, DAI S, WU S, et al, 2012a. Vital sign detection method based on multiple higher order cumulant for ultrawideband radar[J]. IEEE Transactions on Geoscience and Remote Sensing, 50(4): 1254-1265.

XU Y, WU S, CHEN C, et al, 2012b. A novel method for automatic detection of trapped victims by ultrawideband radar[J]. IEEE Transactions on Geoscience and Remote Sensing, 50(8): 3132-3142.

ZENG Z, LI J, HUANG L, et al, 2015. Improving target detection accuracy based on multipolarization MIMO GPR[J]. IEEE Transactions on Geoscience and Remote Sensing, 53(1): 15-24.

ZHENG J Y, ZHANG M J, WANG A B, et al, 2010. Photonic generation of ultrawideband pulse using semiconductor laser with optical feedback[J]. Optics Letters, 35(11): 1734-1736.

王冰洁，钱建军，赵彤，等，2011. 混沌激光雷达抗干扰性能分析[J]. 中国激光，38(5): 241-246.

徐涛，金昶明，孙晓玮，等，2002. 一种采用变周期调频连续波雷达的多目标识别方法[J]. 电子学报，30(6): 861.

夏正欢，张群英，叶盛波，等，2015. 一种便携式伪随机编码超宽带人体感知雷达设计[J]. 雷达学报，4(5): 527-537.

第3章 时域反射测量

3.1 光时域反射测量

网络强国已成为国家战略。如何保证网络系统信息可靠地传输就变得非常重要。根据美国联邦通信委员会的案例调查，超过 1/3 的通信中断是由光纤光缆的损毁导致的。面对大量铺设的光纤通信网络，光纤链路中损毁点的及时、精确、无损探测和在线监测就成为迫切需要解决的现实问题。

光时域反射测量是时域反射测量原理在光频范围内的推广，最早于 1976 年被美国休斯研究实验室的 Michael K. Barnoski 等报道（Barnoski et al.，1976），1977 年 Stewart D. Personick 提出了光时域反射仪（optical time-domain reflectometer，OTDR）概念（Personick，1977）。1981 年，美国 Tektronix 公司研制了世界首台商用光时域反射仪（Anderson et al.，2004）。

光时域反射仪是通过测量光纤中的后向瑞利散射和菲涅耳反射信号，实现对光纤链路中因为熔接、连接器、跳线、弯曲或断裂等形成的异常事件的探测和定位，是光纤、光缆链路传输特性测试和故障检测的主要技术手段。光时域反射测试只需要在光纤一端进行收发测试就能完成对整个光纤链路的检测，是一种非破坏性的单端测量方法。2008 年，国际电信联盟标准化部门明确规定（ITU-T Recommendation G. 650. 3，2008），将光时域反射仪作为检测光纤链路故障的专用仪器，用于光纤质量检测、光纤链路铺设和光纤网络维护等。

3.1.1 光时域反射测量原理

1. 后向传播理论

光在光纤中传输时，会产生瑞利散射、布里渊散射、拉曼散射和菲涅耳反射等光学现象。光纤中的瑞利散射和菲涅耳反射如图 3.1.1 所示。

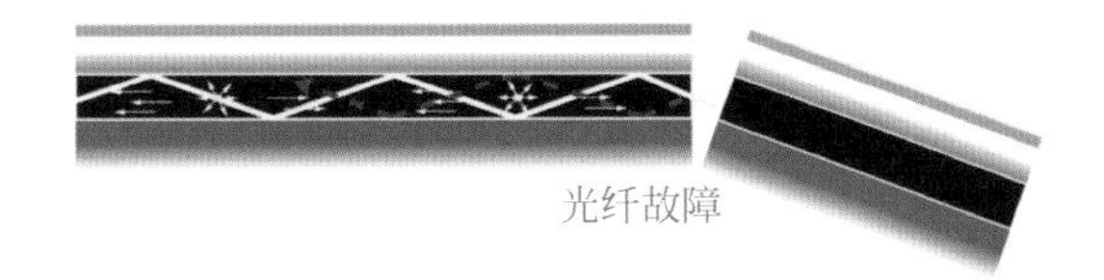

图 3.1.1　光纤中的瑞利散射和菲涅耳反射

瑞利散射是由于光纤材料内部的密度微观涨落使沿光纤传播的光子与物质分子作用产生的散射。光子与物质分子发生作用时并不产生能量交换，所以散射光频率和入射光频率相同。其中部分散射光沿着光纤轴向向前或向后散射，通常将沿轴向向后的散射称为后向瑞利散射。

由于光纤损耗的存在，后向瑞利散射信号功率随着传输距离的增加而不断减小。当光纤各参数确定后，后向瑞利散射光的衰减情况也随之确定。设注入光纤的光脉冲峰值功率为 P_0，脉冲宽度为 τ，在光纤中的群速度为 v_g。当光脉冲沿光纤传输到 z 处，忽略多次后向散射的影响，则经过时间 $t=2z/v_g$，光注入端所接收到的后向瑞利散射光功率 $P_S(z)$ 为（Hartog et al.，1984）

$$P_S(z)=P_0\tau\eta\exp(-2\alpha z) \tag{3.1.1}$$

式中，α 为光纤衰减系数，η 为光纤的后向散射因子，表达式为

$$\eta=S\alpha_s v_g/2 \tag{3.1.2}$$

式中，α_s 为光纤的瑞利散射衰减系数，S 为后向散射系数，不同的光纤后向散射系数不同。对于给定的光纤，其后向散射系数和瑞利散射衰减系数都是常数。

光脉冲在光纤传输的整个过程中都存在后向瑞利散射，后向瑞利散射包含了与光纤长度有关的传输损耗信息，是光时域反射仪设计的理论基础。

光通过不同折射率介质的界面时会产生菲涅耳反射。因此，在光纤中故障点或端面处，由于折射率的突变就会产生菲涅耳反射。对于光纤中 z 处产生的菲涅耳反射光，在光纤注入端所接收到的光功率 $P_R(z)$ 为

$$P_R(z)=R_0P_0\exp(-2\alpha z) \tag{3.1.3}$$

式中，R_0 为光纤中 z 处的菲涅耳反射系数，由反射点处光纤端面或者断裂面的情况决定。对于表面平整、光洁的理想光纤端面，且端面与光纤轴线垂直的情况下，菲涅耳反射系数为

$$R_0=\left(\frac{n_1-n_0}{n_1+n_0}\right)^2 \tag{3.1.4}$$

式中，n_1 为纤芯折射率，n_0 为外界折射率。当外界环境为空气，即 $n_0=1$，$n_1=1.5$ 时，菲涅耳反射系数约为 −14 dB。当端面有一定倾斜时，反射系数计算困难。实际中光纤断裂面的情况则更为复杂，难以用理论计算，需要通过实验实际测量不同

端面倾斜情况下的菲涅耳反射系数，求出统计值。

2. 光时域反射仪工作原理

光时域反射仪是通过测量光信号在光纤中传输时产生的后向瑞利散射光与菲涅耳反射光来测量光纤的传输特性。光时域反射仪原理如图 3.1.2 所示。激光器发出的光脉冲经过耦合器进入光纤传输，与光脉冲传播方向相反的后向瑞利散射光和菲涅耳反射光回到光纤输入端，经耦合器进入光电探测器变成电信号。在光输入端对电信号进行高速采集，将采样到的每个采样点的后向散射光功率作为纵坐标，对应点的距离作为横坐标作图，即可得到光纤的响应特性曲线。曲线的突变点即故障点。

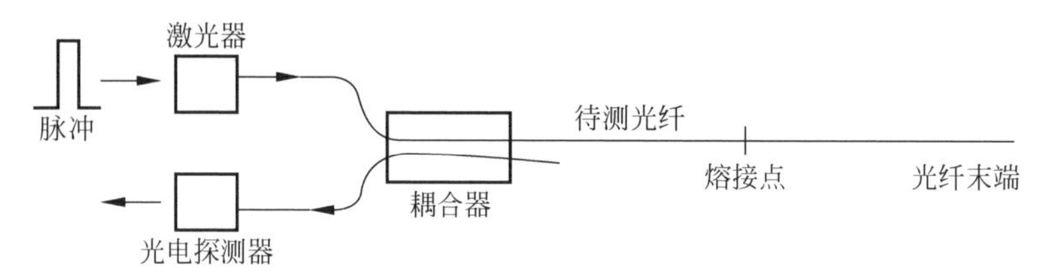

图 3.1.2　光时域反射仪原理示意图

光纤中典型故障对应的测试曲线如图 3.1.3 所示，由于不同事件(光纤熔接点、弯曲点、连接头、裂缝、断点断面等)对光的散射和反射强度不同，因此测试曲线上对应不同的显示。曲线的斜率则反映了不同位置的瑞利散射强度，即光纤的衰减特性。

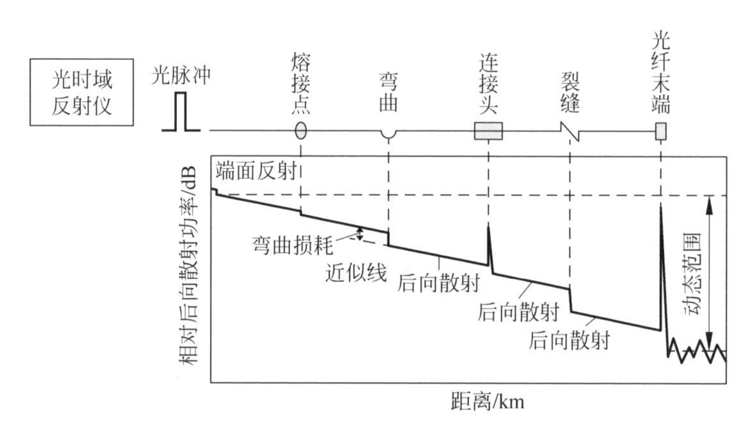

图 3.1.3　光时域反射仪典型测试曲线

3.1.2　光时域反射仪主要性能参数

动态范围、空间分辨率和盲区是光时域反射仪的三个主要性能参数。

1. 动态范围

动态范围反映了光时域反射仪的测距能力，动态范围越大所测量的光纤长度就越长。动态范围通常可定义为光时域反射仪测试曲线的初始散射功率和噪声区峰值功率的分贝差。

$$R=\frac{1}{2}\cdot 10\lg\left[\frac{P_{\mathrm{S}}(0)}{P_{\mathrm{n}}}\right]=5\lg\left(\frac{P_0\tau\eta}{P_{\mathrm{n}}}\right) \tag{3.1.5}$$

式中，P_{n} 为接收机灵敏度。1/2 是因为存在前向探测和后向散射两个传输过程而引入的倍数因子。从式(3.1.5)可以看出影响动态范围的因素包括探测光脉冲的峰值功率 P_0、脉冲宽度 τ 以及接收机的灵敏度 P_{n}。

2. 空间分辨率

空间分辨率是指光时域反射仪能分辨的光纤中两个相邻事件点（光纤断点、连接头等）的最短距离。假设光纤中两个故障点之间的距离为 ΔL，进入待测光纤的光脉冲宽度为 τ，光在光纤中的传输速度为 v_{g}，则能分辨的两个故障点间的最短距离为

$$\Delta L=\frac{1}{2}v_{\mathrm{g}}\tau \tag{3.1.6}$$

可以看出空间分辨率与光脉冲宽度有直接关系，进入光纤的光脉冲越窄，得到的空间分辨率越高。

3. 盲区

盲区是指光时域反射仪无法测到反射事件的最短距离。盲区不是一个独立参数，与系统分辨率有关。

产生盲区的原因如下：光纤与所连接的器件进行耦合时存在缝隙，产生的菲涅耳反射光功率远远大于瑞利后向散射光功率，导致光电探测器达到饱和，以至于掩盖了某些后向散射信号，为了使光电探测器恢复正常值需要一定释放时间，在这个时间内将无法测得有用信息，这个时间所对应的光纤长度称为盲区。如图 3.1.4 所示。

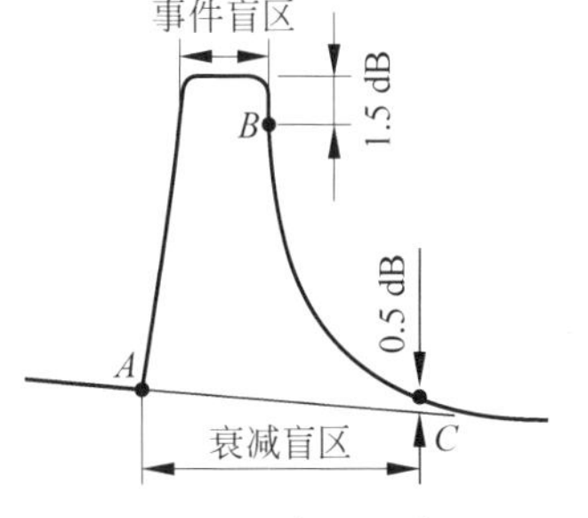

图 3.1.4　盲区示意图

光时域反射仪的盲区分为事件盲区和衰减盲区(Josef，1998)。

事件盲区：定义为光时域反射仪测试曲线上从反射峰开始位置 A 到相对于反射峰最高功率值下降 1.5 dB 的位置 B 时所对应的实际物理光纤长度。

当待测光纤的长度小于事件盲区时，由于光电探测器还处于第一次反射事件所造成的饱和状态，光时域反射仪是无法测出其他的反射事件的；当待测光纤的

长度大于事件盲区时，则能够测出其他的反射事件。但此时能否测出光纤的损耗、衰减等非反射事件，要取决于待测光纤的长度是否大于光时域反射仪的衰减盲区。

衰减盲区：定义为光时域反射仪测试曲线从反射开始位置 A 到反射峰值功率值下降至比正常瑞利散射水平高 0.5 dB 的位置 C 时所对应的物理光纤长度。

由于反射事件对于接收机的饱和效应，接收机需要一段时间来重新恢复至饱和之前的状态，从而形成了测试曲线上的反射峰。在测试曲线 AC 对应的这段时间内，接收机的相应功率一直保持在远大于瑞利散射的水平，在这个过程中接收机不能对返回的后向瑞利散射进行分辨，不能得到光纤链路的衰减情况。

3.1.3 光时域反射仪技术的发展

传统基于单脉冲的光时域反射仪技术成熟、结构简单，已广泛应用于光纤链路的故障检测和传输特性表征，但其动态范围和空间分辨率之间存在无法调和的矛盾。从 3.1.2 节的讨论可知，发射的光脉冲宽度越窄，空间分辨率越高，但是脉冲宽度的减小使入纤光能量减少，相应的动态范围降低。若要提高动态范围，需要增加脉冲峰值功率或者增大脉冲宽度，但前者会引起非线性效应甚至引起光纤损伤，后者又必将降低分辨率。图 3.1.5 为当增加脉冲宽度后，相邻两个反射事件变得无法分辨的情况。

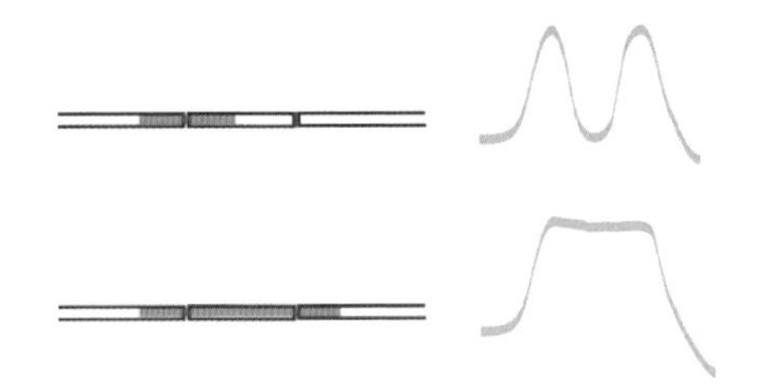

图 3.1.5　增加脉冲宽度导致空间分辨率降低

利用单光子探测器(single photon detector，SPD)的单光子水平的极高灵敏度，光子计数 OTDR 可以获得更高的动态范围。光子计数 OTDR 采用时间相关的单光子计数器，探测器精确记录光脉冲到达时间并输出标准电平信号，通过多次测量反射信号与发射脉冲之间的时间间隔，建立光子计数-时间直方图，从而得到光纤的衰减曲线。光子计数 OTDR 的离散探测使得其空间分辨率与探测带宽无关，可同时实现较高空间分辨率和较大的动态范围。

光子计数 OTDR 技术主要受到单光子探测器的制约。目前，常用的单光子探测器，如光电倍增管(photomultiplier tube，PMT)的响应截止波长约为 900 nm，硅雪崩光电二极管(avalanche photo diode，APD)的截止波长约为 1100 nm，这两种探测器无法应用于通信波段。铟镓砷 APD 的工作波长可在 900～1700 nm，但铟镓砷 APD 的响应度要比硅 APD 的响应度低 1～2 个数量级。为此，M. Legré 等提出利用非线性晶体将通信波长的探测光上变频到可见光波段的时域反射技术(Legré et al.,2007)，如图 3.1.6 所示。波长为 1550 nm 的光子和 980 nm 的泵浦光在周期性极化铌酸锂(periodically poled lithium niobate，PPLN)波导中和频产生一个 600 nm 的光子，经带通滤波(band-pass，B-P)后被硅 SPD 接收，实验获得了厘米量级的空间分辨率。

光子计数 OTDR 实用化过程主要受光电子探测器的制约。

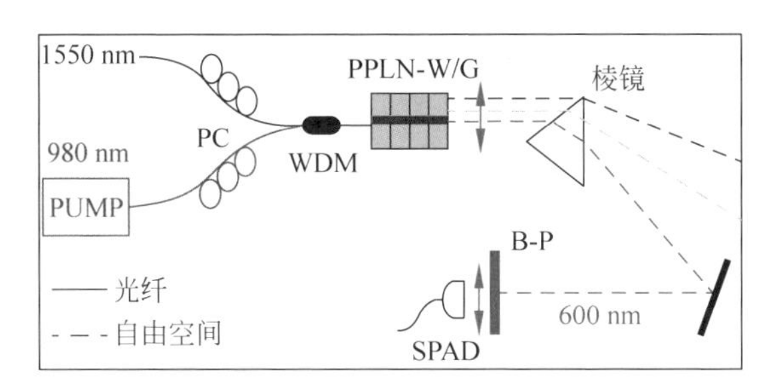

图 3.1.6　上变频光子计数光时域反射仪原理示意图(Legré et al.,2007)

低相干光时域反射法(optical low-coherence reflectometer，OLCR) 是一种具有更高测量分辨率的时域反射方法。如图 3.1.7 所示，利用宽谱光源 (如 LED、SLD 等)发射连续的低相干光进行探测。原理上，如果参考臂的长度恰好等于探测臂中某个反射事件的距离，则参考回波和事件反射信号将产生干涉信号。因此，扫描参考臂的长度 (改变图中反射镜的位置)，根据出现的干涉信号即可测量反射事件的位置。其分辨率取决于光源的光谱宽度或相干长度，可达到约 1 μm(Clivaz et al.,1992)。然而由于参考臂扫描范围有限，该方法不能实现远距离探测，通常用于检测光通信器件内部事件(Mechels et al.,1999)。

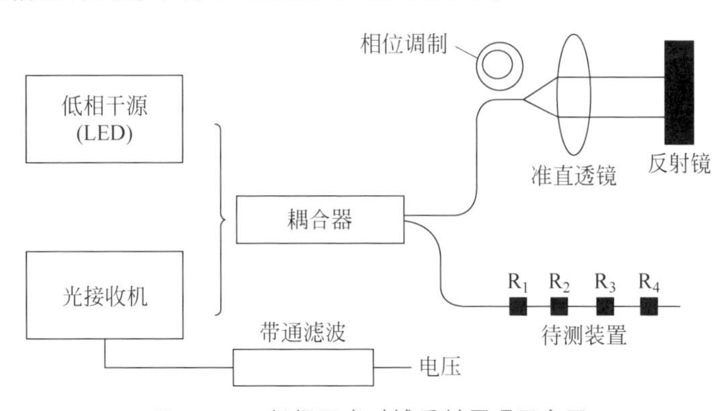

图 3.1.7　低相干光时域反射原理示意图

相干光时域反射仪能在不增加脉冲功率的前提下提高光接收机的灵敏度

(Furukawa et al.,1995; Healey,1984)。如图 3.1.8 所示,相干光时域反射仪利用声光调制等方式对窄线宽激光进行频率调制,获得频率时变的连续探测光。再利用光外差探测回波与参考光的干涉信号,从而实现光纤故障测量。该方法提高动态范围的原因有:①参考光和探测光相干信号的幅度是非相干信号的 2 倍;②窄线宽探测允许使用窄带滤波器,从而降低噪声。然而,相干光时域反射仪存在两个缺点:一是器件昂贵、成本高;二是光纤传输引起的偏振态变化导致回波和参考光的相干衰退(Healey,1984)。

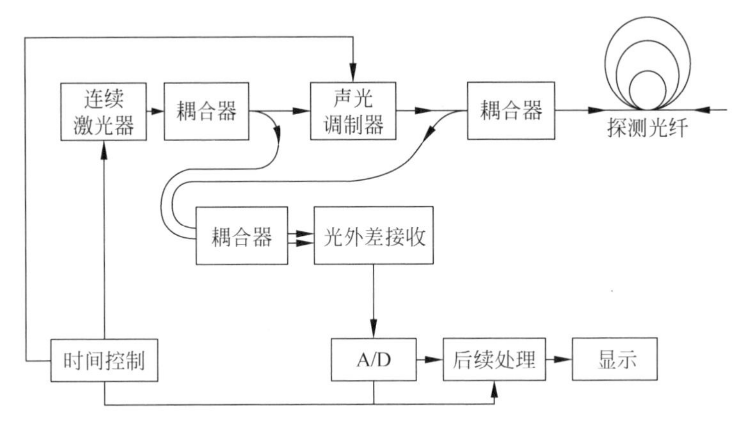

图 3.1.8　相干光时域反射仪原理示意图

采用随机光脉冲序列作为入射探测信号,可以提高光时域反射仪动态范围(Lee et al.,2006; Takushima et al.,2007)。典型原理如图 3.1.9 所示,伪随机码发生器 PRBG 产生一定码元宽度和码长的随机序列。该随机序列被分为两路:一路调制光发射机产生随机光脉冲序列,另一路经过延迟作为参考信号。将光接收机接收到的回波信号与参考信号进行相关运算,获得光纤故障的位置。因为采用了相关法解调光纤故障位置,所以也被称为相关光时域反射仪。该方法的优点是,通过增加探测脉冲数量(而非单脉冲宽度)来提高入纤探测信号能量,能够在不损失分辨率的前提下有效提高动态范围。然而,随机光脉冲序列的产生需要通过电

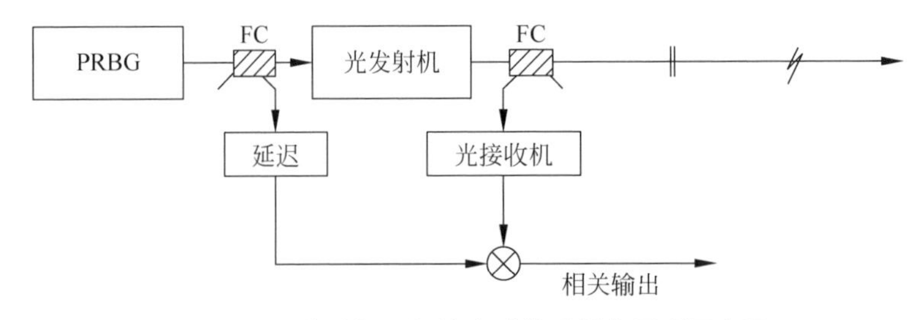

图 3.1.9　伪随机码相关光时域反射仪原理示意图

随机码调制激光器，从而导致码元脉冲宽度仍然受限于电子带宽瓶颈。与单脉冲光时域反射仪相比，随机码相关法的空间分辨率并未得到明显改善。此外，随机码有限的码长也限制了动态范围的进一步增加。

3.2　混沌光时域反射仪

小型、密集分布光纤网络的快速发展，如建筑物内的光纤入户网络或大型飞行器系统内的光纤链路，迫切需要高空间分辨率的光时域反射测量方法。国际电信联盟电信标准化部门(ITU-T)成立了专门研究组研究制定光接入网的光纤光缆的测试和维护标准。欧盟科技框架计划连续两届(第五届和第六届)支持的e-Photon/One项目设专题研究光纤网络的监测问题。美国海军司令部专项资助了针对航空系统内部光纤故障检测的高分辨光时域反射仪研究。

借鉴伪随机码相关法，本章提出将半导体激光器产生的混沌激光作为入纤探测信号，利用相关运算解调光纤链路故障位置信息的混沌光时域反射仪(Wang et al.，2008)，实现光纤网络故障的高分辨率测量。

3.2.1　混沌光时域反射仪原理

混沌光时域反射仪的原理如图 3.2.1 所示。宽带混沌光源(由光反馈分布反馈半导体激光器(DFB)产生)发出的混沌激光被光纤耦合器分为参考信号光和探测信号光，参考信号光直接被探测器接收后传入相关器，探测信号光则传输至待测光纤；探测信号光遇到故障点产生回波信号，返回探测端并使用与接收参考信号光性能相同的探测器进行探测，之后同样传入相关器；参考信号与回波信号在相关器中进行互相关运算，由于回波信号相对参考信号有一定的延迟，因此互相关曲线会在故障点(延迟时间)对应位置出现峰值，由此便可计算出故障的准确位置。

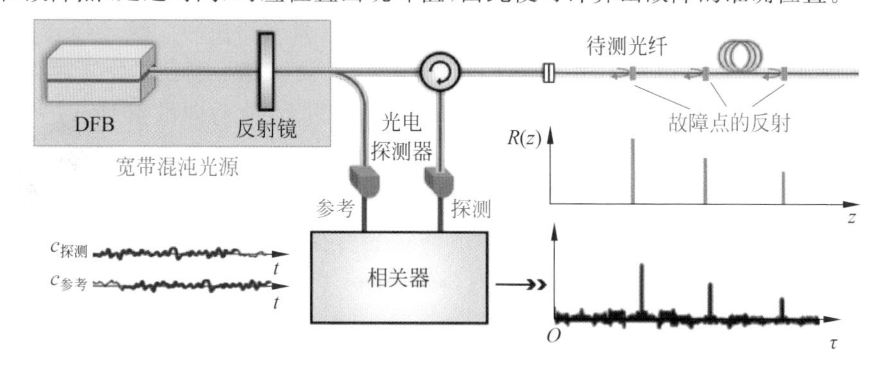

图 3.2.1　混沌光时域反射测量光纤故障原理图

设混沌激光信号为 $P(t)$，其自相关函数为

$$P(t) \otimes P(t) = \langle P(t)^2 \rangle \delta(t) \tag{3.2.1}$$

式中，$\otimes$表示相关运算，$\langle \cdot \rangle$表示数学期望。

设混沌激光参考信号为 $P_{\mathrm{ref}}(t)$，故障点的回波信号 $P_{\mathrm{echo}}(t)$是参考信号的延迟

$$P_{\mathrm{echo}}(t) = \sum R_i \rho P_{\mathrm{ref}}(t - \tau_i) \exp(-\alpha \tau_i c / n) \tag{3.2.2}$$

式中，ρ 为入纤探测信号功率与参考信号功率之比，R_i 为第 i 个故障点的强度反射率，τ_i 为发射端到第 i 个故障点的往返时间，n 为光纤折射率，c 为真空中的光速。

参考信号与回波信号的相关函数表示为

$$P_{\mathrm{ref}}(t) \otimes P_{\mathrm{echo}}(t) = \rho \langle P_{\mathrm{ref}}^2 \rangle \sum R_i \delta(t - \tau_i) \exp(-\alpha \tau_i c / n) \tag{3.2.3}$$

显然，相关曲线在 τ_i 处出现相关峰，则故障点的位置 $z_i = c\tau_i / 2n$。相关峰值的高低反映了故障点的回波强弱。

混沌光时域反射测量中，空间分辨率和动态范围分别由相关曲线峰值的半高全宽(FWHM)和峰值噪声比 PNR 决定。FWHM 定义为相关曲线主峰在其一半高度时的宽度，由混沌激光信号的带宽决定，带宽越宽则 FWHM 越小，相应的空间分辨率越高。

PNR 越大，表明信号相关性越好，基底噪声越低。由于探测信号的衰减等因素，随着探测距离的增加，相关峰的高度也在逐渐减小，当减小到与峰值附近的噪声具有相近高度时，峰值位置便无法确定。一般定义当 PNR 小于 3 dB 时的探测范围为该方法的动态范围。

3.2.2 单链路故障测量

基于光反馈半导体激光器的混沌光时域反射法测量光纤故障实验装置如图 3.2.2 所示(Wang et al.,2010)。光纤反馈半导体激光器产生混沌激光。反馈光的强度和偏振态分别由可调衰减器和偏振控制器调节和控制。经光隔离器后，输出的混沌激光被掺铒光纤放大器(EDFA)放大，并被 99∶1 耦合器分为两束：一束(99%)作为探测光信号经光环行器 OC2 进入待测光纤，后向散射/反射光由环行器接收，经光电探测器后被实时示波器记录；另一束(1%)作为参考光信号，经相同性能的光电探测器转换为电信号，并被实时示波器记录。通过计算机实现参考信号和返回的探测信号的互相关运算，测定光纤损毁点。参考通路中光纤延迟线用于补偿参考通道与探测通道的相对延迟，定标零点。

激光器为分布反馈式(distributed feedback,DFB)半导体激光器，工作电流设置为阈值电流 (22 mA) 的 1.5 倍，光谱的中心波长为 1550.6 nm，−20 dB 线宽为 0.3 nm，边模抑制比为 35 dB。激光器输出功率为 0.68 dBm，弛豫振荡频率约为

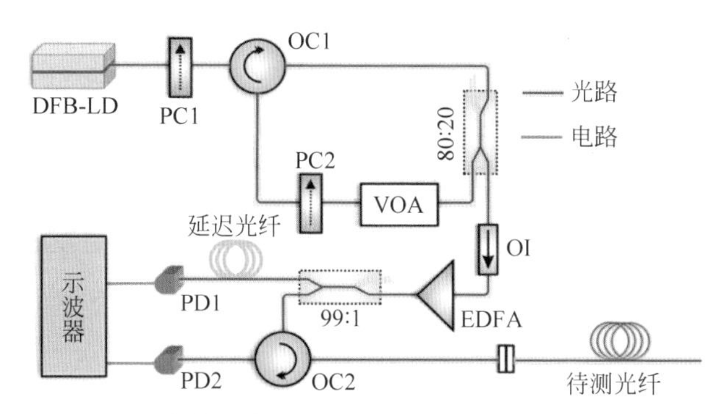

图 3.2.2　混沌光时域反射法测量单链路光纤故障实验装置图

2.7 GHz。光纤反馈环的长度为 6 m，这种长腔反馈可使激光器产生的混沌信号具有平滑的频谱特性，有利于混沌时域反射测量。参考光和后向返回的探测光由相同型号的 2 GHz 带宽的 PIN 光电探测器(转换效率为 0.85 mA/mW)接收，并用带宽为 500 MHz、采样率为 5 GSa/s 的实时示波器记录两者波形。

图 3.2.3 为实验测量的混沌探测光信号特征，图 3.2.3(a)～(e)分别为时序波形、相图、频谱、光谱和自相关曲线。注意，图 3.2.3(c)中黑色曲线为频谱仪测量所得 0～11 GHz 范围内的频谱，而灰色曲线则是对示波器所采集的时间序列进行傅里叶变换得到的频谱。对比两者可知，信号的有效带宽被示波器带宽限制在大约 500 MHz。比较图 3.2.3(d)中混沌态的光谱(粗线条)和静态光谱(细线)可知，激光器处于混沌态时光谱会加宽并且红移，但由于 DFB 的分布反馈光栅的限制，其 −20 dB 线宽约展宽至 30 GHz，−3 dB 线宽约为 8 GHz。如图 3.2.3(e)所示，δ 线型自相关曲线主峰的 FWHM 仅为 0.6 ns。

首先以损耗系数为 0.2 dB/km、50 m 长的 1550 nm 单模光纤模拟反射事件进行断点故障实验测试。经光放大器放大后，发射端输出探测信号的平均光功率为 11.2 dBm，参考信号的平均光功率为 −8.76 dBm。首先标定零点：将探测信号发射端悬空，测量其反射信号与参考信号的相关曲线，调节参考通道的光纤延迟线，使相关曲线峰值位于零点。然后将探测光注入单链路待测光纤，光纤断点模拟反射事件。图 3.2.4 给出了对长度约为 50 m 的光纤端面的测量结果。在 49.96 m 处出现相关峰，即光纤端面造成的反射峰。零点处的相关峰为发射端口 FC/PC 连接器的回波，比光纤端面的菲涅耳反射强度低 12 dB，通常光纤末端菲涅耳反射强度为 −14.5 dB，则连接器回波损耗为 −26.5 dB。考虑 −20 dB 的背景噪声(虚线所示)，此实验装置可探测反射强度约为 −34.5 dB 的故障事件。该灵敏度已经高于美国电信联盟远程通信标准化组推荐的感知无源光网络的 −32～−26 dB 回波容限(ITU-T Recommendation G.983.1，2005)。以上测试结果表明混沌光时域反射仪具备了检测无源光网络光纤及器件故障的能力。

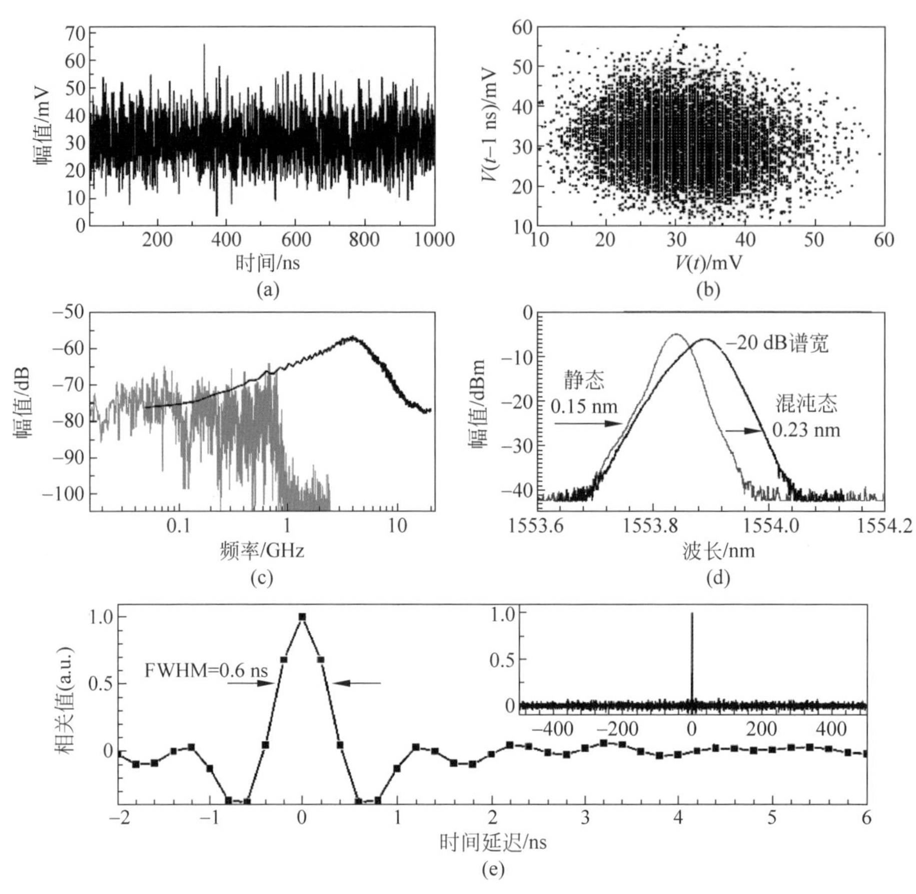

图 3.2.3　光反馈半导体激光器产生的混沌探测光信号

(a) 时序；(b) 相图；(c) 频谱；(d) 光谱；(e) 自相关曲线

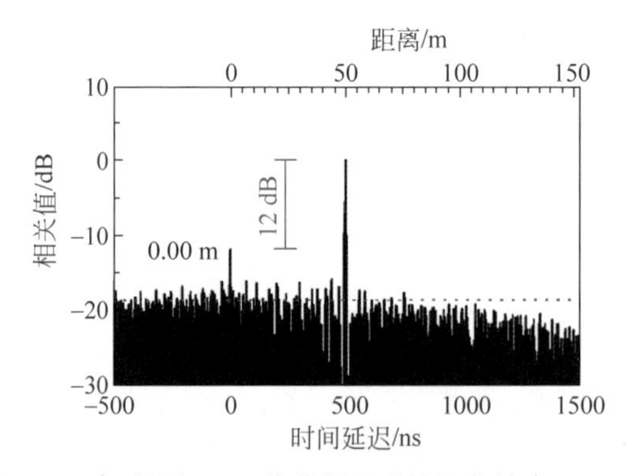

图 3.2.4　平均测量(100 次)得到 50 m 处菲涅耳反射及发射端口 0 m 处的回波反射结果

为了测量两个反射事件的空间分辨率，将探测光从 3 dB 耦合器的一端注入，耦合器的两个输出端口分别连接长度相差 8 cm 的两根光纤跳线。示波器记录的参考信号与反射回来的探测信号进行相关运算，结果如图 3.2.5 所示：相关曲线出现部分交叠但仍然可以清晰分辨两个相关峰，其间距即两根光纤的长度之差。该结果表明上述实验装置可探测距离差仅为 8 cm 的两个反射事件。

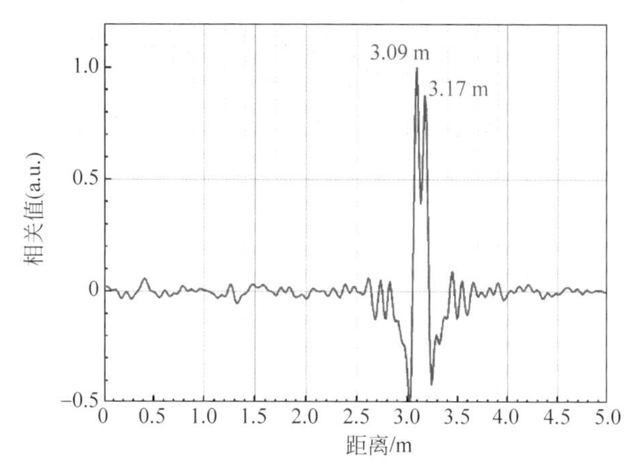

图 3.2.5　间隔 8cm 两个故障点检测结果

混沌探测信号相关曲线的 FWHM 为 0.6 ns，依据 −3 dB 判据，所以仪器的空间分辨率为 6 cm。这是受到所用示波器 500 MHz 带宽的限制，提高示波器的带宽可以进一步提高分辨率。实际上，空间分辨率仅取决于探测信号带宽，而与测量距离无关，因此通过增加探测光序列长度来提高动态范围的方法不会牺牲测量精度。

受限于示波器 2 μs 的存储深度(5 GSa/s 采样)，最大只能测量 200 m 的距离。为了验证该实验系统的远距离探测能力，可在参考臂添加已知长度的光纤。对长度为 10.327 km 的光纤断点测量结果如图 3.2.6 所示。此时的相关峰值仍然比背景噪声高 10 dB。图 3.2.6(b)给出了此相关峰的放大图，其 FWHM 仍保持为 0.6 ns。这表明空间分辨率并未随测量距离的增加而退化。即混沌光时域反射仪可以获得与距离无关的高分辨率测量。

为了评估实际可测光纤长度，通过衰减探测光信号的入纤功率，研究峰值噪声比随探测信号功率衰减的关系，等效分析被测光纤长度对测量的影响。保持混沌激光器的输出状态不变，参考光和探测光的功率仍然分别为 −8.76 dBm 和 11.2 dBm，测量结果如图 3.2.7 所示，当损耗小于7 dB 时，峰值噪声比约为(16±1)dB；当损耗达到 10 dB 时，接收到的探测信号已经与接收端的基底噪声幅度相当，但相关曲线的峰值噪声比仍大于 12 dB。以相关曲线的峰值噪声比下降到 3 dB 为标准，对损耗为 0.2 dB/km 的光纤，可测量光纤的长度达 35 km。若采用灵敏度更高的

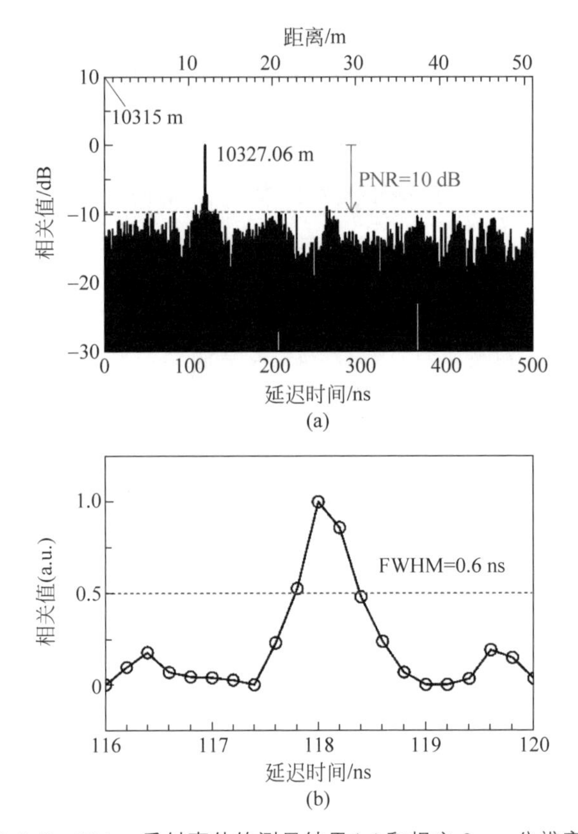

图 3.2.6　10 km 反射事件的测量结果(a)和相应 6 cm 分辨率(b)

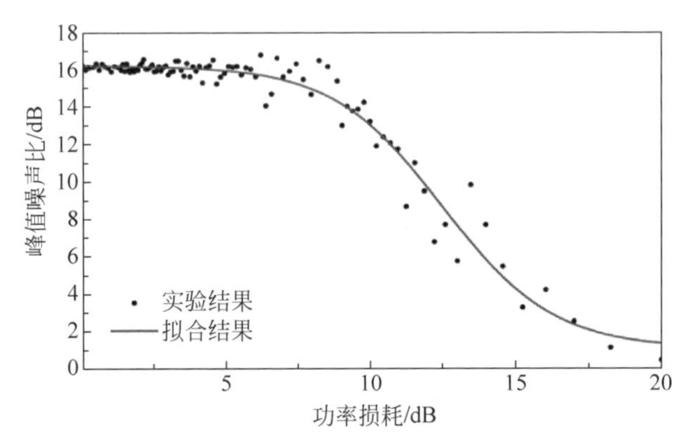

图 3.2.7　实验测量探测光功率衰减对故障检测峰值噪声比的影响

雪崩光电二极管(avalanche photodiode，APD)或后续放大处理，可以进一步提高测量范围。

3.2.3 光纤的损耗测量

本节提出使用脉冲混沌激光，实现对光纤损耗的测量(Dong et al.,2015)。

1. 脉冲混沌激光

光反馈DFB-LD产生的连续混沌光，通过外部电光调制器调制成脉冲混沌信号，实验装置如图3.2.8所示。

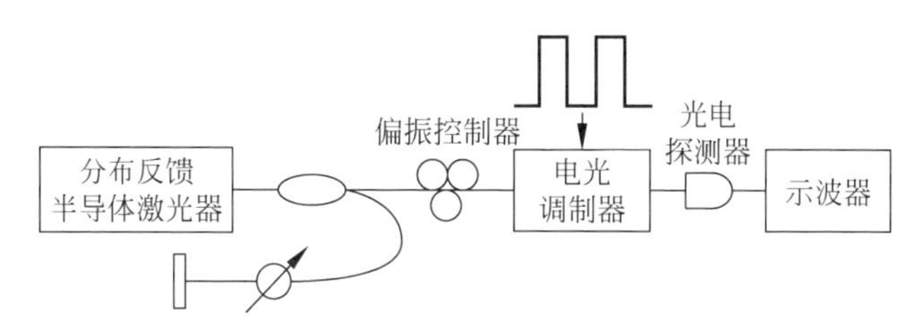

图3.2.8 外调制产生脉冲混沌激光实验装置图

实验产生的脉冲宽度为10 μs、周期为800 μs的脉冲混沌信号，如图3.2.9所示。图3.2.9(a)为该脉冲混沌信号的时序波形，脉冲顶部的信号是被调制了的混沌信号，插入图是其放大图，信号消光比为20.3 dB。如图3.2.9(b)所示为脉冲混沌信号的频谱图，灰色的部分为噪声基底，脉冲信号的频谱是梳状的，但频谱曲线的包络则是被调制的混沌信号的频谱。图中可明显看出，混沌信号具有10 GHz以上平坦的频谱。图3.2.9(c)表示的是单周期信号的自相关曲线，一个尖锐的小相关峰出现在一个相对宽的相关峰顶部。其中，宽的相关峰是由脉冲混沌信号中脉冲部分造成的，而尖锐的相关峰则是由混沌信号引起的。由于光电探测器带宽的限制，这个尖锐的相关峰的FWHM为6 ns。

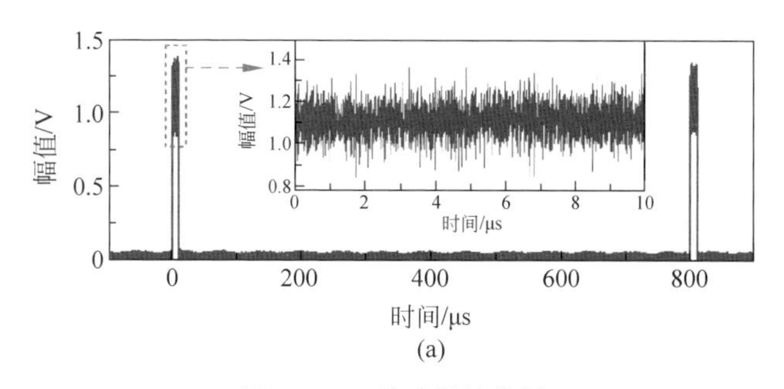

图3.2.9 脉冲混沌信号

(a) 波形；(b) 频谱；(c) 自相关曲线

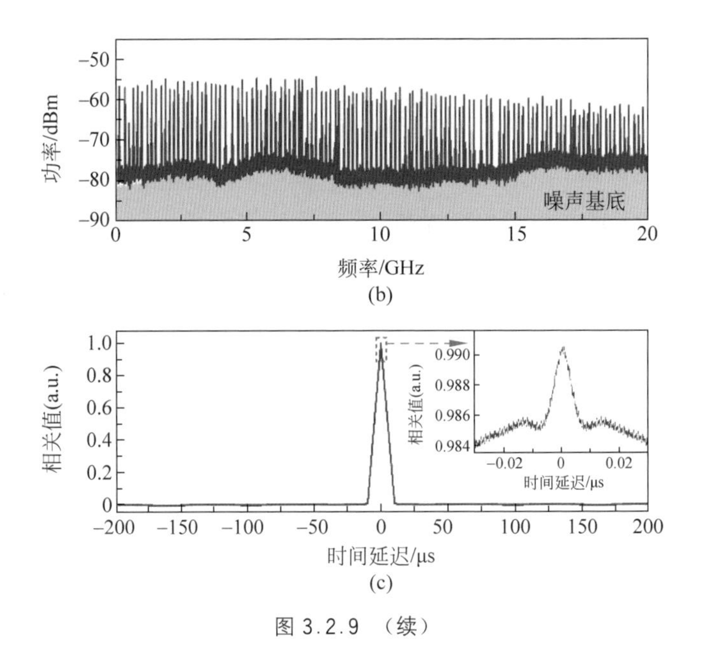

图 3.2.9 （续）

2. 基于脉冲混沌激光的光纤损耗测量

利用脉冲混沌激光测量光纤损耗的实验装置如图 3.2.10 所示，图中虚线框部分是脉冲混沌激光信号源。DFB 激光器所产生的连续激光被一个 50∶50 的光纤耦合器分成两部分，一部分作为激光输出，另一部分通过光纤反射镜来产生反馈光，可调衰减器用来调节反馈光的强度，偏振控制器用来调节反馈光的偏振态。在一定的反馈强度下，DFB 激光器产生连续混沌激光，经过光隔离器和偏振控制器进入电光调制器。光隔离器用来防止激光器受到其他反馈的影响。电光调制器被方波信号驱动，用以调制连续混沌光信号。由电光调制器输出的脉冲混沌光信号被 99∶1 的光纤耦合器分为两束：一束作为参考光，另一束作为探测光经光环行器进入待测光纤。光纤中的散射及反射光经光环行器后被雪崩光电探测器 APD2 接收，参考信号由 APD1 接收。参考及回波信号由实时示波器采集，经过计算机处理后即可得到最终的测量结果。需要说明的是，接在待测光纤前的哑光纤（DF）是用来校准测量结果的。

脉冲混沌信号可以看作是混沌信号与脉冲信号的叠加。设参考信号为 $P_{\mathrm{ref}}(t)$，表示为

$$P_{\mathrm{ref}}(t)=P_{\mathrm{pulse}}(t)+P_{\mathrm{chaos}}(t) \tag{3.2.4}$$

式中，$P_{\mathrm{pulse}}(t)$为脉冲部分，$P_{\mathrm{chaos}}(t)$为混沌部分。则回波信号 $P_{\mathrm{echo}}(t)$表示为

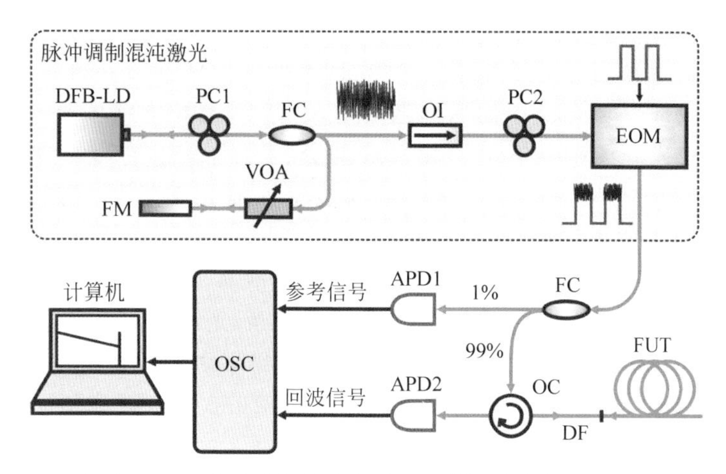

图 3.2.10　脉冲调制混沌光时域反射测量法实验装置图

$$P_{\text{echo}}(t)=P_{\text{bs}}(t)+P_{\text{r}}(t)+P_{\text{ce}}(t) \tag{3.2.5}$$

式中，$P_{\text{bs}}(t)$、$P_{\text{r}}(t)$和 $P_{\text{ce}}(t)$分别表示光纤中脉冲引起的后向散射信号、反射信号以及混沌光所引起的回波信号。

回波信号和参考信号的互相关运算表示为

$$\begin{aligned}R_{xy}(\tau)&=P_{\text{ref}}(t)\otimes P_{\text{echo}}(t)\\&=[P_{\text{pulse}}(t)+P_{\text{chaos}}(t)]\otimes[P_{\text{bs}}(t)+P_{\text{r}}(t)+P_{\text{ce}}(t)]\end{aligned} \tag{3.2.6}$$

依据相关运算的运算性质，式(3.2.6)分解为多个相关运算的和，包括 $P_{\text{pulse}}(t)\otimes P_{\text{bs}}(t)$、$P_{\text{pulse}}(t)\otimes P_{\text{r}}(t)$、$P_{\text{pulse}}(t)\otimes P_{\text{ce}}(t)$、$P_{\text{chaos}}(t)\otimes P_{\text{bs}}(t)$、$P_{\text{chaos}}(t)\otimes P_{\text{r}}(t)$和 $P_{\text{chaos}}(t)\otimes P_{\text{ce}}(t)$。其中脉冲光信号与混沌引起的回波信号的互相关 $P_{\text{pulse}}(t)\otimes P_{\text{ce}}(t)$、混沌信号与脉冲引起的后向散射及反射信号的互相关 $P_{\text{chaos}}(t)\otimes P_{\text{bs}}(t)$和 $P_{\text{chaos}}(t)\otimes P_{\text{r}}(t)$是可以忽略的，因为混沌信号是一个随机信号，这三种相关运算所产生的效果在之后的平均处理后会被消除掉。所以参考信号与回波信号的相关运算结果简化为

$$R_{xy}(\tau)=P_{\text{pulse}}(t)\otimes P_{\text{bs}}(t)+P_{\text{pulse}}(t)\otimes P_{\text{r}}(t)+P_{\text{chaos}}(t)\otimes P_{\text{ce}}(t) \tag{3.2.7}$$

混沌信号与其回波信号的相关运算$P_{\text{chaos}}(t)\otimes P_{\text{ce}}(t)$会在反射事件对应位置出现尖锐的相关峰。脉冲信号与脉冲所引起的后向散射信号的相关 $P_{\text{pulse}}(t)\otimes P_{\text{bs}}(t)$将保留后向散射信号的信息，也就是光纤中的衰减信息，而脉冲信号与脉冲的反射信号相关 $P_{\text{pulse}}(t)\otimes P_{\text{r}}(t)$后，脉冲会被保留，同时也会被展宽。

3. 实验结果与性能分析

首先对长约 9 km 的单模光纤进行测量，探测信号选用周期为 800 μs、脉

冲宽度为 5 μs、平均功率为 56 μW 的脉冲混沌信号。如图 3.2.11 所示 500 组相关运算结果平均之后的结果。相关曲线可分为两部分：斜线部分和相关峰部分。斜线部分与光纤中的后向散射有关，表示光纤链路的衰减分布，斜线的斜率即单模光纤的损耗系数。相关峰部分包含两个相关峰的叠加：一个是由探测信号中的混沌部分与反射回来的混沌回波相关运算得到的尖锐相关峰，如图 3.2.11 中插图所示；另一个是由探测信号中的脉冲部分与反射回来的脉冲回波相关运算得到的相对宽的相关峰。前者的半高全宽决定了光纤中反射故障点的位置以及空间分辨率；后者在实际光纤测试中不需要，可以通过数据处理进行优化。结果如图 3.2.12 所示。结果中保留了该实验系统条件下 0.6 m 的空间分辨率，所得光纤的损耗为 0.19 dB/km，这个数值与光纤生产厂家所给的参数一致。

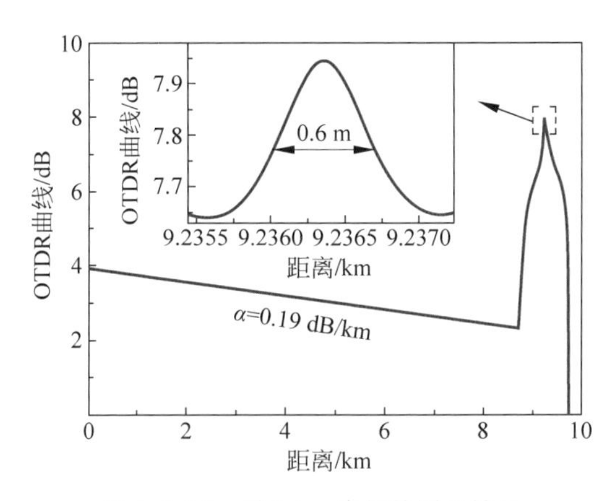

图 3.2.11 对 9 km 光纤的测量结果

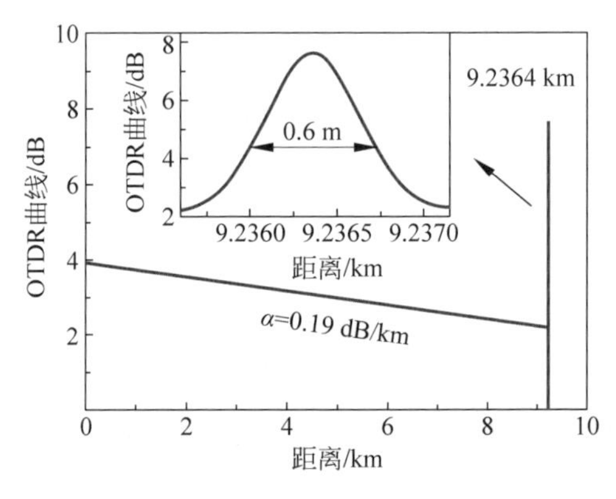

图 3.2.12 测量曲线优化结果

对两段通过 FC/PC 法兰连接的单模光纤组成的光纤链路的损耗测量结果如图 3.2.13(a)所示。从图中可以看出,第一段光纤长为 10.10135 km,损耗为 0.20 dB/km,第二段光纤长为 9.2384 km,损耗为 0.22 dB/km。说明本测量方法能够测量光纤链路的衰减,并且能够分辨很小的损耗变化。

将两段光纤连接处的连接头拧松,人为制造一个空气隙来模拟实际场景中可能出现的连接头松动现象,图 3.2.13(b)显示了其测量结果。可以看出,在测量光纤损耗与反射事件点位置没有变化的情况下,连接点反射峰明显变高。说明本实验系统能够反映出光纤链路中反射事件的反射率大小,在实际应用中,这一功能对判断光纤中故障类型及相应措施的采取有着重要的意义。

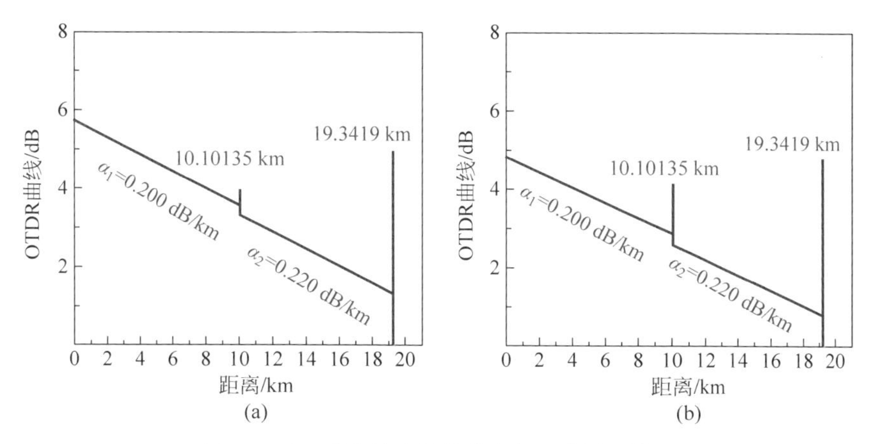

图 3.2.13 含连接点的单模光纤链路测量结果

(a) 连接点紧接;(b) 连接点松接

同时实验对比了混沌光时域反射仪与市售光时域反射仪的测量结果,测量对象为一段 5 km 的 G652 单模光纤通过一根 2 m 的跳线,连接一段 5 km 的多模光纤(62.5 μm),混沌光时域反射仪的测量结果如图 3.2.14(a)所示。测得单模光纤和多模光纤的损耗分别为 0.18 dB/km 和 0.29 dB/km。光纤跳线连接引起的插入损耗也可以清楚地被分辨出来。因为单模光纤与多模光纤的纤芯直径不同,在连接点处出现较大的反射,测量显示插入损耗为 2.3 dB。

使用的市售光时域反射仪为 YOKOGAWA 横河的 AQ7275。AQ7275 使用单脉冲作为探测信号,测量中脉冲宽度为 100 ns,平均时间为 3 min,结果如图 3.2.14(b)所示。可以看出,两种仪器的测量结果是一致的。

如果将两种仪器所测到的 5 km 处的反射峰分别放大,就可以发现混沌光时域反射仪具有更高的空间分辨率,如图 3.2.15 所示。图中蓝色曲线及上面的插图为混沌光时域反射仪测量结果,黑色为 AQ7275 光时域反射仪测量结果。显然混沌信号能够分辨出跳线两端的位置及跳线的长度为 2.2 m。而对于 AQ7275,因探测

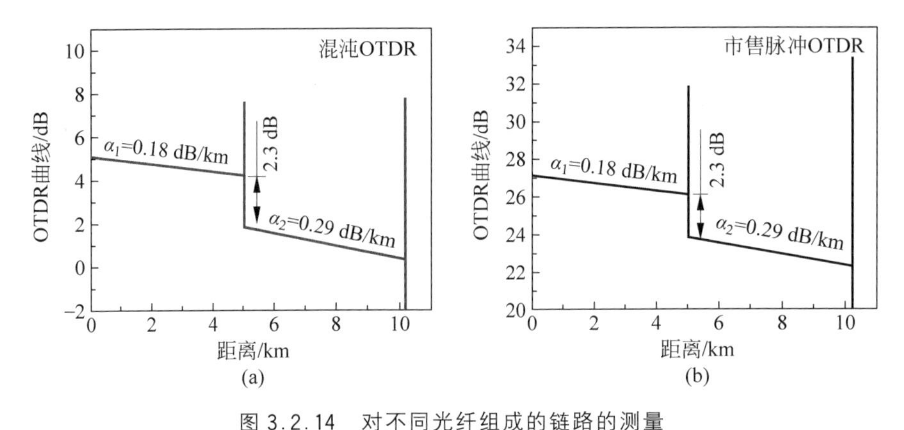

图 3.2.14　对不同光纤组成的链路的测量

(a) 混沌光时域反射仪测量结果；(b) 市售脉冲光时域反射仪测量结果

光脉冲宽度的限制，其测量分辨率为 18.4 m，无法识别出两个相邻为 2.2 m 的反射事件。

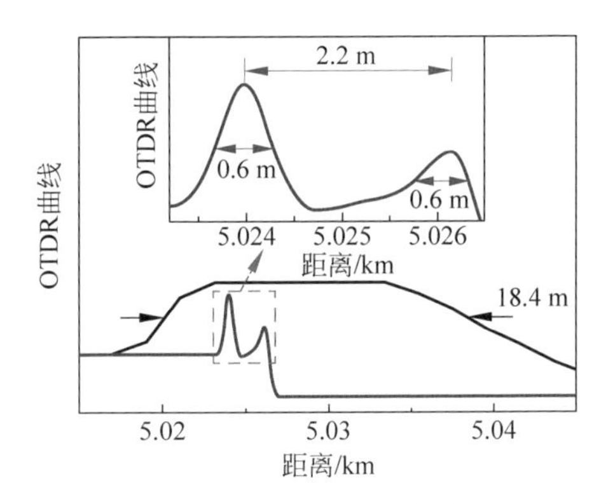

图 3.2.15　混沌光时域反射仪与市售光时域反射仪对相邻 2.2 m 两个反射事件的测量对比

3.2.4　波分复用无源光网络故障测量

波分复用无源光网络（WDM-PON）技术构想是 1994 年由贝尔实验室的 Nicholas J. Frigo 等提出的（Frigo et al.，1994），传输的为多波长信号，在终端利用波分复用器件将各个波长的通信信号分发至各支路用户，支路用户的信息再沿原路返回并复用至馈线传回以完成相互的通信，可以实现一个光纤局端和多个光网络终端之间在波长域的点对点通信。波分复用功能通常由波分复用器或阵列波导光栅实现，多波长则由 FP LD 或宽谱激光器经过滤波实现。

波分复用无源光网络是多波长下的波分复用，因此系统中信号的传输速率和信息容量是单个波长速率的 N 倍（N 为 WDM-PON 网络的信道数量），因而成为极具前景的光纤接入网解决方案(Banerjee et al.,2005)。同样,波分复用无源光网络线缆故障的及时检测是保证网络可靠通信的关键手段。

单波长光时域反射仪显然不能满足在光纤局端检测每个终端对应的光纤链路故障。为此,研究者们将固定波长的激光器置换为波长可调谐激光器,提出了波长可调谐的光时域反射仪(Thollabandi et al.,2008; Lee et al.,2007; Shin et al.,2009)。通常采用的波长可调谐光源包括可调谐激光器、FP半导体激光器、自注入锁定半导体光放大器等。然而这些波长可调谐的光时域反射仪空间分辨率低,无法满足接入网的故障检测精度的要求。

韩国先进科技学院 Yuichi Takushima 等提出利用波分复用无源光网络中传输的信号作为随机探测信号进行光纤链路故障的相关法探测(Takushima et al.,2007)。华中科技大学的夏历等将半导体光放大器环腔(Xia et al.,2013)作为光源产生波长调谐混沌激光,实现了网络断点故障的高分辨率检测。

下面对利用FP半导体激光器(Wang et al.,2012)产生的波长调谐混沌激光,实现了网络断点故障的高分辨率检测予以介绍。

基于FP半导体激光器的波长调谐混沌时域反射测量实验装置如图3.2.16所示。虚线框中为波长调谐混沌激光源,由滤波反馈FP半导体激光器构成。多纵模FP半导体激光器的输出经过掺铒光纤光放大器放大之后由一个80:20的耦合器分为两束,其中20%用于反馈,80%用于输出作为探测光。反馈光经过光环行器进入可调谐光纤布拉格光栅,被光栅滤波之后经由衰减器、环行器和偏振控制器进入激光器。光栅滤波器的−3 dB线宽约为0.2 nm,仅能允许一个激光器模式通过光栅而形成反馈。调节滤波器中心波长使其与FP半导体激光器的某个纵模相对应,即可调谐反馈光的模式,从而获得波长可调谐的混沌激光输出。产生的混沌激光经过一个1:99光纤耦合器分为探测光(99%)和参考光(1%)。探测光经过环行器发射进入被测的波分复用无源光网络,其回波光信号同样经由光环行器被接收。扫描激光器的反馈波长可以依次探测每个分支的故障,探测方法仍然采用之前所描述的混沌激光相关法。

实验中所用的FP半导体激光器具有30个纵模,其模式间隔1.2 nm。可调谐光纤布拉格光栅的滤波中心波长可从1530 nm调谐到1570 nm,调谐范围为40 nm。用光谱分析仪和频谱分析仪观测可调谐混沌激光的光谱和频谱。被测的波分复用无源光网络包含一条长度约为24 km的光纤馈线和一个阵列波导光栅。阵列波导光栅具有16个信道,其信道间隔为50 GHz。实验前,利用温度控制器微调激光器模式的波长,使其与阵列波导光栅的信道相匹配。然后挑选几个不同的模式进行实验测试。回波光信号和参考光信号被两个相同的雪崩光电探测器转化为电信号,并分别由实时示波器采集;两者的相关运算由计算机完成。

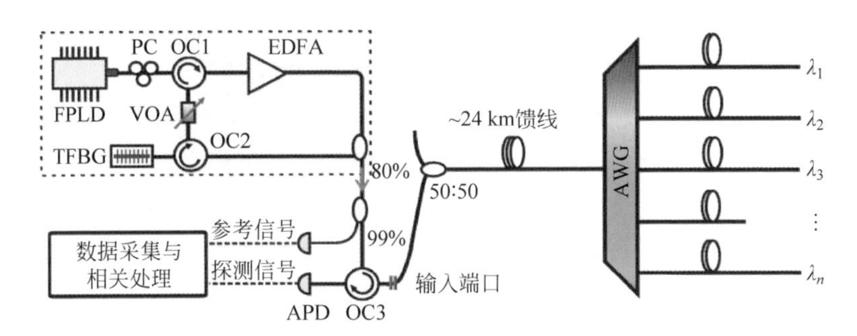

图 3.2.16 基于 FP 半导体激光器的波长调谐混沌光时域反射测量实验装置

产生波长调谐混沌光的物理机制包括自注入锁定和延迟反馈非线性动力学。首先,光栅选模实现单纵模自反馈注入激光器,产生增益竞争,抑制 FP 半导体激光器的其他模式,从而产生单纵模振荡。其次,该单纵模并非稳定的,它在延迟反馈的作用下将产生非线性混沌振荡状态。

图 3.2.17 分别为实验产生的 4 个模式的混沌激光。此时,FP 半导体激光器的偏置电流为 24.6 mA,反馈强度为 15%(−8.24 dB)。图中第 1 列从上至下给出了激光器分别工作在 1546.92 nm、1548.11 nm、1549.32 nm 和 1550.52 nm 模式时的光谱。以图 3.2.17(a1) 为例,模式 1546.92 nm 在滤波反馈作用下实现自锁定并抑制了其他所有模式。该模式的边模抑制比达到 24.5 dB,可以认为激光器处于单模工作状态。该模式的−3 dB 线宽约为 0.11 nm,也符合阵列波导光栅的光谱透明窗口宽度(0.1 nm)。这意味着 FP 半导体激光器产生的混沌激光可以通过阵列波导光栅进入相应的链路,而不会被滤波造成能量损失和波形畸变。图 3.2.17 中第 2 至 4 列分别显示了每个模式的时域波形及其频谱和自相关曲线。仍以 15.4962 nm 模式为例,图 3.2.17(a2)是其输出信号的时序波形;该时序的最大李雅普诺夫指数约为 0.2 ns^{-1},表明是混沌振荡。图 3.2.17(a3)是该混沌激光的频谱。得益于此宽带频谱,混沌信号的自相关曲线具有很窄的相关峰,如图 3.2.17(a4) 所示。而且,不同波长模式具有相似的时域和频域特性。实际上,由于光纤光栅滤波器的滤波线宽(0.2 nm)大于 FP 半导体激光器模式的线宽,所以这种反馈引起的动态特性与传统的镜面反馈相似(Fischer et al.,2004)。

为了实现波分复用无源光网络各信道的故障探测,激光器在波长调谐过程中应该保持单模混沌振荡。实验首先研究了反馈强度和波长失配对激光器输出的影响,其中波长失配是指光纤光栅中心波长与相应激光模式中心波长之差,并用边模抑制比(side-mode suppression ratio,SMSR)衡量激光器的单模特性,用最大李雅普诺夫指数 (the largest Lyapunov exponent,LLE) 来判断激光器输出波形是否为混沌。

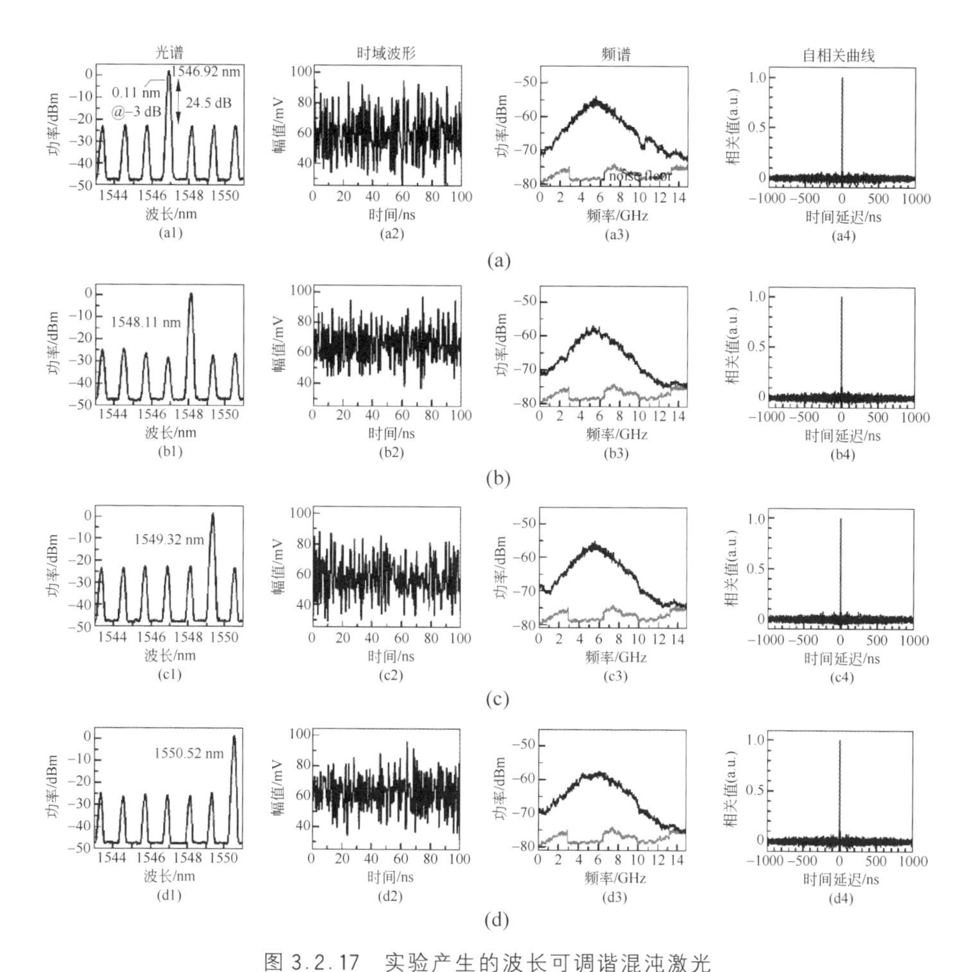

图 3.2.17　实验产生的波长可调谐混沌激光

(a)～(d) 输出模式分别为 1546.92 nm、1548.11 nm、1549.32 nm 和 1550.52 nm；
(1)～(4) 列分别为每个模式的光谱、时域波形、频谱及自相关曲线

图 3.2.18(a)为 4 种模式反馈下激光器边模抑制比和最大李雅普诺夫指数随波长失配的变化关系，此时反馈强度为 15%。总体来看，各个模式具有相同的变化趋势。波长失谐量越小，激光器输出的边模抑制比和最大李雅普诺夫指数越大。当失谐量在 ±0.13 nm 范围之内时，边模抑制比可以保持在 20 dB 以上，同时最大李雅普诺夫指数大于零。实验分析表明 20 dB 边模抑制比对于波分复用无源光网络故障检测已经足够。此外，容许的波长失配范围较大，意味着调谐过程中不需要对可调谐光纤布拉格光栅进行精确控制，从而简化波长调谐的操作过程。图 3.2.18(b)为实验测量得到的反馈强度对锁定模式 1546.92 nm 的影响。图中黑色+实心方框和红色+空心方框分别表示波长失配为 0 和 0.1 nm 时的实验结果。对比显示两者具

有相似的变化规律：边模抑制比随反馈强度增加而增加，最大李雅普诺夫指数则先增大然后逐渐降低。不同的是，零失配可以获得更高的边模抑制比，此外，零失配能以更小的反馈强度获得最大李雅普诺夫指数。总体来说，反馈强度应该被控制在15%～30%，可以同时获得较大的边模抑制比和最大李雅普诺夫指数。

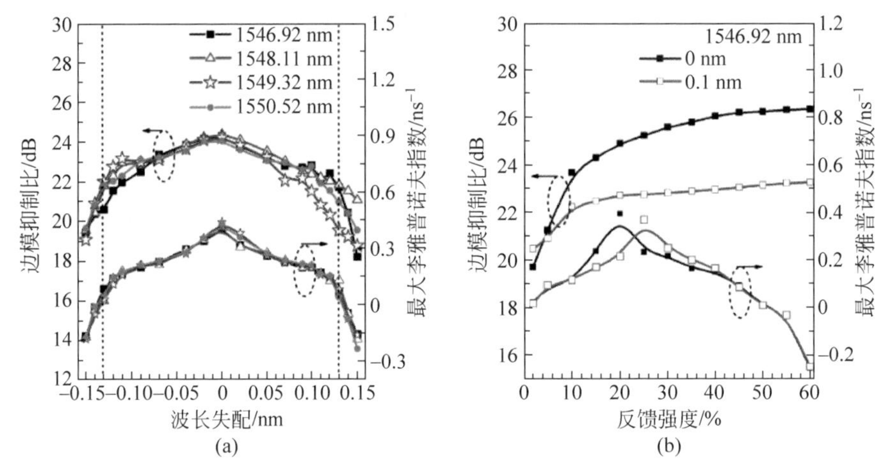

图 3.2.18 实验获得的边模抑制比和最大李雅普诺夫指数

(a) 滤波器波长失配的影响(反馈强度为 15%)；

(b) 反馈强度的影响(波长失配分别为 0 和 0.1 nm)，锁定模式为 1546.92 nm

混沌探测光经过光环行器之后通过一个 3 dB 耦合器入射到被测的波分复用无源光网络。探测光和参考光的功率分别为 10.5 dBm 和－16.3 dBm。选择波长分别为 1546.92 nm、1548.11 nm 和 1549.32 nm 的三个通信信道进行故障检测。在前两个通道中分别接入一根长约 400 m 的光纤与一根长约 10 km 的光纤，光纤末端悬空。在 1549.32 nm 信道接入一根长约 400 m 的光纤并将其末端折断。再分别与阵列波导光栅连接。数据采集卡的采样率为 5 GSa/s，存储信号长度为 0.5 ms，对应的最大可测量范围约为 50 km。

图 3.2.19(a)～(c)分别为上述三个信道的测量曲线。相关曲线中的凸起尖峰即为反射事件的响应，图中虚线表示噪声阈值。

图 3.2.19(a)中有三个相关峰。零点处的峰值是由于发射端口连接器的回波造成的。第二个相关峰对应于阵列波导光栅连接器端面的反射，插图为其放大图。可见只有一个位于 24058.36 m 处的相关峰，对应于阵列波导光栅前面的连接器的插入损耗。第三个相关峰出现在 24447.44 m 处，是光纤末端反射的结果。发射端口和阵列波导光栅引起的相关峰出现在所有信道的测量结果中，这是对连接器件的正确反应。

如图 3.2.19(b)所示，在 1548.11 nm 信道，光纤末端反射也被清楚地探测到，

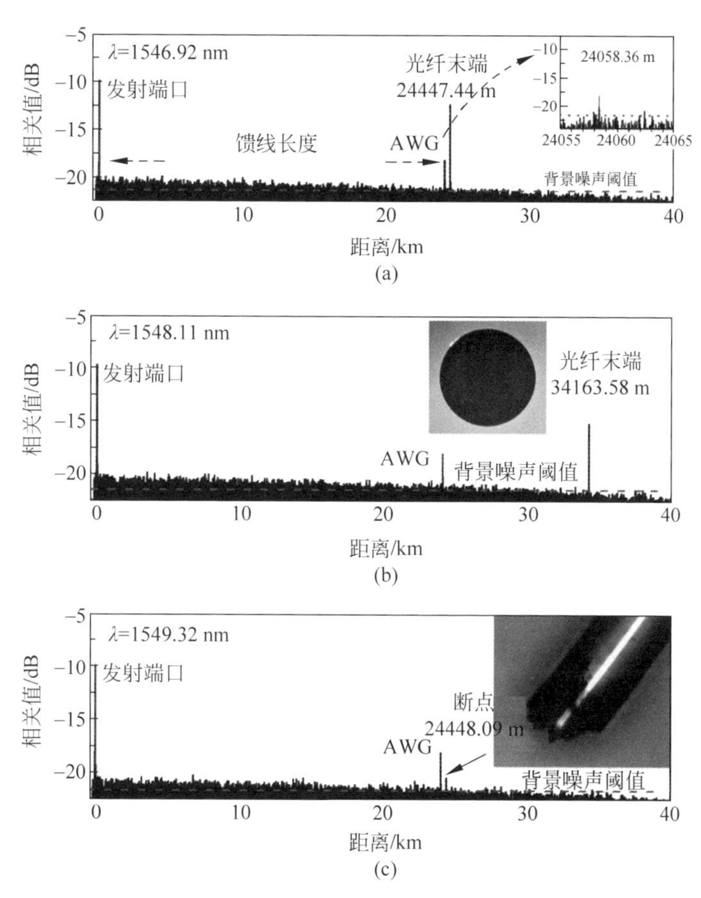

图 3.2.19　三个信道的故障检测结果

从其相关峰的位置可以计算出该分支光纤长度为 34163.58 m。图中插图为光纤末端(悬空的 FC/PC 连接头)的显微照片。信道 1549.32 nm 的测量结果如图 3.2.19(c)所示。相关曲线在阵列波导光栅之后出现一个比较矮的相关峰,其位置为 24 448.09 m,对应于光纤末端的折断点。图中插图为光纤折断处的显微照片。表明这种不规则端面的反射也可以被检测到。

因为用于相关运算的数据长度(相关长度)是有限的,当回波信号和参考信号间的延时增加时,两者波形的相似部分减少,从而不可避免地降低了相关峰值,这种现象称为相关衰退。图 3.2.20(a)给出了混沌信号与其自身(无幅度衰减的)延迟信号的相关曲线,相关长度 $T=0.5$ ms。随着两者相对延迟时间的增大,相关峰的高度逐渐降低。如图 3.2.20(b)所示,在不同的相关长度下,相关峰值均随着延迟时间增大而线性下降。这种线性关系提供了补偿相关衰退的依据:由图可知,相关峰值衰退可表示为 $1-\tau/T$,因此距离 L 处的相关衰退可以由 $-10\lg(1-L/$

D_T)补偿,其中 $D_T=cT/2n$。

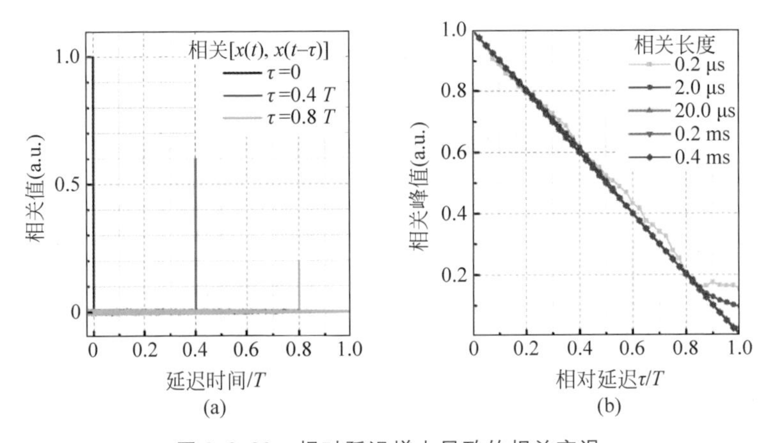

图 3.2.20 相对延迟增大导致的相关衰退

(a) $x(t)$与 $x(t-\tau)$的相关曲线,$\tau=0,0.4T,0.8T,T=0.5$ ms;

(b) 相关峰高度随相对延迟 τ/T 的变化,峰值$=1-\tau/T$

综上所述,阵列波导光栅后面支路光纤上的故障反射率可以近似估计为

$$R_{\mathrm{dB}}(L)=2P_{\mathrm{corr}}(L)-14.5+2(IL+\alpha L)-10\lg(1-L/D_T) \qquad (3.2.8)$$

式中,$P_{\mathrm{corr}}(L)$为测量曲线上相关峰的高度,IL 为故障点之前链路中的插入损耗。例如,图 3.2.19 中三个故障点的相关衰退补偿分别为 2.8 dB、4.8 dB 和 2.8 dB。再考虑插入损耗、光纤传输损耗等,根据式(3.2.8)可以得到三个故障点的损耗分别为−14.9 dB、−14.6 dB 和−31.1 dB。

根据前文所述,混沌激光相关法测量的分辨率取决于自相关曲线的半高全宽。图 3.2.21(a)显示了带宽分别为 3 GHz 和 1 GHz 的混沌信号的自相关曲线。图 3.2.21(b)显示了自相关曲线的半高全宽随着信号带宽增大而降低。如果不受光电探测器和示波器的带宽制约,混沌激光本身可以实现 5 mm 的空间分辨率。

3.2.5 时分复用无源光网络故障测量

在波分复用无源光网络中,虽然从馈线到支路可认为是单纤与多纤的相互连接,但是从整体信号的传送方面观察,每个支路对应单一的波长,而每个波长均需要两个发射机(激光器或可产生激光的器件)提供相互通信的激光,并且有两个接收机完成信息的接收。这就意味着在波分复用无源光网络中,发射机和接收机的数量均是该网络分支数量的 2 倍,并不是真正意义的单路信号对多路信号的网络分配结构。

而作为无源光网络的另一个典型结构,时分复用无源光网络(time division multiplexed passive optical network,TDM-PON)使用功率分配器(power splitter,

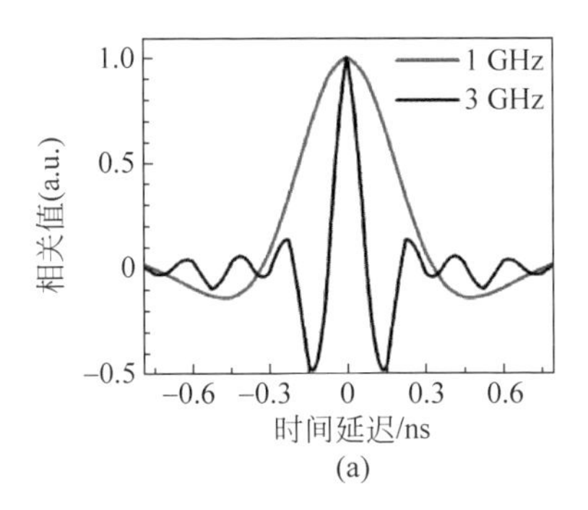

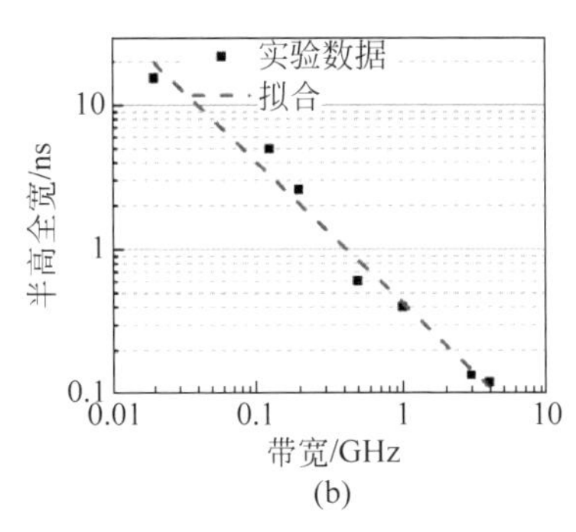

图 3.2.21　1 GHz 和 3 GHz 带宽的混沌信号的自相关曲线(a)和自相关曲线的半高全宽随混沌信号带宽的变化(b)

PS)为远端节点(remote node,RN),将馈线中信号以广播形式平均分发至各个用户单元(optical network unit,ONU),实现下行信息的传送;各用户单元发送的上行信息经远端节点的汇总,由馈线传送至光端机,完成相互的通信工作。此结构中,光端机仅需要一个激光器和探测器就完成了所有通信工作,真正实现了单点对多点的网络通信结构,相较于波分复用无源光网络结构可节省一半的资源,因此更受运营商的青睐,在光接入网(FTTx)领域得到了充分的重视和应用。随着"大数据"时代的来临,该技术成为全球光接入网的主要部署方式(Harstead,2012),而"宽带中国"战略的实施,更是全面加速了我国光接入网技术的飞跃式发展。

由于时分复用无源光网络的大面积铺设,运营商对运维成本的考虑将更加苛刻,对故障的容忍率更低。该网络的故障检测除了要求及时测量出故障位置距发射端的距离,更重要的是能够对故障支路的准确判定,因此研究者发展出多种针对时分复用无源光网络特点的故障监测技术:①最简单的支路扫描法(上行测试(Mulder et al.,2007;Hehmann et al.,2008)、下行测试(Honda et al.,2006;Ng et al.,2010)),对每根支路光纤逐一测试;②在各支路中添加特征信息(光纤长度(Araki et al.,1998)、波长特征(Chan et al.,1999;Yeh et al.,2005)、码型特征(Fathallah et al.,2007;Rad et al.,2011))以区分具体的故障支路;③利用频谱分析法分析各支路的频率特征(布里渊频移(Iida et al.,2007;Honda et al.,2009)、光频域反射仪(Yüksel et al.,2010)、自注入锁定振荡频率(Thollabandi et al.,2009))以分辨故障支路。

2015 年,赵彤基于光反馈混沌激光腔长特征,提出对时分复用无源光网络故障的高分辨定位方法(Zhao et al.,2015)。

1. 故障定位方法

在所有光纤故障的检测方法中,故障信息都需要依赖故障位置的菲涅耳反射将故障的位置信息和光强衰减信息传回探测端,探测端通过分析返回信号所携带的信息，对故障进行定位并对故障类型进行判断。如图 3.2.22 所示，测试人员利用检测设备发出探测光，探测光在光纤中传输，遇到光纤故障点，光纤与空气的折射率不匹配引起菲涅耳反射：①由反射的探测信号回到检测设备的时间，结合光在光纤中的传播速度，可以计算出检测设备与故障之间的距离；②通过返回的探测信号强度，结合出射时的强度和光纤的衰减信息，可估计出故障处的反馈强度，进而根据前期数据的对比，分析出故障类型。

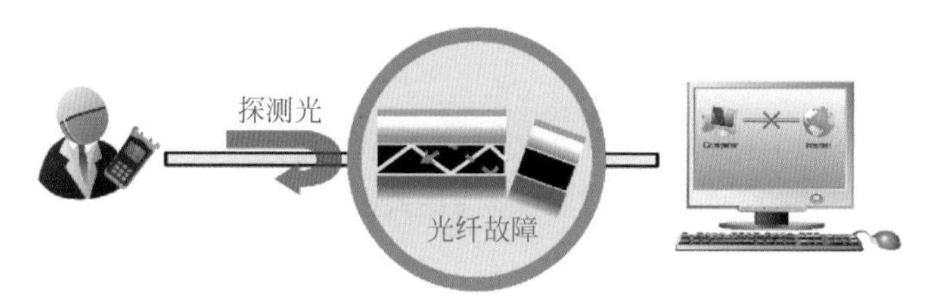

图 3.2.22　根据从故障位置返回的探测光进行光纤故障检测

图 3.2.23 给出了光反馈半导体激光器的结构示意图，外腔的反馈会使激光器工作在混沌状态，同时，激光器输出的混沌信号也携带有外腔长度信息。图 3.2.24 为外腔反馈半导体激光器产生的混沌信号的自相关曲线，在自相关曲线中存在两个旁瓣，据此旁瓣相距零点的位置即可推算出对应外腔长度 L。

图 3.2.23　光反馈半导体激光器的结构示意图

图 3.2.24　外腔反馈半导体激光器产生混沌信号的自相关曲线示意图

因此，若可以将光纤中故障的菲涅耳反射信息传送至一个无隔离器的激光器中，通过调节激光器的相应参数使激光器产生混沌激光，通过计算混沌激光的自相关曲线，就可通过旁瓣位置获得故障点的位置，实现光纤故障的定位。

2. 时分复用无源光网络故障检测

依据上述方法，可以利用光反馈半导体激光器产生的混沌信号的腔长特征，实现时分复用无源光网络中光纤链路的故障检测，原理结构如图 3.2.25(a)所示，图中蓝色部分为时分复用无源光网络的基本结构，光端机经过馈线传输至 1：N 路的功率分配器，之后分发至各个用户单元。网络故障检测装置如红色部分所示，激光器和光端机均在控制中心。半导体激光器发出激光，经波分复用耦合至馈线中，再经馈线发送至各个支路，在各支路末端放置可反射探测光的反射式布拉格光栅，此处保证每个布拉格光栅距功分器的距离不同，以 L_n（$n=1,2,3,\cdots$）表示，以便实现后续对各支路的标定。

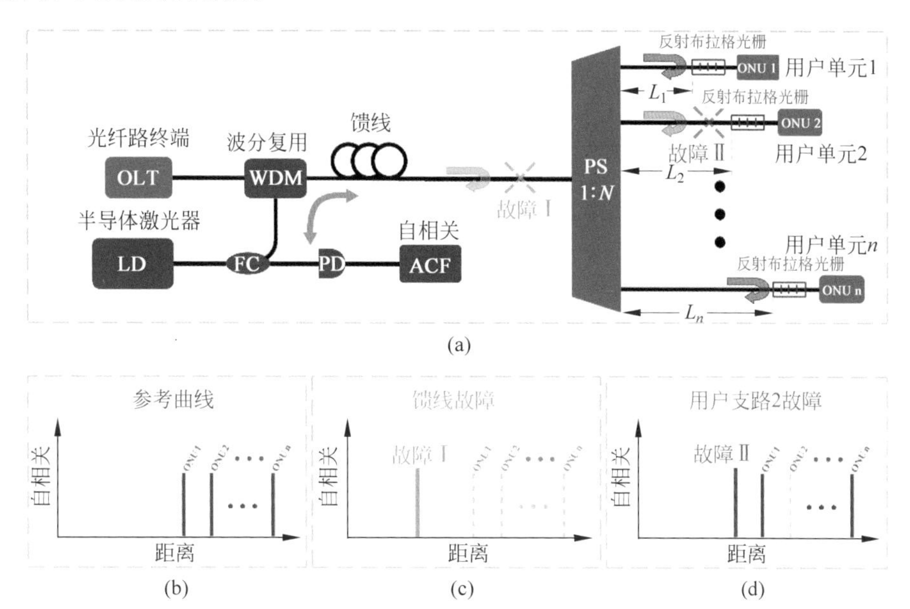

图 3.2.25　利用外腔光反馈混沌系统腔长特征实现时分复用无源光网络故障检测原理示意图

在故障检测过程中，激光器发出激光后，遇到各个支路的反射式布拉格光栅，每个光栅都会形成反射，并原路返回至激光器。由于激光器内部无隔离器，适当调节激光器的工作电流，使激光器在这些反馈下产生混沌。激光器与各支路的布拉格光栅构成一个多腔反馈混沌产生系统。

其自相关曲线上存在多个腔长特征，如图 3.2.25(b)所示。图中各峰值的位置对应了各支路布拉格光栅的位置，由于布拉格光栅的位置贴近于各个用户单元，可以认为自相关中的峰值位置就代表各个用户单元的位置。

当网络中馈线发生故障时，如图 3.2.25(c)所示，则后面的所有支路中反射光栅的反馈都无法返回至激光器，而仅有馈线故障形成的菲涅耳反射反馈回激光器使激光器产生混沌。此时，自相关曲线中所有峰值都突然消失了，同时出现一个很高的峰，此峰位置就代表了故障发生的位置，对应的腔长就是故障距控制中心的距离。

当其中一支路发生故障时，以第二支路发生故障为例，探测结果如图 3.2.25(d)所示，此时第二支路的反射光栅将不起作用，无法提供原有的反馈，所以在自相关曲线中对应的第二支路的峰值消失。同时故障点提供的菲涅耳反射取代了第二支路的反射布拉格光栅反馈，对激光器造成新的扰动，因此在原反射光栅的标定位置之前出现了新的峰值，此峰值即故障距控制中心的距离。

实验装置如图 3.2.26 所示。实验中选择 DFB-LD 作为检测用激光器,将 3 个 50∶50 的耦合器(FC)连接到一起作为一个 1 分 4 的功分器,在各支路末端放置 4 个反射镜构成多腔反馈混沌激光器。

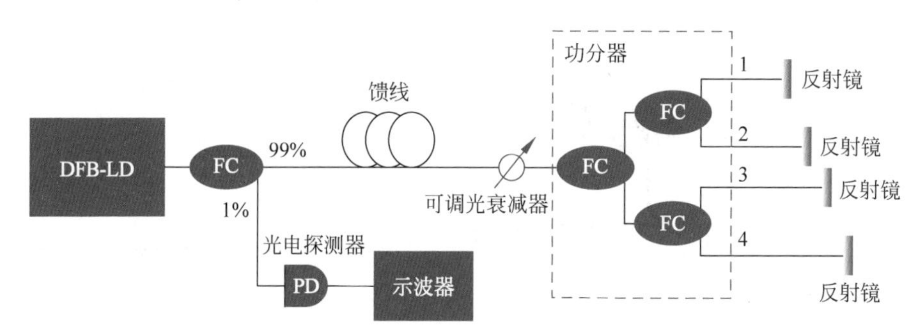

图 3.2.26　利用光反馈产生混沌激光的外腔特征实现时分复用无源光网络故障检测实验装置图

激光器发出的激光经 1∶99 的耦合器分为两路:1%的一路发送至光电探测器并被示波器接收;另一路 99%的激光经过馈线和可调光衰减器传至功分器,并分发至各支路。馈线长度为 6 km。各支路反馈光返回激光器,扰动激光器产生混沌激光,由光电探测器转换为电信号,并由示波器实时采集。

图 3.2.27 为 4 个支路同时反馈产生的混沌激光特性,灰色为非混沌下的激光信号输出特性。如图 3.2.27(c)所示为该信号的自相关曲线。可以观察到,自相关曲线中有明显的四个峰值,分别代表四个支路反射镜的位置,峰值高度的不同是由反馈强度的不同造成的。

首先在支路 2 设置故障点,进行故障支路的检测,结果如图 3.2.28 所示。灰色为线路都正常时的测量结果,蓝色为支路 2 故障时的测试结果。对比无故障时的参考曲线,可以发现,标定支路 2 的峰值消失了,但在 6066 m 处出现了一个新的峰值,此峰值即为支路 2 出现故障的位置。插图为故障处的峰值展开后的曲线,可观察到其半高全宽为 8 mm。

3.2.6　故障可视混沌光时域反射仪

混沌光时域反射仪作为一种新型的光纤故障检测技术,克服了传统脉冲法光时域反射仪的分辨率与探测范围的矛盾。但在部分光纤故障检测中,地下光缆并非完全拉直铺设,故障位置仅依靠检测点和故障点间距离测量无法快速找到,需要引入辅助工具。检测人员通常将红光激光笔的输出光注入待测光纤,利用光纤故障点泄漏的红光实现故障位置的直观查找。该方法在实际的应用过程中,要求检测装置内置两个激光源并通过切换来最终实现故障定位。

研究人员发现,红光半导体激光器与其他半导体激光器类似,外光反馈下红光半导

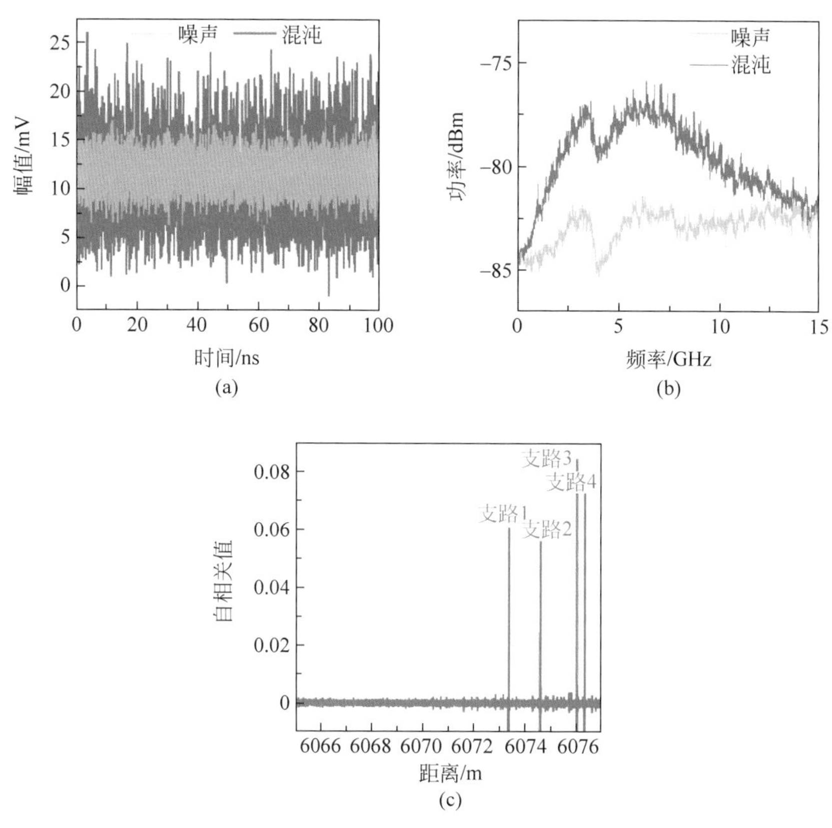

图 3.2.27　混沌激光特性

（a）时序图；（b）频谱图；（c）自相关曲线

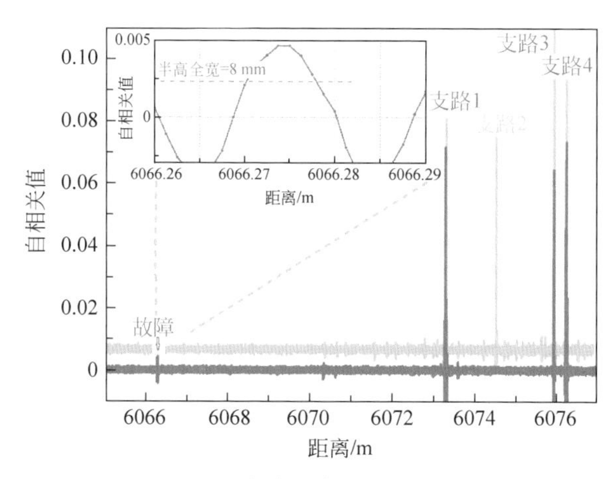

图 3.2.28　支路 2 故障后的测量结果

体激光器的输出也会经过周期分岔进入混沌状态，不同反馈强度和不同腔长时光反馈红光半导体激光器输出不同的动态特性(Katsuya et al.,2007)。将红光混沌作为探测光，可以同时实现光纤故障距离信息的高精度测量和位置的可视化查找(张丽等,2013)。

光纤故障可视的混沌光时域反射仪装置如图 3.2.29 所示，图中实线和虚线分别表示光信号和电信号的传输。虚线框内红光混沌源由一个红光半导体激光器和外光反馈装置构成，激光器的直接输出经偏振光分束器分为偏振方向互相垂直的两束线偏振光，其中一束经外部反射镜反射后耦合进激光器输出混沌，另一束输出实现光纤故障检测。由偏振分束器输出的红光混沌经 50∶50 的分束镜分为两束，其中一束作为参考光经光电探测器转换为电信号，另一束通过聚焦透镜耦合入待测光纤，经光纤后向散射和反射的探测光在光分束镜处分为反射光和透射光，透射部分作为回波信号经光电探测器转换为电信号。转换的电信号由实时示波器记录其相应的波形，并通过计算机实现互相关运算，得到待测光纤的故障距离信息。结合故障位置因红光混沌泄漏而产生的人眼可见亮斑，即可实现故障位置的快速准确查找。实验通过调节半波片主光轴和激光原始偏振方向间角度实现反馈光强度调节，改变激光器的输出状态。

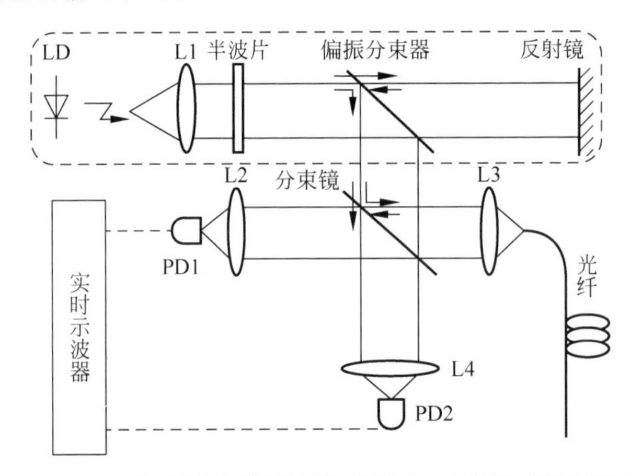

图 3.2.29 光纤故障可视的混沌光时域反射测量实验装置图

实验所用的单模红光半导体激光器，输出光中心波长为 655 nm，阈值电流为 53.4 mA，量子转换效率为 0.75 mW/mA。光电探测器 PD1 和 PD2 型号相同，其截止频率大于 1.2 GHz。数字实时示波器的最大带宽和采样率分别为 6 GHz 和 40 GSa/s。

首先实验研究了红光半导体激光器在驱动电流和外腔长度固定时，改变反馈光强度其输出状态的变化情况。实验中激光器的驱动电流 $I=1.31I_{\text{th}}$，外腔长度 $L_{\text{ext}}=14$ cm，通过调节半波片的光轴偏转角度实现反馈光强度调节，并由实时示波器和频谱仪记录输出信号的时序和频谱。当反馈系数为 −10.20 dB 时，激光器输出混沌的时序、相图、频谱和自相关曲线如图 3.2.30 所示，从时序上看，红光混沌的输出具有类噪声特性；相图表现了产生红光混沌的非线性特性输出；混沌的频谱表明探测到的混沌带宽约 1.2 GHz，该带宽受限于所用探测器 1.2 GHz 的响应带宽；自相关曲线有类 δ 函数形状，因此红光混沌有较好的相关性，可用作混沌相关法测量的探测光。

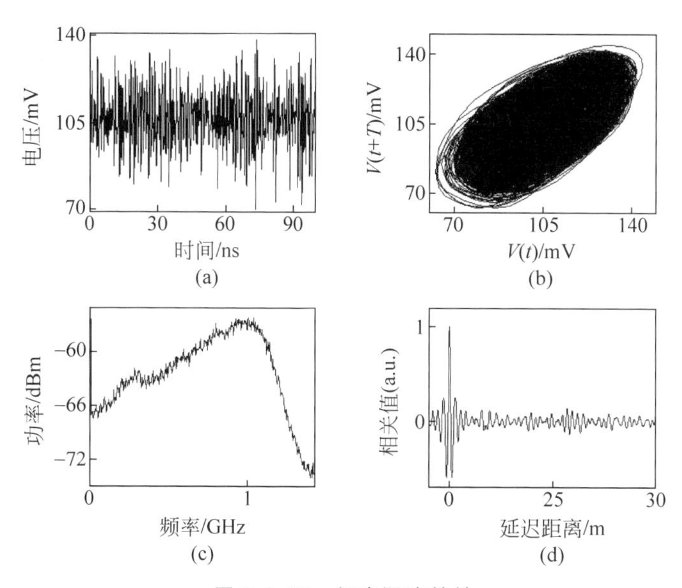

图 3.2.30　红光混沌特性

(a) 时序；(b) 相图；(c) 频谱；(d) 自相关曲线

待测光纤是 1550 nm 单模光纤，实验中通过将待测光纤距离光接入端约 480 m 位置处的光纤完全折断，来模拟实际的光纤故障。如图 3.2.31 所示为实验结果，其中图 3.2.31(a)为通过红光混沌互相关法测量到的反射位置，位于 0 m 处的互相关峰是红光混沌由空间到光纤实现耦合的连接头反射形成，经过数据处理将该位置标定为距离测量的零点，消除因探测光和参考光通过的光程不同而引入的测量误差。第二个峰为实际光纤折断点的位置，测量得到光纤折断点与零点的距离为 479.78 m。实验中光纤回波信号的接收由空间装置实现，因空间传输过程中存在较大噪声，实验通过平均处理方法来降低噪声水平，图 3.2.31(a)实验结果由 400 次互相关数据经过平均处理得到；图中虚线为测量过程的平均背景噪声水平，通过标准偏差的方式计算得到。图 3.2.31(b)是测量过程中因红光混沌在光纤故障位置泄漏而产生可视亮斑，且因红光较强的穿透性可以透过厚度约 3 mm 的黄色包层，故障的定位以距离测量为基础，通过亮斑的查找实现。

进一步研究了光纤中同时存在多个反射点时的故障测量性能，实验中用一个松动的光纤连接器连接两段长度分别为 1.84 m 和 0.34 m 的光纤，并以两光纤端面

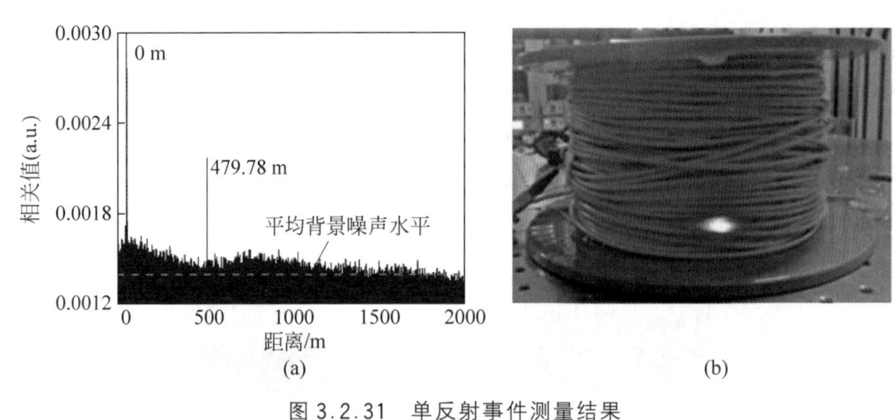

图 3.2.31　单反射事件测量结果

(a) 对光纤故障距离信息的测量结果；(b) 光纤故障位置因红光混沌泄漏而产生的亮斑

的反射模拟实际的多故障点反射。实验结果如图 3.2.32 所示，1.84 m 和 2.18 m 处的互相关峰分别由两光纤端面反射形成。距离反射峰±0.1 m 处存在由激光器弛豫振荡引入的次高峰，因同一个激光器的弛豫振荡频率固定不变，故其导致的次高峰与主峰间的距离也是固定的，在实际测量过程中可对该处峰值进行处理而避免误判。但该处理方法可能将故障距离差为 0.1 m 的两个反射事件判断为单反射事件，导致漏判。实验结果表明，红光混沌光时域反射技术可以同时实现距离差为 0.34 m 的两反射事件测量。

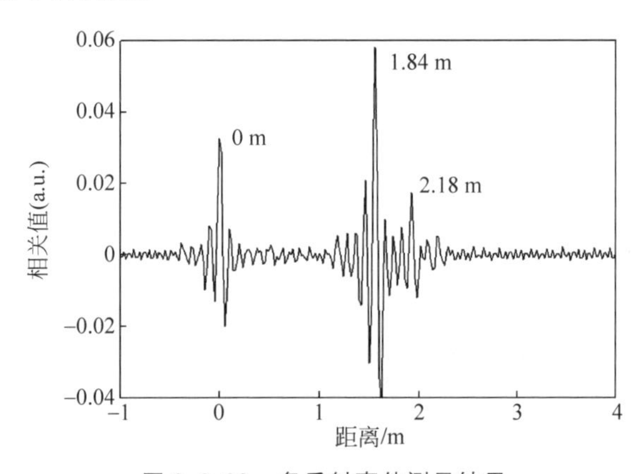

图 3.2.32　多反射事件测量结果

3.3　混沌电时域反射测量

时域反射(time domain reflectometry，TDR)测量产生于 20 世纪 30 年代，最初用于电力和电信工业中电缆线路故障的定位和检测(Dodds et al.，2006)。

时域反射测量的原理本质上和雷达类似，信号发生器产生脉冲信号并注入电缆线路，脉冲信号以电磁波的形式在电缆中传播，如果脉冲信号遇到电缆特性阻抗变化，发生反射，接收反射脉冲信号，当传播速度以及发射脉冲与反射脉冲的时间间隔确定时，通过分析反射脉冲中所含有的电缆特性阻抗的变化信息，可确定出电缆阻抗不连续点的位置、大小和性质，实现电缆故障的检测和定位。高速脉冲器件的发展使得高速脉冲前沿速度逐步达到纳秒级甚至皮秒量级，所以时域反射测量技术有了更高的距离分辨能力。

时域反射测量是目前在电缆故障检测中应用广泛的技术手段。与传统的电阻、电容测试等方法相比，它不需要精确知道电缆线路的相关参数，便可精确地对故障进行诊断和故障定位。其次，时域反射测量是一种单端输入检测法，不需要拆卸电缆即可对电缆故障点的类型和位置进行无损检测。

典型的时域反射测量采用脉冲信号作为测试信号（Steiner et al.，1990），为了提高测量距离分辨能力，需要采用高速脉冲发生器，结构复杂且成本高。更为重要的是，测试信号和电缆中的传输信号相互干扰，无法实现在线检测，且对持续时间短、非工作状态时很难再现的间歇性故障无法测量。

为了利用时域反射测量实现对电缆故障的在线检测，研究者分别提出了利用随机序列信号的 STDR（Sharma et al.，2007）、扩频技术的 SSTDR（Furse et al.，2005）、多载波信号（multicarrier）的 MCTDR（Lelong et al.，2009）等时域反射测量技术，避免与在线传输信号相互干扰，实现电缆故障在线检测。

STDR/SSTDR 可以实现电缆故障在线检测是因为：伪随机码信号的扩频特性及自相关性，降低了在线传输信号对测试信号的影响；同时由于测试信号的功率很低，对电缆中传输信号的影响小。但是 STDR 测量距离分辨率较低，若要提高分辨率则需要昂贵的高速伪随机码发生器。

本节讨论采用连续、类噪声、低功率的弱混沌信号作为探测信号，基于相关特性实现电缆故障高精度在线检测和定位（Wang et al.，2011）。

3.3.1　混沌电时域反射测量原理与装置

混沌电时域反射测量装置如图 3.3.1 所示：混沌信号发生器产生微波混沌信号 $S(t)$，经过一个功分器被分为功率相等的两路信号。一路作为参考信号 $S_{ref}(t)$ 被信号采集与处理系统直接采集。另一路经过 T 形连接器分为两路：一路作为基底信号 $S_0(t)$ 被信号采集与处理系统直接采集，用于标记测量零点；另一路注入待测电缆中作为探测信号 $S_{pro}(t)$。探测信号 $S_{pro}(t)$ 沿待测电缆传输，遇到故障后部分发生反射。回波信号 $S_{ret}(t)$ 和基底信号 $S_0(t)$ 混合后形成混合信号 $S_{mix}(t)$，最终被信号采集与处理系统采集。信号采集与处理系统对采集的混合信号

$S_{\text{mix}}(t)$和参考信号$S_{\text{ref}}(t)$进行相关运算，从相关峰值确定待测电缆探测端到故障点的往返时间，进而确定其位置。同时通过相关峰值的极性判断故障类型。

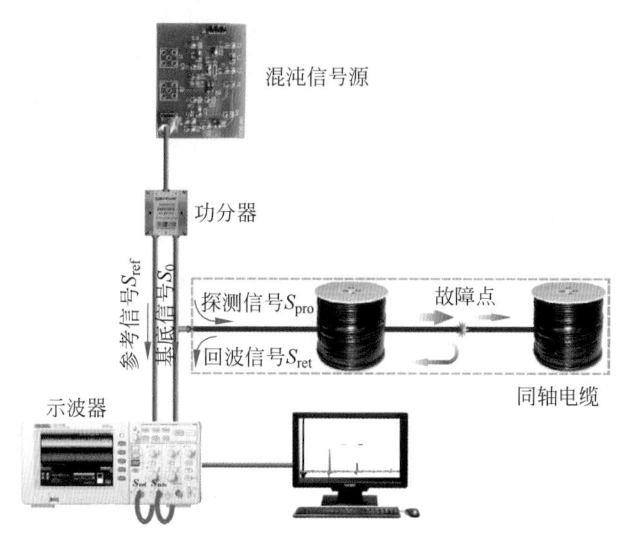

图 3.3.1　混沌时域反射测量装置图

混沌信号发生器输出混沌信号$S(t)$作为电缆故障测试信号。参考信号$S_{\text{ref}}(t)=\alpha_0 S(t-\tau_0)$，基底信号$S_0(t)=\alpha_1 S(t-\tau_1)$，都是发射信号的复制延迟，式中$\alpha_0$和$\alpha_1$为信号衰减因子，$\tau_0$和$\tau_1$为时间延迟参数。

混沌探测信号$S_{\text{pro}}(t)$注入待测电缆，在电缆中距离测试输入端为L_i的阻抗不匹配位置处(故障点)发生反射，测试端接收的反射回波信号$S_{\text{ret}}(t)$可表示为$\alpha_i S(t-\tau_i)$，其中α_i表示测试信号幅度衰减因子。测试信号注入点(如 T 形连接器)和电缆故障点之间的往返时间$\tau_i-\tau_1=2L_i/v$，v为混沌测试信号在电缆中的传输速度。如果考虑在待测电缆网络中存在N个阻抗不匹配点，则测试接收端接收的回波信号进一步可表示为$S_{\text{ret}}(t)=\sum_{i=1}^{N}\alpha_i S(t-\tau_i)$。

将接收混合信号$S_{\text{mix}}(t)=S_0(t)+S_{\text{ret}}(t)$和参考信号$S_{\text{ref}}(t)$进行相关运算，得到

$$
\begin{aligned}
I_T &= \frac{1}{T}\int_0^T [S_0(t)+S_{\text{ret}}(t)]S_{\text{ref}}(t-t')\,\mathrm{d}t \\
&= \frac{1}{T}\int_0^T \alpha_1 S(t-\tau_1)\alpha_0 S(t-\tau_0-t')\,\mathrm{d}t + \\
&\quad \frac{1}{T}\int_0^T \left[\sum_{i=1}^{N}\alpha_i S(t-\tau_i)\right]\alpha_0 S(t-\tau_0-t')\,\mathrm{d}t
\end{aligned}
$$

$$\approx \alpha_0\alpha_1\delta[t' - (\tau_1 - \tau_0)] + \alpha_0 \sum_{i=1}^{N} \alpha_i \delta[t' - (\tau_i - \tau_0)] \tag{3.3.1}$$

可以通过估计该相关函数的最大值来确定电缆中阻抗不匹配点和其距离测试端的距离 L_i，相关函数的最大值出现在发射信号和回波信号完全匹配之时，即 $t'=\tau_i-\tau_0$ 时，由此可以确定电缆中所有阻抗不匹配点的位置，衰减因子 α_0 和 α_i 表明由于测试信号衰减和故障反射引起相关峰值(故障反射峰)幅度的下降。需要注意的是，在 $t'=\tau_1-\tau_0$ 位置处存在相关峰，这是由基底信号引起的，可用于标记测量零点，例如上述实验装置描述中T形连接器的位置。根据反射相关峰和基准相关峰之间的时间间隔 $\Delta t'=\tau_i-\tau_1$ 和电磁波在电缆中的传播速度 v，便可计算故障点的位置 $L_i=v(\tau_i-\tau_1)/2$。

理论上，电缆阻抗失配处会引起信号的部分反射，其反射系数 R 可以表示为

$$R = \frac{Z_L - Z_0}{Z_L + Z_0} \tag{3.3.2}$$

式中，Z_L 是阻抗失配处的特性阻抗值，Z_0 是待测电缆的特性阻抗值。当 $Z_L > Z_0$ 时，$R>0$，则回波信号和探测信号极性相同；当 $Z_L < Z_0$ 时，$R<0$，则回波信号和探测信号极性相反。所以测量结果中相关峰的极性可以用来区分阻抗失配的类型。

3.3.2　混沌信号发生器的设计与实现

相比于由半导体激光器构成的非线性动力学系统，利用非线性电路产生混沌电信号，结构更简单，输出信号稳定，可以通过模拟系统和数字系统产生，更符合实际工程中的应用需求。

模拟混沌系统利用电感、电容和放大器等储能元件，具有实时输出、结构简单和频谱能量丰富等优点，是目前研究和应用最为广泛的一种方法。典型的混沌振荡电路包括文氏电桥(Namajunas et al.，1995)、蔡氏电路(Hosny et al.，1994)和考毕兹(Colpitts)振荡器(Kennedy，1994)等。

数字混沌系统利用移位寄存器或者数字逻辑门器件，电路简单，可以直接产生二进制形式的混沌信号。

1994年爱尔兰都柏林大学的Michael Peter Kennedy首次实验发现Colpitts振荡器可以工作在混沌振荡状态，该电路被称为标准型考毕兹振荡器，原理图如图3.3.2所示。电容 C_1、C_2 和电感 L 共同组成一个谐振网络，三极管 Q 作为增益元件，直流电压源 V_{CC} 为三极管 Q 提供直流偏置，通过调节电流源 I_E，使得考毕兹振荡器工作在不同的振荡状态。考毕兹振荡器是基于三极管的非线性特性来产生混沌振荡的，随着三极管工作频率的提高和对电路结构的不断改进，该电路产生的混沌信号的频率也在逐步提高。2004年，立陶宛维尔纽斯半导体物理研究所的Arunas Tamaševi čius 等对标准型考毕兹振荡器进行改进(Tamaševi čius et al. ,2004)。

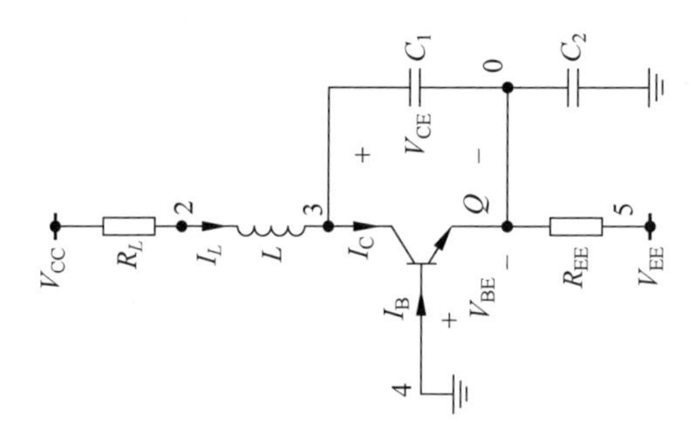

图 3.3.2　标准型考毕兹振荡器的原理图

改进型考毕兹混沌电路原理图如图 3.3.3(a)所示。三极管 Q 为电路的非线性增益元件,其等效模型如图 3.3.3(b)所示。通常情况下,三极管 Q 等效为一个线性受控源 I_E 和一个非线性负阻 R_e。谐振电路由电容 C_1 和 C_2、电感 L 以及电阻 R 组成,其大小共同决定了混沌信号的基频频率。电容 C_3 是三极管集电极-基极之间的寄生电容,电流源 I_0 用来调节电路的直流偏置。压控非线性电阻 R_e 的驱动点特性可以表示为

$$I_E = f(V_{BE}) = I_S[\exp(V_{BE}/V_T) - 1] \tag{3.3.3}$$

式中:I_E 为三极管的发射极电流;I_S 为反向饱和电流;V_{BE} 为基极和发射极电压,且 $V_{BE} = V_{C_1} + V_{C_3}$;$V_T$ 为热电压,室温下约为 26 mV。

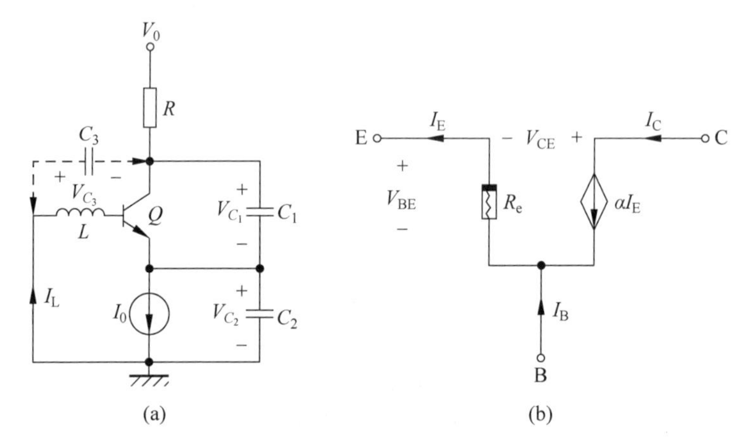

图 3.3.3　改进型考毕兹电路的原理图(a)和三极管模型(b)

流经电容 $C_i(i=1,2,3)$和电感 L 的电压和电流分别为 $V_{C_i}(i=1,2,3)$和 I_L,由基尔霍夫定理可知考毕兹电路的状态方程为

$$\begin{cases} RC_1 \dfrac{dV_{C_1}}{dt} = V_0 - V_{C_1} - V_{C_2} + RI_L - Rf(V_{BE}) \\ RC_2 \dfrac{dV_{C_2}}{dt} = V_0 - V_{C_1} - V_{C_2} - RI_0 + RI_L \\ C_3 \dfrac{dV_{C_3}}{dt} = I_L - (1-\alpha) f(V_{BE}) \\ L \dfrac{dI_L}{dt} = -V_{C_1} - V_{C_2} - V_{C_3} \end{cases} \tag{3.3.4}$$

基于上述原理设计实现的改进型考毕兹混沌信号发生器电路结构如图 3.3.4(a)所示(Li et al.,2013),实物图如图 3.3.4(b)所示,其尺寸为 5.5 cm×4 cm。滤波电路由电容 C_0 和电感 L_0 构成,产生的振荡信号通过耦合电容 C_3 与由三极管 Q_2 等元件组成的射极跟随器相连,最后经电容 C_4 输出。实验中用稳压源与一个电阻代替电流源。电路中 Q_1 和 Q_2 采用 BFG520XR 型三极管(截止频率为 9 GHz),电容 C_1 和 C_2、电感 L 以及电阻 R 的取值决定所产生混沌信号的基频频率,电压源 V_1 和 V_2 的取值决定电路的工作状态,其他参数如下:$R_1=5.1\ \mathrm{k\Omega}$,$R_2=3\ \mathrm{k\Omega}$,$R_3=200\ \Omega$,$C_0=C_4=100\ \mathrm{nF}$,$C_3=2\ \mathrm{pF}$,$L_0=10\ \mu\mathrm{H}$。振荡元件参数取值如下:$R_e=510\ \Omega$,$C_1=C_2=10\ \mathrm{pF}$,$R=20\ \Omega$,$L=10\ \mathrm{nH}$。

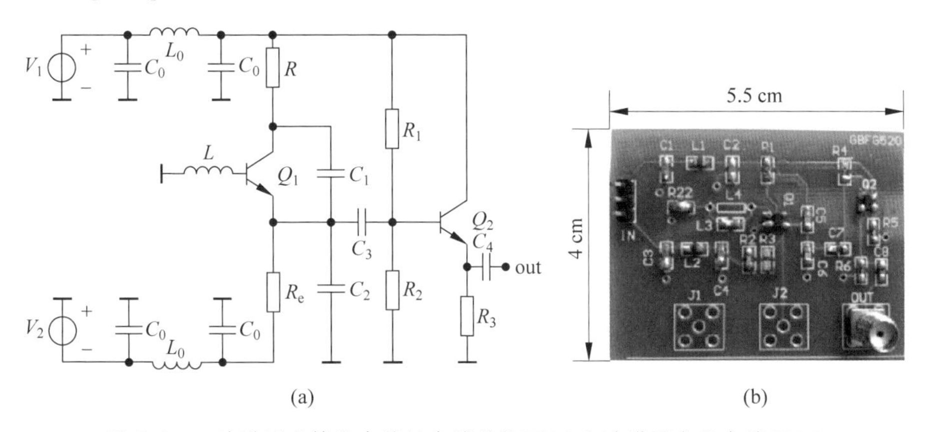

图 3.3.4　改进型考毕兹电路的电路结构图(a)和改进型实物电路图(b)

直流电压 V_1 固定在 1.8 V,逐渐增大 V_2,考毕兹电路输出一系列非线性振荡状态,结果如图 3.3.5 所示。其中,当 V_2 为 2 V 时,振荡电路工作在二倍周期振荡状态,图 3.3.5(a-i)~(a-iv)分别是其对应的时序、功率谱、自相关曲线和吸引子。当 V_2 增大至 2.9 V 时,改进型考毕兹电路从二倍周期振荡过渡至三倍周期振荡状态,三倍周期状态的时序、功率谱、自相关曲线和吸引子如图 3.3.5(b-i)~(b-iv)所示。继续增大 V_2 至 5 V 时,电路将工作在多周期振荡状态,相应状态的时序、功率

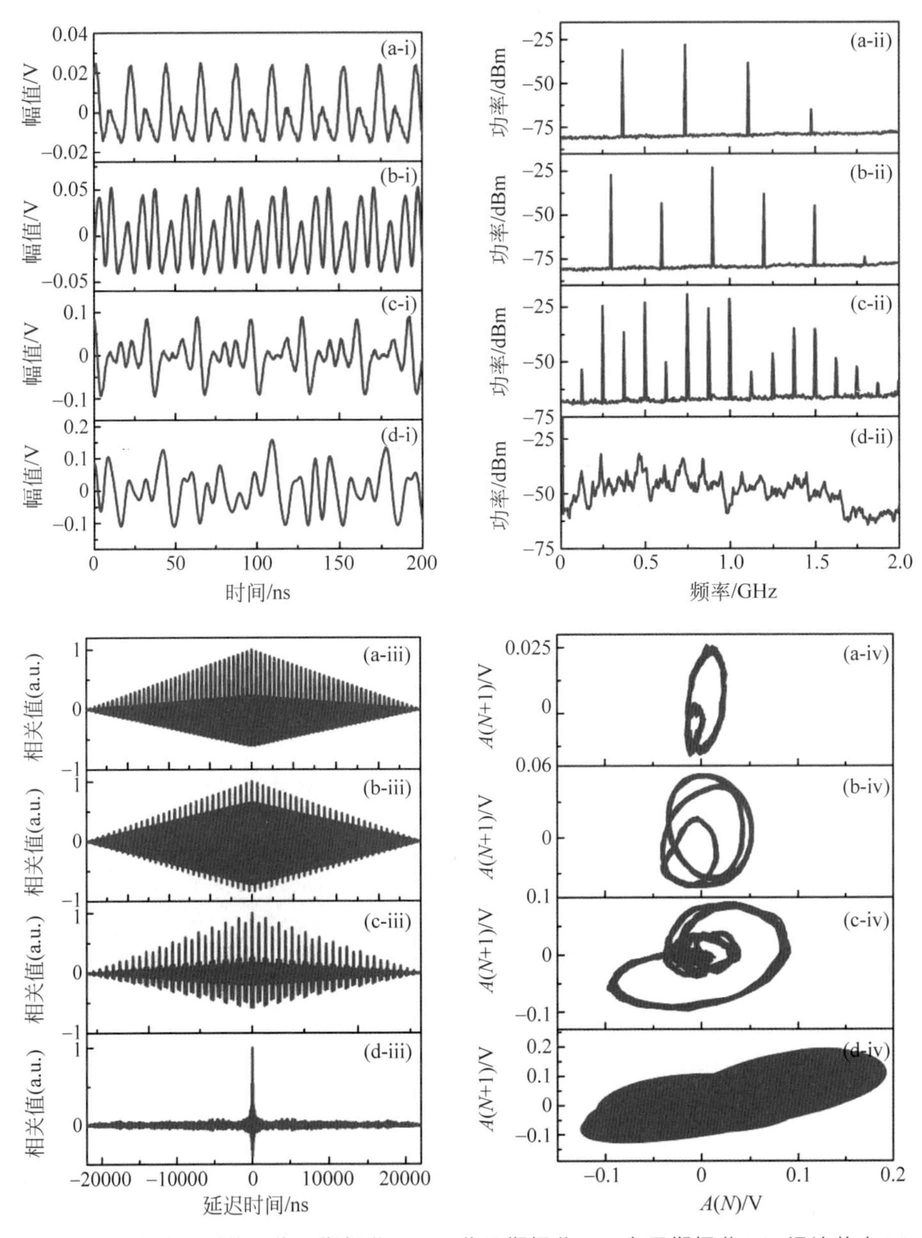

图 3.3.5　实验得到的二倍周期振荡(a)，三倍周期振荡(b)，多周期振荡(c)，混沌状态(d)

(i) 时序；(ii) 功率谱；(iii) 自相关曲线；(iv) 吸引子

谱、自相关曲线和吸引子如图 3.3.5(c-i)～(c-iv)所示。当 V_2 调节至 13.8 V 时，电路将工作在混沌振荡状态，如图 3.3.5(d-i)～(d-iv)所示为混沌信号的时序、功率谱、自相关曲线和吸引子。从图中可以看出，混沌信号的时序呈现快速且无规则的起伏。功率谱表现出宽频带的特性，频谱覆盖范围可以延伸至 1.8 GHz。混沌信号的自相关曲线呈倒立的"图钉"形。吸引子则进一步证明了混沌吸引子的遍历、复杂和有界的特点。

稳定的混沌态可以在 6～14.5 V 一个大范围供电电压下获得。

3.3.3　电缆故障测量结果

1. 断路、短路和阻抗失配等故障的检测

利用考毕兹混沌信号发生器所产生的混沌信号作为测试信号，对同轴电缆断路、短路和阻抗失配故障进行了实验测量(Xu et al.，2014)。实验所用的待测电缆为 URM43 型同轴电缆，其特性阻抗和最大传输频率分别为(50±2) Ω 和 1 GHz。实验结果如图 3.3.6 所示。图中插图显示了待测电缆的实验布局：包括一个 BNC 连接点和一个阻抗可调谐的终端负载，终端负载的阻抗值分别被调至 0 Ω(短路)、25 Ω、75 Ω、100 Ω、150 Ω 和 200 Ω。

从图 3.3.6 中可以看出不同情况下 BNC 连接点和阻抗失配处的反射峰均清晰可见，而且反射峰值随阻抗失配量的增加而增大。如果阻抗失配处于断路状态(屏蔽层和铜导体断开)，由于 Z_L 为无穷大，由式(3.3.2)可知该处的反射系数为 1。如果阻抗失配处于短路状态(屏蔽层和铜导体短接)，Z_L 为 0，反射系数 R 为−1。通过分析反射系数 R 的幅度和极性，可以得到阻抗失配处的阻抗值。如果 P_{mismatch} 和 P_{open} 分别表示阻抗失配处和断路处所对应的反射峰峰值，由于断路状态下的反射峰表示全反射，P_{mismatch} 和 P_{open} 的比值即阻抗失配处的实际反射系数，即 $R=P_{\mathrm{mismatch}}/P_{\mathrm{open}}$。计算得到图 3.3.6 中曲线(a)～(f)的实际反射系数分别为−100%(短路)、−35.1%、21.2%、34.0%、50.7%和 60.2%。因此，各曲线阻抗失配处对应的阻抗值分别为 0 Ω、(24±1) Ω、(77±3) Ω、(102±5) Ω、(153±6) Ω 和(201±8) Ω。同理，可以测得 BNC 连接点的反射系数和阻抗值分别为 2.2%和(52±2) Ω。

图 3.3.7 为对待测电缆不同破损程度的检测结果，以一根终端接有 50 Ω 负载的 85.9 m 长的 URM43 型同轴电缆为研究对象。在 50.4 m 处对保护层(PVC jacket)、屏蔽层(copper braid)、绝缘层(PE insulation)和铜导体(copper conductor)逐层进行破坏(破损处宽度为 1 cm)，直至完全断路。当保护层脱落时，相关曲线上的相应位置处并没有出现反射峰，这是由于此时的反射系数太小，反射峰淹没在基底噪声中。但是当屏蔽层一旦也遭到破坏，相关曲线上的相应位置处就会出现明显的反射峰。随着

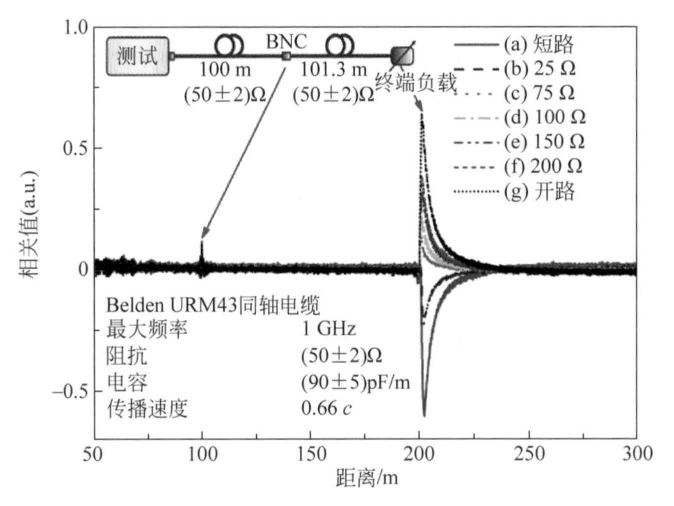

图 3.3.6　对断路、短路和阻抗失配的测量结果

破坏的深入，反射峰高度略有增加，断路时峰值最大。

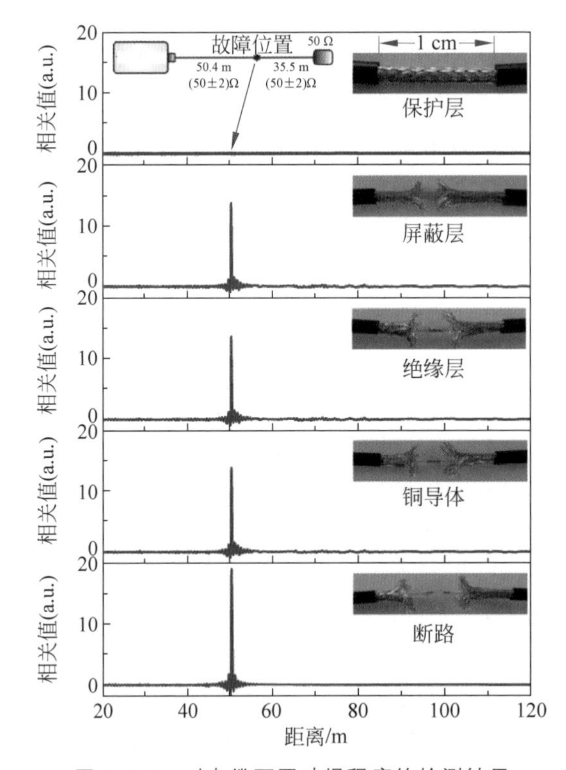

图 3.3.7　对电缆不同破损程度的检测结果

2. 测量范围

图3.3.8为断路故障分别位于URM43型同轴电缆不同距离处的检测结果。曲线(a)～(g)分别表示断路点位于电缆100.1 m、201.1 m、303.1 m、405.5 m、510.5 m、612.2 m和706.2 m处的检测结果。以表示断路点位于100.1 m处的互相关曲线(图(a))为例，0 m处的反射峰为基准峰，是基底信号$S_{base}(t)$和参考信号$S_{ref}(t)$通过相关计算得到的，表示测量的零点(这里具体指T形连接器的位置)。100.1 m处的反射峰表示断路点的位置，是断路点引起的回波信号$S_{ret}(t)$和参考信号$S_{ref}(t)$通过相关计算得到的，其相对于基准峰的距离表示断路点的位置。从图中可以看出随着待测电缆长度的增加，断路点处对应的反射峰在逐渐降低，一方面，是由电缆自身的衰减造成的；另一方面，由于采集的数据长度在实际测量中是有限的，随着回波信号和参考信号之间的延迟增加，信号波形中的相似部分会减少，也会造成反射峰的降低。

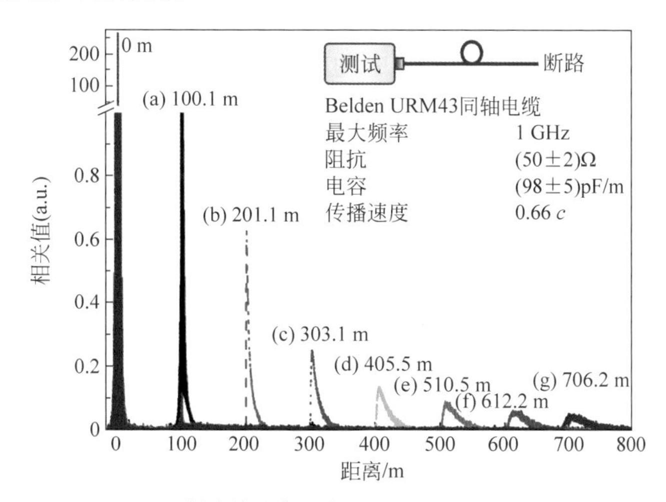

图3.3.8 断路故障位于电缆不同距离处的检测结果

为了估测在该功率下(－12.2 dBm)混沌探测信号的最远可测距离，进一步分析了峰值噪声比与探测距离之间的关系。实验结果如图3.3.9所示，当峰值噪声比下降至3 dB时(PNR＝3 dB为能从相关曲线的基底噪声中识别出故障处反射峰的临界条件)，探测距离为930 m。表明利用考毕兹混沌信号在－12.2 dBm的功率下可以探测到的最远距离为930 m。

3. 空间分辨率

混沌时域反射测量电缆故障的空间分辨率由混沌信号自相关曲线的半高全宽决定。其空间分辨率为$v \cdot \mathrm{FWHM}/2$，其中，v是混沌信号在电缆中的传播速度。如图3.3.10所示考毕兹混沌信号发生器产生的混沌信号的半高全宽为0.7 ns，

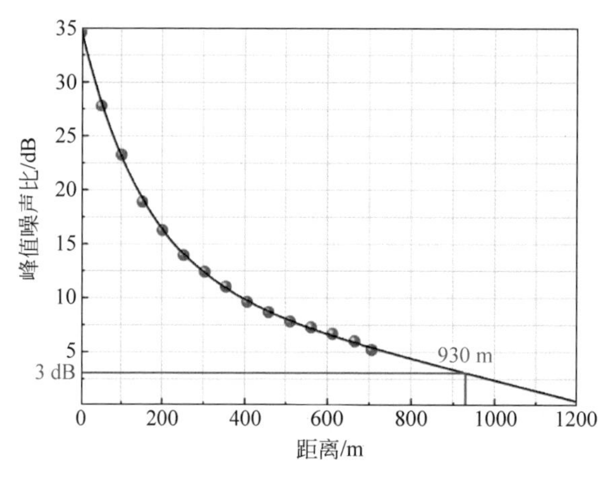

图 3.3.9 峰值噪声比随探测距离增加的变化趋势

URM43 型同轴电缆中信号传播速度为 0.66c（$c=3.0\times10^8$ m/s），对应的空间分辨率为 7 cm。实验测量长度为 7 cm 的电缆断路点结果如图 3.3.11 所示，反射峰和基准峰（表示 T 形连接器的位置）之间的相对距离为 7 cm，此时两个相关峰恰能区分开，距离再近则二者无法分辨。需要注意的是，宽带的混沌信号在电缆中传播存在色散现象，即不同频率的信号在电缆中的传播速度不同，导致相关峰随探测距离的增加而变宽，即空间分辨率降低。

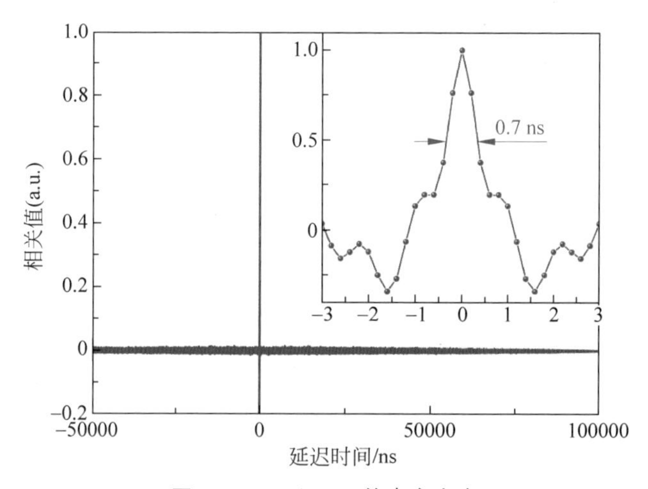

图 3.3.10 0.7 ns 的半高全宽

3.3.4 电缆故障在线检测

能否在线检测电缆故障取决于外部探测信号和电缆中在线传输信号之间的相

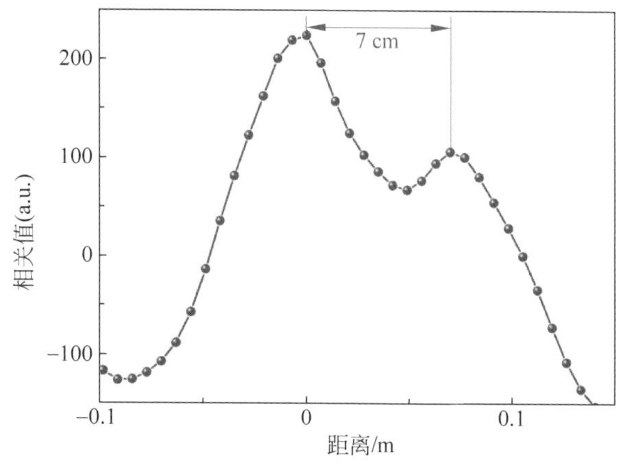

图 3.3.11　7 cm 的空间分辨率

互干扰程度。一方面，在线检测要求探测信号对在线信号造成的影响小(如引起的误码率低)；另一方面，还要求探测信号具有很强的抗干扰能力。混沌时域反射测量利用混沌信号的相关特性解调故障信息，降低了电缆中在线传输信号对测试信号的影响，可以实现电缆故障的在线检测，下面从两个方面分析混沌时域反射测量实现电缆故障在线检测的可行性。

1. 在线传输信号对混沌时域反射测量的影响

从前述可知混沌时域反射测量是基于参考信号和回波信号的互相关峰进行故障定位的。如果在测试过程中电缆处于工作状态，是否对混沌时域反射测量结果造成干扰？下面通过实验仿真量化分析了在线信号对混沌相关特性的影响。

仿真实验中在混沌探测信号中加入了 Mil-Std 1553 信号，作为电缆中的在线传输信号，其时序如图 3.3.12(a)所示。Mil-Std 1553 信号是一种标准的飞机通信信号，数据传输速率为 1 Mbit/s，均方根电压为 2.25～20 V，信噪比为 17.5 dB。定义混沌探测信号和在线信号之间的平均功率比(chaos-to-signal ratio，CSR)来衡量混沌探测信号对在线信号的干扰程度，利用相关曲线的峰值噪声比来衡量故障定位的测量效果。

图 3.3.12(b)为当均方根电压为 10 V 的 Mil-Std 1553 存在时，不同 CSR 下混沌探测信号的时序。图 3.3.12(c)为当对应的相关曲线。随着 CSR 的降低，相关峰逐渐降低。图 3.3.12(d)分别显示了经过 1000 次平均相关处理和单次相关得到的峰值噪声比随 CSR 的变化情况。尽管峰值噪声比随 CSR 的减少而线性减小，但当峰值噪声比下降至 3 dB 时，CSR 为－156 dB。即便只利用单次相关，CSR 仍可达到－84 dB，完全符合 Mil-Std 1553 信号 17.5 dB 的信噪比要求。结果表明：混沌信号具有很强的抗干扰能力，即便混入在线信号后其相关特性依然保持良好，

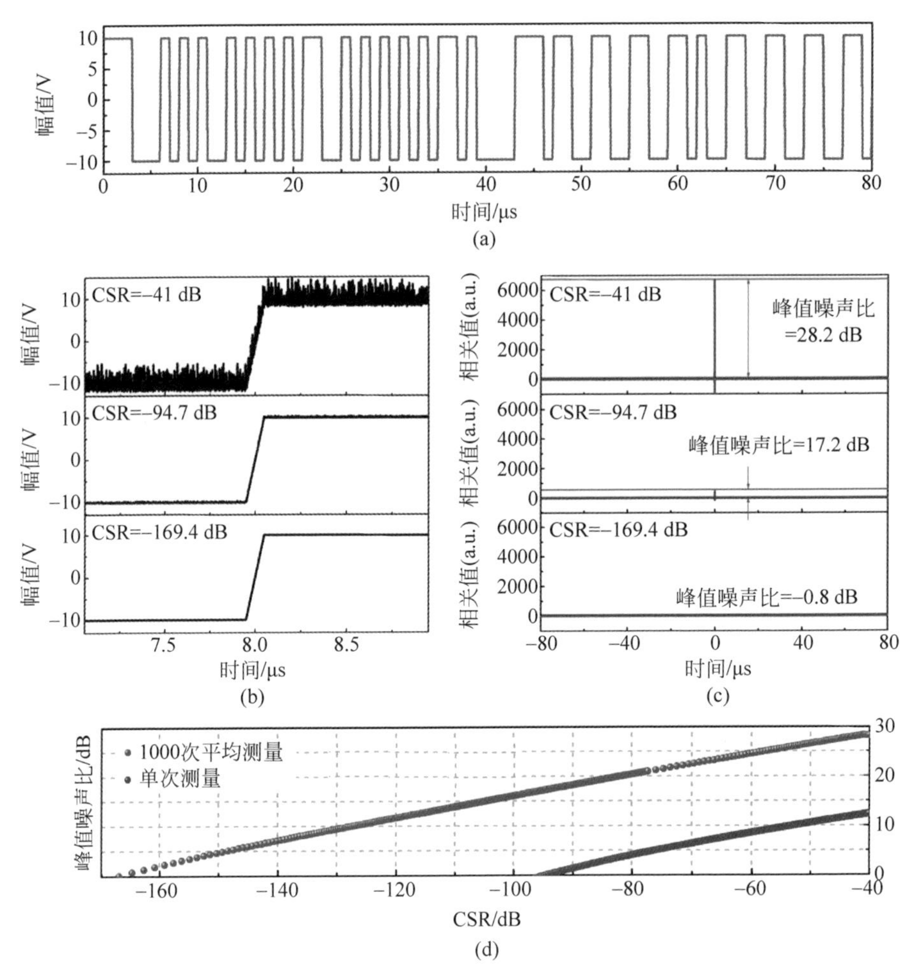

图 3.3.12　均方根电压为 10 V 的 Mil-Std 1553 信号的时序(a)；当均方根电压为 10 V 的 Mil-Std 1553 信号存在时，不同 CSR 下混沌探测信号的时序(b)，相关曲线(c)和峰值噪声比随 CSR 的变化趋势(d)

这就表明可以用低功率的弱混沌信号(相比于在线信号而言)在不影响在线信号的情况下，实时检测电缆故障。

2. 混沌测试信号对在线传输信号的影响

混沌时域反射法在线检测电缆故障的实验装置如图 3.3.13 所示(Xu et al., 2015)。实验构建一个简单的数字通信系统，包括待测电缆和误码率测试仪。误码率测试仪产生 2/8/34 Mbit/s 的三阶高密度双极性码(HDB3)信号，同时也作为接收机用于接收经电缆传输后的 HDB3 信号。此外，误码率测试仪也可测量 HDB3 信号的误码率，用于衡量引入测试信号后对在线传输信号的影响。如图 3.3.13 中的虚线框所示，实验中仍用考毕兹振荡电路产生混沌测试信号，输出的混沌信号经功率分配器分为两路：一路作为参考信号由实时示波器直接采集；另一路作为探测信号先经增益可调的放大器放大后，再经合成器和 HDB3 信号混合，注入到待测电缆(Belden UMR43)中。混合信号遇到电缆故障将会部分发生反射，回波信号经 T 形连接器由示波器最终接收。计算机通过对参考信号和回波信号进行相关计算来诊断电缆故障的位置。如果电缆没有故障发生，混合信号将会全部进入误码率测试仪并计算误码率。

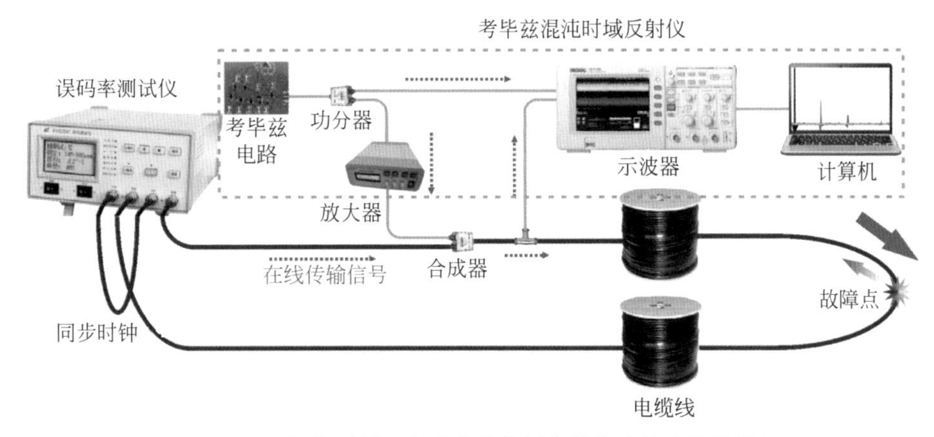

图 3.3.13　混沌时域反射法在线检测电缆故障的实验装置图

以 34 Mbit/s 的 HDB3 信号为例，图 3.3.14(a)和(b)分别为 34 Mbit/s 的 HDB3 信号的时序和频谱。混沌测试信号和 34 Mbit/s 的 HDB3 信号经合成器在不同功率比下混合，混合信号在数字通信系统中的待测电缆中传输，并最终由误码率测试仪接收。CSR 如前文所定义，为混沌探测信号和在线信号之间的平均功率比。混合信号的时序和频谱如图 3.3.15 所示。设置 CSR 分别为 −18.9 dB、−13.5 dB 和 −4.0 dB。实验发现叠加在 HDB3 信号上的混沌信号幅度随着 CSR 的增加而增大，如图 3.3.15(a)所示。同时，频谱(图 3.3.15(b))上混合信号的高频能量也会逐渐增加，这是由混沌信号的功率增大造成的。

混沌探测信号的引入必然会对原有通信系统造成影响，这里借助误码率来定量分析。需要注意的是，待测的数字通信系统在混沌探测信号注入之前，误码率为 0。分别选取 2 Mbit/s、8 Mbit/s 和 34 Mbit/s 的 HDB3 信号作为在线信号。误码率随 CSR 增加的变化趋势如图 3.3.16 所示。不同速率的 HDB3 信号的误码率随 CSR 的增加均呈增大的趋势。此外，在相同的 CSR 下，HDB3 信号速率越高，混沌探测信号对其造成的误码率越高。

载有 HDB3 信号的电缆发生故障时，由于回波信号包含了故障处反射的混沌探测信号和 HDB3 信号，因此需要研究故障处反射回来的 HDB3 信号的影响。实

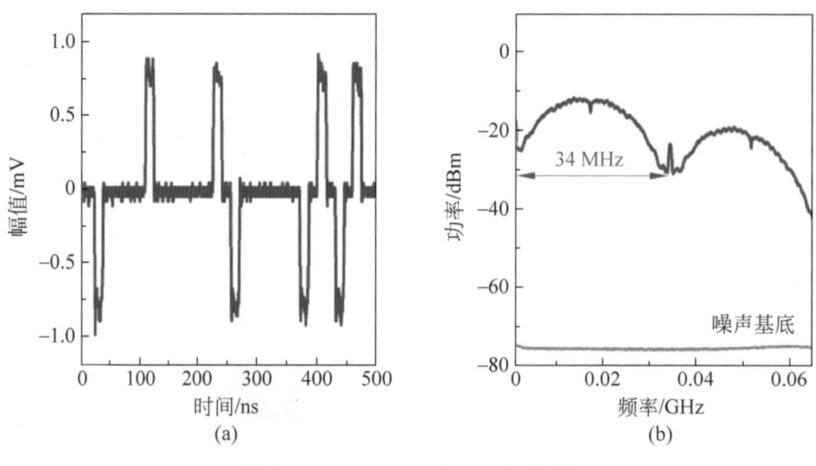

图 3.3.14　34 Mbit/s HDB3 信号

(a) 时序；(b) 频谱

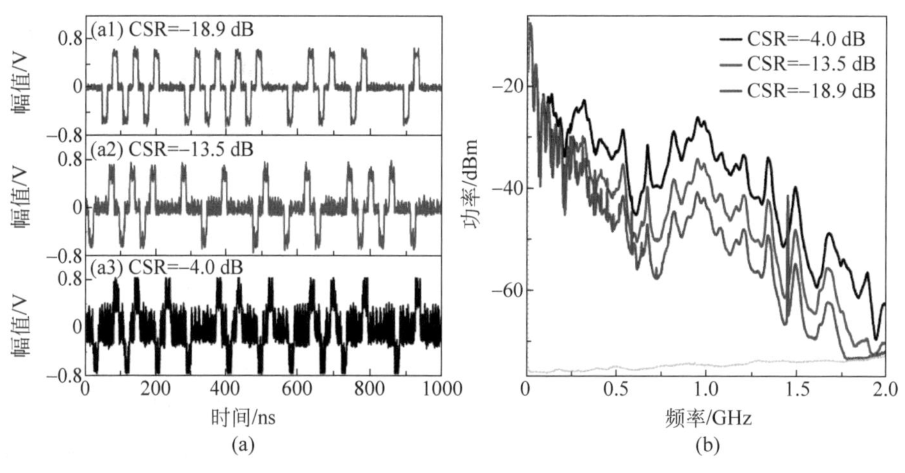

图 3.3.15　不同 CSR 下的混合信号

(a) 时序；(b) 频谱

验分别测量了电缆传输 2/8/34 Mbit/s HDB3 信号且 CSR＝8.5 dB 时，电缆在 100 m 处发生断路故障的情况。测量结果如图 3.3.17 所示，100 m 处的断路位置通过相关峰可以清晰判断。随着 HDB3 信号速率的增加，反射峰逐渐降低，峰值噪声比逐渐减小。原因是 HDB3 信号的速率越高，和混沌信号的能量谱重叠面积越大，相互之间的干扰也就越大。

为了验证混沌时域反射仪可以在不影响在线信号情况下检测电缆故障，以 34 Mbit/s 的 HDB3 信号为例，研究 CSR 的合理控制范围。图 3.3.18 显示了当

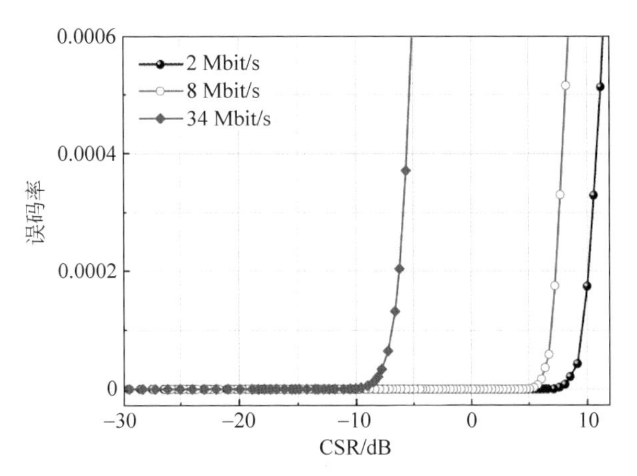

图 3.3.16　2 Mbit/s、8 Mbit/s 和 34 Mbit/s 的 HDB3 信号的误码率随 CSR 增大的变化趋势

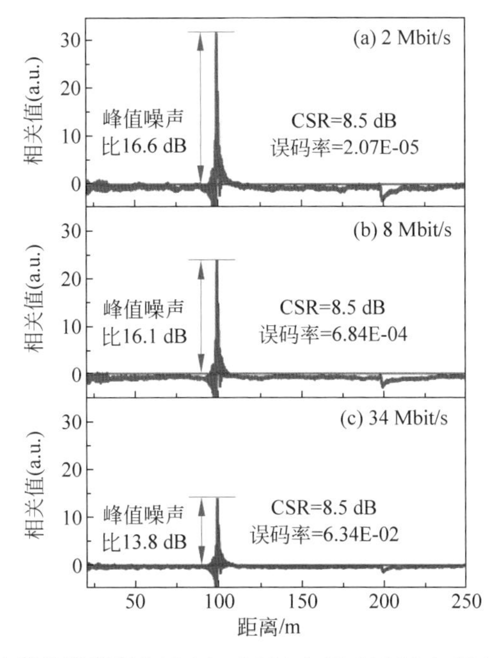

图 3.3.17　当电缆分别载有 2 Mbit/s、8 Mbit/s 和 34 Mbit/s HDB3 信号且 CSR＝8.5 dB 时，电缆 100 m 处发生断路故障的检测结果

CSR 的变化范围在－30 dB 和－10 dB 之间时，误码率和峰值噪声比的变化趋势。虚线框的左边界表示峰值噪声比下降至 3 dB，此时可认为是能从相关曲线的基底噪声中识别出故障处反射峰的临界条件。虚线框的右边界表示新增的误码率控制在 3×10^{-10} 以内。在虚线框的区域内，CSR 从－24.8 dB 变化至－13.5 dB，

34 Mbit/s HDB3 信号的误码率均低于 3×10^{-10}，同时，峰值噪声比均大于 3 dB。表明可以用比 34 Mbit/s HDB3 信号功率低 24.8～13.5 dB 的混沌探测信号实时检测电缆的健康状况，且不影响 HDB3 信号的通信质量。

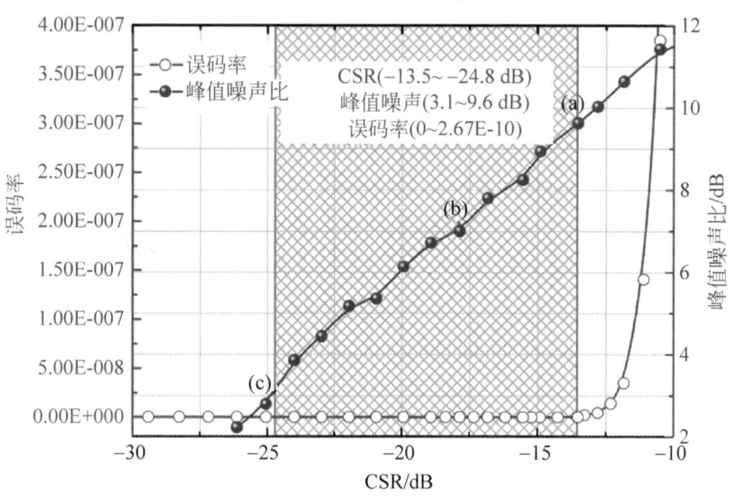

图 3.3.18　误码率和峰值噪声比随 CSR 增大的变化趋势

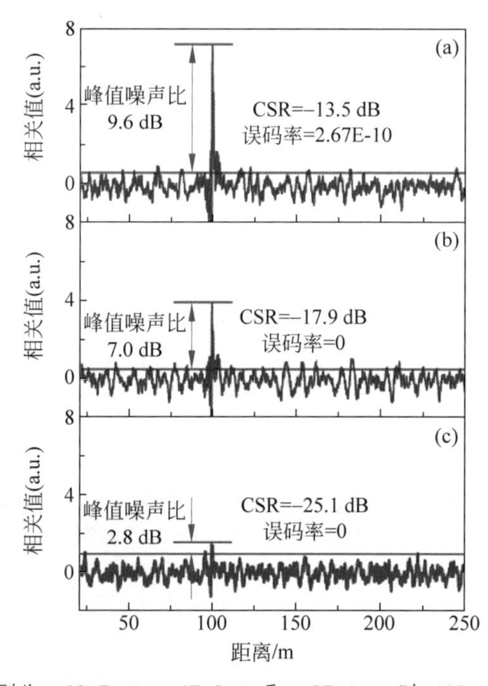

图 3.3.19　当 CSR 分别为 -13.5 dB、-17.9 dB 和 -25.1 dB 时，100 m 处断路故障的检测结果

为了分析不同CSR下，混沌时域反射检测电缆故障的效果，图3.3.19给出了三种情况下的故障测量结果，故障位置设置为100 m处。当CSR为−13.5 dB和−17.9 dB时，故障位置可以通过反射峰准确判别，同时又可以保证误码率足够小。但当CSR为−25.1 dB时，故障点处的反射峰已淹没在基底噪声中，无法识别。进一步可以推断出HDB3信号的速率越低，和混沌探测信号频谱的重叠面积越小，相互干扰越弱，因此CSR的允许范围也会增大。

参考文献

ANDERSON D R, JOHNSON L M, BELL F G, 2004. Troubleshooting optical fiber networks: understanding and using optical time-domain reflectometers[M]. New York: Academic Press.

ARAKI N, ENOMOTO Y, TOMITA N, 1998. Improvement of fault identification performance using neural networks in passive double star optical networks[C]. San Jones: Optical Fiber Communication Conference and Exhibit.

BANERJEE A, PARK Y, CLARKE F, et al, 2005. Wavelength-division-multiplexed passive optical network (WDM-PON) technologies for broadband access: a review[J]. Journal of Optical Networking, 4(11): 737-758.

BARNOSKI M K, JENSEN S M, 1976. Fiber waveguides: a novel technique for investigating attenuation characteristics[J]. Applied Optics, 15(9): 2112-2115.

CHAN C K, TONG F, CHEN L K, et al, 1999. Fiber-fault identification for branched access networks using a wavelength-sweeping monitoring source[J]. IEEE Photonics Technology Letters, 11(5): 614-616.

CLIVAZ X, MARQUIS-WEIBLE F, SALATHE R P, 1992. Optical low coherence reflectometry with 1.9 μm spatial resolution[J]. Electronics Letters, 28(16): 1553-1555.

DODDS D E, SHAFIQUE M, CELAYA B, 2006. TDR and FDR identification of bad splices in telephone cables[C]. Ottawa: Canadian Conference on Electrical and Computer Engineering.

DONG X Y, WANG A B, ZHANG J G, et al, 2015. Combined attenuation and high-resolution fault measurements using chaos-OTDR[J]. IEEE Photonics Journal, 7(6): 6804006.

FATHALLAH H, RUSCH L A, 2007. Code division multiplexing for in-service out-of-band monitoring of live FTTH-PONs[J]. Journal of Optical Communications and Networking, 6(7): 819-829.

FISCHER A P A, YOUSEFI M, LENSTRA D, et al, 2004. Experimental and theoretical study of semiconductor laser dynamics due to filtered optical feedback[J]. IEEE Journal of Selected Topics in Quantum Electronics, 10(5): 944-954.

FURUKAWA S, TANAKA K, KOYAMADA Y, et al, 1995. Enhanced coherent OTDR for long span optical transmission lines containing optical fiber amplifiers[J]. IEEE Photonics Technology Letters, 7(5): 540-542.

FURSE C,SMITH P,LO C,et al,2005. Spread spectrum sensors for critical fault location on live wire networks[J]. Structural Control and Health Monitoring,12(3-4): 257-267.

FRIGO N J, IANNONE P P, MAGILL P D, et al, 1994. A wavelength-division multiplexed passive optical network with cost-shared components [J]. IEEE Photonics Technology Letters,6(11): 1365-1367.

HARTOG A,GOLD M,1984. On the theory of backscattering in single-mode optical fiber[J]. Journal of Lightwave Technology,2(2): 76-82.

HEALEY P,1984. Fading rates in coherent OTDR[J]. Electronics Letters,20(11): 443-444.

HEHMANN J,PFEIFFER T,2008. New monitoring concepts for optical access networks[J]. Bell Labs Technical Journal,13(1): 183-198.

HONDA N,IIDA D,IZUMITA H,et al,2009. In-service line monitoring system in PONs using 1650-nm Brillouin OTDR and fibers with individually assigned BFSs[J]. Journal of Lightwave Technology,27(20): 4575-4582.

HONDA N,IZUMITA H,NAKAMURA M,2006. Spectral filtering criteria for U-band test light for in-service line monitoring in optical fiber networks[J]. Journal of Lightwave Technology, 24(6): 2328-2335.

HOSNY E A, SOBHY M I, 1994. Analysis of chaotic behavior in lumped-distributed circuits applied to the time-delayed Chua's circuit[J]. IEEE Transactions on Circuits and Systems Ⅰ: Fundamental Theory and Applications,41(12): 915-918.

IIDA D,HONDA N,IZUMITA H,et al,2007. Design of identification fibers with individually assigned Brillouin frequency shifts for monitoring passive optical networks[J]. Journal of Lightwave Technology,25(5): 1290-1297.

JOSEF B,1998,OTDR and backscatter measurements[M]. Upper Saddle River: Prentics Hall PTR Press.

KATSUYA T, NAOKI T, WAKAO S, 2007. Chaotic dynamics in the optical feedback instabilities of 650nm band red light semiconductor lasers and its control for noise reduction [J]. Electronmagnetic Theory,7(16): 7-12.

KENNEDY M P,1994. Chaos in the Colpitis oscillator[J]. IEEE Transactions on Circuits and Systems I: Fundamental Theory and Applications,41(11): 771-774.

LEE D,YOON H,KIM P,et al,2006. Optimization of SNR improvement in the noncoherent OTDR based on simplex codes[J]. Journal of Lightwave Technology,24(1): 322-328.

LEE J,PARK J,SHIM J G,et al,2007. In-service monitoring of 16 port×32 wavelength bi-directional WDM-PON systems with a tunable,coded optical time domain reflectometry[J]. Optics Express,15(11): 6874-6882.

LEGRÉ M, THEW R, ZBINDEN H, et al, 2007. High resolution optical time domain reflectometer based on 1.55 μm up-conversion photon-counting module[J]. Optics Express, 15(13): 8237-8242.

LELONG A, CARRION M O, 2009. On line wire diagnosis using multicarrier time domain reflectometry for fault location[C]. Christchurch: 8th IEEE Conference on Sensors.

LI J X,WANG Y C,MA F C,2013. Experimental demonstration of 1.5 GHz chaos generation using an improved Colpitts oscillator[J]. Nonlinear Dynamics, 72(3): 575-580.

MECHELS S, TAKADA K, OKAMOTO K, 1999. Optical low-coherence reflectometer for measuring WDM components[J]. IEEE Photonics Technology Letters, 11(7): 857-859.

MULDER B D, CHEN W, BAUWELINCK J, et al, 2007. Nonintrusive fiber monitoring of TDM optical networks[J]. Journal of Lightwave Technology, 25(1): 305-317.

NAMAJUNAS A, TAMASEVICIUS A, 1995. Modified Wien-bridge oscillator for chaos[J]. Electronics Letters, 31(5): 335-336.

NG B C, AB-RAHMAN M S, PREMADI A, et al, 2010. Optical fault monitoring method in 8-branched PON-based i-FTTH[J]. Research Journal of Information Technology, 2(4): 215-227.

PERSONICK S D, 1977. Photon probe-An optical-fiber time-domain reflectometer[J]. The Bell System Technical Journal, 56(3): 355-366.

RAD M M, FOULI K, FATHALLAH H A, et al, 2011. Passive optical network monitoring: challenges and requirements[J]. IEEE Communications Magazine, 49(2): S45-S52.

STEINER J P, WEEKS W L, 1990. Time-domain reflectometry for monitoring cable changes: feasibility study[M]. Pudue: Electric Power Research Institute, Purdue University.

SHARMA C R, FURSE C, HARRISON R R, 2007. Low-power STDR CMOS sensor for locating faults in aging aircraft wiring[J]. IEEE Sensors Journal, 7(1): 43-50.

SHIN W, YU B A, LEE Y L, et al, 2009. Wavelength tunable optical time-domain reflectometry based on wavelength swept fiber laser employing two-dimensional digital micro-mirror array[J]. Optics Communications, 282(6): 1191-1195.

TAMAŠEVIČIUS A, BUMELIENE S, LINDBERG E, 2004. Improved chaotic Colpitts oscillator for ultrahigh frequencies[J]. Electronics Letters, 40(25): 1569-1570.

TAKUSHIMA Y, CHUNG Y C, 2007. Optical reflectometry based on correlation detection and its application to the in-service monitoring of WDM passive optical network[J]. Optics Express, 15(9): 5318-5326.

THOLLABANDI M, KIM T Y, HANN S, et al, 2009. Tunable OTDR based on direct modulation of self-injection-locked RSOA for in-service monitoring of WDM-PON[J]. IEEE Photonics Technology Letters, 20(15): 1323-1325.

THOLLABANDI M, BANG H, SHIM K W, et al, 2008. An optical surveillance technique based on cavity mode analysis of SL-RSOA for GPON[J]. Optical Fiber Technology, 15(5-6): 451-455.

WANG Y C, WANG B J, WANG A B, 2008. Chaotic correlation optical time domain reflectometer utilizing laser diode[J]. IEEE Photonics Technology Letters, 20(19): 1636-1638.

WANG A B, WANG Y C, 2010. Chaos correlation optical time domain reflectometry[J]. Science China Information Sciences, 53(2): 398-404.

WANG A B, ZHANG M J, XU H, et al, 2011. Location of wire faults using chaotic signal[J]. IEEE Electron Device Letter, 32(3): 372-374.

WANG A B, WANG N, YANG Y B, et al, 2012. Precise fault location in WDM-PON by utilizing

wavelength tunable chaotic laser[J]. Journal of Lightwave Technology, 30(21): 3420-3426.
WANG A B, WANG B J, LI L, et al, 2015. Optical heterodyne generation of high-dimensional and broadband white chaos [J]. IEEE Journal of Selected Topics in Quantum Electronics, 21(6): 1800710.
WEGMULLER M, SCHOLDER F, GISIN N, 2004. Photon-counting OTDR for local birefringence and fault analysis in the metro environment [J]. Journal of Lightwave Technology, 22(2): 390-400.
XIA L, HUANG D, XU J, et al, 2013. Simultaneous and precise fault locating in WDM-PON by the generation of optical wideband chaos[J]. Optical Letters, 38(19): 3762-3764.
XU H, WANG B J, LI J X, et al, 2014. Location of wire faults using chaotic signal generated by an improved Colpitts oscillator [J]. International Journal of Bifurcation and Chaos, 24(4): 1450053.
XU H, LI J X, LIU L, et al, 2015. Chaos time-domain reflectometry for fault location on live wires [J]. Journal of Applied Analysis and Computation, 5(2): 243-250.
YEH C H, CHI S, 2005. Optical fiber-fault surveillance for passive optical networks in S-band operation window[J]. Optics Express, 13(14): 5494-5498.
YÜKSEL K, WUILPART M, MOEYAERT V, et al, 2010. Novel monitoring technique for passive optical networks based on optical frequency domain reflectometry and fiber Bragg gratings[J]. Journal of Optical Communications and Networking, 2(7): 463-468.
ZHAO T, HAN H, ZHANG J G, et al, 2015. Precise fault location in TDM-PON by utilizing chaotic laser subject to optical feedback[J]. IEEE Photonic Journal, 7(6): 6803909.
张丽，王安帮，李凯，等，2013. 光纤故障可视的混沌光时域反射测量方法[J]. 中国激光，40(3): 0308007.

混沌分布式光纤传感

光纤传感技术自20世纪末得到迅猛发展。依据工作方式，光纤传感器可分为点式(Fernicola et al.,1995)、准分布式(吴敏，2007)及全分布式(Ukil et al.,2015)。其中全分布式光纤传感技术(Horiguchi et al.,1995；Zhou et al.,2013；Zhang et al.,2011)受到国内外同行的高度重视。其原理为利用光纤同时感知和传输信号，测量出光纤上不同位置处的温度和应变等物理量的变化，实现沿待测光纤上任意点的分布式传感测量。这种传感技术可以对光纤链路上成千上万个点的温度和应力等参数进行同时测量，在天然气输送管、输油管道、地铁隧道、电力电缆及桥梁、大坝、河堤等大型结构的检测方面具有极大吸引力(López-Higuera et al.,2011；乔学光等，2011；Enckell et al.,2011)。分布式光纤传感系统可以测量温度、应力、压力、加速度、位移、水位等多种物理量，对安全监测、生产和生活都具有十分积极的意义。

分布式光纤传感技术主要依靠激光在光纤中的三种典型后向散射信号来感知外界诸如温度、应变等信息，因此可将分布式光纤传感技术(廖延彪等，2009)具体分为基于瑞利散射、拉曼散射和布里渊散射的分布式光纤传感技术。前两者相较于后者发展较早并已趋于成熟，其中瑞利散射信号仅对光纤各处的压力信息较为敏感，在更多情况下将其用于监测光纤的性能；而拉曼散射信号仅对光纤各处的温度变化敏感。目前，越来越多的场合需要能做到对温度和应变的同时测量，基于布里渊散射的分布式光纤传感技术恰恰具备这一优势。

基于布里渊散射的分布式光纤传感已被证明是一种仅使用普通单模光纤便能实现应变和温度的长距离分布式测量的优良技术，它又分为两种类型：一种是利用脉冲信号来感知光纤沿线温度/应变的光时域系统；另一种是利用正弦信号频率调制的连续光作为传感信号的光相关域系统。光时域系统包括布里渊光时域反射仪(Brillouin optical time domain reflectometry,BOTDR)(Shimizu et al.,1993)和布里渊光时域分析仪(Brillouin optical time domain analysis,BOTDA)(Kurashima et al.,1990),这类系统的优势在于传感距离长,但是由于声子寿命的固有限制,其最优的空间分辨率一般难以突破1 m(Fellay et al.,1997)。而光相关域系统又包括布里渊光相关域反射仪(Brillouin optical correlation domain reflectometry,BOCDR)(Mizuno et al.,2008)和布里渊光相关域分析仪(Brillouin optical correlation domain analysis,BOCDA)(Hotate et al.,2001),这类系统可以使温度和应变的分布式测量实现厘米甚至毫米量级的空间分辨率,然而由于瑞利散射的限制,其测量范围仅能达到数米(Mizuno et al.,2009)。

近年来,为了解决上述传感系统中传感距离与空间分辨率不能同时提高的问题,众多新技术被相继提出。在光时域系统,Anthony W. Brown 等提出了基于暗脉冲的 BOTDA 技术(Brown et al.,2007); Wenhai Li 等提出了基于差分脉冲的 BOTDA 系统(Li et al.,2008); 瑞士联邦理工学院 Luc Thévenaz 等提出了基于布里渊回声技术的 BOTDA 技术方案(Thévenaz et al.,2008a)。在光相关域系统,日本东京大学 Yosuke Mizuno 等提出了基于时域门控的 BOCDR(Mizuno et al.,2009); 韩国科学技术学院 Ji Ho Jeong 等提出了基于差分测量的 BOCDA(Jeong et al.,2012)等技术方案。这些技术方案虽然在一定程度上改善了系统性能,却明显增加了系统复杂性。

2012 年以色列巴伊兰大学 Avi Zadok 等和 2016 年瑞士 Andrey Denisov 等在实验中采用了伪随机码调制激光信号(Zadok et al.,2012; Denisov et al.,2016),2014 年 Raphael Cohen 等在实验中采用了放大自发辐射噪声信号(Cohen et al.,2014)。但是伪随机码的周期性及码长都会影响系统的探测性能。宽谱的放大自发辐射噪声在系统中会引入光谱重叠问题,从而严重影响系统的信噪比,使传感距离严重受限。

本章提出利用混沌激光作为分布式传感系统的探测信号,与需要窄线宽激光器的传统时域和相关域系统相比,利用混沌激光作为系统的探测信号,可以解决传统的分布式光纤传感技术中空间分辨率和传感距离无法调和的矛盾。混沌激光具有比布里渊谱宽大得多的带宽,可以在理论上实现厘米量级的空间分辨率。混沌信号的宽带宽、类噪声特性,以及图钉型模糊函数所体现出的强抗干扰特性,都使得混沌激光可以作为分布式传感系统的理想信号源。因此,利用混沌激光作为系统传感信号可实现长距离、高精度且空间分辨率与测量距离无关的分布式传感测量。

4.1 基础理论

4.1.1 光纤中的布里渊散射

光纤是一种低损耗、高速光传导介质，但是由于光纤本身存在一定的不均匀性，这样光纤中的传播光波在介质间的作用下，部分光就会发生如图 4.1.1 所示的几种后向散射(Boyd,2007；张旭苹,2013)。其中，瑞利散射是由光纤局部密度或成分的不均匀性造成的一种弹性散射，其中心频率与入射光相同。而剩余两者属于非弹性散射，其频率相对于入射光会发生变化。当散射光频率高于入射光频率时，称为反斯托克斯光(anti-Stokes)；反之，则称为斯托克斯光(Stokes)。在布里渊散射中，这种频率变化称为布里渊频移(Brillouin frequency shift,BFS)。

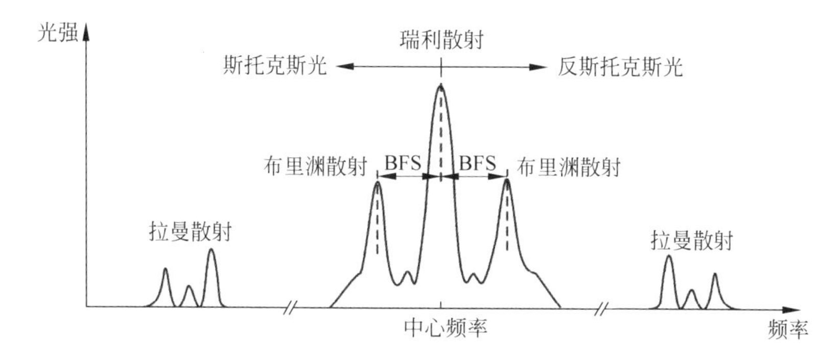

图 4.1.1　光纤中的典型后向散射示意图

布里渊散射本质上是由入射光光子与声子间的相互作用引起的。根据声子产生方式不同，又可将其分为自发布里渊散射(spontaneous Brillouin scattering,SPBS)和受激布里渊散射(stimulated Brillouin scattering,SBS)，下面对这两种散射分别介绍。

组成介质的粒子(原子、分子或离子)由于自发热运动在介质中形成连续的弹性振动，这种振动会导致介质密度随时间和空间周期性变化，从而在介质内部产生一个自发的声波场，该声波场使介质折射率被周期性调制并以声速 V_a 在介质中传播，这种作用如同光栅，称为声场光栅。当光波入射到介质中时受到声场作用而发生散射，其散射光因多普勒频移而产生与声速相关的频率漂移(简称频移)，这种带有频移的散射光称为自发布里渊散射光。

在光纤中，自发布里渊散射模型如图 4.1.2 所示。不考虑光纤对入射光的色散效应，设入射光的角频率为 ω，移动的声场光栅通过布拉格衍射反射入射光，当声场光栅与入射光方向相同时，由于多普勒效应，散射光相对入射光频率发生下移,此时散射光称为布里渊-斯托克斯光,角频率为 ω_S,如图 4.1.2(a)所示。当声场光栅与入射光运动方向相反时,由于多普勒效应,散射光相对入射光频率发生上移,此时散射光称为布里渊-反斯托克斯光,角频率为 ω_{AS},如图 4.1.2(b)所示。

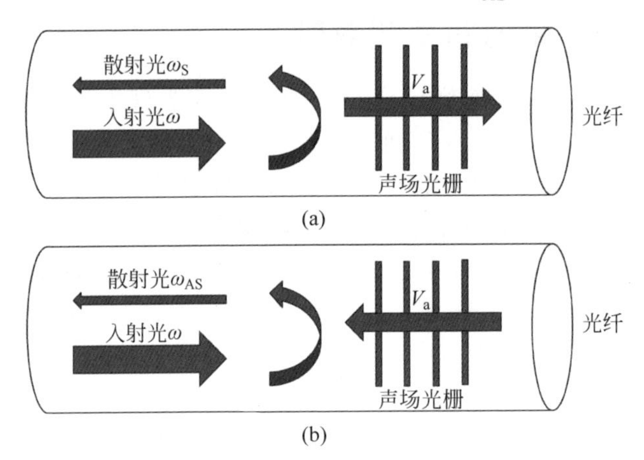

图 4.1.2 光纤中自发布里渊散射物理模型(张旭苹,2013)
(a) 布里渊-斯托克斯光产生过程示意图;(b) 布里渊-反斯托克斯光产生过程示意图

受激布里渊散射过程可以描述为布里渊泵浦光和斯托克斯光通过声波进行的非线性相互作用,其基本原理如图 4.1.3 所示。在光纤中相向传播的泵浦光和斯托克斯光发生干涉,两者的干涉电场通过电致伸缩效应使得光纤产生周期性形变或者弹性振动,从而激励起声场。该声场在光纤中的传播方向与泵浦光一致,并使得光纤的折射率发生周期性变化,形成沿光纤以声速移动的折射率光栅。泵浦光和斯托克斯光共同作用产生的折射率光栅,通过布拉格衍射效应散射泵浦光。与自发布里渊散射类似,由于运动光栅的多普勒效应,泵浦光的散射光产生频率下移,形成具有新频率的光,称为斯托克斯光。这样泵浦光将能量转移给斯托克斯光,斯托克斯光被泵浦光放大。放大的斯托克斯光又与泵浦光作用,激励起更强的声场,声场又反过来作用于斯托克斯光。如此周而复始,泵浦光、斯托克斯光和声场相互之间不断进行着耦合作用,不断增强布里渊散射效应,最终达到一个稳定状态。

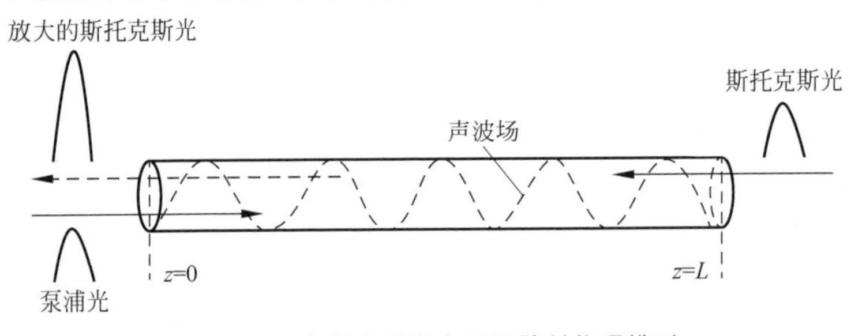

图 4.1.3 光纤中受激布里渊散射物理模型

由此可以得出，受激布里渊散射过程必须保证泵浦光的频率 ν_P 和探测光的频率 ν_S 满足 $\nu_P-\nu_S=\nu_B$ 这一先决条件，其中 ν_B 为布里渊频移量。这样当泵浦光的功率达到一定程度时，在光纤中相向传播的泵浦光和探测光在某些位置发生干涉作用，并通过电致伸缩效应激发出声波场，该声波场随之诱导出折射率光栅，此时该光栅会将二者进行耦合。在量子力学中，该散射过程中一个泵浦光子消失，与此同时产生一个斯托克斯光子和一个声子，而该过程同样遵守物理学中的能量和动量守恒定律。因此最终的结果便表现为泵浦光的功率转移给了探测光，同时声场被增强。这一过程也可被形象地描述为探测光发生了受激布里渊散射放大作用。

4.1.2 布里渊散射传感机理

根据克拉默斯-克勒尼希(Kramers-Kronig)关系，介质增益(或损耗)的变化必然伴随介质折射率的改变(Boyd，2007)。因此，布里渊泵浦光通过布里渊散射效应，在为斯托克斯光提供增益的同时，会使光纤产生感应的折射率变化。因光纤中的声波以指数 $\exp(-\Gamma_B t)$ 衰减，故布里渊增益谱并非频率单一的曲线，而是具有一定谱线宽度的频谱。布里渊本征增益谱的谱宽与声波的阻尼时间有关，而阻尼时间与声子寿命有关，因此布里渊本征增益谱的谱宽很小，且具有洛伦兹型谱线分布

$$g_B=\frac{g_P(\Gamma_B/2)^2}{(\nu-\nu_B)^2+(\Gamma_B/2)^2} \tag{4.1.1}$$

在 $\nu=\nu_B$ 时，布里渊散射具有最大增益 g_P，可表示为

$$g_P=g_B(\nu_B)=\frac{8\pi^2\gamma_e^2}{n_P\lambda_P^2\rho_0 c v_A\Gamma_B} \tag{4.1.2}$$

式中，$\gamma_e\approx 0.902$ 为石英的电致收缩系数，n_P 为光纤折射率，λ_P 为入射光中心波长，c 为真空中的光速，v_A 为光纤中的声速，$\rho_0=2210\ \mathrm{kg/m^3}$ 为石英密度，ν_B 为布里渊频移，Γ_B 为声子衰减速率，$T_B=1/\Gamma_B$ 为声子寿命，通常小于 10 ns。布里渊增益谱的半高全宽为 $\Delta\nu_B=\Gamma_B/2\pi$。对于普通单模光纤，在 1550 nm 附近其 $\Delta\nu_B\approx$ 30 MHz。

声波速度决定了布里渊散射光频移量的大小，而外界的温度和应变可改变传感光纤内部的声波速度，因此可根据布里渊频移的大小解调出外界温度和应变的变化。布里渊频移为

$$\nu_B=\frac{2n_P v_A}{\lambda_P} \tag{4.1.3}$$

基于布里渊散射的分布式光纤传感之所以能够实现对温度或应变的测量，是由于布里渊频移量 ν_B 取决于光纤模式的有效折射率，一旦光纤的折射率随局部环

境(应变量 ε 或温度 T)的变化而改变，布里渊频移量就会随之改变，它们之间的对应关系可以表示为

$$\nu_B(\varepsilon) = \nu_B(0)(1 + C_S\varepsilon) \tag{4.1.4}$$

$$\nu_B(T) = \nu_B(T_r)[1 + C_T(T - T_r)] \tag{4.1.5}$$

式中，ε 为应力变量，T_r 为参考温度，式中的系数通常为 $C_S = 0.05\ \text{MHz}/\mu\varepsilon$，$C_T = 1\ \text{MHz}/℃$。

因此，基于布里渊散射的光纤传感器原理是：布里渊频移与声速和折射率等局部热力学特性有关，而声速和折射率又与局部温度和应变有关。对于大多数光纤而言，在很大温度和应变范围内，布里渊频移与温度变化量和应变变化量成正比。需要注意的是，温度和应变都会引起布里渊频移的改变，因此只探测布里渊频移并不能区分是温度变化还是应变变化。

4.2 混沌布里渊光相关域反射传感技术

基于布里渊散射的分布式传感技术已经得到了大量研究。但是，由于 BOTDR 技术和 BOTDA 技术的光源通常采用脉冲光，提高传感距离需要增加脉冲宽度，但会使空间分辨率严重降低。基于 BOCDR 技术和基于 BOCDA 技术的分布式光纤传感，虽然系统空间分辨率较高(可达毫米量级甚至亚毫米量级)，但传感距离受限。因此，布里渊散射分布式光纤传感技术中空间分辨率和传感距离之间的矛盾是目前需要研究的难点问题。与需要窄线宽激光器的传统时域和相关域系统相比，利用混沌激光作为系统的探测信号，混沌激光具有比布里渊谱宽大得多的带宽，可以在理论上实现与混沌激光的带宽成反比的厘米量级的空间分辨率。混沌信号的宽带、类噪声特性，以及图钉型模糊函数所体现出的强抗干扰特性，都使得混沌激光可以作为分布式传感系统的理想信号源，实现长距离、高精度且空间分辨率与测量距离无关的测量。

本节提出一种基于混沌激光布里渊光相关域反射技术的分布式光纤传感系统(Ma et al.，2015)。当参考光路的光程等于探测光路的光程时，混沌斯托克斯光与混沌参考光具有相同的混沌态，通过连续调节参考光路长度，可以获得沿待测光纤不同位置处的布里渊增益谱，在 155 m 的传感光纤上获得了 96.25 cm 的空间分辨率。

4.2.1 测量原理

图 4.2.1 为混沌激光布里渊光相关域反射系统温度传感实验装置图。如图中虚线框 1 所示，混沌激光源由一个可调谐激光源、一个电光调制器(EOM)和一个混沌信号发生器组成。可调谐激光器输出的激光，通过电光调制器，被混沌信号发生器产生

的混沌信号调制。图中虚线框2为混沌信号发生器的结构，包括一个带有外部光纤环形腔的分布反馈半导体激光器(DFB-LD)、宽带光电探测器(PD1)和一个电学放大器。DFB-LD的反馈强度由可调光衰减器(VA1)来调节。偏振控制器(PC1)用来调整反馈光路的偏振态，光隔离器(ISO1)用来阻止光反馈到半导体激光器。在适当反馈强度和偏振态条件下，半导体激光器可以发射出混沌激光。混沌光信号通过光电探测器转换为混沌电信号，再利用电放大器将信号放大。

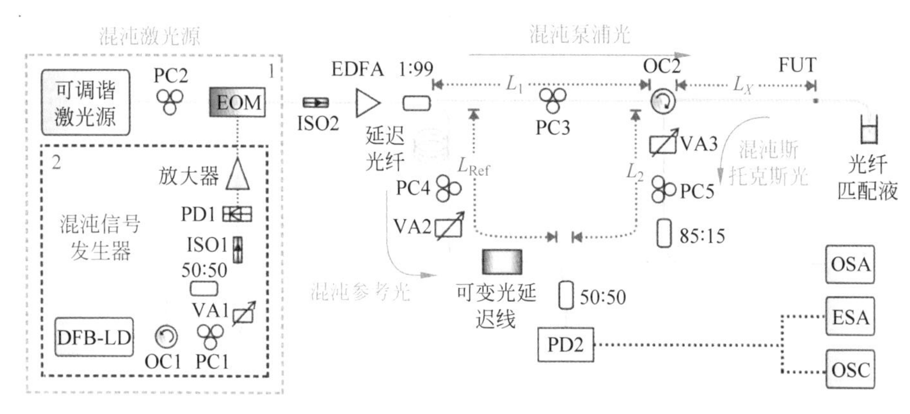

图4.2.1　混沌激光布里渊光相关域反射系统温度传感实验装置图

被混沌信号调制的探测光，经高功率掺铒光纤放大器(EDFA)放大，然后被1∶99光耦合器分成两路。一路(1%)直接用来作为混沌参考光，参考光路光程长度用L_{Ref}表示。通过使用不同长度的延迟光纤选择大致的探测位置，再结合可调光延迟线来精确定位。另一路(99%)作为混沌泵浦光直接注入待测光纤(FUT)中，L_X为光环行器(OC2)到探测位置的光纤长度。当混沌泵浦光入射到待测光纤中，光纤中的声频声子与入射的混沌泵浦光相互作用，产生后向布里渊散射，称为混沌斯托克斯光。频谱被定义为布里渊增益谱，具有洛伦兹函数的形状(Agrawal，2012)。当注入光波长为1550 nm时，布里渊增益谱的中心频率相对入射光的频率下移10.8 GHz左右。当后向散射混沌斯托克斯光和混沌参考光的拍频信号通过一个3 dB耦合器后被探测。实验系统的定位是通过调节参考光路的光程来实现的。探测位置为

$$L_{Ref}=L_1+L_2+2L_X \tag{4.2.1}$$

式中，L_{Ref}为参考光路中的延迟光纤、PC4、VA2和可变光延迟线内部所有光纤的长度，L_1是1∶99耦合器到OC2的光纤长度，L_2是后向散射光路中VA3、PC5以及85∶15耦合器的光纤长度。

当参考光路的光程等于探测光路的光程时，混沌斯托克斯光与混沌参考光具有相同的混沌态，通过连续调节参考光路长度，可以获得沿待测光纤不同位置处的

布里渊增益谱。实验中通过手动调节偏振控制器来控制两条光路的实时偏振态。干涉拍频的光谱变化情况采用光谱仪来监测。拍频光信号被 45 GHz 带宽的超快光电探测器转换成电信号后，利用 26.5 GHz 的频谱分析仪和 6 G 的实时示波器观测。

4.2.2 实验结果

1. 混沌激光相干特性分析

实验中，波长为 1550 nm 的 DFB-LD 偏置电流设置为 33 mA(1.5 倍阈值)，反馈强度为 −10 dB。可调谐激光源(1550 nm)发出的光经电光调制器被混沌信号调制后的混沌激光如图 4.2.2 所示。图 4.2.2(a)为混沌激光的光谱，通过延迟自外差(Horak et al.，2006)的方法测得光谱线宽为 71.91 MHz。

根据相干长度的计算公式

$$L_C=\frac{c}{\pi n\Delta f} \tag{4.2.2}$$

式中，L_C 是混沌激光的相干长度，c 为光在真空中的传播速度，n 和 Δf 分别表示光纤的折射率和光源的线宽。可计算得到对应的相干长度为 88.53 cm。这里的相干长度等效于分布式传感系统的空间分辨率。图 4.2.2(b)～(d)分别为混沌激光的时序、频谱和自相关图。从图 4.2.2(c)可以看出其频率范围在 0～14 GHz。图 4.2.2(d)是时序长度为 10000 ns 的自相关曲线，噪声很低，作为传感系统的光源具有很大优势。

当混沌激光被光放大器放大到 1.25 W 后注入 155 m 的 G.655 单模光纤，混沌参考光和混沌斯托克斯光的拍频信号如图 4.2.3 所示。图 4.2.3(a)中蓝色曲线表示混沌参考光的光谱信号，绿色曲线表示混沌斯托克斯光的光谱信号，灰色曲线圈住的地方是瑞利散射光频所在的位置，可以看出混沌后向散射光对瑞利散射具有很好的抑制作用，混沌布里渊散射光的中心频率比瑞利散射的中心频率峰值高 30 dB 左右。红色曲线表示干涉拍频后的光谱图。图 4.2.3(b)为混沌参考光和混沌斯托克斯光拍频后用频谱仪测量的布里渊增益谱，从图中可以看出 3 dB 带宽为 19.2 MHz。

2. 混沌布里渊频移和温度的关系

图 4.2.4 为实验中传感光纤的结构示意图，总长度为 155 m 的单模光纤中后 50 m 放在恒温箱内部。调整参考光路的延迟光纤和可变光延迟线，使得参考光的光程与待测光纤放置于恒温箱中 125 m 处的光纤产生的散射光的光程相等，即定位于恒温箱内光纤的中间位置处。

调节恒温箱的温度设置，从 25 ℃到 45 ℃以 5 ℃的间隔改变温度进行测温实验。图 4.2.5(a)为测得的不同温度下的布里渊增益谱，从图中可以看出，随着温度

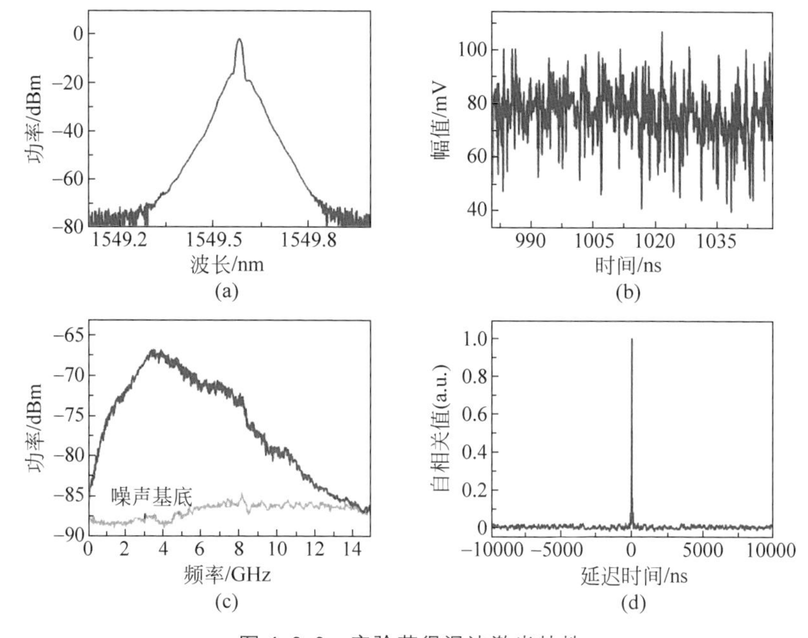

图 4.2.2　实验获得混沌激光特性

(a) 光谱；(b) 时序；(c) 频谱；(d) 自相关

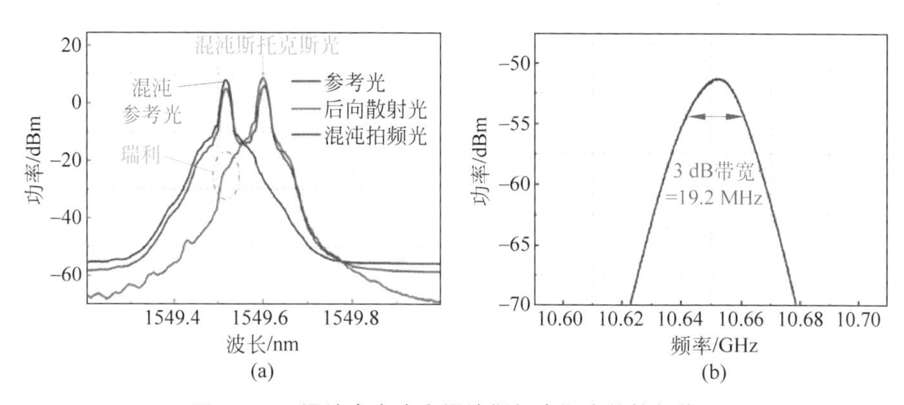

图 4.2.3　混沌参考光和混沌斯托克斯光的拍频信号

(a) 光谱；(b) 布里渊增益谱

的升高，布里渊增益谱逐渐向高频率方向移动。从布里渊增益谱中获得不同温度下的布里渊频移，对不同温度对应的布里渊频移量进行拟合，所得拟合曲线如图 4.2.5(b)所示。随温度的升高，布里渊频移呈线性增大趋势，拟合曲线的斜率为 1.07 MHz/℃，即实验测得的温度系数为 1.07 MHz/℃，与理论值相符。同时，拟合曲线的拟合系数为 0.99784，证明布里渊频移与温度的线性关系很好，实验结果与理论分析相一致。

为了获得本方法对温度的分辨率，调节恒温箱温度，探究系统可以分辨的最小

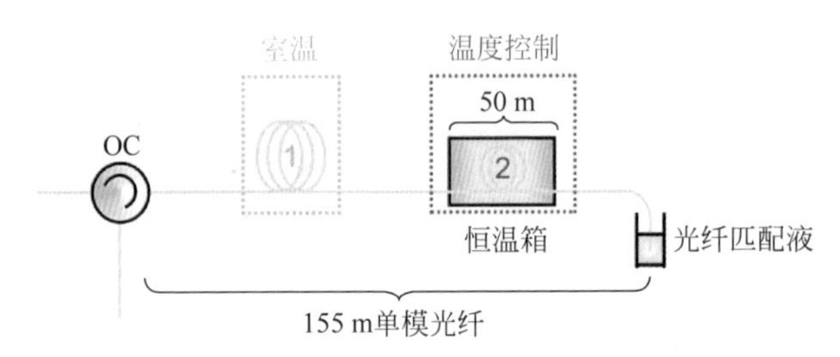

图 4.2.4 实验中传感光纤的结构示意图

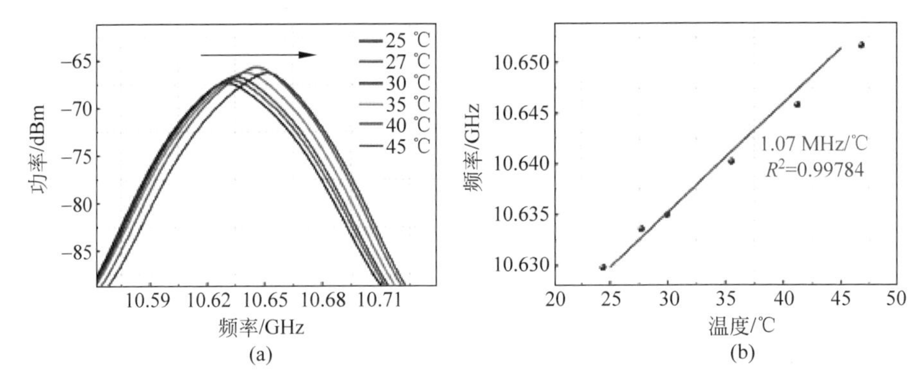

图 4.2.5 布里渊频移随温度变化关系

(a) 不同温度下的布里渊增益谱；(b) 温度系数拟合曲线

温度范围。从 25 ℃变为 27 ℃，可以明显从频谱仪上观测到布里渊增益谱的变化。因此，系统对温度的分辨率为±1 ℃。

3. 分布式温度传感测量结果

实验中先后在恒温箱内放置 50 m、10 m 和 3 m 光纤，分别对恒温箱进行低温和高温设置，利用本系统方案进行 155 m 传感光纤的分布式温度测量。首先将待测光纤后 50 m 放置在恒温箱内，分别设置恒温箱的温度为 10 ℃和 45 ℃，此时室温保持在 24 ℃。待光纤恒温箱温度恒定后，通过手动更换不同长度的延迟光纤，结合可变光延迟线连续调节参考光路的光纤长度，使对应待测光纤的位置从始端到末端连续扫描，实现对 155 m 整条待测光纤的温度分布测量。如图 4.2.6 所示为沿待测光纤的布里渊频移(BFS)分布情况，从图中可以明显观测到温度变化区域。图 4.2.6(a)中，布里渊频移的变化量约为 15 MHz，与 14 ℃的温度变化相匹配。如图 4.2.6(b)所示的频移量变化约为 20 MHz，对应温度差为 21 ℃。

调整恒温箱内光纤的长度，再次分别放置 10 m 和 3 m 长的光纤，结构如图 4.2.7 所示。首先，将待测光纤的 110～120 m 放置在光纤恒温箱中，分别设置恒温箱温度为 13 ℃和 45 ℃。温度为 13 ℃时的实验结果如图 4.2.8 所示。

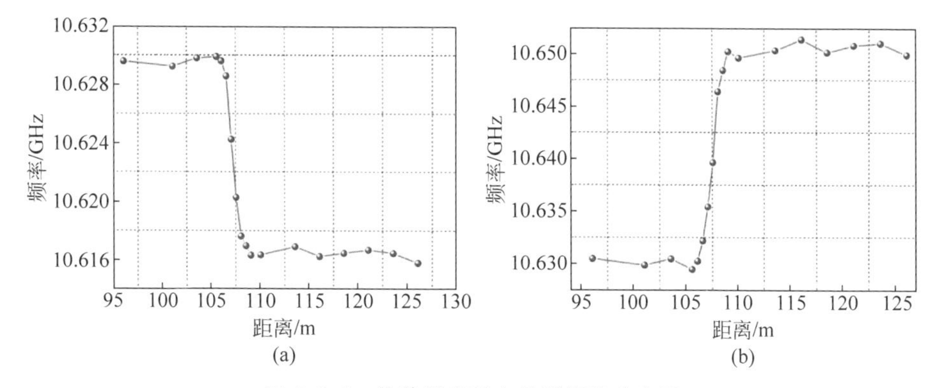

图 4.2.6　沿待测光纤布里渊频移分布图

(a) 50 m,10 ℃；(b) 50 m,45 ℃

图 4.2.8(a)为布里渊增益谱三维分布，图 4.2.8(b)为沿待测光纤的布里渊频移分布情况，从图中可以明显观测到温度变化区域。室温保持在 23 ℃，布里渊频移的变化量约为 15 MHz，与 14 ℃的温度变化相匹配。图 4.2.9 为恒温箱 45 ℃时的布里渊增益谱三维分布图和布里渊频移分布图。在 21 ℃温差条件下，布里渊频移量为 20 MHz 左右。

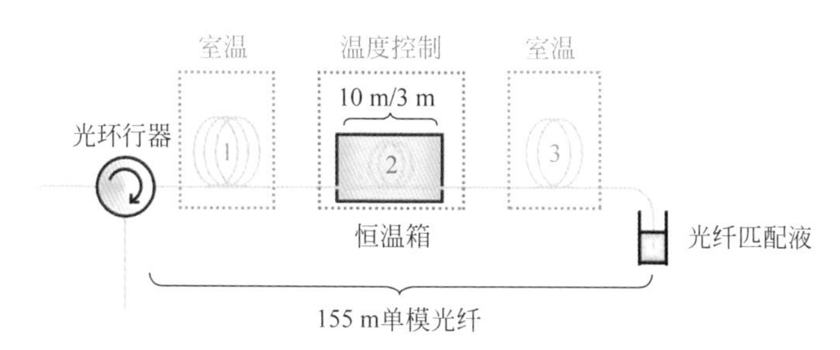

图 4.2.7　实验中传感光纤的结构示意图

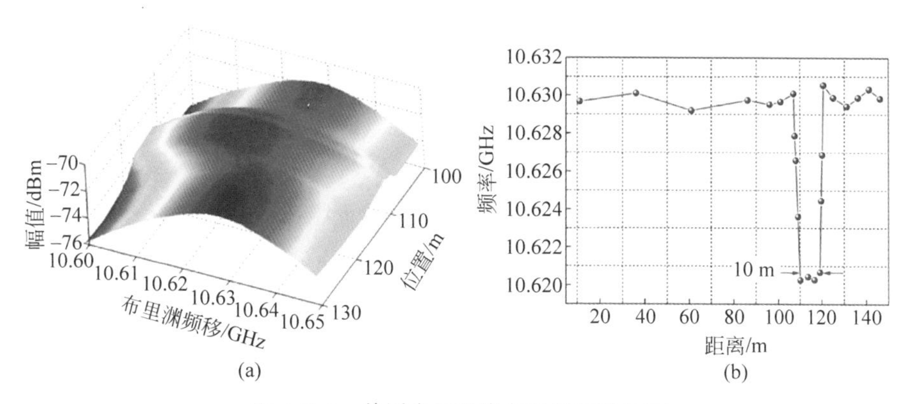

图 4.2.8　待测光纤沿线布里渊频移分布

(a) 沿待测光纤(10 m,13 ℃)的布里渊增益谱分布；(b) 对应布里渊频移量分布

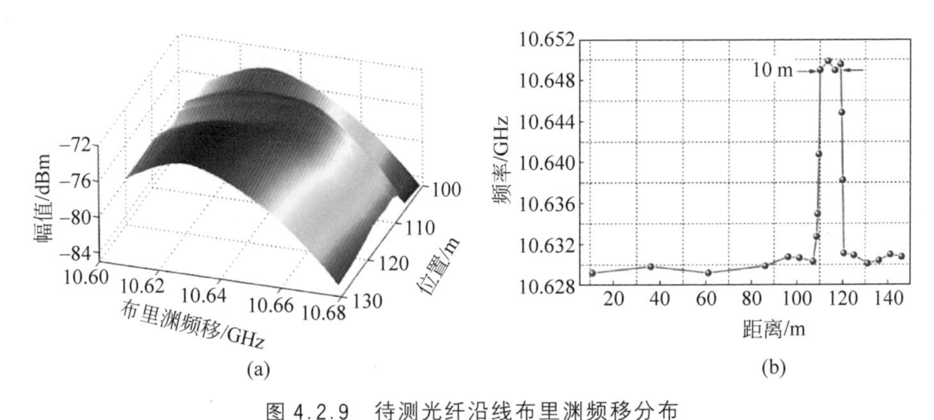

图 4.2.9　待测光纤沿线布里渊频移分布

(a) 沿待测光纤(10 m,45 ℃)的布里渊增益谱分布；(b) 对应布里渊频移量分布

继续对恒温箱内的待测光纤进行调整,将待测光纤的 130～133 m 放置在光纤恒温箱中,调节恒温箱温度至 8 ℃。图 4.2.10(a)是沿待测光纤的布里渊增益谱的三维分布图,温度变化区域可以明显观测到。图 4.2.10(b)是沿待测光纤的布里渊频移分布情况,布里渊频移的变化量约为 17 MHz,与 15 ℃的温度变化相对应。

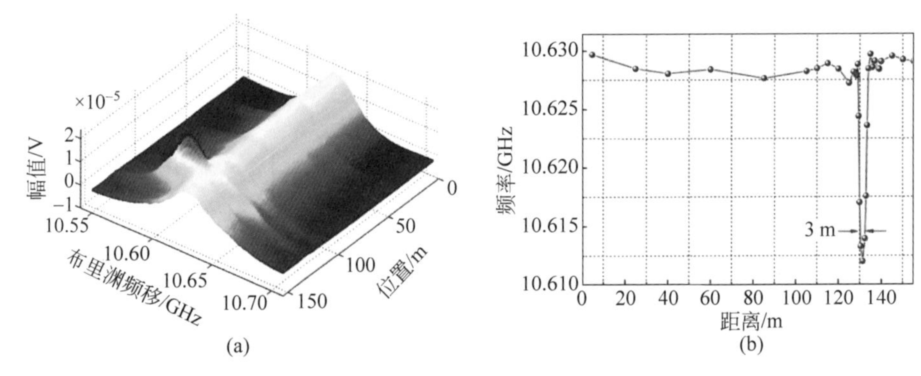

图 4.2.10　沿待测光纤的布里渊频移分布

(a) 沿待测光纤(3 m,8 ℃)的布里渊增益谱分布；(b) 对应布里渊频移分布

调节光纤恒温箱温度到 50 ℃,测量结果如图 4.2.11 所示。图 4.2.11(a)为布里渊增益谱的三维分布图,高温区域可以明显辨识。布里渊频移分布情况如图 4.2.11(b)所示。基于混沌激光布里渊光相关域反射技术的空间分辨率可以通过计算光纤温度变化区域上升和下降时间对应的长度平均值来衡量,从插图中可以看出,10%～90%上升和下降区域的平均值为 96.25 cm,即所得空间分辨率。上文中提到混沌激光的相干长度为 89 cm,测量值和理论值在一个水平。数据处理过程中对布里渊增益谱采取了平均处理,平均次数为 300 次。

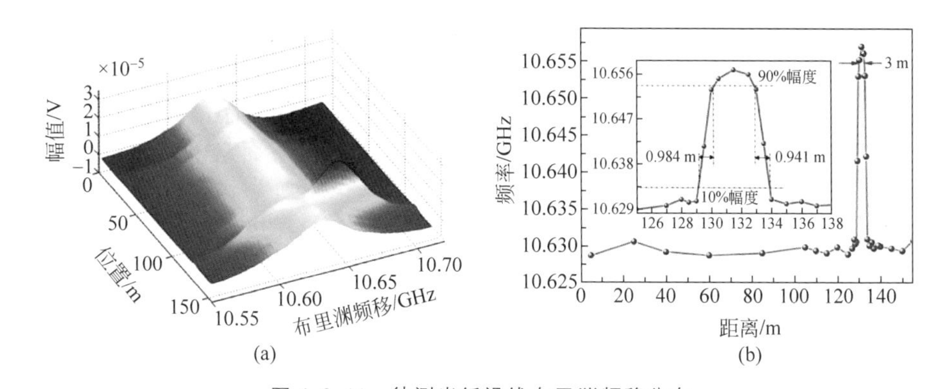

图 4.2.11　待测光纤沿线布里渊频移分布

(a) 沿待测光纤(3 m,50 ℃)的布里渊增益谱分布；(b) 对应布里渊频移分布

实验中发现光纤后向散射混沌斯托克斯光与混沌激光具有相似的混沌特性。从原理上分析,本传感系统的空间分辨率应该等于混沌光源的相干长度。然而,混沌斯托克斯光的线宽比混沌泵浦光的线宽窄,是由于泵浦光和斯托克斯光的非线性效应引起混沌参考光和混沌斯托克斯光的相干性不同。同时非线性放大引起退相干,导致相干长度变短。对于本系统,空间分辨率主要取决于混沌激光的相干长度,如果使用更低相干长度的混沌激光作为光源,将可以获得厘米量级空间分辨率。但是厘米量级的空间分辨率意味着弱的布里渊散射信号,将导致系统的信噪比降低,低的信噪比会限制测量距离。

对于本系统的最大传感距离和空间分辨率,实验中使用可编程光延迟发生器和在光域直接产生相干长度可调谐的混沌激光进行了进一步研究。相较于传统的 BOCDR 系统,本系统克服了正弦周期调制导致测量距离较短的限制,从原理上,利用本系统可以获得厘米级的空间分辨率和数千米的传感距离。

4.3　混沌布里渊光相关域分析传感技术

本节提出一种基于混沌激光布里渊光相关域分析技术的分布式光纤传感系统(Zhang et al. ,2018a),利用传感光纤中的受激布里渊散射可进一步提高系统的传感距离,同时由于混沌信号的低相干性,系统也可获得更高的空间分辨率。实验在 906 m 的传感光纤上获得了 3. 92 cm 的空间分辨率,这一性能表现相较于混沌 BOCDR 系统有了较大提升。

4.3.1　测量原理

基于受激布里渊散射过程的布里渊光相关域分析技术主要依赖于泵浦光、探测光和布里渊声场复振幅三者之间的相互耦合。光波之间的耦合通过声场引起的介质折射率变化而实现,而两束相向传播的光对声场的激励(电致伸缩)则起到了声场与光波间的耦合作用。该过程在数学上可以通过 SBS 耦合方程进行描述。

在不考虑光纤中的光损耗情况下,SBS 过程可以通过下面三个耦合方程表示

$$\left(\frac{\partial}{\partial t}+v_{\mathrm{g}}\frac{\partial}{\partial z}\right)E_1=\mathrm{i}\kappa_1 E_2\rho \tag{4.3.1}$$

$$\left(\frac{\partial}{\partial t}-v_{\mathrm{g}}\frac{\partial}{\partial z}\right)E_2=\mathrm{i}\kappa_1 E_1\rho^* \tag{4.3.2}$$

$$\left(\frac{\partial}{\partial t}+\frac{\Gamma}{2}+\mathrm{i}\delta\omega_{\mathrm{B}}\right)\rho=\mathrm{i}\kappa_2 E_1 E_2^* \tag{4.3.3}$$

式中,v_{g} 为光在光纤中传播的群速度,布里渊频移相对其均值的偏差为 $\delta\omega_{\mathrm{B}}(z)$,与布里渊增益线宽相关的声场阻尼率 $\Gamma=2\pi\Delta\nu_{\mathrm{B}}$,耦合系数 $\kappa_1=\pi v_{\mathrm{g}}\gamma_{\mathrm{e}}/2n\lambda\rho_0$,$\kappa_2=\pi n\varepsilon_0\gamma_{\mathrm{e}}/4\lambda v_{\mathrm{a}}$,其中 ε_0 为真空介电常数;E_1、E_2、ρ 分别为缓慢变化的泵浦光、探测光及声波场的幅度,它们是关于时间 t 和光纤位置 z 的函数。

根据扰动理论求解方程,得到探测光在待测光纤中传播时所经历的增益函数(Hotate et al.,2002):

$$g=\frac{v_{\mathrm{g}}\bar{P}_1}{A_{\mathrm{eff}}}\int_{-\infty}^{\infty}\mathrm{d}\zeta\int_{-\infty}^{\infty}\frac{\mathrm{d}\omega}{2\pi}g_{\mathrm{B}}(\zeta,\omega)S_{\mathrm{b}}(\zeta,\omega) \tag{4.3.4}$$

式中,$\zeta=z/v_{\mathrm{g}}$,$\bar{P}_1$ 为泵浦光的平均功率,A_{eff} 为有效纤芯面积,$g_{\mathrm{B}}(\zeta,\omega)v_{\mathrm{g}}\mathrm{d}\zeta$ 是长度为 $v_{\mathrm{g}}\mathrm{d}\zeta$ 光纤区域上位置 ζ 处的布里渊增益谱,$S_{\mathrm{b}}(\zeta,\omega)$ 为泵浦光和探测光在位置 ζ 处的拍频谱。由此可见,光纤上位置 ζ 处探测光的增益谱实为本征布里渊增益谱和泵浦光与探测光的拍频谱间的卷积,最终的总增益便是根据这个积分获取的。

上述公式阐述了布里渊增益谱(Brillouin gain spectrum,BGS)的一般获取方法:在泵浦光与探测光极度相关位置处(相关峰处),拍频谱 S_{b} 是有关于频率的类 δ 函数,通过改变泵浦光与探测光之间的频率差使拍频谱沿着频率 ω 方向移动时,探测光在该相关峰处所产生的增益会依照此处的 BGS 而变化;相反在相关峰之外的其他地方,拍频谱 S_{b} 展宽,此时再移动拍频谱时,探测光的增益很小且近乎常数。因此,相关峰位置处的 BGS 可以等效地反映为光纤输出端探测功率的变化。

另外,声场密度分布的复振幅函数在布里渊光相关域分析技术中是至关重要的,它直接关系着系统的定位方式。其声场密度分布的复振幅函数如下(Cohen et al.,2014):

$$\rho(z,t)=\mathrm{j}g_1\int_0^t\exp\left[-\Gamma_A(t-t')\right]E_1\left(t'-\frac{z}{v_{\mathrm{g}}}\right)E_2^*\left[t'-\frac{z}{v_{\mathrm{g}}}+\theta(z)\right]\mathrm{d}t' \tag{4.3.5}$$

式中，g_1 为电致伸缩系数，在这里假设待测光纤长度为 L，泵浦光和探测光从光纤两端相向入射。与位置相关的时间偏移量 $\theta(z)=(2z-L)/v_g$；当 $\nu=\nu_B$ 时，带宽 $\Gamma_A=1/(2\tau)$。有效的声场被限制在一个很短的范围内，该范围对应于光源的相干长度，位于待测光纤的中间位置 $\theta(z/2)=0$ 处。

传统方案中采用正弦调制信号作为激光源，由于此时光源本身所具备的周期性，得到周期性的相关峰。在这类情况下，就需要调节延迟线的长度使待测光纤中仅存在一个相关峰，再改变正弦调制信号的频率方可对待测光纤进行完整扫描。采用低相干态的宽谱激光作为光源的方案，克服了光源的周期性问题，在待测光纤中所产生的相关峰是唯一的，因此在定位时仅需调节可变光延迟线来改变待测光纤中相关峰的位置便可实现对整条光纤的扫描。

基于混沌布里渊光相关域分析的分布式光纤温度传感实验装置如图4.3.1所示。虚线框所示为混沌激光源，仍由目前广泛使用的光反馈结构产生，包括分布反馈式半导体激光器和由光环行器(OC1)、偏振控制器(PC1)、可调光衰减器(VA)、50∶50光纤耦合器四个分立器件构成的单反馈外腔。DFB-LD的输出光注入单反馈环路，选择合适强度的反馈光，从而驱动半导体激光器进入混沌振荡状态。混沌激光经光隔离器(ISO)，后被20∶80光纤耦合器分成两路：其中一路(20%)作为混沌泵浦光，通过偏振控制器(PC2)后，被掺铒光纤放大器1(EDFA1)放大，并通过光纤环行器(OC2)注入待测光纤(FUT)的其中一端。另一路(80%)作为混沌探测光，被由微波信号发生器驱动的电光强度调制器(EOM)以载波抑制、双边带的模式进行调制；电光调制器的偏压通过偏压控制电路板进行自动调节，以选择不同的工作模式。混沌探测光经过可变光延迟线，再被掺铒光纤放大器2(EDFA2)

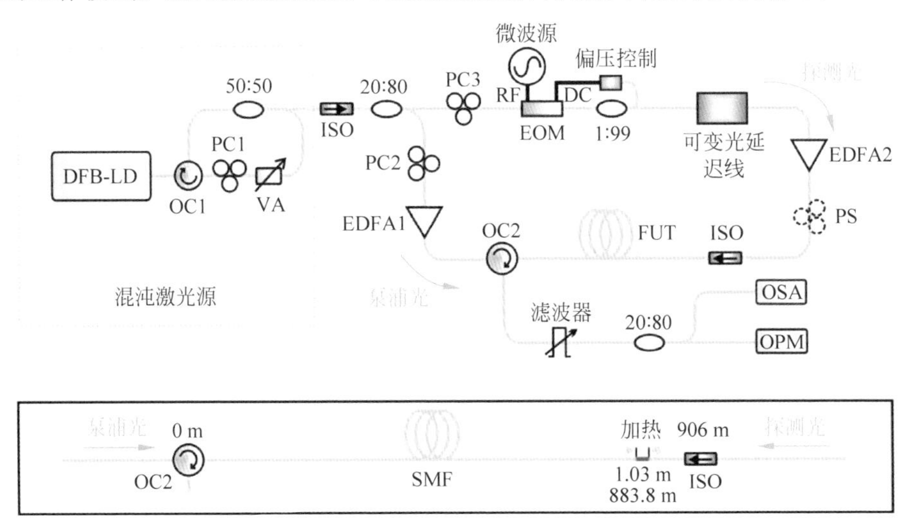

图4.3.1　基于混沌布里渊光相关域分析的分布式光纤温度传感实验装置图

放大，经光隔离器从待测光纤的另一端相向注入。此外，探测路中所加入的光扰偏器(PS)是为了削弱布里渊信号对偏振态的依赖。在经历了待测光纤中混沌泵浦光的放大作用后，混沌探测光经光纤环行器被带通滤波器滤波处理。此外，滤波输出信号的20%连接光谱分析仪(OSA)用来监测其光谱，80%的一路连接带有积分球光电二极管功率探头的数字光功率计(OPM)进行功率采集。另外，待测光纤结构如图中黑色线框所示，是一段长906 m的单模光纤，其中将883.8 m附近一段长为1.03 m的光纤置于恒温箱内进行变温控制，其余的光纤置于室温下。

4.3.2 实验结果

1. 混沌激光及其在系统中各支路的特性分析

实验中通过调节可调谐衰减器和偏振控制器来改变反馈光强度与偏振态，得到不同线宽的混沌光源，产生相干长度可调谐、光谱可控的混沌激光。如图4.3.2(a)所示为混沌激光的光谱，中心波长为1554.164 nm；通过高分辨率光谱仪测得混沌激光的−3 dB、−10 dB、−20 dB线宽分别为2.020 GHz、6.626 GHz、19.040 GHz，具有宽谱特性(相比于传统的连续光激光器)，也具有低相干特性。从图4.3.2(b)为混沌信号的功率谱曲线。图4.3.2(c)是混沌激光的时序图，由于所使用的光电探测器为负增益类型，因此时序的中心幅度并不在0 mV；其时序呈现快速、无规则振荡，具有类噪声特性。图4.3.2(d)为混沌激光信号的自相关曲线，相关峰极窄且呈现类δ函数型。

混沌激光布里渊光相关域传感系统中不同支路的光谱及频谱情况如图4.3.3所示。如图4.3.3(a)所示：在泵浦支路中，中心频率$\nu_0=1.9303\times10^{14}$ Hz的混沌激光的光谱在图中用黑线表示；在探测支路中，经双边带正弦调制($\nu_0\pm\nu$)后的混沌激光光谱用红色曲线表示。调制频率ν一般在布里渊频移量ν_B附近进行选择。当混沌泵浦光和混沌探测光在待测光纤上某处相遇时，第一个低频边带$\nu-\nu_0$会发生受激布里渊散射放大。放大后的混沌探测光的光谱如图中蓝色曲线所示。可以看出，当调制频率ν与ν_B匹配时，在混沌探测光的第一个低频边带处存在8.74 dB的有效放大。图4.3.3(a)中青色曲线描述了经带宽为6 GHz的可调谐光滤波器所滤出的混沌斯托克斯光的光谱。

上述的各路光谱所对应的频谱图如图4.3.3(b)所示，可以看出本系统与混沌布里渊光相关域反射系统有所不同，很难从频谱中解调出混沌泵浦光和混沌探测光的拍频信息，从而也得不出系统的增益谱。基于布里渊光相关域分析技术的本质为混沌泵浦光功率向混沌探测光的转移，并且只有在混沌泵浦光频率与混沌探测光频率相差布里渊频移量时，该功率转移量达到最大。根据这一现象，同时结合基于混沌布里渊光相关域分析系统的优势，这里引入一种增益谱解调新方法：当

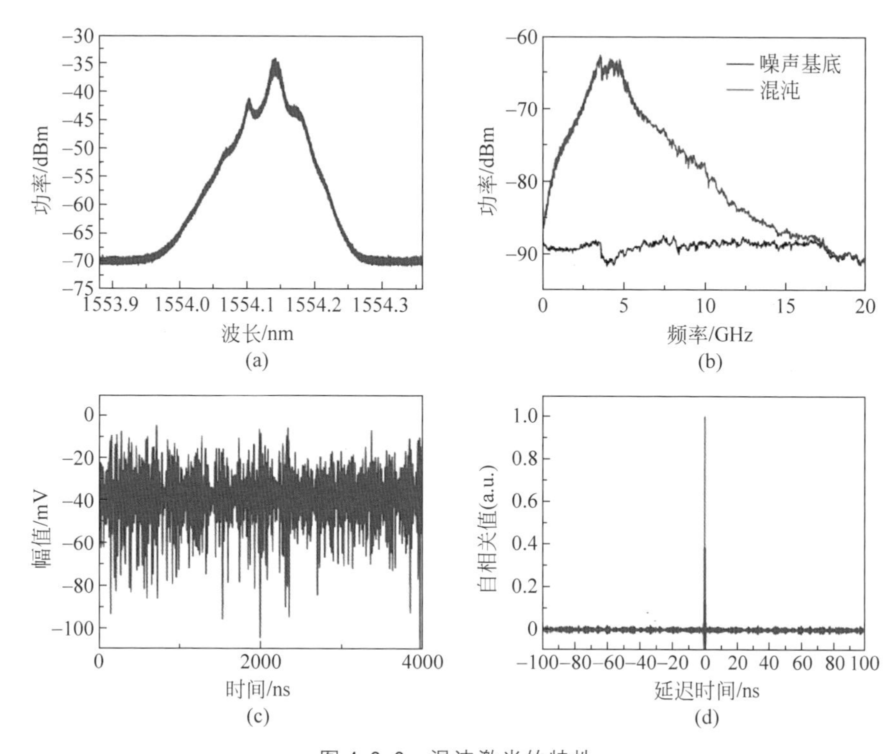

图 4.3.2　混沌激光的特性

(a) 光谱；(b) 频谱；(c) 时序；(d) 自相关曲线

调制频率在布里渊频移周围扫描时，通过采集每个频率点所对应的混沌斯托克斯光的平均功率，便可等效获取相关峰处的混沌布里渊增益谱(Hayashi et al.，2013)。实验中利用带有积分球光电二极管功率探头的数字光功率计同步进行功率采集。信号发生器的扫频范围设置为 10.5～10.7 GHz，步进设置为 1 MHz。

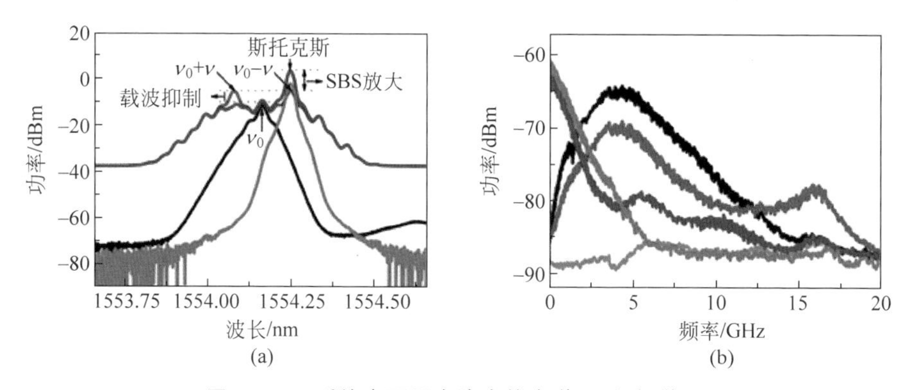

图 4.3.3　系统中不同支路光的光谱(a)和频谱(b)

根据前面的介绍可知,基于布里渊光相关域分析的分布式光纤传感系统通常是通过改变待测光纤上相关峰的位置从而实现对整条待测光纤的扫描。在基于混沌激光布里渊光相关域分析系统中也不例外,更重要的是泵浦路和探测路中的光纤长度需相等,两束混沌序列间所产生的唯一相关峰才会落于待测光纤上。本系统中相关峰是唯一的且不具有周期性,仅在该相关峰内,具有相同混沌态的混沌泵浦光和混沌探测光间的受激布里渊散射放大作用才会有效发生。因此,通过调节探测路上的可变光延迟线便可使相关峰的位置在待测光纤范围内进行扫描。这里的可变光延迟线由不同长度的光纤跳线和两个可编程光延迟线构成。而这两个可编程光延迟线的其中一个具有 0～20 km 的延时范围,同时具有 30 cm 的延时精度;另外一个则具有 0～168 mm 的延时范围,同时具有 0.3 μm 的延时精度。调节过程中,首先改变光纤跳线的长度,使相关峰的初始位置位于待测光纤与光环行器相连的这一端,再结合使用两个可编程光延迟线使相关峰在待测光纤上进行扫描。

2. 分布式温度传感测量结果

实验对混沌激光布里渊光相关域分析系统的温度传感能力做了系统分析。混沌布里渊增益谱和温度的关系如图 4.3.4 所示,其中图(a)表示待测光纤中随温度变化的混沌布里渊增益谱。通过合理调节探测路中的可变光延迟线,使系统中唯一的相关峰移动至恒温箱内的光纤上,再将光纤恒温箱的温度由 23.97 ℃依次变为 55.3 ℃。此时可以明显地观察到混沌布里渊增益谱的中心频率从 10.608 GHz 移动至 10.646 GHz,线宽稳定在 44.9 MHz 附近。根据这些随温度变化的增益谱,可以得到如图 4.3.4(b)所示的待测光纤中随温度变化的混沌布里渊频移的关系。根据图中的拟合曲线,其拟合度为 0.9975,证明布里渊频移与温度间有很好的线性关系;并且可以得到 1.24 MHz/℃这样敏感的温度系数。这一结果充分证明了本系统有良好的感温性能。

调节探测路中的可变光延迟线,使系统中唯一的相关峰扫描过整条待测光纤,从而可以得到如图 4.3.5 所示的系统分布式温度传感测量结果。从图 4.3.5(a)所给的待测光纤沿线的混沌布里渊增益谱分布的三维图,可以清楚辨别出接近 883.8 m 处的 1.03 m 加热光纤。实验中光纤恒温箱温度设置为接近该仪器最高温度(60 ℃)的 55 ℃,并且室温保持恒定(约为 25 ℃)。图 4.3.5(b)描述了沿待测光纤的混沌布里渊频移量分布测量结果,其中的插图展示了沿 1.03 m 的加热光纤的布里渊频移量分布的放大图。从中可以看出布里渊频移的变化量约为 37 MHz,这与 30 ℃的温度变化相匹配。基于混沌激光的 BOCDA 系统的空间分辨率可达到 3.92 cm,该值可以通过加热光纤段的上升和下降区域的 10%～90%的时间差所对应长度(以米为单位)的平均值来衡量。根据混沌泵浦光和探测光之间的受激布里渊

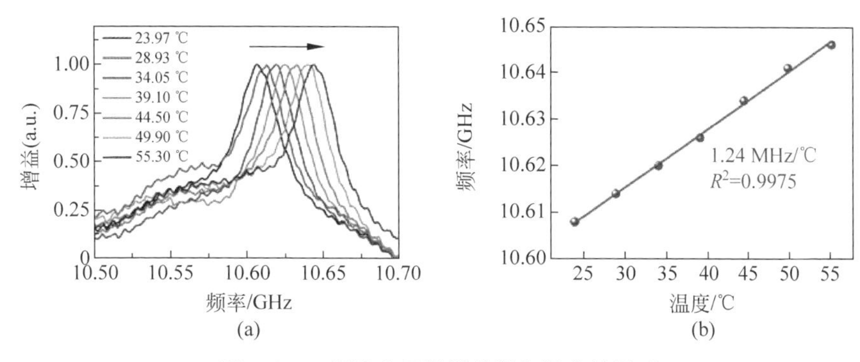

图 4.3.4　混沌布里渊增益谱和温度的关系

(a) 待测光纤中随温度变化的混沌布里渊增益谱；(b) 待测光纤中随温度变化的混沌布里渊频移

散射放大机理，系统的空间分辨率理论上仅由混沌光的相干长度确定。混沌激光的光谱线宽为 $\Delta f=2.020$ GHz，因此基于混沌光的 BOCDA 系统的理论空间分辨率为 3.15 cm，这与实验测得的结果几乎一致。实际上，通过增加混沌激光器的线宽，可以将混沌 BOCDA 系统的空间分辨率进一步提高至毫米或亚毫米级别。

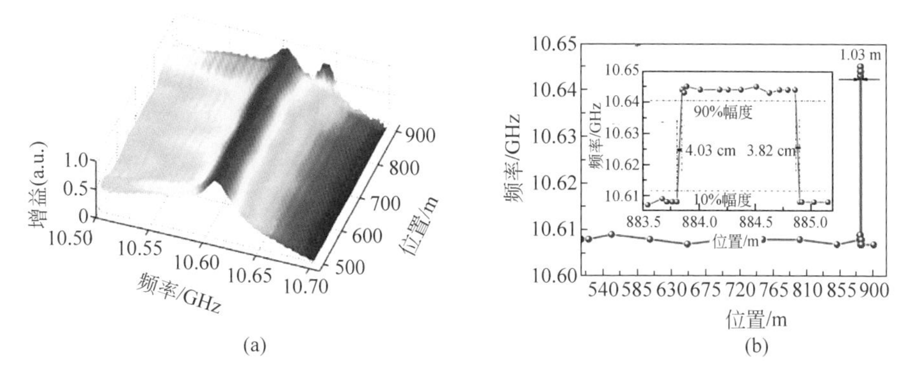

图 4.3.5　分布式温度传感测量结果

(a) 待测光纤沿线的混沌布里渊增益谱分布；(b) 沿待测光纤的混沌布里渊频移分布

4.4　时域门控混沌布里渊光相关域分析传感技术

混沌 BOCDA 系统中，相向传输的混沌探测光与泵浦光在光纤中位置 z 处激发产生受激布里渊声波场，声波场密度分布的复振幅函数如下：

$$Q(z,t)=\frac{1}{2T_{\mathrm{B}}}\int_{0}^{t}\exp\left(\frac{t'-t}{2T_{\mathrm{B}}}\right)A_{\mathrm{P}}\left(t'-\frac{z}{v_{\mathrm{g}}}\right)A_{\mathrm{S}}^{*}\left[t'-\frac{z}{v_{\mathrm{g}}}+\theta(z)\right]\mathrm{d}t' \tag{4.4.1}$$

式中，v_{g} 为光纤中光传播的群速度，T_{B} 为声子寿命，$A_{\mathrm{P}}(t)$为由光纤位置 $z=0$ 处

入射且沿 z 轴正向传播时泵浦 SBS 的瞬时复包络，$A_S(t)$ 则为由 $z=L$ 处入射相向传输的探测光的复包络，位置相关的暂时偏移量 $\theta(z)=(2z-L)/v_g$，L 为实际光纤长度。在混沌 BOCDA 系统中，泵浦光与探测光来自同一个混沌源，随后分为频率偏移 ν_B 的两束光，泵浦路由脉冲信号进行强度调制，则泵浦/探测路信号包络如下：

$$A_P(z=0,t)=A_{P0}u(t)\mathrm{rect}\left(\frac{t}{\tau_{\mathrm{pulse}}}\right) \tag{4.4.2}$$

$$A_S(z=L,t)=A_{S0}u(t) \tag{4.4.3}$$

式中，$u(t)$ 为混沌信号通用的、归一化的、每单位平均振幅的包络函数，A_{P0}、A_{S0} 分别为恒定的泵浦路、探测路平均振幅，方波函数 $\mathrm{rect}(\xi)$ 等于 $1(|\xi|<0.5)$ 或 0，脉冲持续时间 τ_{pulse} 大于声子寿命。当 $t \ll \tau_{\mathrm{pulse}}$ 时，位置 z 处声波场振幅期望值为

$$\overline{Q(t,z)}=\frac{A_{P0}A_{S0}^*}{2T_B}\int_0^t \mathrm{rect}\left(\frac{t'}{\tau_{\mathrm{pulse}}}\right)\cdot \exp\left(\frac{t'-t}{2T_B}\right)\overline{u\left(t'-\frac{z}{v_g}\right)u^*\left[t'-\frac{z}{v_g}+\theta(z)\right]}\mathrm{d}t'=C\langle\theta(z)\rangle \tag{4.4.4}$$

式中，$C\langle\theta(z)\rangle$ 表示混沌泵浦光与探测光的互相关，混沌信号时序快速、无规则振荡，呈现类噪声特性，且其自相关曲线为类 δ 函数型，具有极窄的相关峰。由式(4.4.4)可知，SBS 声波场将被限制相关峰内，该位置 z 满足 $\theta(L/2)=0$，且系统空间分辨率取决于相关峰的半高全宽。同时，理论上讲，脉冲调制为声波场提供 1/0 系数分布，即仅在 $\mathrm{rect}(\xi)=1$ 位置处混沌信号相关峰内存在声波场分布，其余位置声波场均为 0。当泵浦脉冲到达位置 z 处，相关峰出现并激励产生 SBS 效应；脉冲持续时间内，SBS 声波场逐渐达到稳定状态；经历时间 τ_{pulse} 后，相关峰消失，SBS 声波场迅速降为零。

常规的混沌布里渊光相关域分析系统原理如 4.4.1(a)所示，混沌信号被分为探测光与泵浦光，分别注入待测光纤两端。相向传输的具有相同相干态的混沌探测光与泵浦光在经历相同光程后，根据光学相干合成函数原理在相遇处产生唯一无周期的相关峰，仅在相关峰内产生稳定的受激布里渊散射效应。然而混沌激光自身时延特征中心峰位置两侧会产生周期性旁瓣峰，同时混沌信号的固有振荡导致自相关曲线的非中心峰位置平均值并不为零，这些因素均会激发产生微弱的 SBS 声波场，非相干声波场强度随光纤距离增长逐渐累积，系统噪声水平不断升高。时域门控混沌 BOCDA 系统中(图 4.4.1(b))，泵浦路经调制后由于脉冲函数 1/0 开关系数，混沌探测信号仅与脉冲持续时间等长的混沌泵浦信号发生相关作用，其余时间均置零，相关峰被限制于脉冲持续时间内。通过选择合适的脉冲宽

度，混沌时延位置处的旁瓣峰值可置零，且泵浦光与探测光互相关作用积分函数时间被缩短，混沌固有振荡均值也无限接近于零，系统中非相干声波场强度被抑制，即系统噪声基底被抑制。

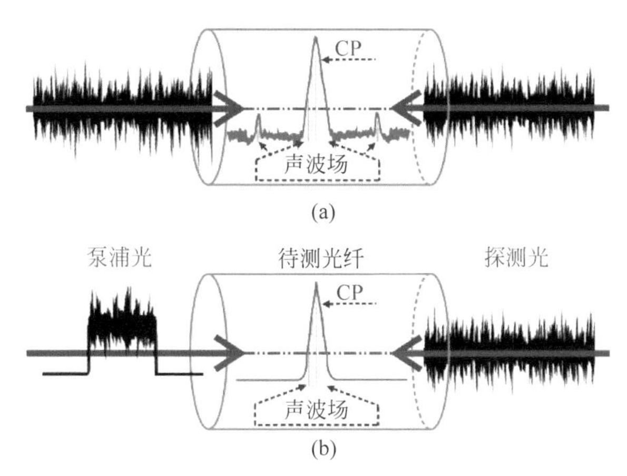

图 4.4.1　混沌 BOCDA 系统传感机理模型图

(a) 常规混沌 BOCDA 系统；(b) 时域门控混沌 BOCDA 系统

实际过程不可能存在式(4.4.2)所述泵浦路幅值为零的情况，如图 4.4.2(a)中蓝色曲线即常规混沌 BOCDA 系统混沌时序信号，红色曲线为脉冲调制后混沌激光的后向散射时序，可观察到 280～400 ns 附近散射光强度被明显增强。由图 4.4.2(b)混沌自相关曲线可知，两种情况下时延腔长并未发生变化，均保持为 $\tau_d = 123.8$ ns，这也符合混沌激光的散射特性，但是旁瓣峰值却由 $C_1=0.205$ 下降至 $C_2=0.053$。同时，脉冲调制后自相关曲线噪声基底被部分抑制，光纤中不断累积的微弱声栅被抑制，系统噪声基底被大幅抑制。

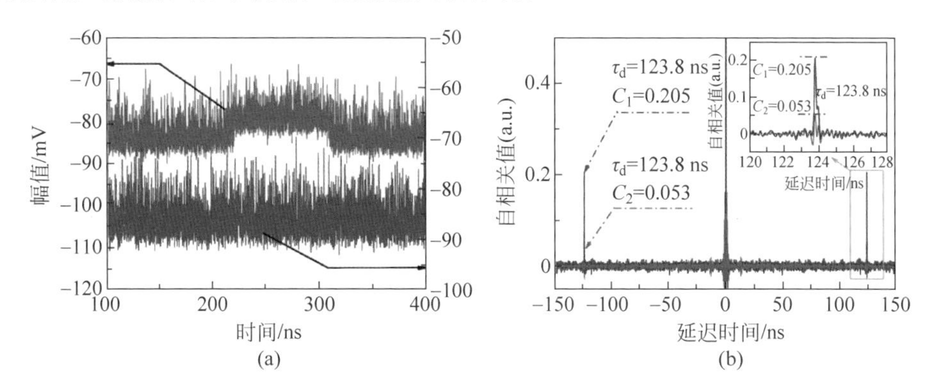

图 4.4.2　脉冲调制前后混沌泵浦光时序(a)及自相关特性(b)

时域门控混沌 BOCDA 系统实验装置如图 4.4.3 所示，混沌源输出的混沌信号经过 90∶10 耦合器分为两路，上支路作为探测光，下支路作为泵浦光。探测路由中心频率 ν_B 匹配光纤布里渊频移量的正弦信号控制的电光调制器进行双边带调制，混沌探测光产生 $\nu_0 \pm \nu_B$ 的两个边带且中心频率 ν_0 处载波被抑制。经调制后探测光进入可编程光延迟线(PODL)，手动调节探测光光程实现相关峰定位。经掺铒光纤放大器放大后注入扰偏器(PS)，避免布里渊增益偏振敏感的影响，最后通过隔离器注入待测光纤末端 $z=10.2$ km 处。泵浦光则经过掺铒光纤放大器放大后利用电光调制器进行脉冲强度调制，脉冲持续时间选择最佳值 120 ns(下文讨论)，重复周期为 110 μs，对应于脉冲在待测光纤中的飞行时间。调制后的信号中心频率 ν_0 保持不变，经过掺铒光纤放大器放大后由环行器入射端注入待测光纤前端 $z=0$ 处。插图 A 所示混沌信号自相关曲线中心峰附近会有轻微周期振荡，根据其高斯拟合半高全宽可得理论空间分辨率为 2.7 cm。待测光纤分布情况如插图 B 所示，待测光纤总长约为 10 km，末端约 150 m 放置的加热区，通过环行器反射端与带通滤波器相连，待测光纤均为普通单模硅光纤(G.655)。环行器输出的经混沌布里渊放大后的探测光低频部分(斯托克斯光)被带通滤波器滤出，最后通过光功率计采集斯托克斯信号，利用功率信息解调得出布里渊增益谱。

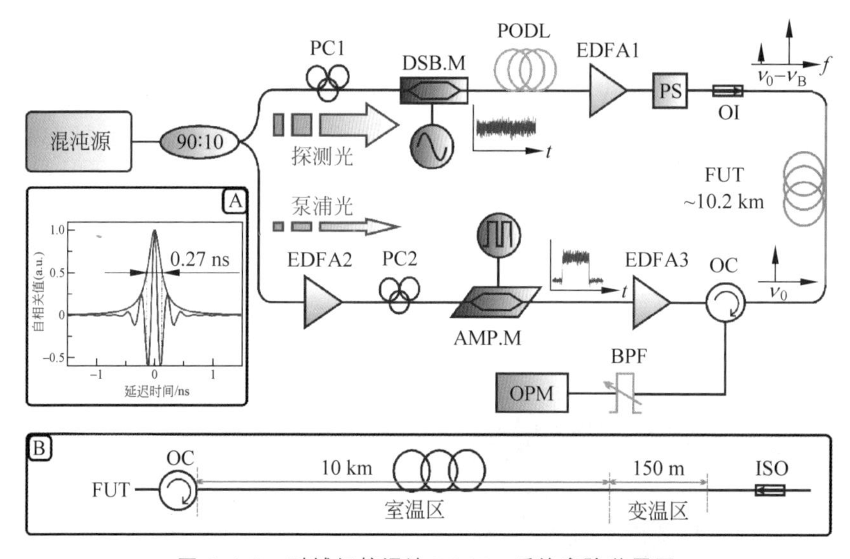

图 4.4.3 时域门控混沌 BOCDA 系统实验装置图

首先比较泵浦脉冲调制前后混沌 BOCDA 系统测得的布里渊增益谱。如图 4.4.4 所示，分别为光纤位置 5.0 km、8.5 km、10.0 km 处利用不同装置测量的 BGS，与常规混沌 BOCDA 系统噪声基底逐渐升高相反，时域门控系统中，噪声基底始终维持在一个较低的水平，并且 BGS 线宽也稳定在约 49.6 MHz。用峰值噪声比 PNR(BGS 中信号峰与背景噪声峰的强度比)来定量描述 BGS 质量与传感性能。采用时域门控装置，整条待测光纤沿线的 PNR 得到明显提升，如图 4.4.4(d)所示。当传感光纤长度超过 8.0 km 时，无脉冲调制系统的 PNR 几乎恒定在 1.00 dB，这意味着布里渊增益信号已被非峰值放大诱发的背景噪声基底所淹没。然而，利用时域门控方案抑制非相关峰的干扰后，当传感光纤达到 10 km 时，仍然可以准确提取出布里渊频移(BFS)。

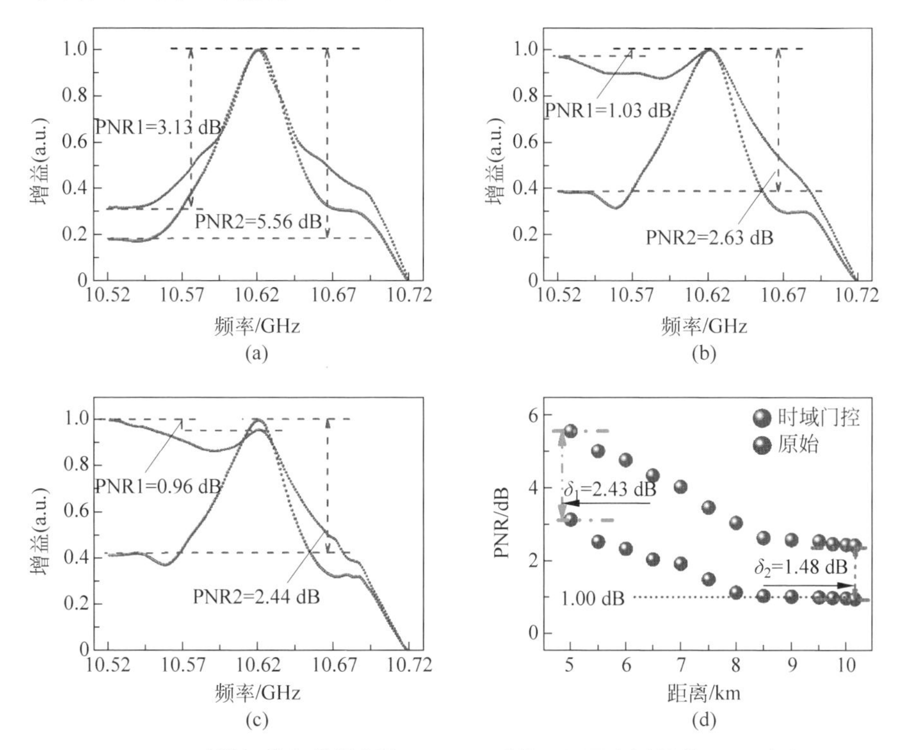

图 4.4.4　时域门控与常规混沌 BOCDA 系统不同距离测得的 BGS 对比图

利用常规混沌 BOCDA 系统与改进后装置对整条光纤特定点进行 BFS 的标定，室温稳定在约 21 ℃，变温区为 55 ℃，图 4.4.5 的二维图展示了脉冲调制前后 BFS 随传感距离增加的变化情况。根据图 4.4.5(a)可知常规系统在 $z=8.0$ km 之后噪声基底逐步占据主导地位。而时域门控系统在 $z=10$ km 处仍可以明确地观测到布里渊频移分布，可准确分离室温区与变温区。

以上工作与分析均采用了 120 ns 脉冲，由式(4.4.4)可知，限制于相关峰内的声波场强度与脉冲持续时间密切相关，只有最优化的脉冲宽度才可以充分激发中心峰位置的声波场，同时抑制非中心峰处 SBS 效应。如果泵浦脉冲调制消光比足够大，后向散射光才会出现明显的脉冲调制信息，进而实现对非中心峰的抑制，因此对于脉冲调制信号也需要选择最佳的消光比。如图 4.4.6(a)所示为不同脉冲宽

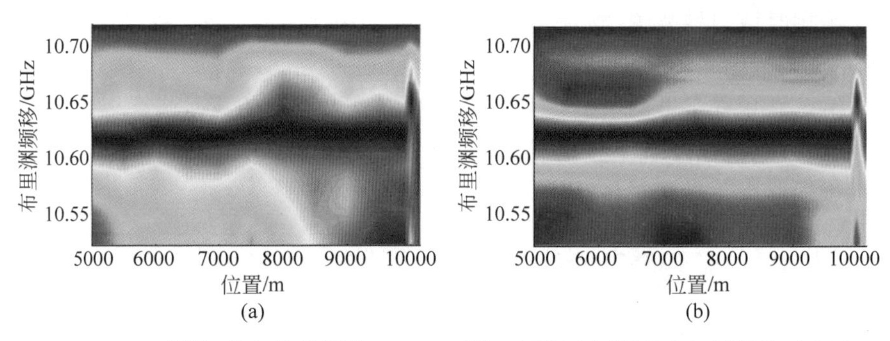

图 4.4.5　时域门控与常规混沌 BOCDA 系统不同距离测得的布里渊频移对比图

度(10～200 ns)下 BGS 的 PNR 曲线,实验中选取相关峰位置处于 $z=7.5$ km,此时常规系统的 PNR 约为 0.00 dB。经过 60～160 ns 脉冲调制后系统中心峰作用的同时非相干声波场被抑制,且脉冲持续时间为 120 ns 时 PNR 达最大值 3.46 dB,此时脉冲信号将中心峰声波场充分激发,且混沌旁瓣等非中心峰位置 SBS 作用被抑制,噪声累积达最小水平。当脉冲宽度小于 50 ns 时,中心峰声波场无法被完全激发,未能达到稳定状态;当脉冲宽度大于时延腔长 $\tau_d=123.8$ ns 后,混沌旁瓣及固有振荡等非中心峰 SBS 声波场重新出现,噪声基底持续累积,系统信噪比恶化。图 4.4.6(b) 显示了不同调制电压下的脉冲调制消光比变化趋势,当 RF 电压为 3.5 V 时,消光比达到最大值 24.3 dB,此时非相干声波场被最大程度抑制。同时,本系统泵浦脉冲调制器件采用电光强度调制器,由于器件本身特性导致最大消光比仍较低,因此可采用更高消光比调制器件对本系统进行优化尝试。

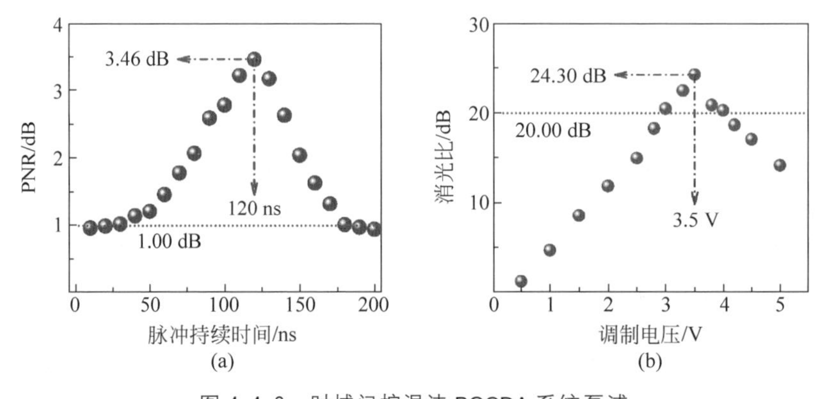

图 4.4.6　时域门控混沌 BOCDA 系统泵浦

(a) 脉冲宽度的选择;(b) 调制电压的选择

为了保证温度测量的准确性,时域门控混沌 BOCDA 中重新进行了温度系数的测量与标定,如图 4.4.7 所示。通过调整光延迟器,将单个相关峰定位在加热区，温度依次从 21 ℃变为 55 ℃，BGS 的中心频率从 10.616 GHz 移到 10.658 GHz。根据这些 BGS，可以绘制出 BFS 与温度的关系曲线和估算出 BFS 不确定度，如图 4.4.7(b)所示。根据拟合曲线，温度系数为 1.22 MHz/℃，重构的本征 BFS 的最大标准偏差为±1.8 MHz，平均次数为 25。BFS 的测量不确定度略高于常规混沌 BOCDA 系统，BFS 测量不确定度的微小增加可能与泵浦脉冲对混沌激光的调制有关。测量不确定度是通过计算最大标准偏差来实现的。因此，BFS 的测量不确定度是由 BGS 宽度决定的，BGS 越宽，测量不确定度越高。如我们所知，实验测量的 BGS 是泵浦谱和实际的布里渊谱的卷积。在时域门控混沌 BOCDA 系统中，混沌泵浦光的脉冲调制在一定程度上展宽其光谱，使得 BGS 的线宽由 45 MHz 增加到 49.6 MHz，最终导致了 BFS 测量不确定度的增加。

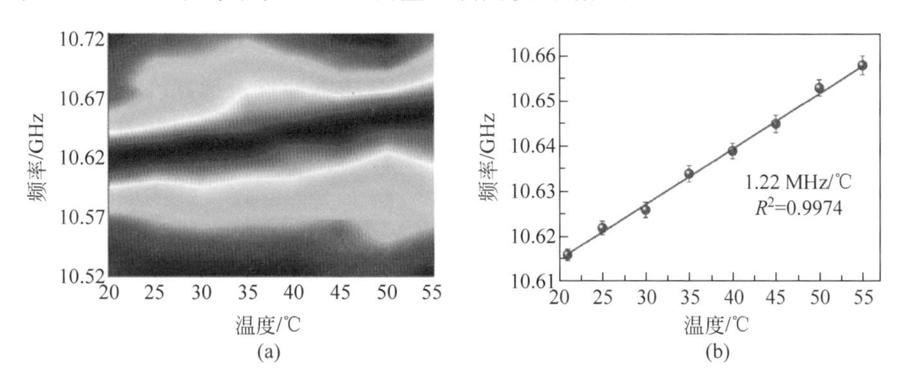

图 4.4.7　时域门控混沌 BOCDA 系统 BGS 和温度的关系

(a) 待测光纤中随温度变化的混沌布里渊增益谱；(b) 待测光纤中随温度变化的混沌布里渊频移

图 4.4.8 显示了沿被测光纤测量的布里渊增益谱的三维图及布里渊频移的分布情况，光纤加热部分和非加热部分的布里渊频移可以明显区分。在实验中，光纤恒温箱的温度设置为 55 ℃，室温恒定在 21 ℃。混沌 BOCDA 系统的空间分辨率可以用上升沿和下降沿 10%～90%对应光纤长度的平均值来度量，其中上升沿和下降沿所对应的光纤长度分别为 8.86 cm 和 9.24 cm，取平均可得该系统空间分辨率约为 9 cm。

进一步分析时域门控混沌 BOCDA 系统中泵浦脉冲损耗对实验结果的影响，如图 4.4.9 所示。实验选择较短的 1 km 光纤，一方面短光纤具有很好的均匀性，可以忽略 BFS 波动的影响；另一方面可以避免光纤衰减等引起的信噪比降低。实验中泵浦脉冲持续时间为 120 ns，混沌探测光工作在双边带抑制载波模式下。这里，引入一个损耗因子 d 来描述损耗量，其定义来自(Thévenaz et al.，2013b)。图 4.4.9(a)表征低频边带下，损耗因子 d 与探测光功率的函数关系，此时将输入泵浦峰值功率固定为 6 W。图 4.4.9(b)表示在保持探测光功率恒定(3.6 mW)的

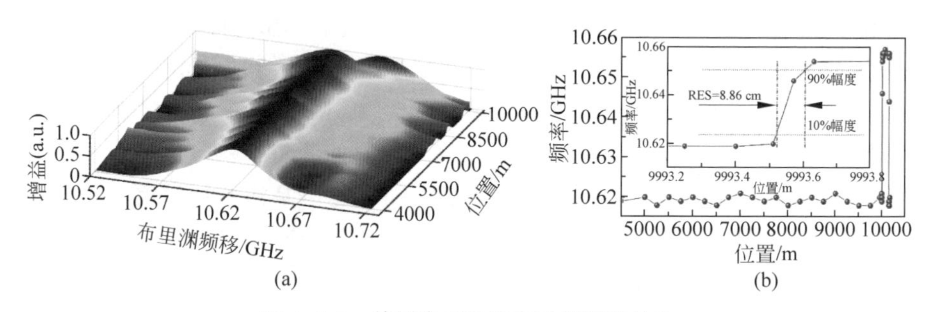

图 4.4.8 待测光纤沿线布里渊频移分布

(a) 沿被测光纤测得的布里渊增益谱三维图；(b) 沿被测光纤测得的布里渊频移曲线

情况下，损耗因子 d 与泵浦峰值功率的关系。实验结果可得，在两种情况下，泵浦功率的损耗均低于 0.2%，对测量的影响可以忽略不计。一个可能的原因是，在混沌泵浦和探测光之间的 SBS 相互作用过程中，泵浦脉冲仅对抑制峰外放大起重要作用，而不参与能量传递；另一个可能的原因是，使用双边带调制的对称探测光对损耗的耐受性更强。

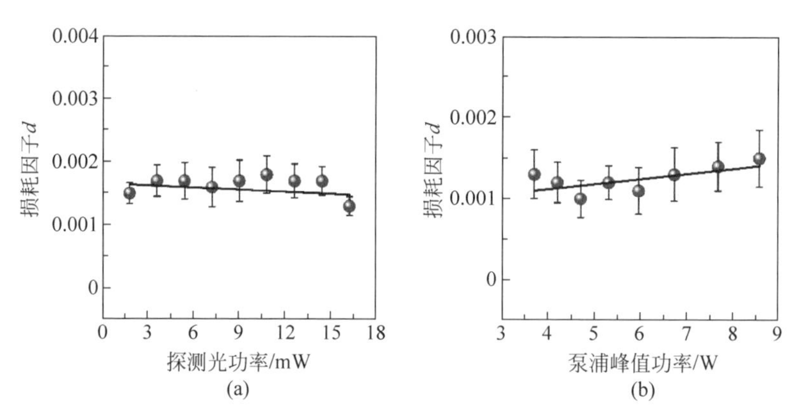

图 4.4.9 时域门控混沌 BOCDA 系统中泵浦损耗的影响分析

(a) 固定泵浦光功率，损耗因子 d 与探测光功率的关系；

(b) 固定探测光功率，损耗因子 d 与泵浦峰值功率的关系

BOTDA 技术受限于脉冲作用原理，空间分辨率仅为亚米量级(Koyamada et al.，2007；Dong et al.，2012)；BOCDA 系统可实现毫米级的空间分辨率，但周期性正弦信号、低功率谱密度 ASE 信号均导致传感距离为仅数十米(Cohen et al.，2014)。混沌 BOCDA 系统传感距离已拓展至 10.2 km，但受限于混沌信号带宽，系统空间分辨率仍保持厘米量级。

本节提出一种毫米级高分辨率的宽带混沌 BOCDA 系统，实验通过改变光反馈混沌的外部参数，在最佳偏振匹配状态且反馈强度为 0.12 时获得了−3 dB 带

宽为10 GHz的宽带混沌光源,其理论空间分辨率为3 mm(Zhang et al.,2019)。为了提升系统信噪比,首次在混沌BOCDA系统中引入锁相探测技术,同时测量时间大幅减少,最终在165 m传感光纤上实现了3.5 mm空间分辨率的测量(Wang et al.,2019)。

1. 毫米级空间分辨率的理论实现

利用单反馈环结构产生混沌激光,可通过改变反馈光的偏振匹配态及反馈强度得到不同的混沌状态。实验中反馈强度定义为反馈光与DFB激光器自由输出时的功率比。通常情况下,选择合适的反馈强度,并使反馈光与激光器自由输出偏振态相匹配,即可产生稳定的混沌激光。图4.4.10所示为不同状态下混沌激光特性图。随着混沌带宽从3 GHz增加至10 GHz,自相关曲线中心峰半高全宽逐渐减小,最终在10 GHz带宽混沌中得到0.03 ns的中心峰,此时混沌BOCDA系统理论空间分辨率可达3 mm。

实际上,混沌自相关中心峰两侧的弛豫振荡严重限制了中心峰的半高全宽。如图4.4.10(a3)所示,随着带宽增加,弛豫振荡对中心峰高斯拟合的限制逐渐减弱。对于窄带混沌光,一阶甚至二阶弛豫振荡峰明显。随着带宽增加,一阶弛豫振荡峰由0.2196下降至0.0119,二阶振荡峰完全消失。此时,高斯拟合可实现最佳参数拟合。图4.4.11显示了弛豫振荡峰强度与中心峰高斯拟合半高全宽的关系,随着弛豫振荡减弱,半高全宽被逐渐压缩。当混沌带宽约为7.5 GHz时,中心峰半高全宽约等于0.1 ns,此时系统空间分辨率约为1 cm;混沌带宽继续增大,则系统理论空间分辨率可达毫米量级。

2. 宽带混沌BOCDA系统

基于上述10 GHz的混沌激光,搭建如图4.4.12所示的宽带混沌BOCDA系统,其理论空间分辨率为3 mm。宽带混沌激光经90∶10的光纤耦合器分成两路,其中90%的一路为探测光路,经过光纤偏振控制器进入由微波信号源驱动的电光调制器进行双边带调制以及载波抑制,其中正弦信号的调制频率约等于布里渊频移。经调制后的宽带混沌激光依次经过可编程光延迟线、掺铒光纤放大器、扰偏器及光隔离器注入待测光纤的一端。其中,掺铒光纤放大器将探测光功率放大为11 dBm。10%的一路为泵浦光路,经掺铒光纤放大器放大为5 dBm后经由任意波形发生器产生的正弦波进行幅度调制。最后放大为33 dBm后进入待测光纤的另一端。两路光在待测光纤中发生受激布里渊放大后,经光环行器输出端进入可调带通滤波器,滤出的斯托克斯光功率由锁相放大器进行采集,锁相放大器的参考频率信号由任意波形发生器提供,同时受参考路中微波信号源的控制保证数据采集与扫频同步。

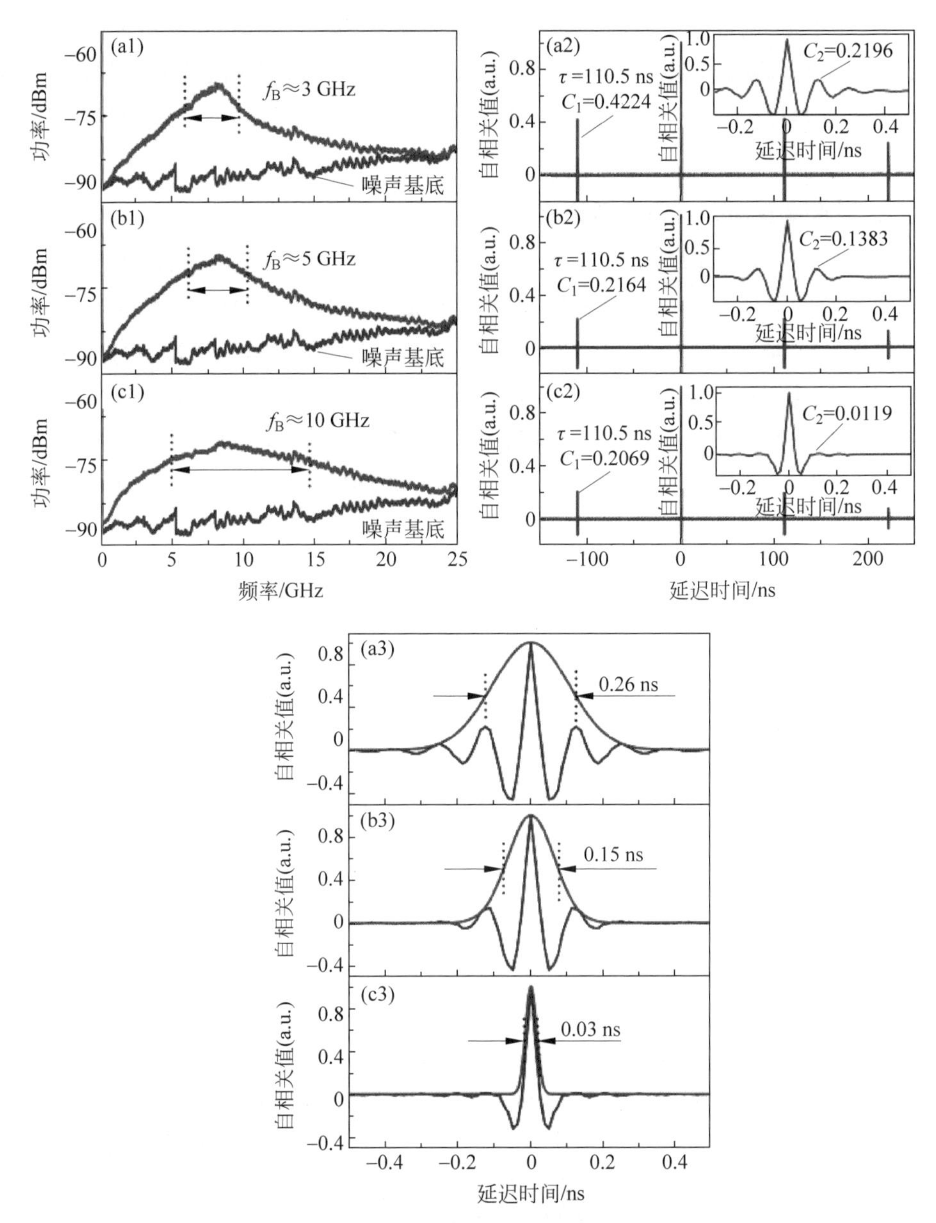

图 4.4.10　三种状态下混沌激光特性图

(a1)～(c1) 频谱；(a2)～(c2) 自相关曲线；(a3)～(c3) 自相关中心峰及其高斯拟合曲线

为了实现毫米级超高分辨率，光纤中混沌自相关峰必须保证足够窄，但随着泵浦光和探测光在光纤中作用产生的相关峰变窄，光纤中激发产生较弱的受激布里渊增益信号。而且混沌信号非中心峰引起的受激布里渊散射放大会引起额外的噪

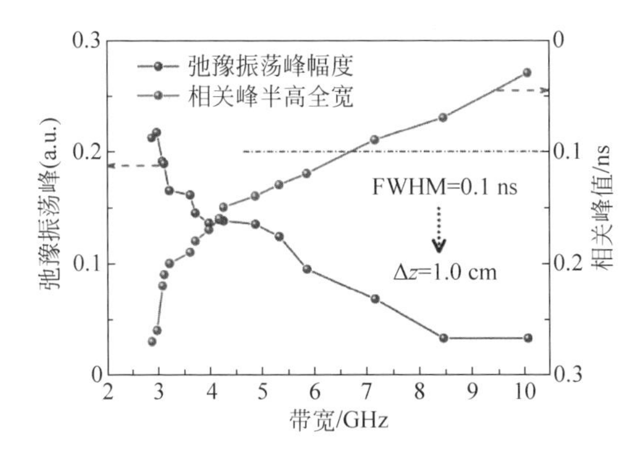

图 4.4.11　弛豫振荡峰强度与中心峰高斯拟合半高全宽的关系

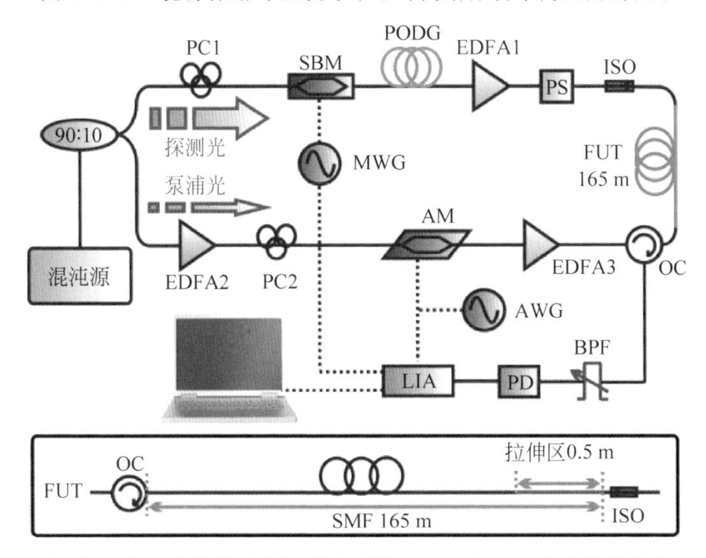

图 4.4.12　毫米级分辨率的宽带混沌 BOCDA 系统实验装置图

声，并沿光纤传播过程不断积累。因此，受激布里渊增益信号极易被噪声淹没，严重影响系统性能。混沌 BOCDA 系统信噪比分析如下：

$$\mathrm{SNR} \approx \frac{1}{2} g_0 v_g |A_{P0}|^2 \sqrt{T/f_B} \tag{4.4.5}$$

式中，$g_0=0.2\,[\mathrm{W}\cdot\mathrm{m}]^{-1}$ 是 SBS 增益系数，$f_B=10$ GHz 是混沌激光带宽，T 为信号探测响应时间。$|A_{P0}|^2$ 为混沌泵浦光平均功率，由于混沌激光受激布里渊散射阈值远大于连续光(Zhang，2017a)，实验中平均功率可达 2 W。

在窄带混沌 BOCDA 系统中，光功率计被用于采集滤出的斯托克斯光功率，同时规避光电探测器热噪声的影响。然而，在 10 GHz 带宽混沌 BOCDA 系统中，光功率计响应时间为 0.3 μs，计算可得信噪比仅为 0.2 dB，布里渊增益信号几乎被噪声完全淹没。同时,为了提升系统信噪比,单个 BGS 测量需平均至少 25 次,总时长约 25 min,这是一个相当耗时的过程。

为解决上述问题,将锁相探测技术引入宽带混沌 BOCDA 系统中。任意波形发生器为锁相探测提供 200 kHz 的参考频率与斩波频率。此外,与泵浦脉冲调制的时域门控混沌 BOCDA 系统类似,混沌泵浦信号被正弦信号强度调制,混沌信号非峰值放大引起的噪声被有效抑制。信号采集中,光电探测器的响应时间与锁相探测的参考频率相同,计算可得锁相探测宽带混沌 BOCDA 系统信噪比高达 2.8 dB,约为光功率采集系统的 14 倍。

测量比较了不同数据采集方式下宽带混沌 BOCDA 系统的 BGS,结果如图 4.4.13 所示。光纤末端设置了 2000 με 的拉伸区,由于信噪比的显著差异,光功率计采集(图 4.4.13(a))和锁相探测采集(图 4.4.13(b))得到的增益谱无论背景噪声占比还是布里渊频移均明显不同。在锁相探测系统中,得益于高信噪比的锁相探测,BGS 的 PNR 高达 6.33 dB,且布里渊频移约为 102 MHz,与 100 MHz 的标准值相一致。然而,在光功率计采集的系统中,95 MHz 的频移量明显与实际值差距较大。这一现象一部分来源于较差的信噪比,一部分则由于时域门控系统使得增益谱展宽,增加了频移量的不确定度。尽管单次 BGS 测量均已平均 25 次,PNR 仍仅为 1.94 dB。

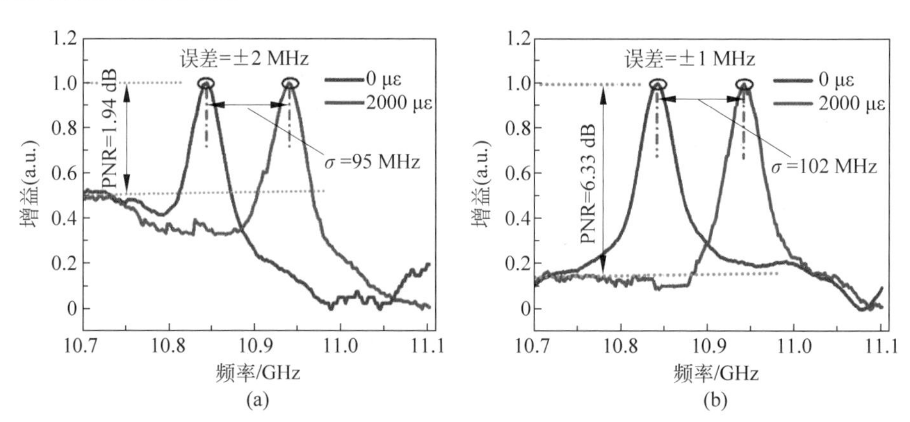

图 4.4.13 宽带混沌 BOCDA 系统不同数据采集方式下 BGS 对比图

(a) 光功率计采集;(b) 锁相探测采集

此外,锁相探测混沌 BOCDA 系统中,单个 BGS 是通过微波源在扫频范围(10.7~11.1 GHz)下,以 2 MHz 的步进扫频测得的。该系统不需要进行平均,以 1 kHz 采样率、10 μV 灵敏度进行采集,单次测量仅耗时 0.2 s,并且该时间仅与微波源扫描速度及锁相放大器的采样率有关。而且,每一个分辨率点的中心频率测量误差仅为±1 MHz。在光功率计采集系统中,单次测量耗时总长约 2 min,且单个分辨率点中心频率测量误差约为±2 MHz,锁相探测技术的应用极大提升了混沌 BOCDA 系统的实时性能。

如图 4.4.14 所示为不同数据采集方式下,宽带混沌 BOCDA 系统光纤沿线 BFS 的分布情况。由于信噪比较差,光功率计采集系统几乎无法准确识别应变区,且沿线 BFS 测量不确定度高达±3.5 MHz。与之相反,锁相探测系统中,应变拉伸区可被明确识别,且 BFS 测量不确定度仅为±2 MHz,整体性能明显优于前者。需注意的是,光纤沿线 BFS 不确定度要略大于单个分辨率点峰值频率测量误差,这可能是因为不完全抑制的噪声随光纤长度累积所致。

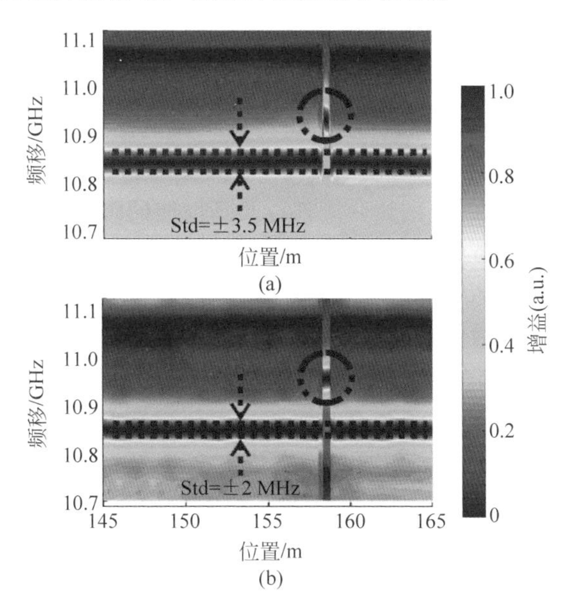

图 4.4.14 宽带混沌 BOCDA 系统不同数据采集方式下 BFS 的分布情况

(a) 光功率计采集;(b) 锁相探测采集

最后测量了待测光纤沿线 BGS 随应变变化的三维分布图,如图 4.4.15(a)所示,应变区 BFS 明显改变。实验中,应变区应力大小为 2000 με,布里渊频移约为 102 MHz;如图 4.4.15(b)所示即待测光纤沿线布里渊频移随应变改变的分布曲线,图中上升沿和下降沿对应的光纤长度分别为 3.4 mm 和 3.6 mm,取其平均值得此时系统的空间分辨率为 3.5 mm,与系统的理论空间分辨率相符。

3. 混沌 BOCDA 系统的优势

传统正弦直流调制 BOCDA 系统中,为了实现毫米级超高空间分辨率,使用了一种特殊的三电极 LD,采用了推挽式电流调制,频率调制幅度为 33 GHz,而在该系统中,强度调制器是补偿强度啁啾的关键。然而,由于 LD 的高调制频率,导致系统信噪比低,测量范围限制在 5 m 以内(Song et al.,2006)。同样,在相位调制

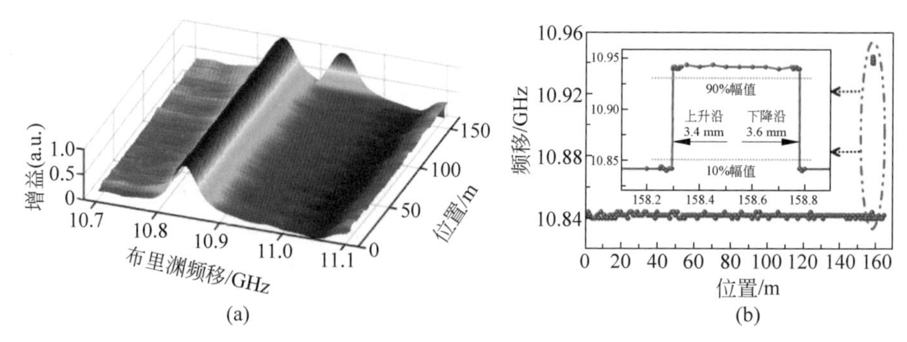

图 4.4.15　宽带混沌 BOCDA 系统待测光纤沿线布里渊频移分布

(a) 沿被测光纤测得的布里渊增益谱；(b) 沿被测光纤测得的布里渊频移曲线

相关域系统中，空间分辨率由随机码的比特持续时间给出，例如，对于 100 ps/bit 的中心峰其半高全宽约为 1 cm，即 10 Gbit/s 相位调制率。因此，进一步提高空间分辨率到亚毫米级，需要更高的调制速率以及高性能的微波源，但是面向 100 GHz 的微波源和电光调制器件是很少有的(Zadok et al.，2012)。比较而言，混沌 BOCDA 系统的主要优点是通过混沌带宽从理论上确定空间分辨率，在单光反馈回路中很容易获得 10 GHz 的宽带混沌。此外，双波长光注入实验已经验证了 30 GHz 的带宽增强型混沌激光，理论上可以达到亚毫米级的分辨率(Zhang et al.，2011b)。具体实施时，还将采用高度非线性的光纤段来增强布里渊放大，以期在毫米级或更小的段上获得更高的 SBS 功率增益。

本节利用宽带混沌 BOCDA 系统实现了毫米级空间分辨率和相对较长的测量范围。在该系统中，47000 个分辨点(即测量范围/空间分辨率＝165 m/3.5 mm)的测量优于只涉及 3125 个传感点的普通直流调制 BOCDA 系统(Song，2006)。此外，单个分辨率点解调只需 0.2s，比双调制系统提高了 100 倍(Kim，2015)。如果不考虑系统的复杂性，通过结合锁相检测技术和脉冲调制时域门控方案，将能实现超过 2500000(10 km/4 mm)个分辨率点的传感系统。

此外，目前混沌 BOCDA 系统的主要缺点是通过可编程光延迟线扫描单个相关峰的位置实现分布式测量，这导致了系统的不便和耗时。最近，研究者们提出了一种同时询问多个相关峰的新方法以显著减少测量时间，测量 20000 个分辨率点约需 1 s 或测量 51000 个感测点约需 4400 s(Elooz et al.，2014；Ryu et al.，2017)。然而，该方法导致系统信噪比的恶化和应变测量精度的降低，因此需要大量平均来获得更高的性能。为了避免可编程光延迟线在使用上的局限性，可以利用混沌相关光学时域反射技术来实现光纤沿线定位，并进一步探索在时域内解调相关峰的方法，实现逐点实时测量的混沌 BOCDA 系统。

4.5　光纤拾音器传感技术

4.5.1　测量原理

用于声音传感实验的混沌激光干涉系统如图4.5.1所示，主要包括混沌激光源与声音传感系统，图中虚线框所示为混沌激光源的结构图。DFB半导体激光器发射波长为1549.27 nm的激光，经偏振控制器调整激光的偏振态，再由50∶50的光纤耦合器将光束一分为二，一束光作为激光器的输出注入传感系统，另一束光实现激光器的光反馈。通过可变光衰减器调节光纤反射镜反射后的反馈光强度，最后使用光隔离器来避免实验光路中不需要的后向散射光进入激光器。

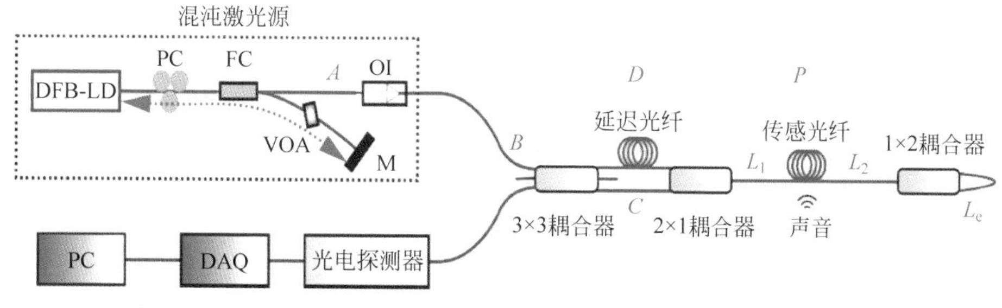

图4.5.1　声音传感实验装置(Wang,2017)

混沌激光经3×3耦合器注入非等臂长的马赫-曾德尔结构中，其一条臂由4 km的延迟光纤组成，一条臂由光纤跳线组成，从而形成两路激光的干涉光程差。探测光经2×1耦合器进入传感光纤中，最后通过1×2耦合器返回到3×3耦合器，形成直线型萨格奈克结构，可克服传统环形干涉系统的互易效应。当传感光纤的某一部分受到来自外界的声波信号影响时，光纤中传输光的光相位将会被调制，从而可携带外界声音信号的有效信息进入信号解调系统。光电探测器会检测到光相位的变化，并由数据采集卡转换为数字信号，最终由上位机系统实现待测声音的提取与存储。

用时滞系统来表征混沌激光电场如下：

$$\dot{E}(t)=-\alpha E_0(t-\tau_0) \tag{4.5.1}$$

式中，α是可变光衰减器的衰减系数，E_0是分布式反馈激光器输出的激光电场，τ_0是激光在反射过程中引入的随机时延，通过改变衰减系数和时延均可使系统进入混沌态，呈现类噪声的波形分布。

混沌激光注入3×3耦合器后会历经两条干涉光路，并最终在3×3耦合器处产生干涉。所经过的光路包括混沌激光输出引导光纤(A)、3×3耦合器输入端引导光纤(B)、光纤跳线(C)、延迟光纤(D)、首端传输光纤(L_1)、拾音探头光纤(P)、末端传输光纤(L_2)、反射光纤(L_e)。具体路径如下:

混沌激光光路1:$A—B—D—L_1—P—L_2—L_e—L_2—P—L_1—C$;

混沌激光光路2:$A—B—C—L_1—P—L_2—L_e—L_2—P—L_1—D$。

因而,在探测器处可感知到的电场表达式如下:

$$E_1=-\alpha E_0(t-\tau_0)\exp\{j\omega_c(t-\tau_0)+j\Delta\phi(\omega_s)[\sin\omega_s(t-\tau_0-\tau_1)+\sin\omega_s(t-\tau_0-\tau_2)]+j\psi_1\} \tag{4.5.2}$$

$$E_2=-\alpha E_0(t-\tau_0)\exp\{j\omega_c(t-\tau_0)+j\Delta\phi(\omega_s)[\sin\omega_s(t-\tau_0-\tau_3)+\sin\omega_s(t-\tau_0-\tau_4)]+j\psi_2\} \tag{4.5.3}$$

式中,ω_c 是光载波的角频率,ω_s 是声波信号的角频率,$\Delta\phi(\omega_s)$为经声波信号调制的相位信号幅值,ψ_1 和 ψ_2 均为光载波的任意相位角。设 n 为光纤折射率,c 为光速,则式(4.5.2)与式(4.5.3)中的时延分别表示为

$$\tau_1=n(A+B+D+L_1+P)/c \tag{4.5.4}$$

$$\tau_2=n(A+B+D+L_1+2P+2L_2+L_e)/c \tag{4.5.5}$$

$$\tau_3=n(A+B+C+L_1+P)/c \tag{4.5.6}$$

$$\tau_4=n(A+B+C+L_1+2P+2L_2+L_e)/c \tag{4.5.7}$$

根据式(4.5.2)~式(4.5.7),探测器接收到的干涉总光强可以表示为

$$\begin{aligned}I&=(E_1+E_2)(E_1+E_2)^*\\&=2\alpha^2E_0^2(t-\tau_0)\{1+\cos\{\Delta\phi(\omega_s)[\sin\omega_s(t-\tau_0-\tau_1)+\sin\omega_s(t-\tau_0-\tau_2)-\\&\quad\sin\omega_s(t-\tau_0-\tau_3)-\sin\omega_s(t-\tau_0-\tau_4)]+(\psi_1-\psi_2)\}\}\end{aligned} \tag{4.5.8}$$

由于两路激光经过的光纤长度相等且环境影响相同,ψ_1 与 ψ_2 近似相等,即 $\psi_1-\psi_2=0$。定义 $\tau_T=\tau_1+\tau_4=\tau_2+\tau_3=n(2A+2B+C+D+2L_1+3P+2L_2+L_e)/c$,则干涉项可以简化为

$$\begin{aligned}I_{\text{int}}=2\alpha^2E_0{}^2(t-\tau_0)\cos\Bigg[&4\Delta\phi(\omega_s)\cos\omega_s\left(t-\tau_0-\frac{\tau_T}{2}\right)\cdot\\&\sin\omega_s\left(\frac{\tau_3-\tau_2+\tau_4-\tau_1}{4}\right)\cos\omega_s\left(\frac{\tau_3-\tau_2-\tau_4+\tau_1}{4}\right)\Bigg]\end{aligned} \tag{4.5.9}$$

设 $\tau_d=(\tau_3-\tau_2+\tau_4-\tau_1)/2=n(D-C)/c$ 为光在延迟光纤中传播经过的时间,$\tau_x=(\tau_3-\tau_2-\tau_4+\tau_1)/4=n[L_2+(P+L_e)/2]/c$ 为光从声源传播到末端反射光纤的时间。由于混沌激光内部反射光经过的光程较短,随机时延 τ_0 与声波频率 ω_s 的乘积趋近于零,因而 $\sin\omega_s\tau_0\approx\omega_s\tau_0$。则由声音信号调制而成的相位信号 $\phi_s(t)$可进一步简化为

$$\phi_s(t)=\left[4\Delta\phi(\omega_s)\sin\omega_s\left(\frac{\tau_d}{2}\right)\cos\omega_s\tau_x\right]\cdot$$
$$\left[\sqrt{1-(\omega_s\tau_0)^2}\cos\omega_s\left(t-\frac{\tau_T}{2}\right)+\omega_s\tau_0\sin\omega_s\left(t-\frac{\tau_T}{2}\right)\right] \tag{4.5.10}$$

由于干涉信号 I_{int} 是余弦函数,其相移 $\phi_s(t)$为零时附近的信号检测灵敏度最低,而且无法识别相移的正负,所以需要进行相位偏置。由于混沌激光随机时延 τ_0 的影响,使得系统静态工作点不再为零,实现了静态工作点的偏置,从而使系统的灵敏度得到提升。

4.5.2　实验结果

实验中的传感光纤由三段单模光纤构成,第一段为 12 km 的光纤盘,第二段为缠绕于圆筒外壁长度可调的光纤探头,第三段为 100 m 的尾纤。通过扬声器向 10 m 长光纤探头播放固定频率的单音信号及青年男性语音信号,由上位机系统存储声音时域波形并求出其对应频谱,结果如图 4.5.2 所示。图 4.5.2(a)为检测到的 1 kHz 单音信号时域及频域曲线,图 4.5.2(b)为青年男性重复讲述英文单词"Hello"的语音信号时域和频域曲线。从图中可以看出,男性语音频率范围是 200～900 Hz,包含在人类正常发音频率范围(100 Hz～1.1 kHz)之内。

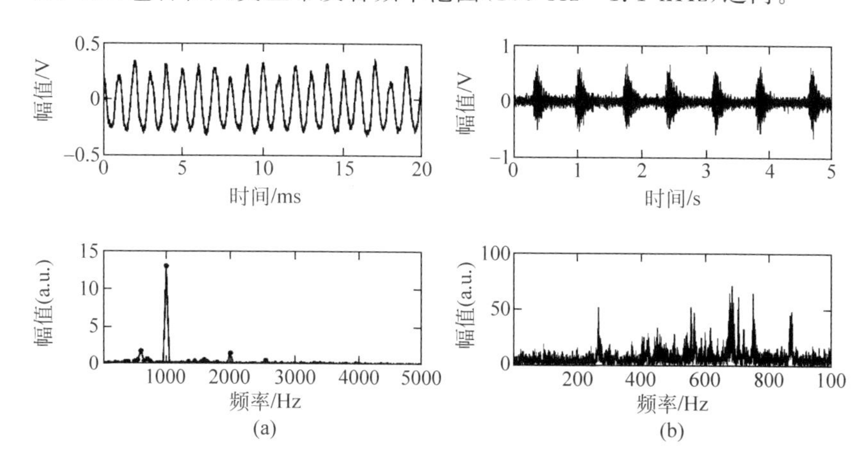

图 4.5.2　1 kHz 单音信号(a)和青年男性语音信号(b)的时域与频域曲线

为了进一步研究光纤声音传感系统的频率响应特性,用声压计记录在光纤探头位置处的声压强度,通过调节扬声器播放声音的强度来保证探头处声压保持在 88 dBA。随后改变扬声器播放的声音频率,来获取在不同频率下的声音信号输出电压峰峰值,如图 4.5.3 所示。图中的蓝色曲线反映基于混沌激光的声音传感系统频率响应,红色曲线反映基于放大自发辐射(ASE)光源的声音传感系统频率响应。可以看到,两条曲线整体呈现随频率向上阶梯性分段增长的趋势。80 Hz 以内,基于两类激光光源的声音传感系统输出电压幅值均在 0.75 V 以下。80 Hz～10 kHz,基于 ASE 光源的输出电压幅值以 1 V 为中心波动,而基于混沌激光的输出电压幅值以 1.5 V 为中心波动。从 10 kHz 起至实验检测的上限频率 20 kHz,ASE 光源系统的输出电压幅值上升缓慢,约在 1.25 V 左右波动,而混沌激光系统的输出电压在部分频率时可攀升至 3 V。整体上,在相同实验条件下混沌激光系统的频率响应幅值均高于 ASE 光源系统,表明在人耳可听的声波频率范围(20 Hz～20 kHz)内,基于混沌激光的系统可输出更高强度的声音信号。

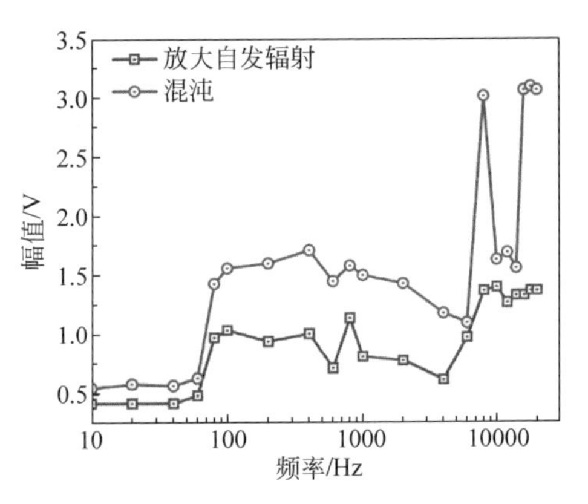

图 4.5.3　频率响应曲线

作为声音传感系统,灵敏度可体现系统将声压转化为电平的能力,高灵敏度的系统会输出高电平,从而不需要后级电路进行性能增益。进一步对混沌激光与 ASE 光的声音传感性能进行比对,将拾音探头处的声压强度统一为 94 dBA,扬声器输出频率为 1 kHz 的单音信号,并通过改变拾音探头光纤的长度(5 m、10 m 及 15 m)来对传感系统灵敏度进行比较。图 4.5.4(a)为针对不同激光光源与探头光纤长度组合,进行 20 组重复实验的比较结果。可以看到,基于 ASE 激光的传感系统灵敏度整体在 200 mV/Pa 以下,而基于混沌激光的传感系统灵敏度可达 600 mV/Pa,约为前者的 3 倍,进一步证明采用混沌激光的系统可有效提升声音的感知能力。

由图 4.5.4(a)也可观察到系统灵敏度呈现随探头光纤长度呈正相关的趋势。为了验证这一结论,针对基于混沌激光的声音传感系统,在 0.5～15 m 范围内改变探头光纤长度,并在每一长度下进行 20 组重复实验。图 4.5.4(b)展现了不同探头光纤长度所对应的灵敏度变化情况,黑色误差棒为同一光纤长度下 20 组灵敏度数据的不确定度。说明可根据具体的灵敏度需求来选择合适的探头光纤长度。基

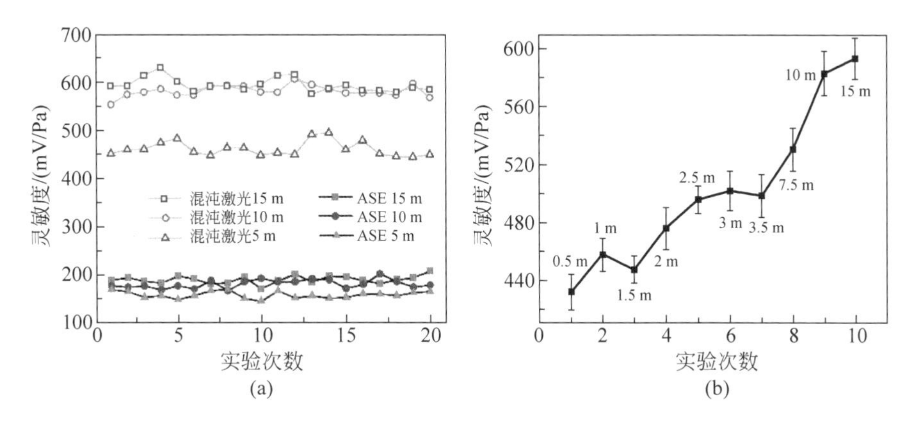

图 4.5.4　混沌激光与 ASE 光源声音传感灵敏度对比图(a)，以及不同长度光纤探头灵敏度变化曲线(b)

于混沌激光的传感系统灵敏度可达 600 mV/Pa，由此可以说明采用混沌激光的系统可有效提升声音的感知能力。

指向性也是声音传感系统的一项重要参数，描述系统在空间各个方向上拾取声音的能力。图 4.5.5 展示了基于混沌激光的光纤声音传感系统声音指向性测试装置及分布图。图 4.5.5(a)中探头光纤长度选取为 10 m，扬声器仍输出频率为 1 kHz 的单音信号。扬声器头部距拾音探头边缘距离固定为 20 cm，并沿实验台上绘制的圆周每隔 12°进行位置调整与输出电压测试。图 4.5.5(b)为拾音探头处声压等级为 98 dBA 与 108 dBA 时对应的指向性分布极坐标图，表明基于混沌激光的光纤声音传感系统在水平平面内的指向性分布较为均匀，可从所有方向均衡地拾取声音，为该系统的工程应用提供了便利。

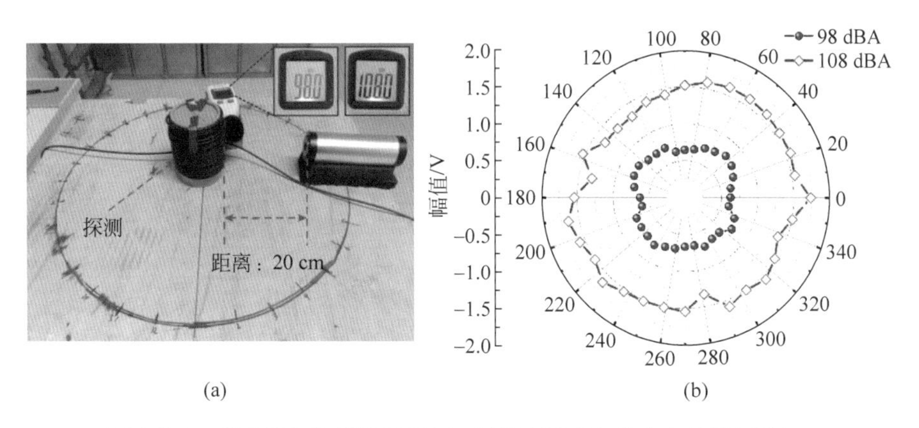

图 4.5.5　声音指向性测试装置(a)，以及声音指向性分布极坐标图(b)

基于直线型马赫-曾德尔-萨格奈克光路结构的系统可利用零频点位置对外界宽谱相位调制信号进行定位(Shih-Chu et al.,2007a)。为此,利用剪刀规律敲击铁质橱柜上表面产生类冲击的声音信号,空间分布如图 4.5.6(a)所示,剪刀敲击处距地面高为 1.2 m,与右侧放置拾音探头光纤的可移动实验台水平相距 1.5 m,同时利用拾音探头下厚约 2 mm 的橡胶垫与橡胶质地的滑轮来有效排除敲击振动信号在固体介质中传播而产生的干扰作用。检测到的声音信号时域特性如图 4.5.6(b)所示,可观察到在较高环境噪声基底上规律的冲击波形。图 4.5.6(c)为信号的频谱,可以在 $f_0=4220$ Hz 处获取到一个明显的零频点,利用公式 $L=c/4nf_0$(Shih-Chu et al.,2007b)可以求得对应的声源位置为 11.848 km,同利用光时域反射仪测得的拾音探头距末端实际距离(12.1 km)相差 252 m。图 4.5.6(d)为重复性试验所得误差分布图,从图中可以看出误差在±400 m 以内。

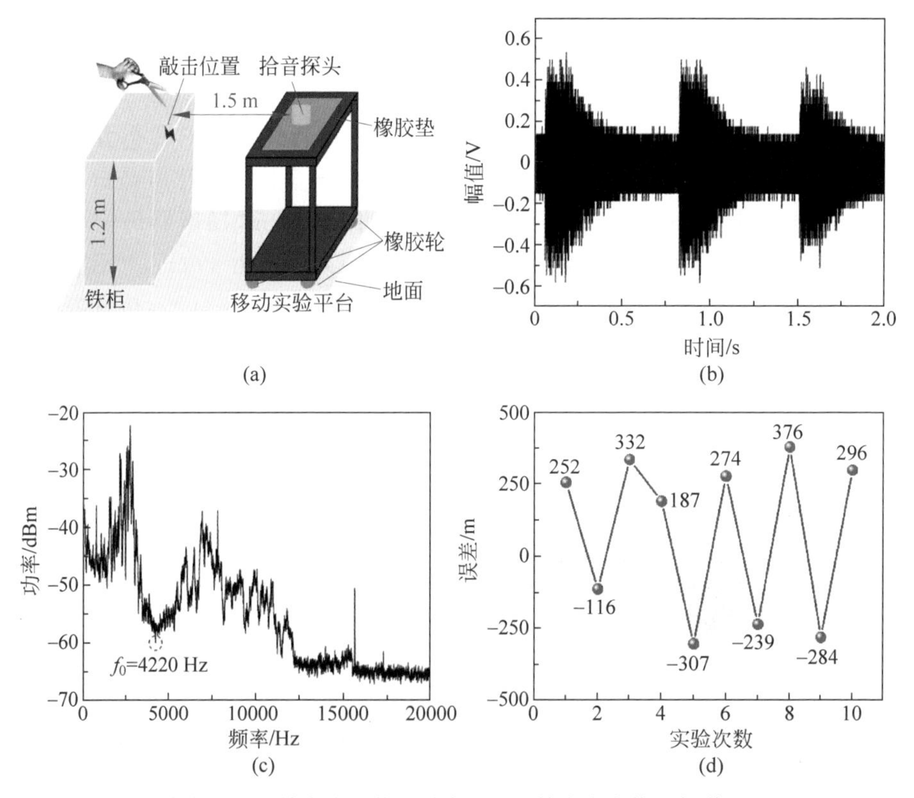

图 4.5.6　空间分布图(a),敲击声音信号时序图(b),敲击声音信号频谱图(c),以及误差分布图(d)

参考文献

AGRAWAL G P,2012. Nonlinear fiber optics[M]. 5th ed. New York: Academic Press.

BOYD R W,2007. Nonlinear optics[M]. 3rd ed. New York: Academic Press.

BROWN A W, COLPITTS B G, BROWN K, 2007. Dark-pulse Brillouin optical time-domain sensor with 20-mm spatial resolution[J]. Journal of Lightwave Technology,25(1): 381-386.

COHEN R,LONDON Y,ANTMAN Y,2014. Brillouin optical correlation domain analysis with 4 millimeter resolution based on amplified spontaneous emission[J]. Optics Express,22(10): 12070-12078.

DENISOV A,SOTO M A,THÉVENAZ L,2016. Going beyond 1000000 resolved points in a Brillouin distributed fiber sensor: theoretical analysis and experimental demonstration[J]. Light Science and Applications,5(5): e16074.

DONG Y K,ZHANG H Y,CHEN L,2012. 2 cm spatial-resolution and 2 km range Brillouin optical fiber sensor using a transient differential pulse pair[J]. Applied Optics, 51(9): 1229-1235.

ELOOZ D, ANTMAN Y, LEVANON N, et al, 2014. High-resolution long-reach distributed Brillouin sensing based on combined time-domain and correlation-domain analysis[J]. Optics Express,22(6): 6453-6463.

ENCKELL M, GLISIC B, MYRVOLL F, 2011. Evaluation of a large-scale bridge strain, temperature and crack monitoring with distributed fiber optic sensors[J]. Journal of Civil Structural Health Monitoring,1(1): 37-46.

FELLAY A,THÉVENAZ L,FACCHINI M,1997. Distributed sensing using stimulated Brillouin scattering: towards ultimate resolution[C]. Williamsburg: International conference on optical fiber Sensors.

FERNICOLA V, CROVINI L, 1995. Digital optical fiber point sensor for high-temperature measurement[J]. Journal of Lightwave Technology,13(7): 1331-1334.

HAYASHI N, MIZUNO Y, NAKAMURA K, 2013. Observation of stimulated Brillouin scattering in silica graded-index multimode optical fiber based on pump-probe technique[J]. Electronics Letters,49(49): 366-367.

HORAK P, LOH W H, 2006. On the delayed self-heterodyne interferometric technique for determining the linewidth of fiber lasers[J]. Optics Express,14(9): 3923-3928.

HORIGUCHI T, SHIMIZU K, KURASHIMA T, 1995. Development of a distributed sensing technique using Brillouin scattering[J]. Journal of Lightwave Technology,13(7): 1296-1302.

HOTATE K,HASEGAWA T,2002. Measurement of Brillouin gain spectrum distribution along an optical fiber using a correlation-based technique: proposal, experiment and simulation[J]. IEICE Transactions on Electronics,83(3): 405-412.

JEONG J H, LEE K, SONG K Y, 2012. Differential measurement scheme for Brillouin optical correlation domain analysis[J]. Optics Express,20(24): 27094-27101.

KIM Y H,LEE K,SONG K Y,2015. Brillouin optical correlation domain analysis with more than 1 million effective sensing points based on differential measurement[J]. Optics Express, 23(26): 33241-33248.

KOYAMADA Y, SAKAIRI Y, TAKEUCHI N, 2007. Novel technique to improve spatial resolution in Brillouin optical time-domain reflectometry[J]. IEEE Photonics Technology Letters,19(23): 1910-1912.

KURASHIMA T, HORIGUCHI T, TATEDA M, 1990. Distributed-temperature sensing using stimulated Brillouin scattering in optical silica fibers[J]. Optics Letters,15(18): 1038-1040.

LI W H,BAO X Y,LI Y,2008. Differential pulse-width pair BOTDA for high spatial resolution sensing[J]. Optics Express,16(26): 21616-21625.

LONDON Y, ANTMAN Y, PRETER E, 2016. Brillouin optical correlation domain analysis addressing 440000 resolution points [J]. Journal of Lightwave Technology, 34 (19): 4421-4429.

LÓPEZ-HIGUERA J M,COBO L R,INCERA A Q,et al,2011. Fiber optic sensors in structural health monitoring[J]. Journal of Lightwave Technology,29(4): 587-608.

MA Z,ZHANG M J,LIU Y,2015. Incoherent Brillouin optical time-domain reflectometry with random state correlated Brillouin spectrum[J]. IEEE Photonics Journal,7(4): 1-7.

MIZUNO Y, ZOU W, HE Z, et al, 2008. Proposal of Brillouin optical correlation-domain reflectometry (BOCDR)[J]. Optics Express,16(16): 12148-12153.

MIZUNO Y, HE Z, HOTATE K, 2009. One-end-access high-speed distributed strain measurement with 13-mm spatial resolution based on Brillouin optical correlation-domain reflectometry[J]. IEEE Photonics Technology Letters,21(7): 474-476.

RYU G,KIM G,SONG K Y,et al,2017. Brillouin optical correlation domain analysis enhanced by time-domain data processing forconcurrent interrogation of multiple sensing points[J]. Journal of Lightwave Technology,35(24): 5311-5316.

SHIMIZU K, HORIGUCHI T, KOYAMADA Y, 1993. Coherent self-heterodyne detection of spontaneously Brillouin-scattered light waves in a single-mode fiber[J]. Optics Letters,18(3): 185-187.

SHLOMI O, PRETER E, BA D, 2016. Double-pulse pair Brillouin optical correlation-domain analysis[J]. Optics Express,24(23): 26867-26876.

SONG K Y,HE Z Y,HOTATE K,2006. Distributed strain measurement with millimeter order spatial resolution based on Brillouin optical correlation domain analysis[J]. Optics Letters, 31(17): 2526-2528.

THÉVENAZ L,MAFANG S F,2008. Distributed fiber sensing using Brillouin echoes[C]. Perth: International conference on optical fiber sensors.

THÉVENAZ L,MAFANG S F,LIN J,2013. Effect of pulse depletion in a Brillouin optical time-domain analysis system[J]. Optics Express,21(12): 14017-14035.

UKIL A, BRAENDLE H, KRIPPNER P, 2015. Distributed temperature sensing: review of technology and applications[J]. Sensors Journal,12(5): 885-892.

WANG Y H,ZHANG M J,ZHANG J Z,et al,2019. Millimeter-level-spatial-resolution Brillouin optical correlation-domain analysis based on broadband chaotic laser[J]. Journal of Lightwave Technology, 37(15): 3706-3712.

WANG Y, LI U X, JIN B Q, et al, 2017. Optical fiber vibration sensor using chaotic laser[J]. IEEE Photonics Technology Letters, 29(16): 1336-1339.

ZADOK A, ANTMAN Y, PRIMEROV N, 2012. Random-access distributed fiber sensing[J]. Laser and Photonics Reviews, 6(5): L1-L5.

ZHANG M J, LIU H, ZHANG J Z, 2017. Brillouin backscattering light properties of chaotic laser injecting into an optical fiber[J]. IEEE Photonics Journal, 9(5): 1600610.

ZHANG M J, LIU T G, LI P, 2011. Generation of broadband chaotic laser using dual-wavelength optically injected Fabry-Pérot laser diode with optical feedback [J]. IEEE Photonics Technology Letters, 23(24): 1872-1874.

ZHANG J Z, ZHANG M T, ZHANG M J, 2018. Chaotic Brillouin optical correlation-domain analysis[J]. Optics Letters, 43(8): 1722-1725.

ZHANG J Z, WANG Y H, ZHANG M J, et al, 2018. Time-gated chaotic Brillouin optical correlation domain analysis[J]. Optics Express, 26(13): 17597-17607.

ZHANG Q, WANG Y H, ZHANG M J, et al, 2019. Distributed temperature measurement with millimeter-level high spatial resolution based on chaotic laser[J]. Acta Physica Sinica, 68(10): 104208.

ZHANG X P, LU Y G, WANG F, 2011. Development of fully-distributed fiber sensors based on Brillouin scattering[J]. Photonic Sensors, 1(1): 54-61.

ZHOU D P, LI W H, CHEN L, 2013. Distributed temperature and strain discrimination with stimulated Brillouin scattering and Rayleigh backscatter in an optical fiber[J]. Sensors, 13: 1836-1845.

廖延彪,黎敏,张敏,2009. 光纤传感技术与应用[M]. 北京:清华大学出版社.

乔学光,丁锋,贾振安,等,2011. 高精度准分布式光纤光栅地震检波解调系统的研究[J]. 物理学报,60(7):074221.

吴敏,2007. 基于长距离准分布式FBG传感器的光纤围栏报警系统[D]. 重庆:重庆大学.

张旭苹,2013. 全分布式光纤传感技术[M]. 北京:科学出版社.

混沌光同步

混沌同步是保密光通信与密钥分发的关键，是指两个或多个混沌系统在耦合或驱动条件下，达到具有一致输出的状态。1990 年，美国海军实验室 Louis M. Pecora 和 Thomas L. Carroll 首先在电路系统里实现了混沌同步（Pecora et al.，1990），并激发了混沌光同步的研究热潮。本章将着重介绍几种典型的半导体激光器与光电振荡器混沌同步，包括单向注入同步、互注入同步、共同驱动同步。

5.1 半导体激光器混沌同步

5.1.1 单向注入同步

在单向注入系统中，如果发射激光器（LD1）具有外部反馈腔，而接收激光器（LD2）没有，则称为开环结构，如图 5.1.1 所示。影响单向注入同步质量的主要因素是发射激光器（LD1）注入接收激光器（LD2）的光强（注入强度），以及它们之间的中心波长差或者频率失谐。不同的注入强度和频率失谐将会导致不同的同步状态：一种是完全混沌同步，另一种是注入锁定混沌同步（Murakami et al.，2002）。

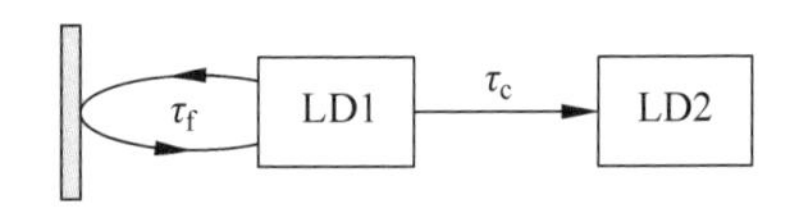

图 5.1.1 开环结构的单向注入结构的混沌同步结构图

完全混沌同步：当光注入强度较小时（通常为混沌光强的百分之几），可以实现完全混沌同步。该同步要求发射激光器与接收激光器之间的频率失谐尽可能接近零，且其他参数也尽可能相同。完全同步对参数失配非常敏感，系统鲁棒性较差，但增加了窃听者重构混沌同步的难度，提高了系统安全性，如图 5.1.2(a)所示。

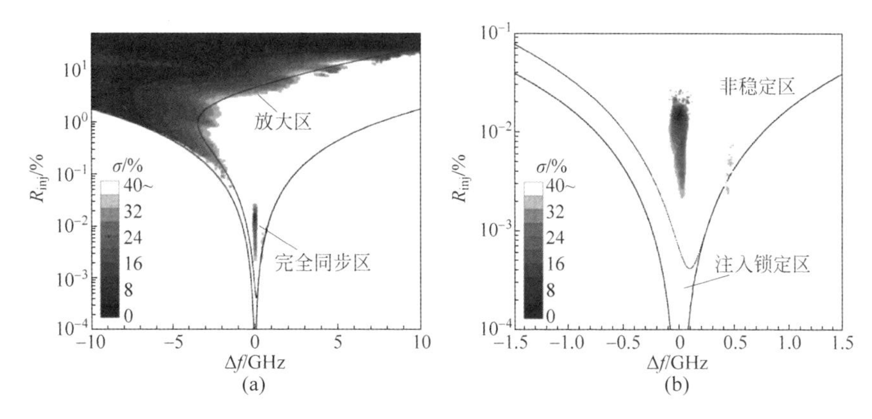

图5.1.2 开环结构单向注入下,频率失谐与注入强度对同步的影响(Murakami et al.,2002)

(a) 完全同步;(b) 注入锁定同步

注入锁定混沌同步:注入锁定同步也被称为广义同步。一般情况下,发射激光器和接收激光器频率很难完全一致,存在一定的频率失谐,但只要失谐量在可容忍范围内,发射激光器便可通过注入锁定效应使接收激光器产生相同的振荡。此同步允许激光器之间存在一定的频率失谐,但需要较大的光注入强度(通常为混沌信号强度的百分之几十以上)。如图5.1.2(b)所示,相较于完全混沌同步,注入锁定混沌同步允许激光器之间存在一定的参数失配,虽然没有完全同步方案安全,但系统鲁棒性得到了明显提升。

通过发射激光器和接收激光器输出波形之间的时间延迟,可以区分上述两种同步类型。对于注入锁定同步,接收激光器收到发射激光器的注入信号后立即输出同步波形,其波形的时间延迟刚好等于信号从发射激光器到接收激光器的延迟时间 τ_c。对于完全混沌同步,接收激光器与发射激光器输出波形的时间延迟 τ 随着激光器外腔时延 $\Delta\tau$ 变化而反向变化,且满足 $\tau=\tau_c-\Delta\tau$。因此当外腔时延 $\Delta\tau$ 大于两个激光器同步波形的延迟时间 τ_c 后,接收激光器便可以预测发射激光器的混沌波形(Liu et al.,2002; Locquet et al.,2001)。

如图5.1.3所示,如果发射/接收激光器均为光反馈半导体激光器,则称之为闭环结构。图5.1.1中的开环系统其实可以看作闭环系统的一个特例,它只是将接收激光器的外部光反馈去掉。1996年,西班牙 Claudio R. Mirasso 等首次提出并理论证明了闭环单向注入半导体激光器系统的混沌同步——将混沌半导体激光器输出弱注入另一个结构相同、参数一致的半导体激光器中(Mirasso et al.,1996)。2000年,日本 Junji Ohtusubo 课题组实验研究了闭环单向注入外腔半导体激光器的广义混沌同步,且同步带宽可达吉赫兹量级,并说明了广义混沌同步与完全混沌同步的区别(Fujino et al.,2000)。

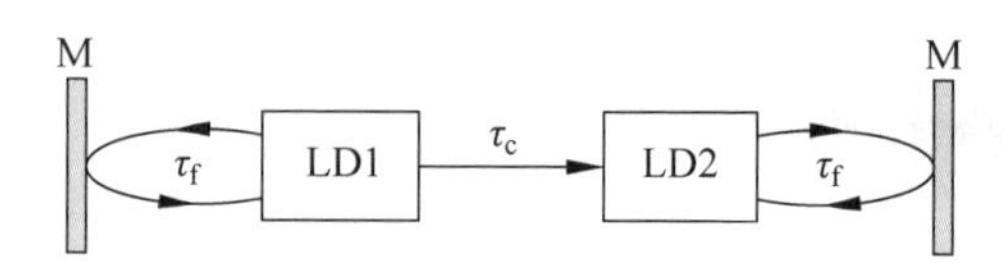

图 5.1.3　闭环结构的单向注入混沌同步结构示意图

闭环结构相较于开环结构最大的优点在于它可以进行混沌同步控制：通过在发射激光器和接收激光器的反馈光路上加入相位调制来实现混沌同步键控。2002年，Tilmann Heil 等实验验证了闭环单向注入半导体激光器系统的混沌同步，并利用相位开关键控研究了混沌同步控制，如图 5.1.4 所示。他们发现反馈光路相位的改变对混沌同步状态起着决定性作用：当发射激光器 LD1 与接收激光器 LD2 反馈光路相位相同时，两者可以实现高质量同步；反之，同步质量会大幅降低。这是开环结构所不具备的特性，同时也为闭环混沌同步系统在混沌保密通信中的应用提供了思路(Heil et al.，2002)。2008 年，Adonis Bogris 等也从理论上证明了闭环单向注入半导体激光器混沌同步的可行性，发现了上述类似现象。同时，他们详细研究了该系统的安全性，发现在无法获得相同键控相位的情况下，即使窃听者拥有相同的混沌系统也无法实现同步(Bogris et al.，2008)。

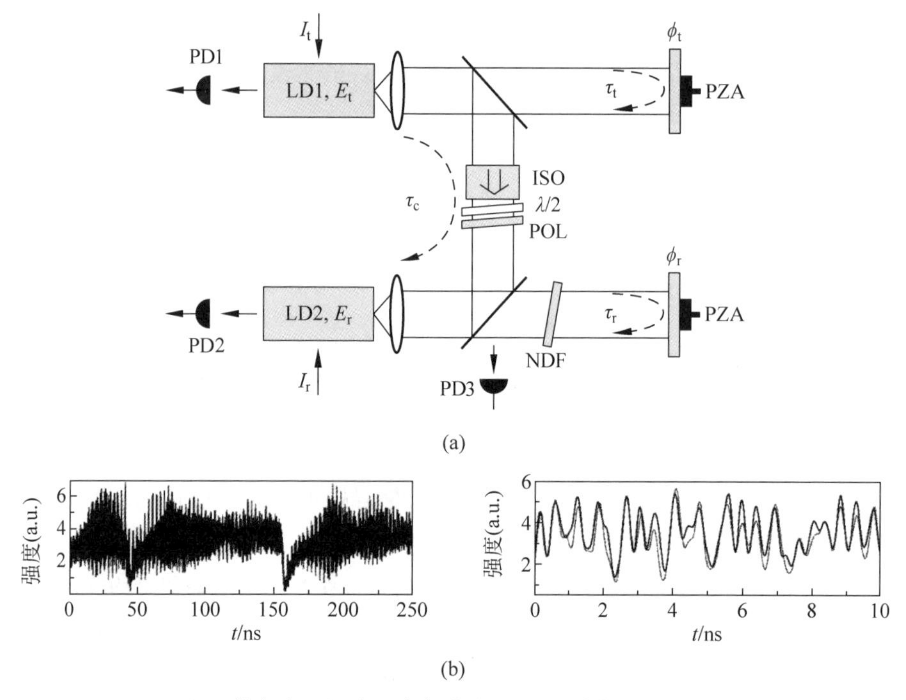

图 5.1.4　闭环单向注入混沌同步实验装置(a)及时序(b)(Heil et al.，2002)

需要指出的是,闭环结构实现混沌同步较为困难,这是因为同步质量对接收机外腔时延十分敏感。Alexandre Locquet、Raúl Vicente 等通过数值仿真研究了开环与闭环单向注入半导体激光器系统的混沌同步范围,发现在一定的参数区间内闭环系统的同步性会优于开环系统的同步性,但是假如发射激光器和接收激光器的外腔时延存在差异,同步质量会急剧下降,如图 5.1.5 所示(Locquet et al.,2002; Vicente et al.,2002)。相较于闭环系统,开环系统更容易实现同步。2003年,Min Won Lee 等实验比较了开/闭环两种同步方案,结果表明开环方案在定性以及定量分析上均表现出了优异的性能——更容易获得高质量同步(Lee et al.,2003)。同时,基于其他类型激光器的单向注入混沌同步也被广泛研究,例如,2001年,Robin J. Jones 等数值研究了自脉冲激光二极管的混沌同步,通过弱光注入可以实现高质量的同步(Jones et al.,2001);2004 年,英国班戈大学的洪艳华等实验研究了单向偏振选择注入垂直腔面发射激光器(vertical cavity surface emitting laser,VCSEL)的混沌同步,指出了注入光可与接收 VCSEL 的一个偏振方向上的输出光同向同步,与另一个垂直方向上的输出反相同步(Hong et al.,2004);2007年,Ignace Gatare 等详细分析了单向开环注入 VCSELs 系统中偏振模式竞争对混沌同步质量的影响(Gatare et al.,2007)。

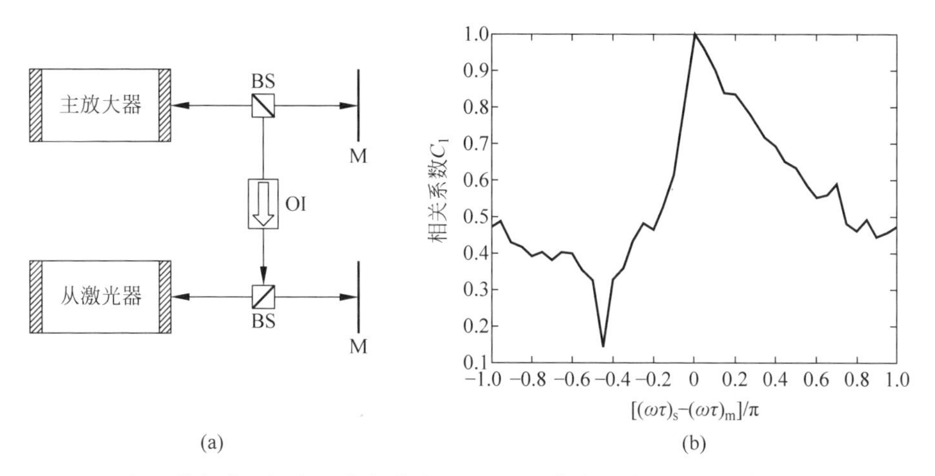

图 5.1.5 闭环单向注入混沌同步实验装置(a)以及外腔延时差异对同步质量的影响(b)(Locquet et al.,2002)

5.1.2 互注入同步

互注入半导体激光器也是一种比较常见的混沌同步系统。如图 5.1.6 所示,它与闭环结构类似,只是去除了隔离器,使得光可以相互注入。2001 年,Tilmann Heil 等分别数值和实验研究了两个孤立半导体激光器相互注入下的同步情况,并指出由于自发辐射噪声对系统对称性的破坏和较长的耦合延时,两激光器很难实现稳定同步。但是当两个激光器存在较小频率失谐时,可以实现主-从混沌同步(Heil et al.,2001)。

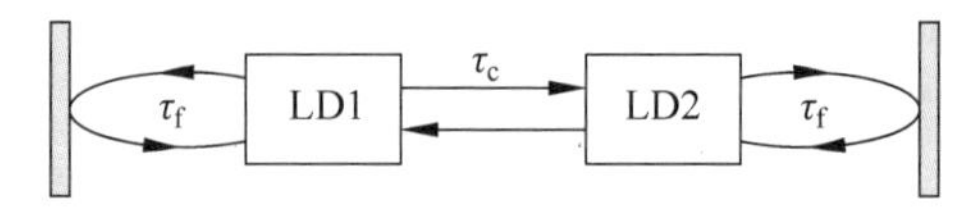

图 5.1.6　互注入混沌同步结构图

研究学者发现,通过给孤立激光器增加外部光反馈,可使互注入系统实现稳定同步。2005 年,Margaret C. Chiang 等理论推导了光电反馈条件下互注入半导体激光器的混沌同步条件,并进行实验验证(Chiang et al.,2005)。随后,该课题组又对光反馈半导体激光器互注入系统的同步性能进行了详细的理论分析,探明了获得零时延同步以及时延同步的条件:除了反馈和耦合延迟时间,反馈强度和耦合强度也都决定了系统产生的是零时延同步还是延时同步(Chiang et al.,2006)。2006 年,以色列 Einat Klein 等通过仿真和实验证明了在对称工作条件下,具有自反馈的互注入半导体激光器之间可以实现稳定的零时延同步,同步系数最高可达 0.99。他们发现,当外腔反馈强度为零时,系统在零时延处无法实现同步;当外腔反馈强度大于零时,可在零时延处观察到高质量同步。进一步,当外腔反馈时延等于耦合时延时,同步质量最高(Klein et al.,2006a)。随后他们又将其与单向注入下的完全同步进行了性能对比,发现互注入系统可以在一个更大的反馈强度和耦合强度参数范围内得到高质量的同步,体现了良好的系统鲁棒性(Gross et al.,2006)。之后,如图 5.1.7 所示,该课题组又利用此同步系统提出了基于互注入外腔半导体激光器的加密方案,验证了互注入同步的安全性要优于单向耦合同步——即使存在攻击者,该方案仍然可以实现安全的信息传输(Klein et al.,2006b)。

2007 年,Raúl Vicente 等提出了一种更加简单的互注入结构——非对称反馈互注入半导体激光器。如图 5.1.8 所示,该系统将一个半透半反的反射镜置于两激光器的互注入通道中,其中入射光包括来自反射镜的反射光以及来自另一个激光器的注入光。值得注意的是,此系统中半反镜的位置不会影响系统的同步质量,很大程度上简化了互注入半导体激光器同步装置,为互耦合混沌同步的建立提供了一个更加简单的方案(Vicente et al.,2007)。

5.1.3　共同驱动同步

驱动同步是指将驱动激光器输出同时注入多个响应激光器,实现响应激光器之间高质量同步,其关键在于:①驱动激光器的注入强度足够大;②驱动/响应激光器之间具有合适的波长失谐;③响应激光器之间参数匹配。

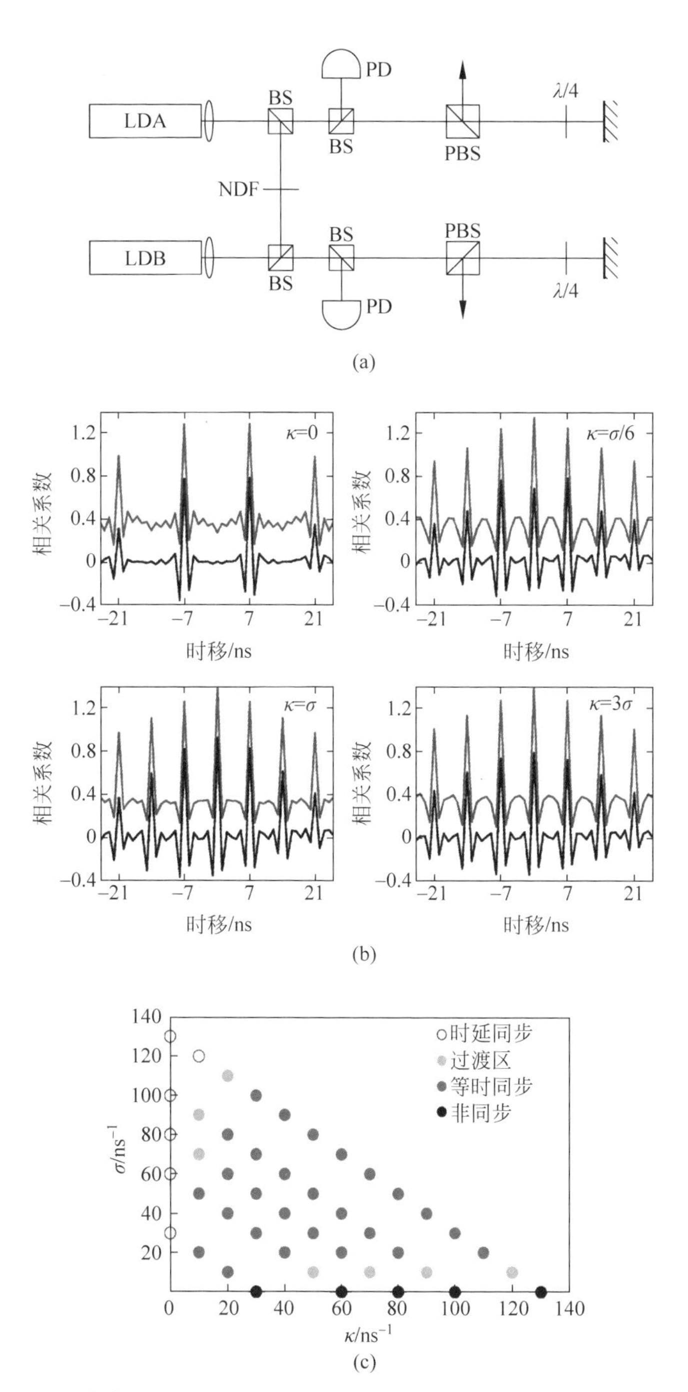

图 5.1.7　互注入同步实验装置(a)、互相关曲线(b)以及同步影响条件(c)(Klein et al.,2006)

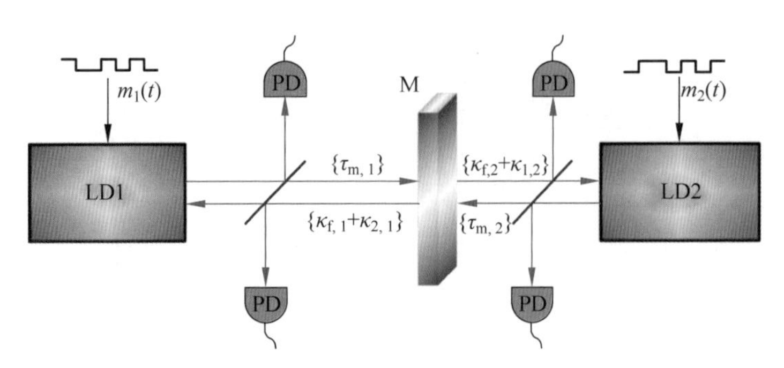

图 5.1.8 结构简单的互注入同步装置示意图(Vicente et al.,2007)

2007 年,Toru Yamamoto 等利用外腔反馈半导体激光器驱动两个开环(无反馈)响应激光器,建立了同步系数为 0.95 的高质量混沌同步,且该同步系数明显高于驱动/响应激光器之间的同步系数(Yamamoto et al.,2007)。此外,Isao Oowada 等实验证明当响应激光器为闭环结构时(有反馈),二者同样可以建立高质量同步。此外,当在二者反馈光路上添加随机相位扰动,只有双方扰动相位完全相同时,同步质量才能达到最高,这为基于混沌同步的安全密钥分发提供了基础(Oowada et al.,2009)。然而,受限于激光器弛豫振荡,响应激光器的同步信号带宽难以超过 10 GHz。Hiroyuki Someya 等实验证明,光注入外腔反馈激光器可实现带宽增强,利用带宽增强后的混沌激光器驱动响应激光器,可以获得宽带(带宽约 12 GHz)、高质量混沌同步,这为高速混沌保密光通信以及密钥分发提供了基础(Someya et al.,2009)。除了同步质量、同步信号带宽,响应激光器之间的传输距离也是关键问题。西南大学的吴加贵等实验证明当响应激光器相距 40 km 情况下,同样可以建立高质量混沌同步(Wu et al.,2011)。

传统镜面反馈激光器由于外腔谐振导致混沌信号存在弱周期性。该周期特征可通过时域信号的自相关、互信息等方法提取出来,表现为在外腔周期处具有明显的相关峰,称为时延特征,直接泄露了外腔长度这一关键信息(Rontani et al.,2009)。外腔长度信息一旦被窃取,窃听者可通过系统重构复制驱动信号,进而威胁同步系统的安全(Hegger et al.,1998)。解决该问题通常有两种方法:一是利用时延特征消除的混沌光源作为驱动;二是利用本身没有时间特征的混沌光源作为驱动。前者,王大铭等利用啁啾光纤光栅作为光反馈单元,通过啁啾光纤光栅引入与频率相关的反馈延迟抑制外腔模式共振,进而消除时延特征(Wang et al.,2017)。实验中,以啁啾光纤光栅反馈混沌激光器驱动响应激光器,获得了同步系数为 0.98 的高质量混沌同步,实验装置与结果如图 5.1.9 所示。后者,李晓洲等利用光注入结构产生混沌激光,该结构因为没有外腔,从本质上避免了由外腔模式共振导致的时延特征。他们以光注入混沌激光器驱动响应激光器,数值模拟获得了同步系数为 0.99 的高质量同步(Li et al.,2017)。Apostolos Argyris 等利用无外腔反馈的激光器作为驱动激光器,同时将驱动激光器与响应激光器进行双向耦合,实验实现了同步系数为 0.99 的混沌同步(Argyris et al.,2016)。上述同步方案中,由于驱动信号没有时延特征,响应激光器不会从驱动激光器继承时延特征,驱动激光器以及响应激光器输出信号的随机性和安全性得到保障。

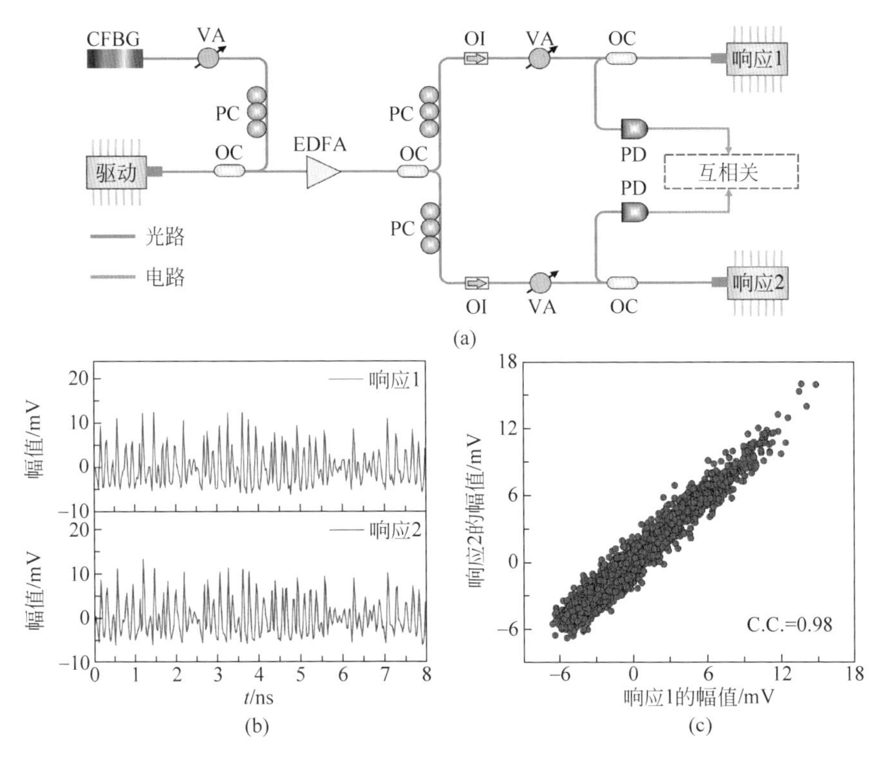

图 5.1.9 啁啾光纤光栅反馈激光器驱动混沌同步实验装置(a)、时序(b)及关联点图(c)

研究发现,噪声光是一种宽谱光源,它的光谱线宽明显大于混沌光谱线宽,且噪声光具有良好的随机性,无法被重构,是一种"天然"的驱动信号。2017 年,Nobumitsu Suzuki 等在实验中利用超辐射发光二极管输出的噪声光驱动响应激光器,实现了同步系数为 0.86 的混沌同步(Suzuki et al.,2017)。该同步的关键在于要保证响应激光器的光谱处于噪声信号光谱范围内。高华等实验证明,利用噪声光驱动参数匹配的多模 F-P 激光器,可以获得同步系数达 0.97 的混沌同步(Gao et al.,2021),实验装置与结果如图 5.1.10 所示。此外,内田淳夫等实验证明,利用幅度恒定、相位随机的光源作为驱动,同样可以获得类似同步,其中随机相位是通过噪声信号对连续光调制获得(Aida et al.,2012)。值得注意的是,虽然上述结构可获得高质量混沌同步,但系统均是由离散器件搭建而成,鲁棒性较差,将混沌激光器集成可有效提高驱动同步的鲁棒性(Sasaki et al.,2017)。

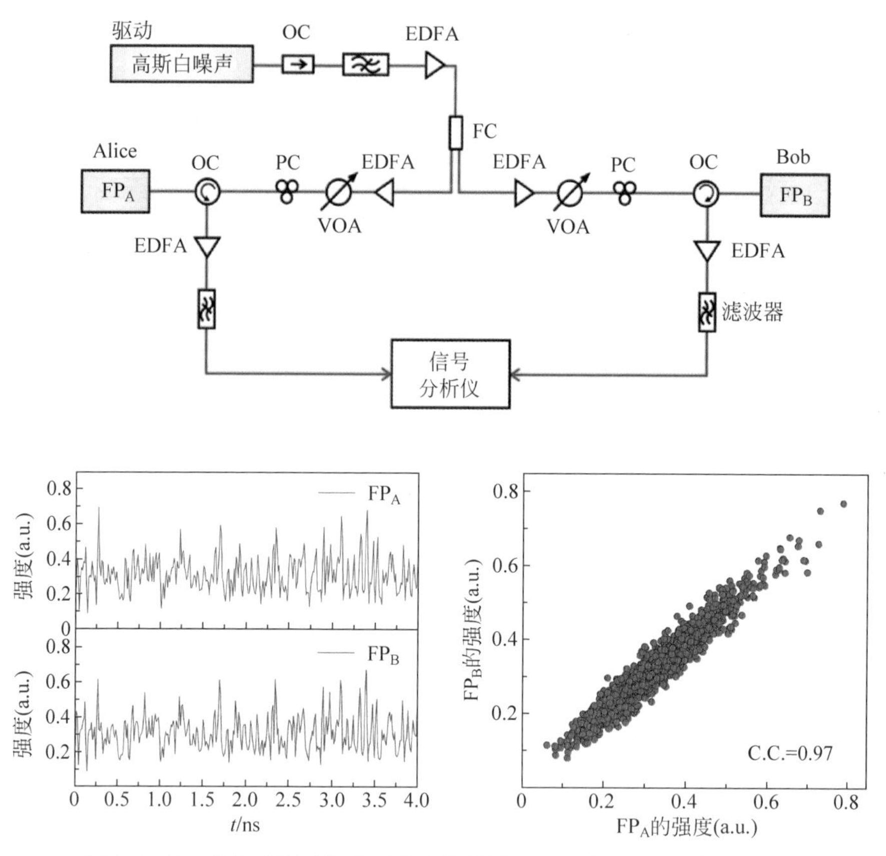

图 5.1.10　噪声光驱动混沌同步实验装置(a)、时序(b)及关联点图(c)

5.2　光电振荡器混沌同步

与激光器类似,利用光电振荡器之间的耦合同样可以实现混沌同步。1998年,Jean Pierre Goedgebuer 等首先在 Ikeda 光电振荡器中实现了混沌同步(Goedgebuer et al.,1998)。如图 5.2.1(a)所示,发射激光器输出的光信号转换为电信号后,调制激光器工作电流并扰动其产生混沌。该混沌传输至接收端,转换为电信号后直接调制接收激光器工作电流,实现混沌同步。值得注意的是,在当时的实验条件下该结构实现混沌同步的难度较大,主要原因是激光器的非线性复杂度高且对参数失谐非常敏感,难以通过精确调控硬件参数实现一致的非线性输出。为解决该问题,他们进一步提出类 Ikeda 的光电振荡器混沌同步系统

(Goedgebuer et al.,2002)。如图5.2.1(b)所示,该系统同样为单向耦合结构,但非线性元件由激光器变为电光强度调制器。电光调制器的非线性来源于传输函数 $\cos^2 x$,其非线性复杂度明显低于激光器,通过匹配系统中光电反馈环的时延、增益以及滤波宽度等可较容易实现混沌同步。Y. Chembo Kouomou 等理论结合实验研究了光电振荡器系统参数失配(反馈环时延与增益、调制器偏置相移、滤波器截止频率)对混沌同步质量的影响,发现混沌同步误差与上述参数失配呈线性相关(Y. Chembo Kouomou et al.,2004),例如,1%的增益失配会导致1%的同步误差,0.5%的高频截止频率失配导致1%的同步误差。此外,研究还发现多参数失配情况下会存在同步质量提高的偶然现象。这主要是因为增加某个参数的失配程度可能会导致另一个失配参数被补偿。

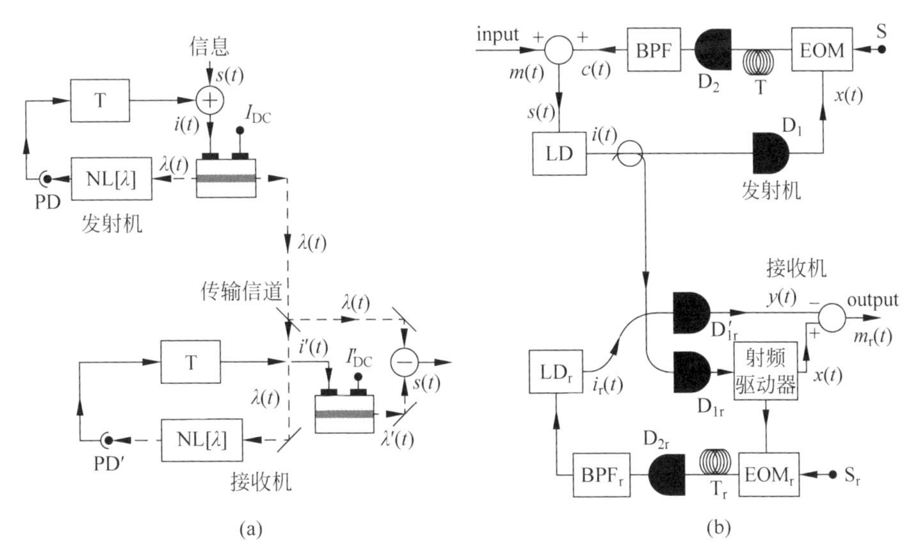

图5.2.1 基于光电振荡器的混沌同步系统

(a) Ikeda(Goedgebuer et al.,1998);(b) 类 Ikeda(Goedgebuer et al.,2002)

除了上述强度调制器,利用相位调制器同样可以实现混沌同步。如图5.2.2(a)所示,Roman Lavrov 等利用差分相移键控调制器作为同步收发机的非线性元件(Lavrov et al.,2009),反馈环路中除了光电探测器、电放大器,还配有基于单模光纤的马赫-曾德尔干涉仪。该干涉仪用于将调制器的相位动态转换为强度动态,进而被光电探测器检测并输出至相位调制器的调制端口。相位混沌同步的实验结果如图5.2.2(b)所示,其中黑色曲线为原始相位混沌光谱,浅色曲线为同步的相位混沌相减后的光谱。可以发现,相较于原始光谱,相减后的主要光频功率平均下降超过了10 dB,说明实现了高质量的相位混沌同步。

由上述结果可知,需要严格匹配光电振荡参数以实现高质量混沌同步。但在

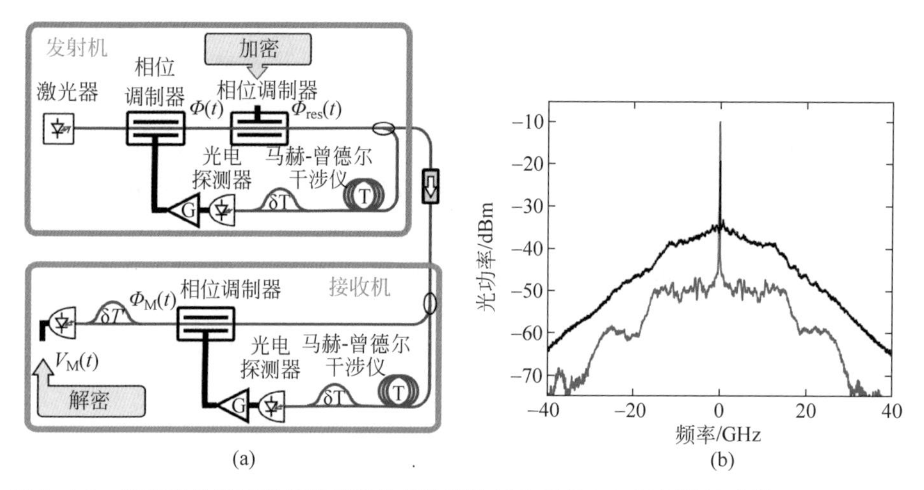

图 5.2.2 基于差分相移键控调制器的相位混沌同步系统(a),以及混沌光谱(b)(Lavrov et al.,2009)

实际应用中,由于制作工艺偏差,频率响应、环增益、调制器偏置、延迟时间等振荡器硬件参数难免存在失配,限制了同步质量。柯俊翔等提出基于神经网络数字信号处理算法的光电振荡器混沌同步(Ke et al.,2019),如图 5.2.3(a)所示。经光电探测器 4 和 5 输出的混沌信号被示波器采集并输入数字信号处理单元(DSP)进行训练学习,以找到最优的混沌同步条件。该数字处理单元包含一个输入层、一个隐藏层以及一个输出层,其中输入层含 71 个神经元,隐藏层含 71 个神经元,输出层含 1 个神经元。当光电振荡器系统存在时延失配时(100 ps,20%),在未经神经网络处理时,混沌同步系数为−0.239,实验结果如图 5.2.3(b)所示;当经过处理后,同步系数优化为 0.959,如图 5.2.3(c)所示。表明该方法可有效克服系统参数失配带来的同步质量下降问题。

除了硬件参数,光电振荡器之间的耦合强度对于混沌同步的建立也起着至关重要的作用。然而,受传输信道环境影响,振荡器之间的耦合强度通常是随时间变化的,并且双方无法提前获悉,进而限制了混沌同步质量。为解决该问题,Bhargava Ravoori 等提出一种基于光电振荡器的自适应混沌同步(Ravoori et al.,2009)。如图 5.2.4(a)所示,发射激光器输出信号经光电探测器之后被模数转换器(ADC)转换为数字信号,并被数字信号处理器进行滤波和延迟处理,然后寄存于存储器内。经一定存储时间后,数字信号经数模转换器(DAC)转换为电信号并对调制器进行调制。上述实时处理单元可对发射机的反馈强度和延迟进行动态监控(自适应调控),以保障具有稳定的混沌输出。在接收端,相同的处理单元用于动态调节注入强度。实验与理论结果分别如图 5.2.4(b)和(c)所示,可以发现,当开启自适应处理单元时,双方能够建立稳定的高质量混沌同步,反之则同步消失。

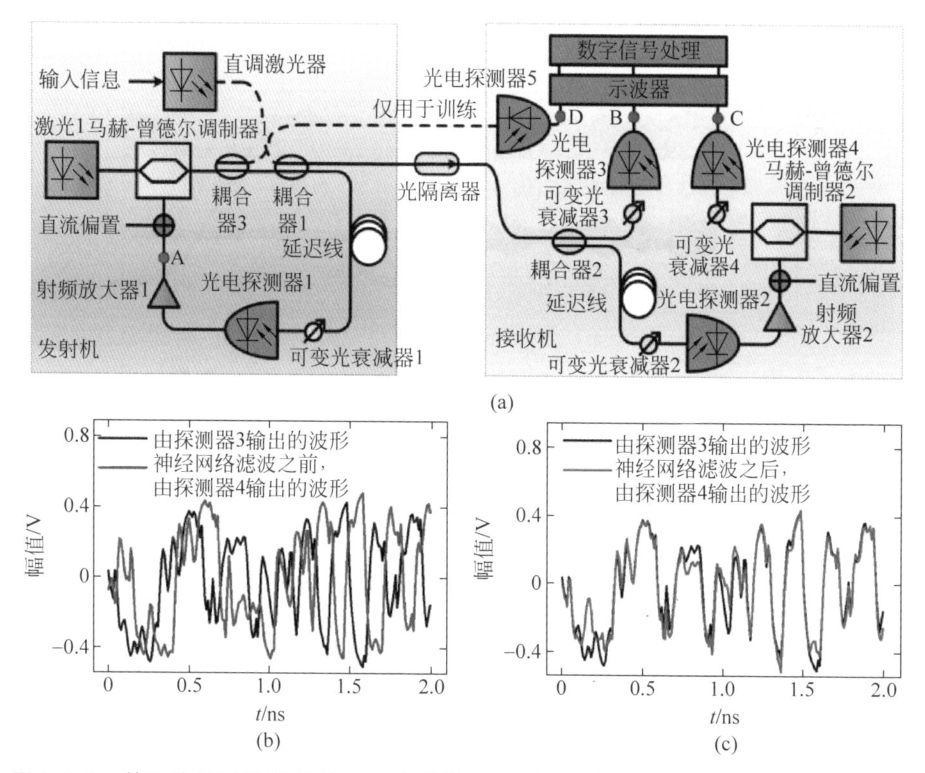

图 5.2.3　基于神经网络学习的光电振荡器混沌同步系统(a)，以及神经网络处理前后((b)，(c))的时序(b)(Ke et al.，2019)

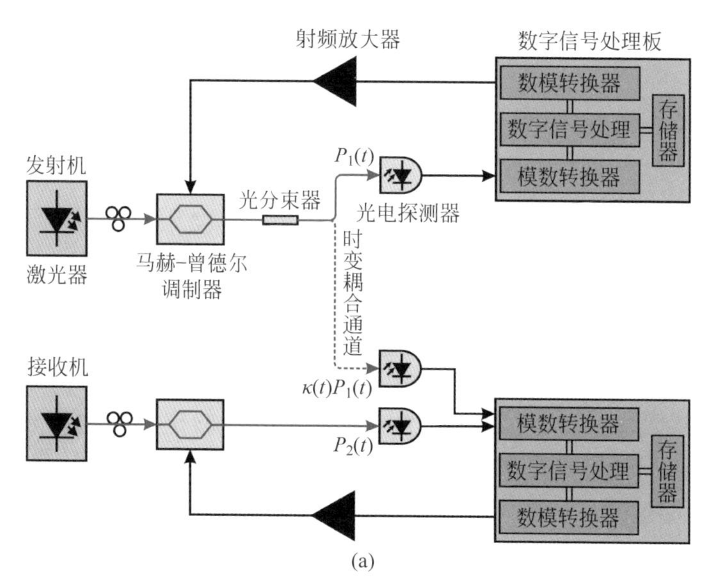

图 5.2.4　光电振荡器自适应混沌同步系统(Ravoori et al.，2009)

(a) 实验装置；(b) 实验结果；(c) 模拟结果

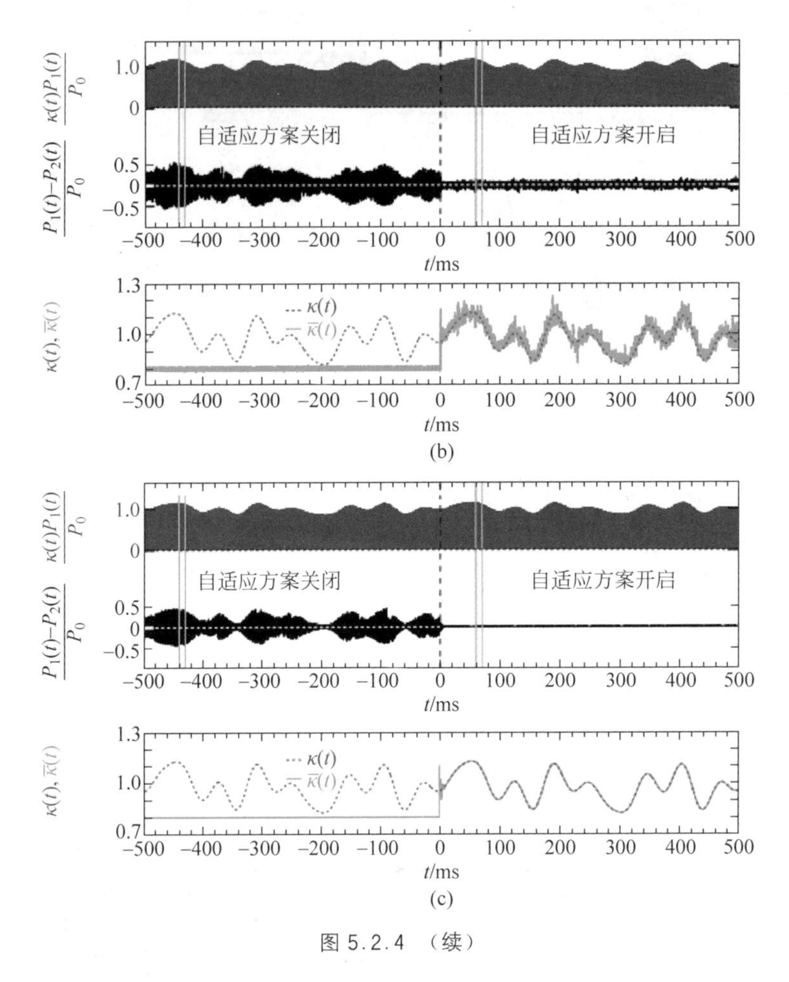

图 5.2.4 （续）

上述光电振荡器混沌同步系统普遍采用单向注入结构，Michael Peil 等利用互注入结构同样构建了高质量混沌同步(Peil et al.，2007)，如图 5.2.5 所示。理论与实验结果表明，无论耦合路径是对称还是非对称，该结构均可以实现鲁棒的完全混沌同步。此外，在该结构下，通过失谐振荡器之间的非线性传输函数 $\cos^2 x$，二者之间还可建立反向同步。Lucas Illing 等实验研究发现，三个光电振荡器在级联互耦合结构下(图 5.2.6)，若作为中继的中间振荡器带有反馈，则三者之间可实现零时延混沌同步，否则只能实现外部两个振荡器的混沌同步(Illing et al.，2011)。

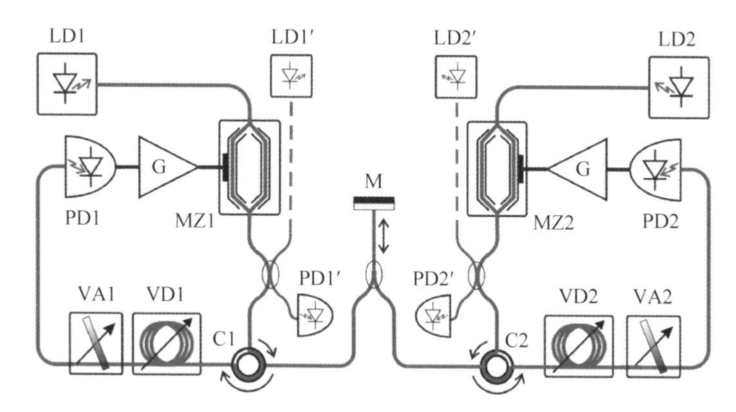

图 5.2.5 光电振荡器互耦合混沌同步系统(Peil et al.,2007)

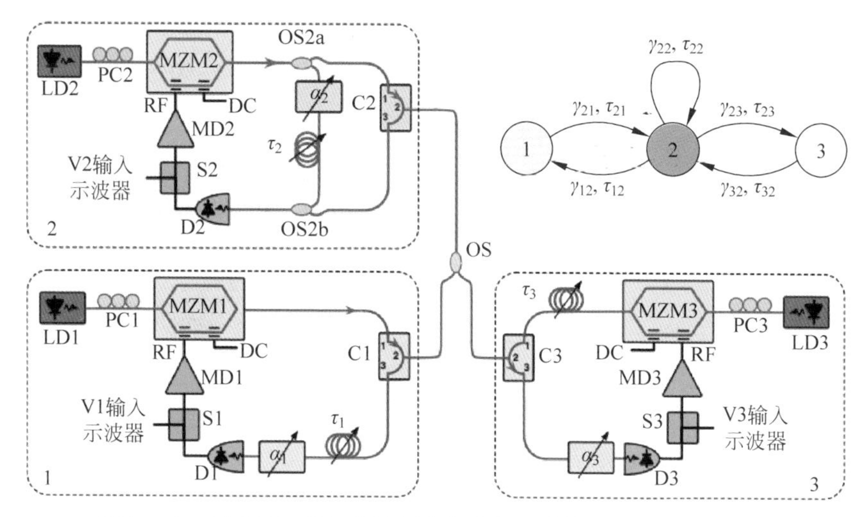

图 5.2.6 光电振荡器级联互耦合混沌同步系统(Illing et al.,2011)

参考文献

AIDA H, ARAHATA M, OKUMURA H, et al, 2012. Experiment on synchronization of semiconductor lasers by common injection of constant-amplitude random-phase light[J]. Optics Express,20(11): 11813-11829.

ARGYRIS A, PIKASIS E, SYVRIDIS D, 2016. Highly correlated chaotic emission from bidirectionally coupled semiconductor lasers[J]. IEEE Photonics Technology Letters,28(17): 1819-1822.

BOGRIS A,RIZOMILIOTIS P,CHLOUVERAKIS K E,et al,2008. Feedback phase in optically generated chaos: a secret key for cryptographic applications[J]. IEEE Journal of Quantum

Electronics,44(2): 119-124.

CHIANG M C,CHEN H F,LIU J M,2005. Experimental synchronization of mutually coupled semiconductor lasers with optoelectronic feedback[J]. IEEE Journal of Quantum Electronics, 41(11): 1333-1340.

CHIANG M C,CHEN H F,LIU J M,2006. Synchronization of mutually coupled systems[J]. Optics Communications,261(1): 86-90.

FUJINO H,OHTSUBO J,2000. Experimental synchronization of chaotic oscillations in external-cavity semiconductor lasers[J]. Optics Letters,25(9): 625-627.

GAO H,WANG A B,WANG L S,et al,2021. 0.75 Gbit/s high-speed classical key distribution with mode-shift keying chaos synchronization of Fabry-Perot lasers[J]. Light: Science & Applications,10(1): 1-9.

GATARE I, SCIAMANNA M, LOCQUET A, et al, 2007. Influence of polarization mode competition on the synchronization of two unidirectionally coupled vertical-cavity surface-emitting lasers[J]. Optics Letters,32(12): 1629-1631.

GOEDGEBUER J P, LARGER L, PORTE H, 1998. Optical cryptosystem based on synchronization of hyperchaos generated by a delayed feedback tunable laser diode[J]. Physical Rview Letters,80(10),2249-2252.

GOEDGEBUER J P, LEVRY P, LARGER L, et al, 2002. Optical communication with synchronized hyperchaos generated electrooptically[J]. IEEE Journal of Quantum Electronics, 38(9): 1178-1183.

GROSS N, KINZEL W, KANTER I, et al, 2006. Synchronization of mutually versus unidirectionally coupled chaotic semiconductor lasers[J]. Optics Communications, 267(2): 464-468.

HEGGER R,BÜNNER M J,KANTZ H,et al,1998. Identifying and modeling delay feedback systems[J]. Physical Review Letters,81(3): 558-561.

HEIL T, FISCHER I, ELSÄSSER W, et al, 2001. Chaos synchronization and spontaneous symmetry-breaking in symmetrically delay-coupled semiconductor lasers[J]. Physical Review Letters,86(5): 795-798.

HEIL T,MULET J,FISCHER I,et al,2002. ON/OFF phase shift keying for chaos-encrypted communication using external-cavity semiconductor lasers[J]. IEEE Journal of Quantum Electronics,38(9): 1162-1170.

HONG Y,LEE M W,SPENCER P S,et al,2004. Synchronization of chaos in unidirectionally coupled vertical-cavity surface-emitting semiconductor lasers[J]. Optics Letters,29(11): 1215-1217.

ILLING L,PANDA C D,SHARESHIAN L,2011. Isochronal chaos synchronization of delay-coupled optoelectronic oscillators[J]. Physical Review E,84(1): 016213.

JONES R J,REES P,SPENCER P S,et al,2001. Chaos and synchronization of self-pulsating laser diodes[J]. JOSA B,18(2): 166-172.

KE J X,YI L L,HU W S,2019. Chaos synchronization error compensation by neural network[J]. IEEE Photonics Technology Letters,31(13): 1104-1107.

KLEIN E, GROSS N, KOPELOWITZ E, et al, 2006a. Public-channel cryptography based on mutual chaos pass filters[J]. Physical Review E, 74(4): 046201-1-046201-4.

KLEIN E, GROSS N, ROSENBLUH M, et al, 2006b. Stable isochronal synchronization of mutually coupled chaotic lasers[J]. Physical Review E, 73(6): 066214-1-066214-4.

KOUOMOU Y C, COLET P, GASTAUD N, et al, 2004. Effect of parameter mismatch on the synchronization of chaotic semiconductor lasers with electro-optical feedback[J]. Physical Review E, 69(5): 056226-1- 056226-15.

LAVROV R, PEI M, JACQUOT M, et al, 2009. Electro-optic delay oscillator with nonlocal nonlinearity: optical phase dynamics, chaos, and synchronization[J]. Physical Review E, 80(2): 026207.

LEE M W, PAUL J, SIVAPRAKASAM S, et al, 2003. Comparison of closed-loop and open-loop feedback schemes of message decoding using chaotic laser diodes[J]. Optics Letters, 28(22): 2168-2170.

LI X Z, LI S S, CHAN S C, 2017. Correlated random bit generation using chaotic semiconductor lasers under unidirectional optical injection[J]. IEEE Photonics Journal, 9(5): 1-11.

LIU Y, TAKIGUCHI Y, DAVIS P, et al, 2002. Experimental observation of complete chaos synchronization in semiconductor lasers[J]. Applied Physics Letters, 80(23): 4306-4308.

LOCQUET A, MASOLLER C, MIRASSO C R, 2002. Synchronization regimes of optical-feedback-induced chaos in unidirectionally coupled semiconductor lasers[J]. Physical Review E, 65(5): 056205-1- 056205-12.

LOCQUET A, ROGISTER F, SCIAMANNA M, et al, 2001. Two types of synchronization in unidirectionally coupled chaotic external-cavity semiconductor lasers[J]. Physical Review E, 64(4): 045203-1-045203-4.

MIRASSO C R, COLET P, GARCÍA-FERNÁNDEZ P, 1996. Synchronization of chaotic semiconductor lasers: Application to encoded communications[J]. IEEE Photonics Technology Letters, 8(2): 299-301.

MURAKAMI A, OHTSUBO J, 2002. Synchronization of feedback-induced chaos in semiconductor lasers by optical injection[J]. Physical Review A, 65(3): 033826-1-033826-7.

OOWADA I, ARIIZUMI H, LI M, et al, 2009. Synchronization by injection of common chaotic signal in semiconductor lasers with optical feedback[J]. Optics Express, 17(12): 10025-10034.

PECORA L M, CARROLL T L, 1990. Synchronization in chaotic systems[J]. Physical Review Letters, 64(8): 821-824.

PEIL M, LARGER L, FICHER I, 2007. Versatile and robust chaos synchronization phenomena imposed by delayed shared feedback coupling[J]. Physical Review E, 76(4): 045201.

RAVOORI B, COHEN A B, SETTY A V, et al, 2009. Adaptive synchronization of coupled chaotic oscillators[J]. Physical Review E, 80(5): 056205.

RONTANI D, LOCQUET A, SCIAMANNA M, et al, 2009. Time-delay identification in a chaotic semiconductor laser with optical feedback: a dynamical point of view[J]. IEEE Journal of Quantum Electronics, 45(7): 879-1891.

SASAKI T, KAKESU I, MITSUI Y, et al, 2017. Common-signal-induced synchronization in photonic integrated circuits and its application to secure key distribution[J]. Optics Express,25(21): 26029-26044.

SOMEYA H,OOWADA I,OKUMURA H,et al,2009. Synchronization of bandwidth-enhanced chaos in semiconductor lasers with optical feedback and injection[J]. Optics Express,17(22): 19536-19543.

SUZUKI N,HIDA T,TOMIYAMA M,et al,2017. Common-signal-induced synchronization in semiconductor lasers with broadband optical noise signal[J]. IEEE Journal of Selected Topics in Quantum Electronics,23(6): 1-10.

VICENTE R, MIRASSO C R, FISCHER I, 2007. Simultaneous bidirectional message transmission in a chaos-based communication scheme[J]. Optics Letters,32(4): 403-405.

VICENTE R, PEREZ T, MIRASSO C R, 2002. Open-versus closed-loop performance of synchronized chaotic external-cavity semiconductor lasers[J]. IEEE Journal of Quantum Electronics,38(9): 1197-1203.

WANG D, WANG L, ZHAO T, et al, 2017. Time delay signature elimination of chaos in a semiconductor laser by dispersive feedback from a chirped FBG[J]. Optics Express,25(10): 10911-10924.

WU J G, WU Z M, XIA G Q, et al, 2011. Isochronous synchronization between chaotic semiconductor lasers over 40-km fiber links[J]. IEEE Photonics Technology Letters,23(24): 1854-1856.

YAMAMOTO T,OOWADA I,YIP H,et al,2007. Common-chaotic-signal induced synchronization in semiconductor lasers[J]. Optics Express,15(7): 3974-3980.

混沌保密光通信

混沌同步的实现催生了一种新的保密通信技术：以混沌信号为信息载波的混沌保密光通信。1998年，Gregory D. Vanwiggeren 和 Rajarshi Roy 首次实验验证了混沌保密光通信的可行性，利用混沌光纤激光器作为收发机，实现了速率为10 Mbit/s 信号的掩藏与解调(Vanwiggeren et al.，1998)。此次实验验证也开启了混沌保密光通信的研究先河。随后，基于半导体激光器、光电振荡器等多种混沌光系统的保密通信方案被提出，通信速率从初始的 Mbit/s 量级提高至 Gbit/s 量级，验证实验也从实验室逐步走向城域网。下面将详细阐述混沌保密光通信的基础理论与关键技术。

6.1 基本原理

混沌保密光通信基本原理如图6.1.1所示，发射机输出混沌信号作为载波，掩藏待传输的信息，得到"混沌载波＋信息"，即"C＋M"。接收机收到信号"C＋M"，并基于混沌通过滤波效应输出同步的混沌载波"C"，二者相减，即可还原出被掩藏的信息"M"。相较于数字保密通信与量子保密通信，混沌保密光通信具有以下优势：①硬件加密，用收发器的结构参数作为密钥，避免了算法加密的安全隐患；②与现行的光纤通信系统兼容，可便利地移植现有光纤通信技术；③适合高速、长距离保密通信，避免了量子保密通信速率低、传输距离短的问题。

混沌保密光通信典型实验装置如图6.1.2所示，发射机通过光隔离器单向注入至接收机，产生同步的混沌载波，其中发射机和接收机均为通信用半导体激光器。反射镜将激光器的部分输出光回馈至激光器并扰动其产生混沌激光。为调节激光器的偏振态与反馈光强度，需要在反馈光路中添加偏振控制器与可调谐衰减

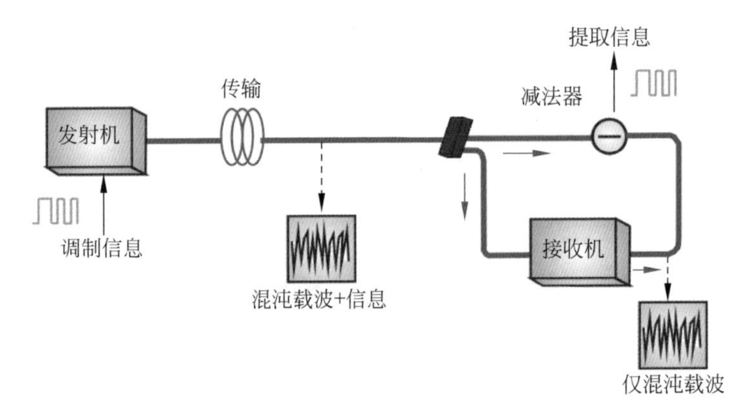

图 6.1.1　混沌保密光通信基本原理示意图

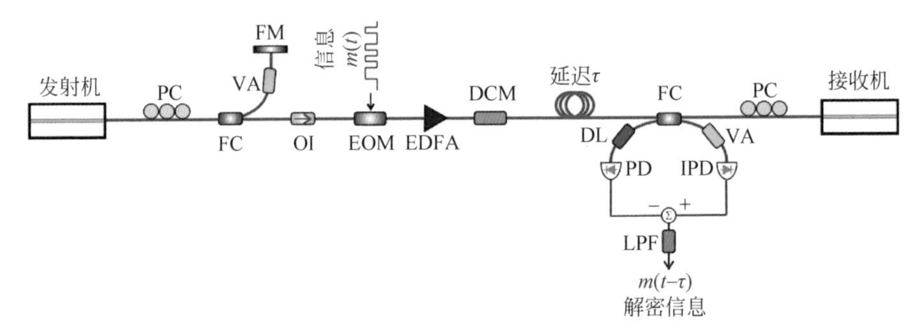

图 6.1.2　混沌保密光通信典型实验装置

器。传输的信息通过调制器加载至发射机的混沌载波之上，混沌载波与信息经光纤放大器以及色散补偿光纤，分别进行功率放大和色散补偿后传输至接收机。通过普通探测器与反向探测器，将发射机输出的"混沌载波＋信息"与接收机输出的"混沌载波"作差，解调出加载的信息。为了最大限度地降低解调信息的误码率，进入探测器之前两路信号的光程和功率要尽量一致。为了保证两路信号光程和功率的一致性，需在光路上添加可调谐延迟线以及可调谐衰减器。此外，为消除高频混沌以及噪声信号的干扰，解调后的信号需要根据加载的信息速率进行低通滤波。

6.1.1　信息掩藏

信息掩藏是混沌保密光通信的重要一环，其目的是将信息调制（掩藏）于幅度随机的混沌信号中。信息掩藏方式主要包括混沌调制、混沌掩模、混沌键控（Halle et al.，1993；Ogorzalek et al.，1993；Cuomo et al.，1993）。以闭环单向注入完全同步通信系统为例（图 6.1.3），就上述几种信息掩藏方式进行详细介绍。

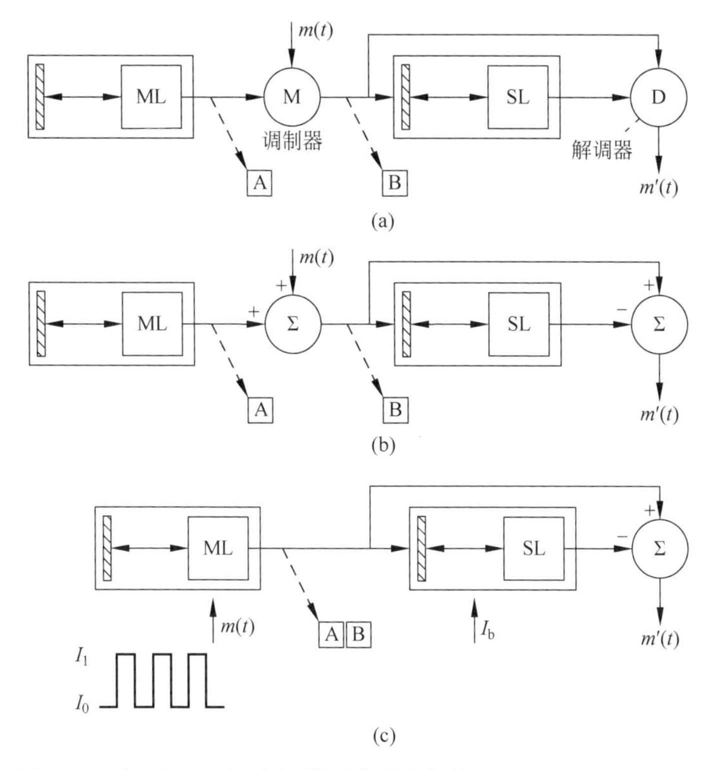

图 6.1.3　混沌调制(a),混沌掩模(b)和混沌键控(c)(Kanakidis et al.,2003)

混沌调制：信息以"加法调制"的方式加载于混沌载波,表示为

$$\sqrt{1+m(t)}E_{\mathrm{ML}}\cdot \mathrm{e}^{\mathrm{i}\phi_{\mathrm{ML}}} \tag{6.1.1}$$

式中,$m(t)$为加载的信息,E_{ML} 为主激光器混沌信号复振幅,ϕ_{ML} 为主激光器混沌信号相位。

混沌掩模：信息与混沌载波线性混合,表示为

$$E_{\mathrm{ML}}\mathrm{e}^{\mathrm{i}w_{\mathrm{m}}t}+\sqrt{1+m(t)}E_0\mathrm{e}^{\mathrm{i}w_{\mathrm{m}}t} \tag{6.1.2}$$

其中,$E_0\mathrm{e}^{\mathrm{i}w_{\mathrm{m}}t}$ 为用于调制信息的连续波光载波,与混沌光具有相同的中心频率 w_{m} 和偏振态。

混沌键控：对主激光器的工作电流进行键控,产生对应的混沌状态以代表加载的信息,表示为

$$I_{\mathrm{t}}=I_{\mathrm{b}}+B(t)\cdot I_{\mathrm{m}} \tag{6.1.3}$$

式中：I_{t} 为主激光器工作电流；I_{b} 为固定电流,该值等于从激光器的工作电流；I_{m} 为加载信息对应的固定电流；$B(t)$为加载信息的调制系数(等于 0.5 或−0.5)；且需要注意的是 I_{b} 要远大于 I_{m}(Kanakidis et al.,2003)。

信息掩藏方式不同,对应的信息解调性能也将会不同。为比较不同信息掩藏方式的特性,模拟中通过对速率为1~20 Gbit/s,码长为2^7-1的非归零伪随机序列进行掩藏与解调,评估其对应的Q因子。该因子被广泛用于衡量通信系统的性能,Q因子越大,通信系统的性能越好,可表示为

$$Q=\frac{\langle P_1\rangle-\langle P_0\rangle}{\sigma_1+\sigma_0} \tag{6.1.4}$$

式中,$\langle P_1\rangle$和$\langle P_0\rangle$代表加载信息"1"和"0"的平均光功率,σ_1和σ_0代表对应的标准偏差。为了减少其他因素的影响,在三种信息加载过程中,统一将信息调制幅度设置为静态主激光器(无反馈)幅度的2%,且保证同步系统结构参数一致。此外,信息掩藏之前,保证混沌同步误差均为0.2%。

结果如图6.1.4所示,滤波处理前混沌调制较其他两种方式具有明显优势:在低速信息时(小于1 Gbit/s)可建立非常高的Q因子(约18),当信息速率增加至20 Gbit/s时,对应的Q因子降低至5。混沌掩模的Q因子非常低(约1.5),随着信息速率的增加,Q因子没有特别明显的变化(小于2)。混沌键控的Q因子随着信息速率的增加而降低,且在所有信息速率下对应的Q因子均小于4。信息掩藏方式不同导致Q因子不同的主要原因是,不同掩藏方式对系统同步性能的恶化程度不同:在混沌调制过程中,信息直接调制于混沌载波幅度之上(调制公式(6.1.1)),加载信息对载波的相位没有任何影响。因此,加载的信息对系统同步质量没有太大干扰,即同步恶化程度不明显,使得系统具有较高的Q因子。在混沌掩模过程中,

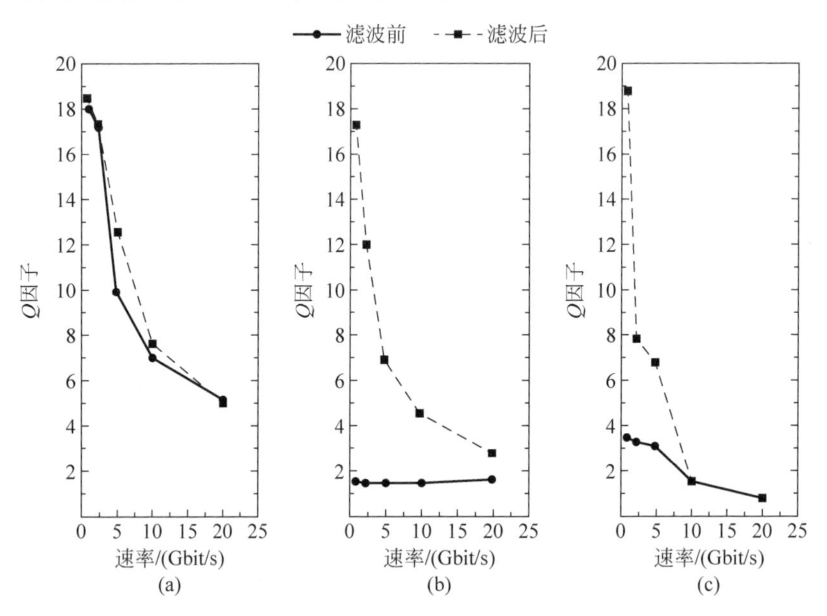

图6.1.4 三种调制方式下,解调信息的Q因子随着信息速率的变化(Kanakidis et al.,2003)

加载的信息是一个独立的电场——包括振幅和相位，注入至接收激光器的信号不仅有初始混沌载波（加载信息前），还有另外一个独立的电场成分。这会影响系统的同步质量，导致系统具有较低的 Q 因子。在混沌键控过程中，虽然没有独立的电场干扰，但是不同的注入电流将会明显地恶化系统同步性，导致系统具有较低的 Q 因子。此外，混沌键控的另一缺点是，信息速率不能超过激光器对电流变化的响应速率，限制了信息传输速率。

此外，滤波对混沌调制的 Q 因子影响不大，但对其他两种方式的 Q 因子却有明显改善（滤波处理的目的是移除信息之外的高频混沌载波，以降低其对信息解调的影响，具体将在6.1.2节介绍）。可以发现，在1 Gbit/s的调制速率下，三种信息加载方式均可以建立高 Q 解调，这主要是由于信息之外的高频混沌干扰被清除了。随着信息速率的增加，滤波处理对提升 Q 因子的效果逐渐降低，这是因为高频混沌干扰也逐渐增加。通过比较可知，即使通过滤波处理，在相同信息速率下，混沌调制较其他两种方式也有明显的优势。

6.1.2　信息解调

如前文所述，混沌保密光通信的信息掩藏可通过不同方式实现，但信息解调方式均是相同的，即接收机/发射机输出信号作差，而实现上述解调过程的关键在于混沌通过滤波效应。本节将着重介绍混沌通过滤波效应及其对传输速率的影响。

2000年，Ingo Fischer等首先在单向注入锁定同步的结构中（图6.1.5(a)），发现接收方可以区分混沌振荡与其他叠加的外部调制信号（加载的信息），并将其称为"混沌通过滤波效应"（Fischer et al.，2000）。结果如图6.1.5(b)所示，发射机通过电流调制加载了一个频率为581.5 MHz的正弦信号，从发射信号的频谱上可以明显观察到这一调制信号。与接收机的信号频谱对比发现，发射机的频谱与接收机的频谱非常相似，说明二者具有良好的同步性。但不同之处是，接收机频谱上的调制信息强度明显弱于发射机频谱上的调制信息，说明接收机对调制信号（加载信息）具有抑制作用，即混沌通过滤波效应。利用这一效应，将发射方信号（载波＋信息）与接收方信号（载波）作差后，便可提取加载的信息，实现混沌保密光通信。

2003年，内田淳夫通过数值模拟与实验研究相结合，探明了注入锁定同步系统的混沌通过滤波特性。结果表明激光器对加载的不同频率信息的抑制作用不同：信息的频率越接近激光器弛豫振荡频率，抑制作用越小，滤波效果也越差（Uchida et al.，2003）。2004年，Jon Paul数值研究了完全同步系统的混沌通过滤波特性，也发现了相似的规律，模拟装置与结果如图6.1.6所示（Paul et al.，2004）。随后李艳丽等数值研究了闭环混沌同步系统中参数失谐对滤波特性的影

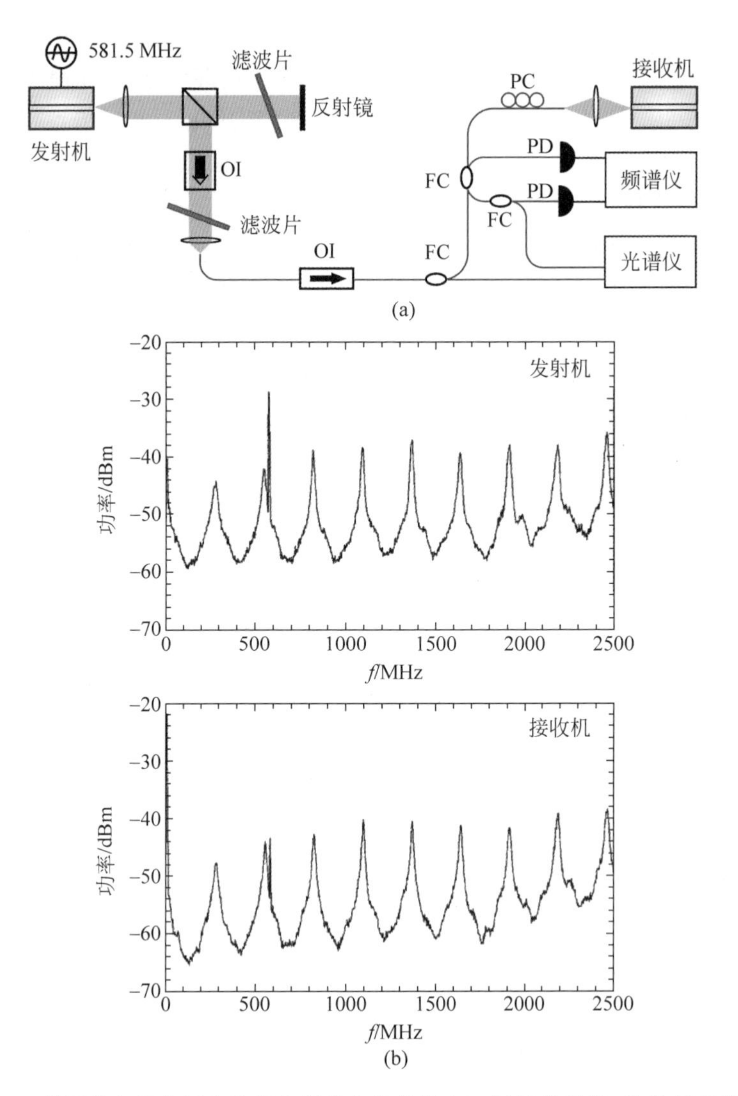

图 6.1.5　基于注入锁定同步的保密通信实验装置(a)，以及发射机、接收机的频谱图(b)(Fischer et al.，2000)

响，发现当信息频率逐渐增大时，解调信息的信噪比逐渐降低；当信息频率约等于激光器弛豫振荡频率时，解调效果最差(Li et al.，2008)。

2005 年，Atsushi Murakami 基于驱动阻尼振荡器对混沌通过滤波效应物理机制进行了探索性研究，结果如图 6.1.7 所示，研究发现接收激光器对混沌载波信号以及周期调制信号的响应是独立的，且在激光器的弛豫振荡频率以内，调制信号的

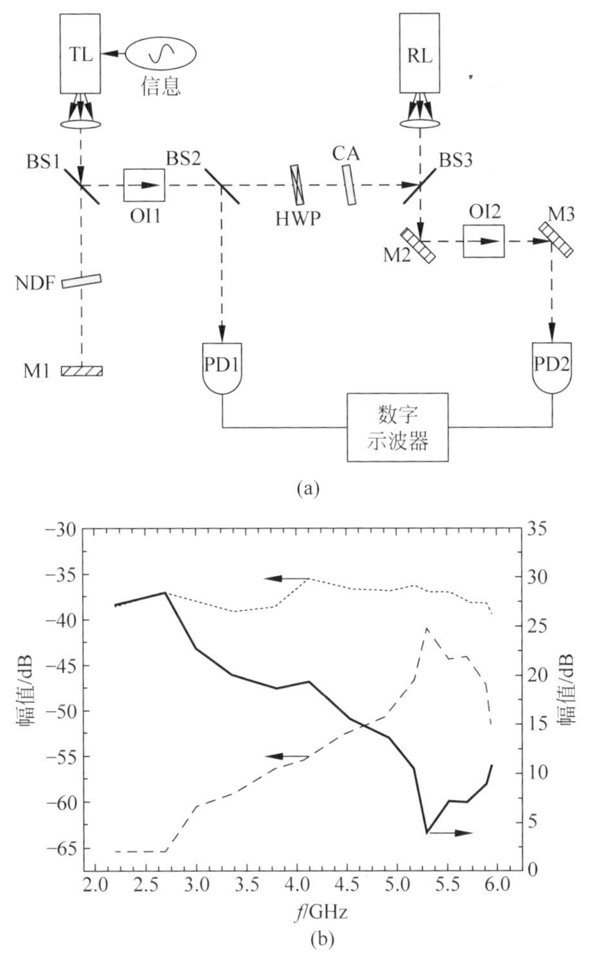

图 6.1.6　基于完全同步的保密通信实验装置(a),以及信息在发射机、接收机频谱上的幅度及其差值随信息频率的变化(b)(Paul et al.,2004)

响应增益小于混沌信号的响应增益;当调制信号的频率大于接收激光器的弛豫振荡频率时,其增益响应大于混沌信号的增益响应。上述现象说明,当调制信息频率小于激光器弛豫振荡频率时,信号被抑制;而当频率大于激光器弛豫振荡频率时,信号被放大(Murakami et al.,2005)。因此,经作差处理后,速率小于弛豫振荡频率的掩藏信息可被较好地恢复出来,速率大于弛豫振荡频率的信息虽然也可被恢复出来,但此时由于信息增益过大,导致加载的信息即使不通过作差处理也可被明显地分辨,即丧失了安全性。此外,可以发现,信息传输的最大速率取决于混沌激光器的弛豫振荡频率,该频率直接决定了信息加载的可利用载波带宽。因此,为提高混沌保密光通信速率,可增大激光器弛豫振荡频率。

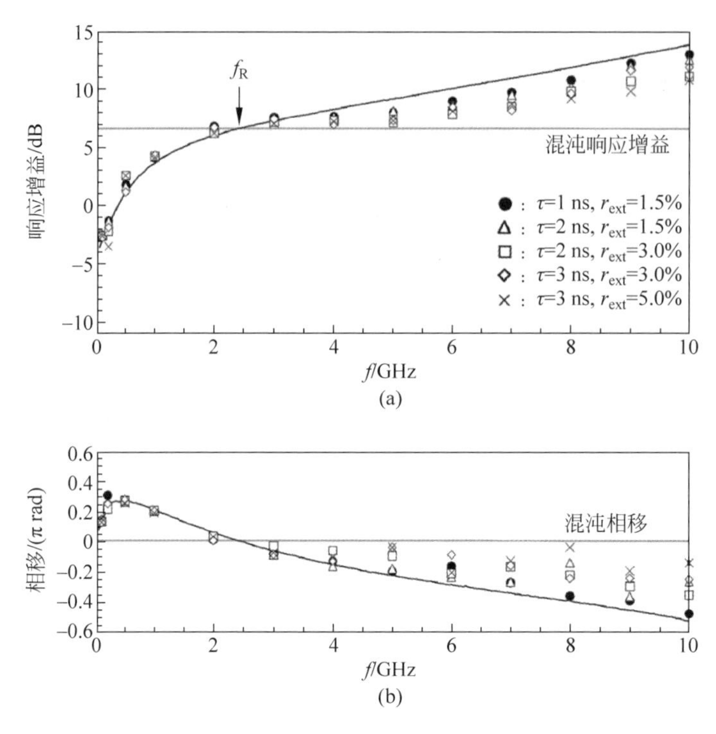

图 6.1.7　加载信息与混沌载波的平均响应增益及其相移随信息频率的变化(Murakami et al.,2005)

6.2　关键技术方案

6.1 节介绍了混沌保密光通信的基本原理,本节将着重介绍实现混沌保密光通信的关键技术方案,主要涉及高速率、长距离、大容量、集成化以及安全性。

6.2.1　高速率

混沌保密光通信与现行光纤通信还存在速率差距,是其面向实际应用的主要障碍之一。本节主要介绍研究学者在混沌保密光通信速率提升方面的一些工作,包括载波带宽增强、高阶信号掩藏。其中,载波带宽增强可提高基带传输速率,高阶信号掩藏可提高载波带宽利用率,二者结合将为高速混沌保密光通信开辟一条新的技术途径。

1998 年,美国马里兰大学 Rajarshi Roy 首次利用掺铒光纤环形激光器混沌同步实验实现了混沌保密传输(Vanwiggeren et al.,1998)。随后,研究学者致力于提高混沌保密光通信速率。2001年，刘佳明等利用混沌脉冲半导体激光器的同步实验实现了速率为2.5 Gbit/s的信息传输(Tang et al.,2001)。2002年Kenji Kusumoto等利用光反馈混沌半导体激光器实验实现了1.5 GHz正弦信号传输(Kusumoto et al.,2002)。2004年Nicolas Gastaud等利用混沌光调制同步系统将速率提升至3 Gbit/s(Gastaud et al.,2004)。2005年，Valerio Annovazzi-Lodi利用混沌光通信实验实现了2.4 GHz的电视信号传输(Annovazzi-Lodi et al.,2005)。2005年，在欧盟第五届科技框架计划OCCULT项目资助下，德、法、英等七国研究学者在雅典城120 km的城域网中进行了现场试验，如图6.2.1所示，利用激光器和光电振荡器分别实现了速率1 Gbit/s和2.4 Gbit/s的混沌保密光通信(Argyris et al.,2005)，推进了混沌保密通信技术的实用化进程。

需要指出的是，数吉比特每秒的混沌保密传输速率仍严重滞后于光纤通信速率——商用城域网单波传输速率达40 Gbit/s，并向100 Gbit/s发展。因此，研究学者进一步提出增大传输速率的系列方案，主要包括混沌载波带宽增强和高阶信号强度掩藏，见表6.2.1。

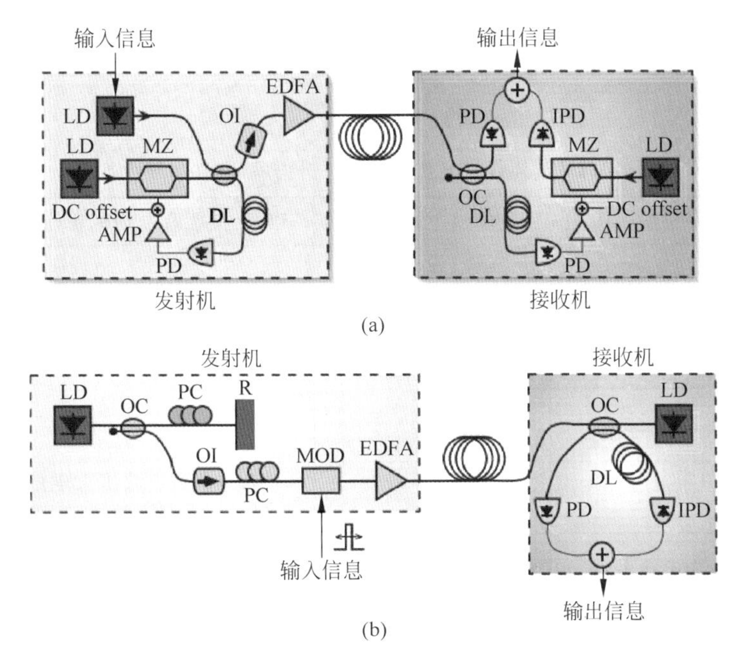

图6.2.1　混沌保密光通信现场试验装置

(a) 光电振荡器系统；(b) 激光器系统；(c) 雅典城域网传输链路示意图；(d) 保密传输结果@1 Gbit/s；(e) 误码率随信息速率的变化(Argyris et al.,2005)

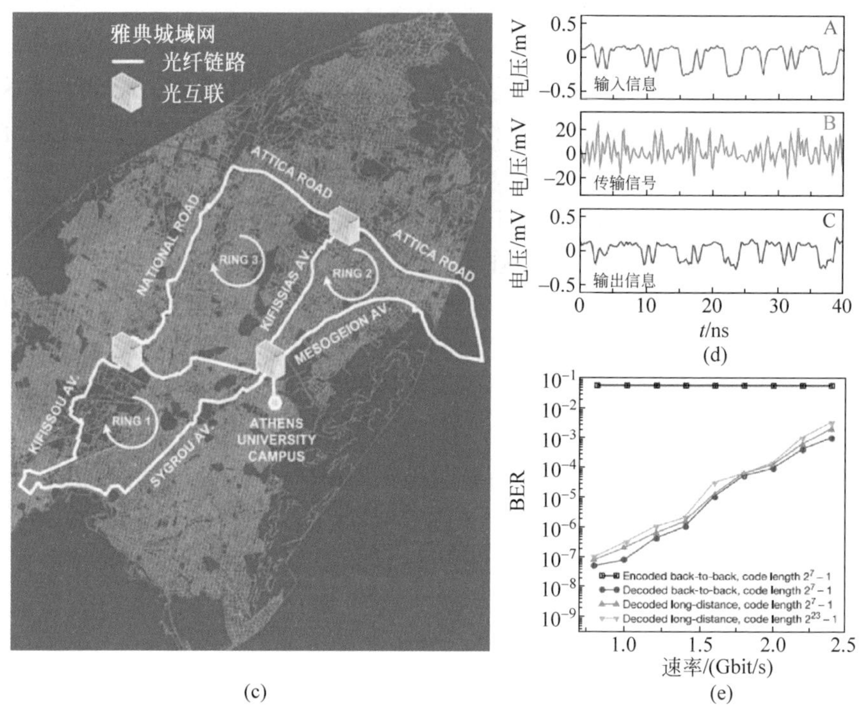

(c) (d) (e)

图 6.2.1 (续)

表 6.2.1 混沌保密光传输速率提升方案(2010—至今)

速率提升机制			带宽	加/解密	速率	距离	研究单位与参考文献
混沌载波带宽增强	激光器	提高弛豫振荡频率	10 GHz	强度调制/直接检测	10 Gbit/s	40 km	太原理工大学(Wang et al.,2019)
		相位/强度动态转换	20 GHz	强度调制/直接检测	10 Gbit/s	BtB	电子科技大学(Zhao et al.,2020)
		相位共轭反馈	20 GHz	—	—	—	巴黎萨克雷大学(Rontani et al.,2016)
		级联光注入	35 GHz	—	—	—	埼玉大学(Sakuraba et al.,2015)
	强度/相位调制器	强度光电振荡器	10 GHz	强度调制/直接检测	10 Gbit/s	BtB	华中科技大学(Ai et al.,2017)
		相位光电振荡器	10 GHz	强度调制/直接检测	10 Gbit/s	100 km	华中科技大学(Fu et al.,2019)
		相位光电振荡器	13 GHz	相位调制/直接检测	10 Gbit/s	100 km	弗朗什孔泰大学(Lavrov et al.,2010)
		强度光电振荡器	40 GHz	—	—	—	中国科学院北京半导体研究所(Ge et al.,2020)

续表

速率提升机制			带宽	加/解密	速率	距离	研究单位与参考文献
高阶信号掩藏	强度调制器	双二进制(duobinary)	10 GHz	强度调制/直接检测	30 Gbit/s	100 km	上海交通大学(Ke et al.,2018)
		副载波 16QAM	10 GHz	强度调制/直接检测	32 Gbit/s	20 km	上海交通大学(Ke et al.,2019)
		概率整形 PAM4	30 GHz	强度调制/直接检测	60 Gbit/s	100 km	太原理工大学
	IQ调制器	光学 16QAM	11.7 GHz	强度调制 & 相位调制/混沌相干	40 Gbit/s	100 km	太原理工大学(Wang et al.,2020)

1. 载波带宽增强

第一种途径是增大激光器的混沌载波带宽。太原理工大学王龙生等通过提高激光器偏置电流增大弛豫振荡频率,进而提高载波带宽至 10 GHz,结合 OOK 强度调制/直接检测实现了 10 Gbit/s 的混沌保密传输(Wang et al.,2019),结果如图 6.2.2 所示。江宁等利用混沌激光器相位/强度动态转换提高载波带宽至 20GHz,结合 OOK 强度调制/直接检测实现了 10 Gbit/s 的保密传输(Zhao et al.,2020)。此外,Damien Rontani 等提出利用激光器相位共轭反馈将载波带宽提高至 20 GHz(Rontani et al.,2016);内田淳夫等提出利用激光器级联注入将载波带宽提高至 35 GHz(Sakuraba et al.,2015);杨强等提出利用激光器非对称双路反馈将载波带宽提高至 50 GHz(Yang et al.,2021)。遗憾的是,随着激光器带宽增强系统的结构复杂化,构建高质量混沌同步变得十分困难,难以实现更高速率的保密传输。

另一种途径是采用调制器代替激光器,通过光电反馈环构建光电振荡器产生宽带混沌载波。王健等利用 10 GHz 的强度光电振荡器作为混沌载波源,通过 OOK 强度调制/直接检测实现了 10 Gbit/s 的保密传输(Ai et al.,2017);程孟凡等利用相位光电振荡器的相位/强度动态转换产生 10 GHz 混沌载波,结合 OOK 强度调制/直接检测也实现了 10 Gbit/s 的保密传输(Fu et al.,2019)。Roman Lavrov 等利用 13 GHz 的相位光电振荡器与 DPSK 相位调制/直接检测,完成了 10 Gbit/s 的保密传输(Lavrov et al.,2010)。需要指出的是,目前混沌光电振荡器的构成需要宽带的光电调制器、光电探测器以及高增益射频放大器等,集成难度大、成本高。此外,上述商用器件的电子带宽从本质上制约了光电振荡器的混沌载波带宽。Zengting Ge 等实验证明,通过引入光纤瑞利散射可将光电振荡器载波带宽显著提高至 40 GHz,但同样也带来了系统结构复杂、难以同步的问题(Ge et

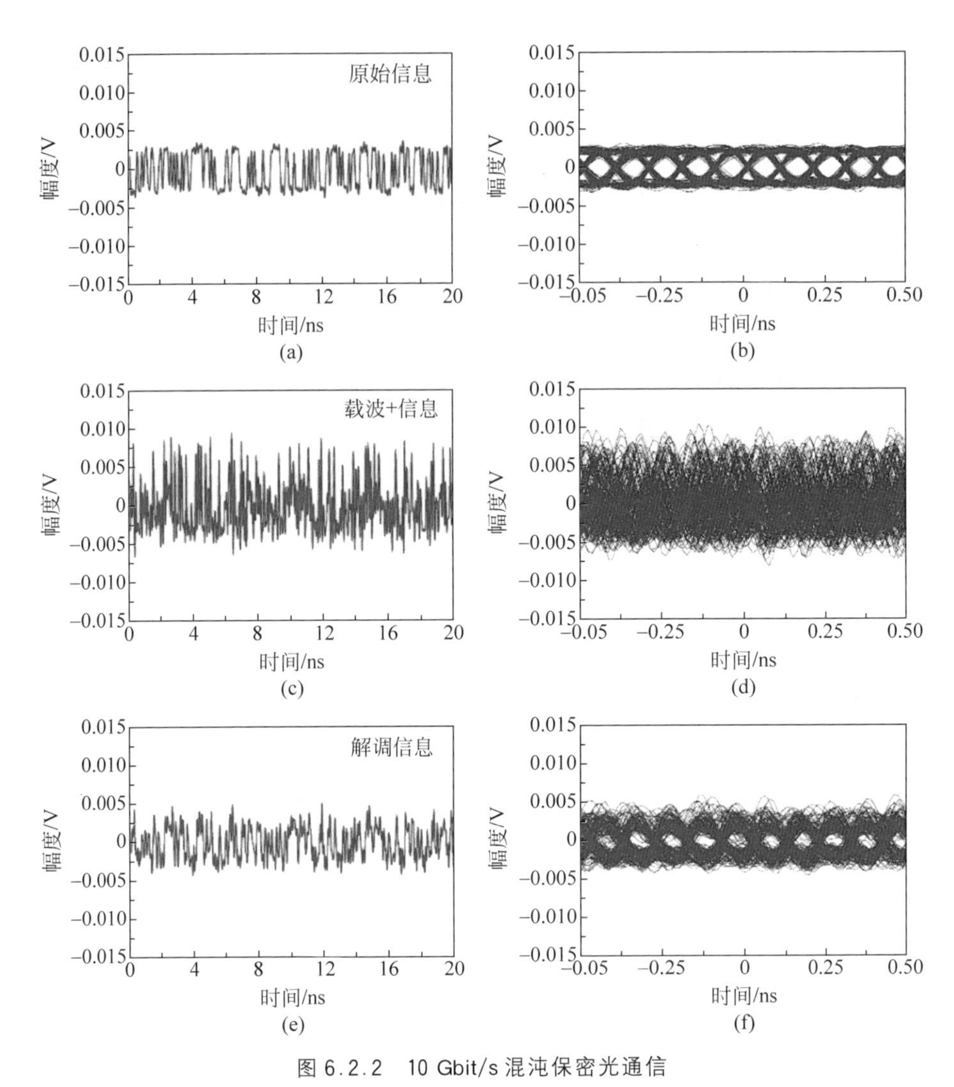

图 6.2.2　10 Gbit/s 混沌保密光通信

(a),(b) 原始信号时序及眼图；(c),(d) 混沌掩藏后的时序及眼图；(e),(f) 解调后信号时序及眼图

al.,2020)。

2. 高阶信号掩藏

增强混沌载波带宽提高保密传输速率面临宽带混沌同步难题,且掩藏的信息格式均是低阶的 OOK、DPSK 等。这要求载波带宽不低于要传输信息的速率,限制了载波带宽利用率。高阶信号掩藏可解决上述难题,在现有载波带宽的条件下进一步提高保密传输速率——通过增加电平幅度的数量,提高每个信号电平所承载的信息比特数。

义理林等以 10 GHz 光电强度振荡器为混沌载波源，将二电平 OOK 信号转换为三电平双二进制(duobinary)信号后，通过强度调制/直接检测实现了距离 100 km、速率 30 Gbit/s 的混沌保密传输(Ke et al.，2018)。进一步，该团队提出基于副载波调制的高阶信号加载方式，首先将四电平 16QAM 信号调制于射频载波(电 16QAM)，然后将带有信号的射频载波通过强度调制加载于混沌光载波并通过直接检测解调，最终利用 10 GHz 混沌载波实现了 32 Gbit/s 的保密传输(Ke et al.，2019)。

太原理工大学王安帮等基于共同信号驱动同步的宽带混沌载波，结合概率整形四电平脉冲幅度调制格式(PS-PAM4)，实验实现了单波速率为 60 Gbit/s、距离为 100 km 的混沌信息保密传输。实验装置如图 6.2.3 所示。发送端由驱动信号产生模块和信息加密模块组成。驱动信号由色散反馈(TDCM)的分布式反馈半导体激光器(DFB-D)产生，反馈强度(反馈光功率与激光器静态输出功率之比)为 1.8。驱动信号光谱中心波长约为 1548.17 nm。宽带的混沌驱动信号分为两束，一束注入发送端响应激光器(DFB-T)中，使 DFB-T 可产生宽带的混沌载波。混沌载波经光电探测器(PD)转换为电信号，与概率整形的 PAM4 信号相加，实现信息加密。加密信息通过强度调制至波长为 1550.52 nm 的连续光波，与另一束驱动信号一同注入波分复用器(MUX)中，进行链路传输。传输链路由两卷长度为 50 km 的光纤和一台掺铒光纤放大器(EDFA)组成。每卷光纤由 45 km 的标准单模光纤和 5 km 色散补偿光纤构成，损耗分别为 11.96 dB 和 12.06 dB，EDFA 用于补偿链路损耗。

驱动信号和加密信号经链路传输后，由接收端解复用器(DMUX)分束。驱动信号注入接收端的响应激光器(DFB-R)中用于产生与 DFB-T 高度相关的混沌载波。加密信号与 DFB-R 恢复的混沌载波在平衡探测器(BPD)中相减，即可恢复原始信息，完成信息解密。

发送端、接收端响应激光器在背靠背(BtB)条件下的混沌同步典型结果如图 6.2.4 所示。驱动信号(灰色曲线)光谱中心波长为 1548.17 nm，频谱带宽为 28 GHz@±3 dB。发送端(蓝色曲线)、接收端(棕色曲线)响应激光器可实现高质量的混沌同步，两者时序波形高度相关，互相关为 0.958，同时两者具有高度相似的光谱和频谱，频谱带宽为 30 GHz@±3 dB。由于驱动信号公开在传输链路上，应尽可能降低驱动信号与任一响应激光器的相关性，以保证系统安全性。本方法中，驱动信号与接收端响应激光器间的相关性为 0.626。

在图 6.2.5(a)中，发送端驱动信号和加密信号构成的复合发送信号由黑色曲线表示，调节复合信号注入链路的入纤功率至 4.5 mW，经传输、色散补偿、损耗补偿后输入接收端。接收端接收的信号由图中蓝色曲线表示。经 100 km 传输后，发送端响应激光器(棕色曲线)和接收端响应激光器(绿色曲线)的相关性衰退至 0.924。

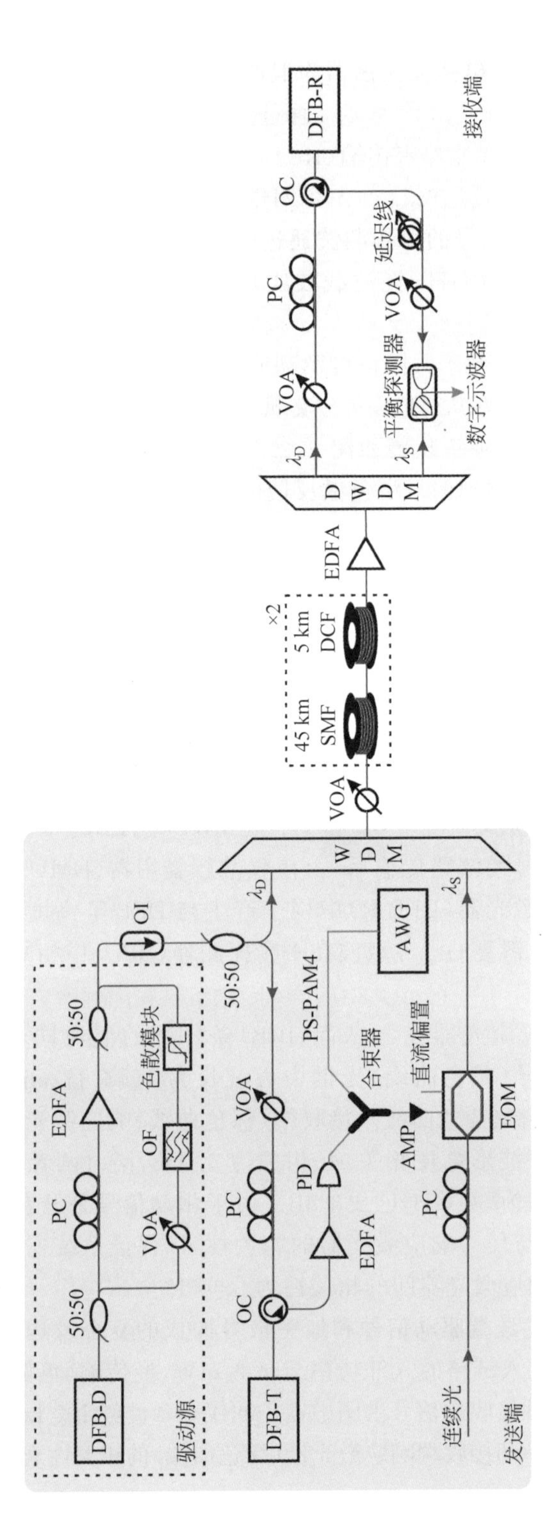

图 6.2.3 单波速率为 60 Gbit/s、距离为 100 km 的混沌保密光通信实验装置

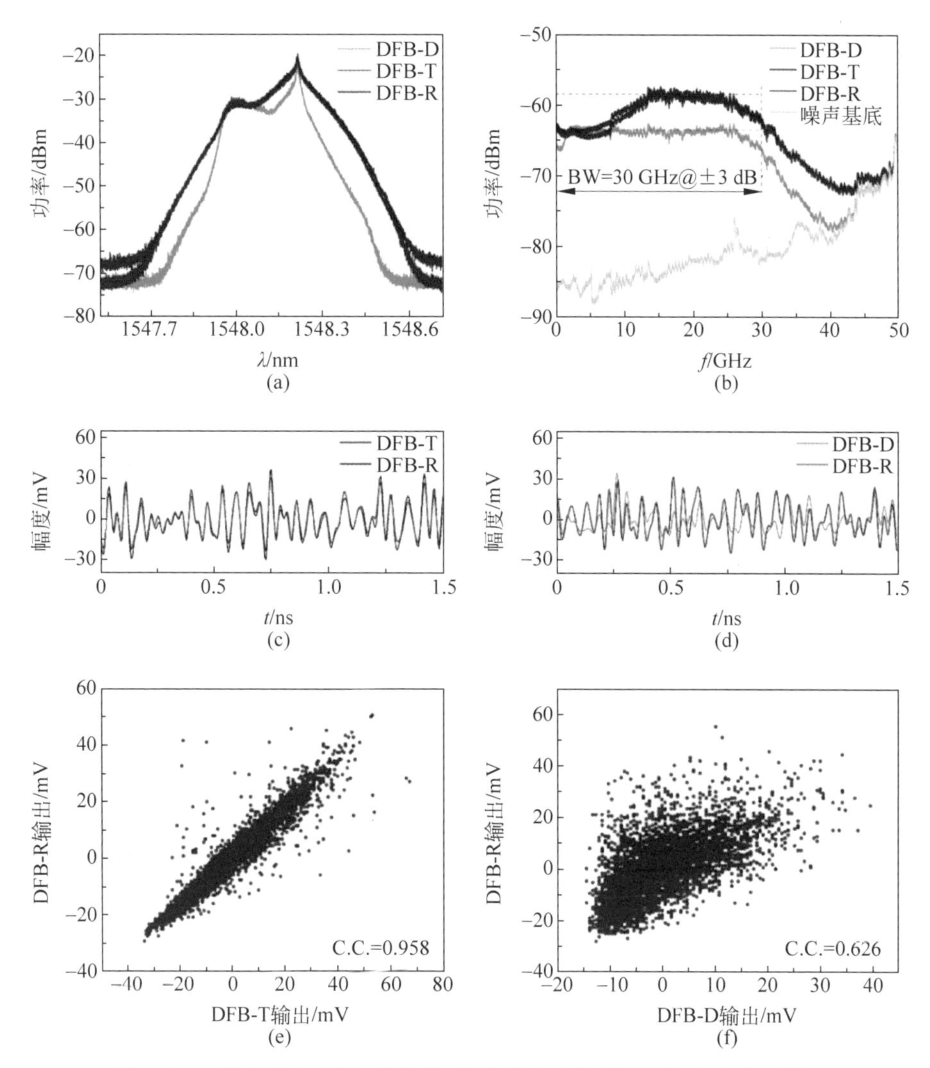

图 6.2.4　背靠背条件下，发送端、接收端响应激光器混沌同步典型结果

(a) 光谱；(b) 频谱；(c)、(d) 时序；(e)、(f) 关联点图

图 6.2.5(b)中，黑色、蓝色和棕色曲线分别表示混沌信号、概率整形 PAM4 信号及加密信号分别调制连续光载波的光谱。PS-PAM4 信号信息速率为 60 Gbit/s (30 GBaud)，概率整形参数为 1.8，成形滤波器采用根升余弦滤波(滚降因子为 0.5)。加密信号由混沌信号和 PS-PAM4 信号在电域相加构成，PS-PAM4 信号的掩藏系数 $\rho=0.67$。掩藏系数 ρ 的定义为

$$\rho=\frac{S_{\text{pk-pk}}}{N-1}\cdot\frac{1}{6\sigma_{\text{chaos}}}\tag{6.2.1}$$

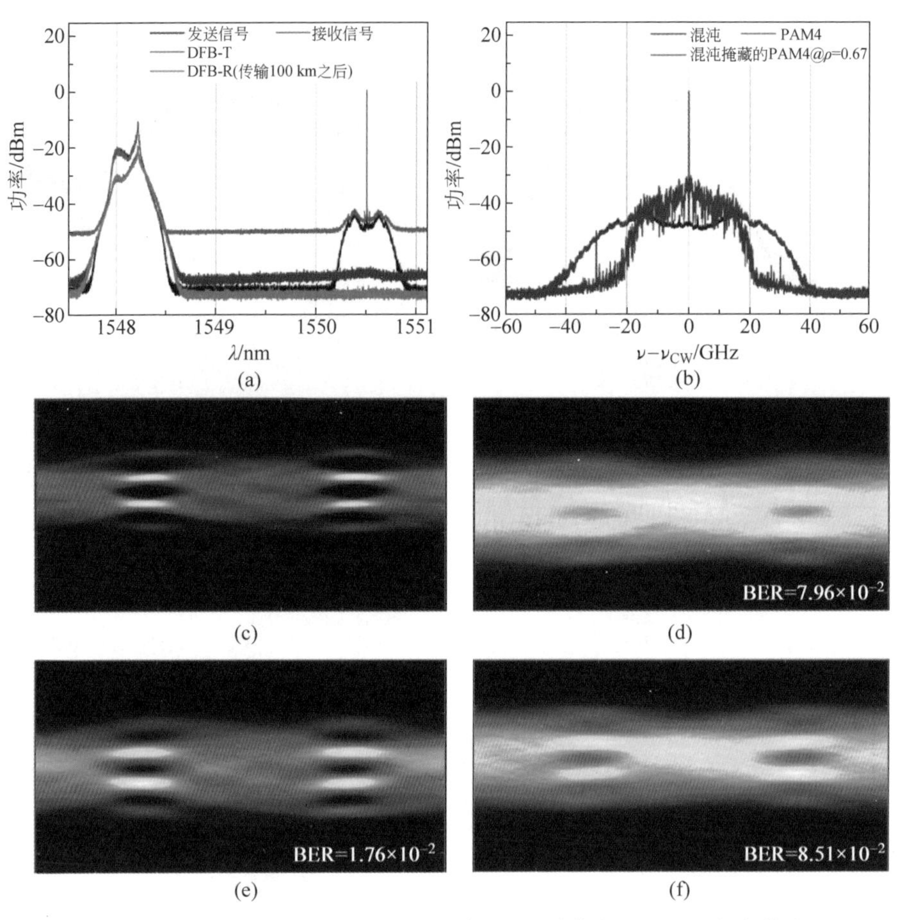

图 6.2.5　链路传输信号光谱(a),加密信号光谱(b),原始信息眼图(c),加密信息眼图(d),合法用户解密信息眼图(e),以及窃听者解密信息眼图(f)

式中：$S_{\text{pk-pk}}$ 为 PS-PAM4 信号的峰峰值；N 为信息信号的电平数,当信息采用 PAM4 调制格式时,$N=4$；σ_{chaos} 为混沌信号的标准差。

原始 PS-PAM4 信息眼图如图 6.2.5(c)所示；原始信息经混沌信号加密后眼图如图 6.2.5(d)所示。眼图闭合,加密信息误码率(BER)为 7.96×10^{-2},高于前向纠错软判决(SD-FEC)阈值(2×10^{-2}),信息加密成功。经 100 km 链路传输后,合法用户利用接收机恢复的混沌载波可恢复原始信息,眼图清晰(图 6.2.5(e)),$\text{BER}=1.76\times10^{-2}$,低于 SD-FEC 阈值,解调成功。此外,模拟窃听者利用驱动信号解密的眼图如图 6.2.5(f)所示,眼图几乎闭合,$\text{BER}=8.51\times10^{-2}$,窃听失败。

掩藏系数对 30 GBaud 的 PS-PAM4 信号解调误码率的影响如图 6.2.6 所示,

其中黑色曲线和蓝色曲线分别表示合法用户在背靠背条件、100 km 传输条件下的误码率，棕色曲线为加密信号的误码率，绿色曲线为窃听者解调信息的误码率。在背靠背条件下，合法用户解调信息的误码率迅速下降，当 $\rho>0.35$ 时，合法用户获得的误码率低于 SD-FEC 阈值；对于 100 km 传输的情景，由于链路损伤和 EDFA 引入的自发辐射噪声，使得收、发端响应激光器的相关性降低，合法用户解调信息误码率下降速度有所放缓；当 $\rho>0.67$ 时，合法用户误码率可低于 SD-FEC 阈值。注意到，加密信号与窃听者的误码率在所示的掩藏系数范围内均大于 SD-FEC 阈值，即信息无法解密，系统具有安全性。

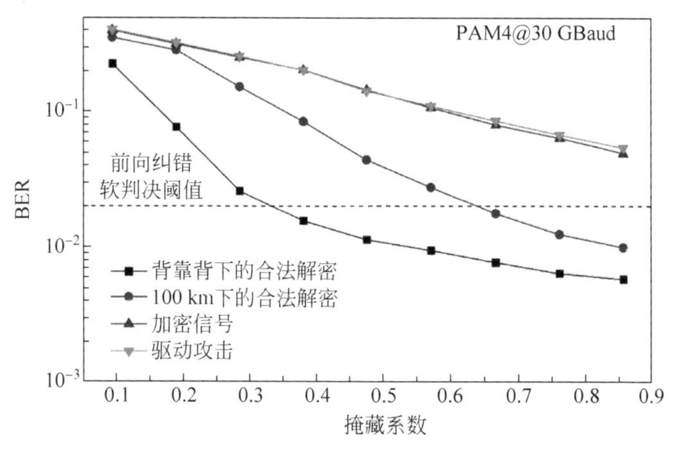

图 6.2.6 掩藏系数对信号解调误码率的影响

固定发送端响应激光器的光频不变，通过调节接收端响应激光器温度控制器，调谐 DFB-R 的光频，研究发送端、接收端响应激光器光频失谐对信息解调误码率的影响，其结果如图 6.2.7 所示。由图可知，在背靠背条件下，当两激光器的光频失谐小于 65 pm 时，合法用户解调的误码率可低于 SD-FEC 阈值，实现信息的有效解调。而在 100 km 传输的条件下，为保证合法用户有效解调信息，需保证收、发端响应激光器光频失谐小于 39 pm。光频失谐引起系统解调性能的恶化是由于光频失谐导致收、发端激光器相关性降低造成的。

此外，王龙生等提出基于强度和相位同时掩藏的相干光混沌保密通信方案(Wang et al.，2020)，原理如图 6.2.8 所示。啁啾光纤光栅反馈半导体激光器(SL_D)的输出光作为驱动光源，驱动发送端和接收端的响应激光器(SL_T 和 SL_R)产生同步的强度混沌信号。

在发射端，响应激光器 SL_T 产生的混沌激光经光电探测器转换为电信号，该信号通过马赫-曾德尔调制器加载到连续光上。进一步，混沌调制的连续光被注入非平衡马赫-曾德尔干涉仪中以产生混沌载波 $E_{ch}(t)$，其中马赫-曾德尔干涉仪的

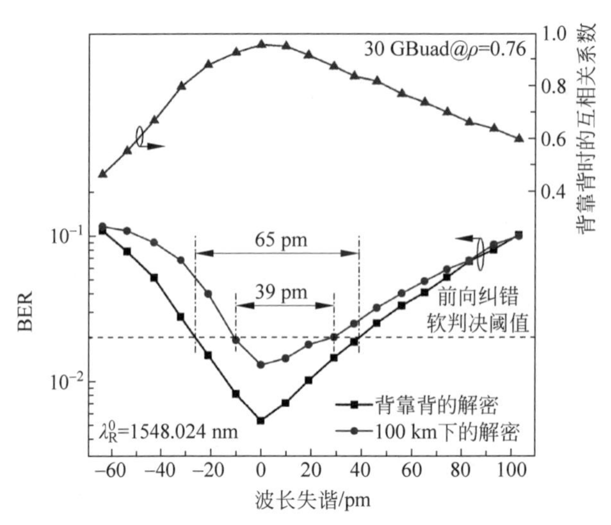

图 6.2.7　发送端、接收端响应激光器光频失谐对信息解调误码率的影响

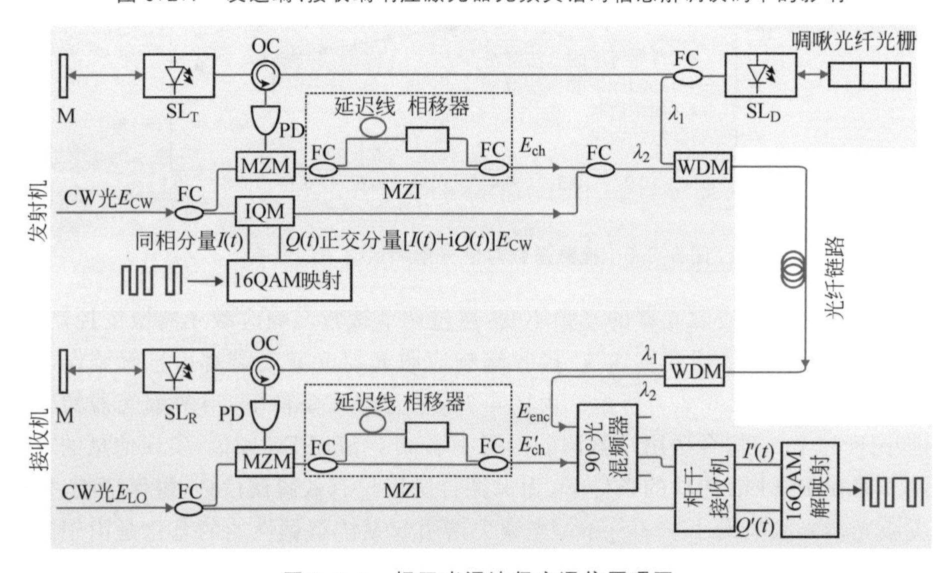

图 6.2.8　相干光混沌保密通信原理图

一臂中含有一个延迟线和 $\pi/2$ 相移器，延迟线的延迟时间应当大于混沌激光的相关时间，以使 $C(t)$及其延时量 $C(t-\tau)$不相关。原始的二进制信号可映射为同相分量 $I(t)$和正交分量 $Q(t)$，并通过正交幅度调制器加载到连续光上，以生成 QAM 信号。通过混沌载波与 QAM 信号的耦合可实现信息加密。加密信号经链路传输至接收端。需要指出的是，驱动信号和加密的光信号光谱无重叠，以免驱动信号对接收端的信息解调产生负面影响。

在接收端，响应激光器 SL_R 在共同驱动信号注入下，产生与发送端同步的混沌信号。类似地，通过接收机输出的混沌信号及其延时量可构建同步的混沌载波 $E'_{ch}(t)$。该混沌光载波信号 $E'_{ch}(t)$ 与加密光信号 $E_{enc}(t)$ 输入 90°光混频器中混频，以减去混沌载波得到光 QAM 信号 $E_{dec}(t)$，光 QAM 信号在相干接收机中相干解调，得到同相分量 $I'(t)$ 和正交分量 $Q'(t)$，完成信息解密。

图 6.2.9 给出了驱动激光器（SL_D）和收发机（SL_T 和 SL_R）的混沌信号的频谱、时序和关联点图。根据 80%能量带宽的定义，驱动激光器混沌信号的带宽为 7.8 GHz，收发机混沌信号具有相似的频谱形状，其带宽为 11.7 GHz。收发机的带宽增强来源于驱动激光器的光注入效应。从时序图上看，收发机拥有几乎相同的时域波形，且明显不同于驱动激光器输出的混沌波形。结合关联点图可知，收发机混沌信号的相关性可达 0.978，而驱动激光器与发射机的混沌波形的相关性仅有 0.678。这一结果为信息的安全、有效解密提供了保证。

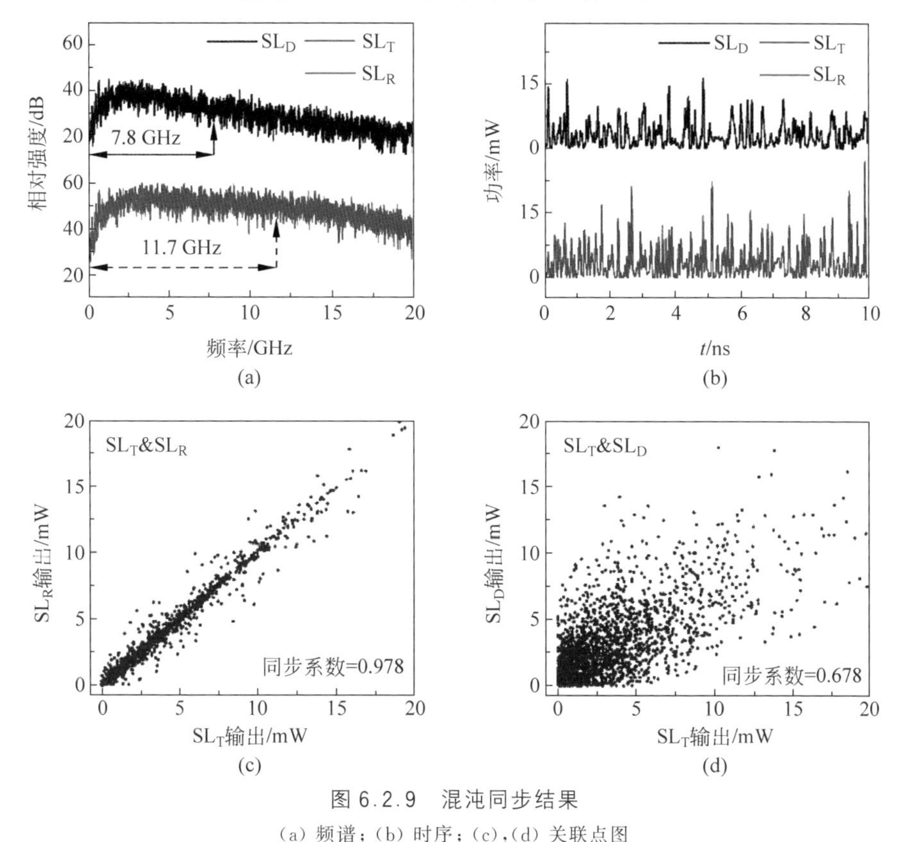

图 6.2.9 混沌同步结果

(a) 频谱；(b) 时序；(c)、(d) 关联点图

图 6.2.10 给出了 40 Gbit/s 相干光混沌保密通信的数值模拟结果。图中信息掩藏系数 $\rho=0.178$，它的定义为 $\rho=(\log_2 m)^{-1}A_{QAM}/A_{ch}$，其中 A_{QAM} 为 m 阶

QAM 信号的峰峰值，A_{ch} 为混沌信号的三倍标准偏差。由图(a)可知，加密后的光信号光谱完全覆盖原始光信号的光谱，意味着信息的有效掩藏。结合图(b)和(c)可知，合法接收机可获得清晰的码型和可区分的星座图，实现误码率为 2.7×10^{-3} 的有效信息解调。研究过程中，模拟窃听者采用驱动信号替代接收机合法恢复的混沌载波进行信息解密，其获得的星座图不可区分，$\text{BER}=5.41\times10^{-2}$。上述结果表明，系统可实现有效且安全的信息加密和解密。

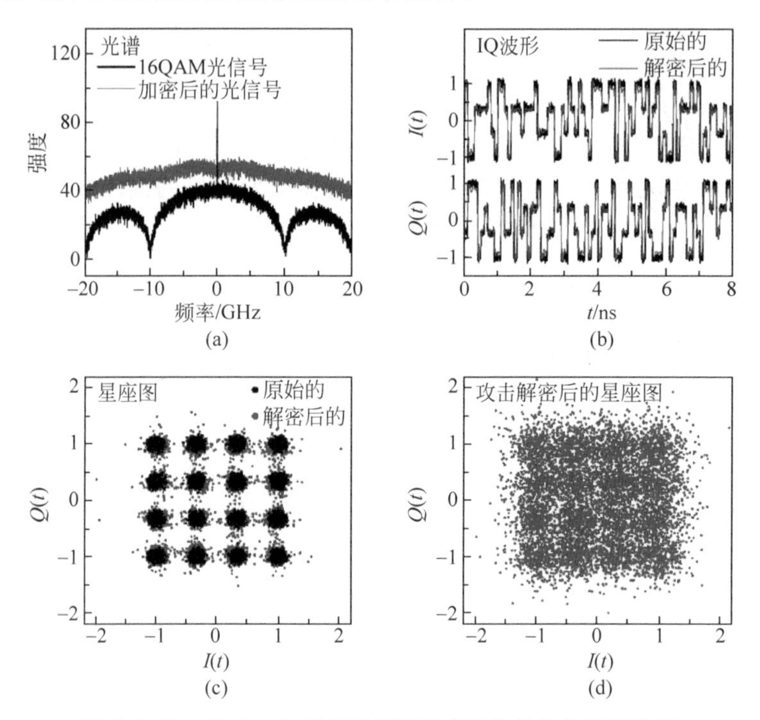

图 6.2.10　40 Gbit/s 相干光混沌保密通信的数值模拟结果

(a) 光谱；(b) 同向分量和正交分量信号的时序；(c)、(d) 合法通信方和攻击者的星座图(混沌掩藏系数 $\rho=0.178$)

图 6.2.11(a)给出了信息掩藏系数对合法通信方和窃听者 BER 的影响，随着掩藏系数的增加，两者的 BER 均在线性减少，但窃听者的 BER 始终高于合法通信方的。对于合法通信方，当 BER 降低至前向纠错硬判决(HD-FEC)阈值以下，意味着信息的有效解调，此掩藏系数阈值记为 ρ_{lower}；对于窃听者，当其 BER 降低至 HD-FEC 阈值以下，意味着信息被破解，此时系统无法安全传输信息，此掩藏系数阈值记为 ρ_{upper}。定义 $\Delta\rho=\rho_{\text{upper}}-\rho_{\text{lower}}$ 为有效掩藏系数区间。图 6.2.11(b)给出了 $\Delta\rho$ 和 BER 随信号速率的变化趋势，随着信息速率的增加，$\Delta\rho$ 和 BER 都在逐渐增加。此外，本系统在载波带宽为 11.7 GHz 时实现最大传输速率为 44 Gbit/s(对应的波特率为 11 GBaud)。定义载波利用率为最大信息传输速率与载波 80%能量带宽之比，则系统的最大载波利用率约为 95%。

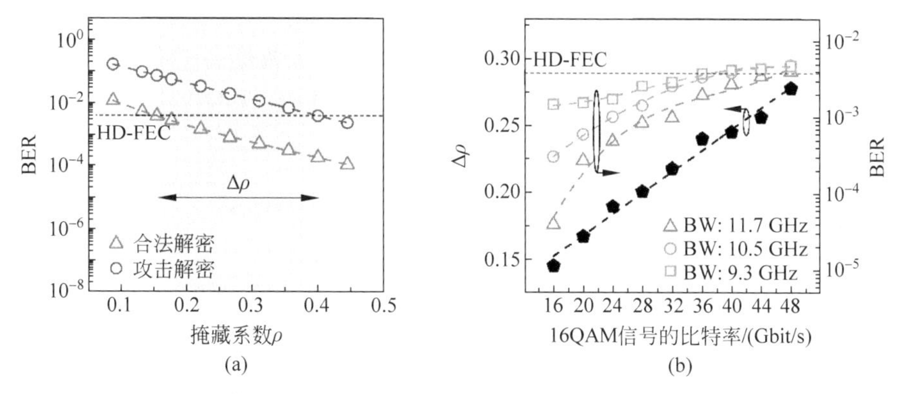

图 6.2.11　BER 和掩藏系数 ρ 的关系(a)，有效掩藏系数范围 $\Delta\rho$、BER($\rho=0.178$)和16QAM 信号速率的关系(b)

除混沌载波带宽增强、高阶信号掩藏，研究学者也在积极探索新型的高速混沌保密通信实现方式，如混沌相位加密。在该加密系统中，加密模块与解密模块均由色散器件和相位调制器组成。发射机和接收机输出的混沌同步信号分别驱动加密模块与解密模块即可实现信号的掩藏与解调。2019 年，电子科技大学江宁等理论验证了距离 50 km、速率 40 Gbit/s 的 OOK 信号的混沌相位加密传输(Jiang et al.，2019)。2022 年，广东工业大学高震森等实验实现了 100 km、28 Gbit/s OOK 以及 20 km、56 Gbit/s PAM4 的混沌相位加密传输(Gao et al.，2022a；Gao et al.，2022b)。

6.2.2　大容量

混沌保密光通信的优势之一是可与现有通信网络技术兼容。因此，大幅提高通信容量的复用技术可以完美地移植到混沌保密通信系统。本节将介绍几种实现大容量混沌保密光通信的复用技术，主要包括波分复用、模式复用、偏振态复用、谱复用。

目前，波分复用(WDM)是光通信中最为成熟的复用技术之一，主要利用不同波长的光信道实现多路信息传输，可无技术障碍地移植到混沌保密光通信中(Matsuura et al.，2004)，其关键在于：①选取合适的通道间隔，即混沌激光器波长；②选取合适的信息格式。如果没有调整合适的通道间隔且信号功率较大时，解调信息的信噪比恶化严重，这主要由大功率信号之间的交叉相位调制导致。此外，归零码格式的信息解调效果明显劣于非归零码格式的，这主要是因为归零码对混沌载波相位具有明显的干扰，进而导致混沌系统同步质量下降(Bogris et al.，2008)。

研究发现，通过调整信道间隔可有效避免交叉相位调制带来的影响。张建忠等理论研究发现，当信道间隔大于 0.8 nm 时，交叉相位调制的影响可以被忽略，并且理论实现了距离为 80 km、速率为 1 Gbit/s 混沌保密通信与速率为 10 Gbit/s 传统光纤通信的复用(Zhang et al.，2009)，装置示意图与结果如图 6.2.12 所示。随后，希腊雅典大学 Apostolos Argyris 通过实验证明了上述结论，同时发现如果相邻信道的信号偏振态垂直,最小信道间隔可降至 0.65 nm(Argyris et al.,2010)。此外,江宁团队将波分复用技术与高阶调制技术结合大幅提高了混沌保密通信容量,理论获得了 3×20 Gbit/s QPSK 以及 3×80 Gbit/s 16QAM 信号保密传输(Zhao et al.,2021)。

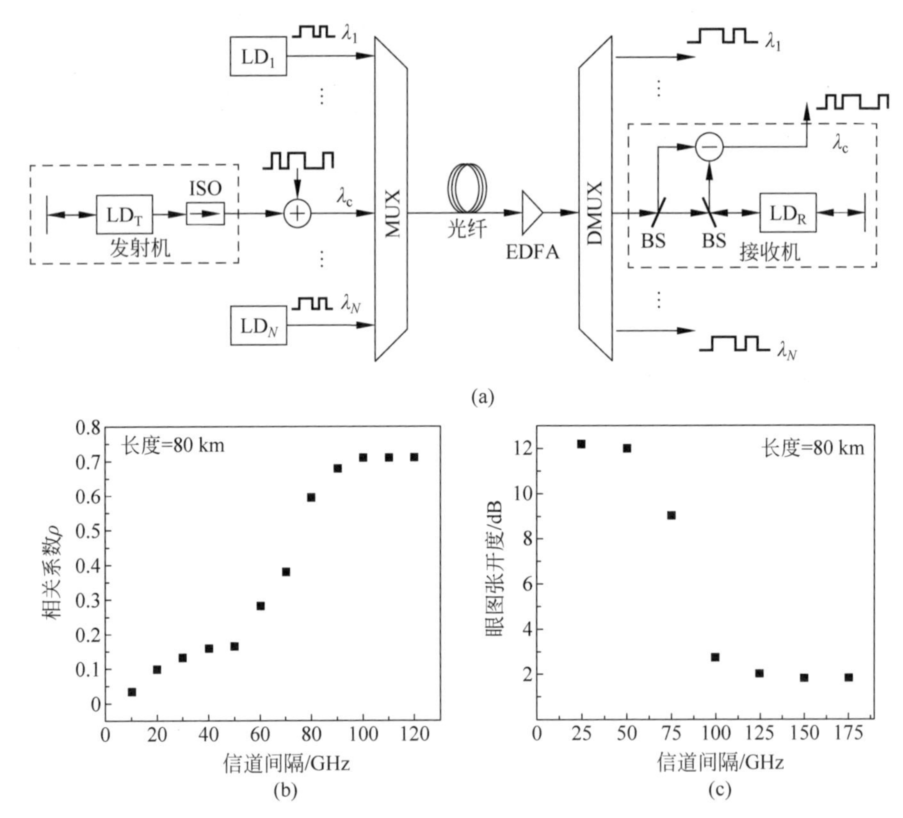

图 6.2.12 波分复用混沌保密光通信方案示意图(a)以及通道间隔对收发机同步性(b)和解调能力(c)的影响(Zhang et al.,2009)

此外,利用多模混沌激光器也可以实现多路信息复用传输,如图 6.2.13(a)所示。多模激光器有多个纵模输出,与模式波长对应的多模激光器或者单模激光器均可实现同步,为多路复用的混沌保密光通信提供基础(White et al.,1999; Viktorov et al.,2001; Buldú et al.,2004; Jiang et al.,2016)。需要注意的是,多模激光器的模式之间存在串扰,相邻模式的信息解调效果会受到干扰,如何最大限度地降低模式串扰是实现多模激光器混沌保密通信的关键。除多模激光器,类似的还有垂直腔面发射混沌激光器,如图 6.2.13(b)所示,它具有两个正交的偏振模式,可同时实现两路信息传输——两个模式偏振态垂直,信道之间不存在干扰,因而具有良好的信息解调效果(Jiang et al.,2012)。

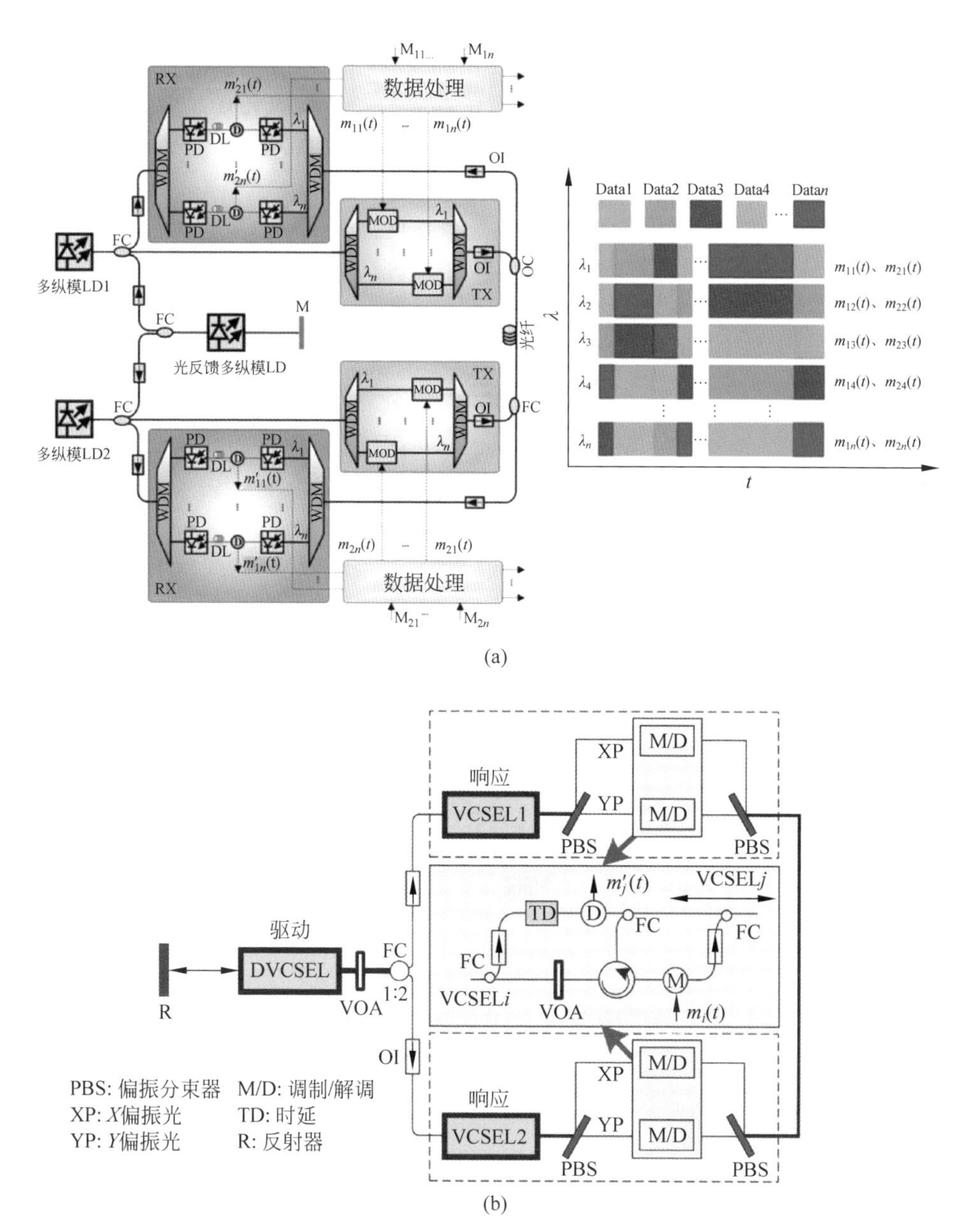

图 6.2.13 混沌保密通信多路复用方案示意图

(a) 多模激光器(Jiang et al.,2016);(b) 垂直腔面发射激光器(Jiang et al.,2012)

除利用上述多个波长或者混沌态,充分利用现有混沌激光器的载波带宽也可有效提高保密通信容量。例如,如图 6.2.14(a)所示的混沌保密通信系统中,互耦合主激光器光谱重叠(复用),但从激光器只与对应的主激光器同步并进行信息加解密(M1 与 S1,M2 与 S2)(Rontani et al.,2010)。此外,除了谱重叠复用,还可进行谱的搬移复用,如图 6.2.14(b)所示,利用副载波调制可将加载的信息调制于混沌频谱的其他频率范围内(信息频率不必从直流到截止频率),从而有效地利用混沌频谱带宽,提高混沌保密光通信系统的传输容量(Bogris et al.,2007)。

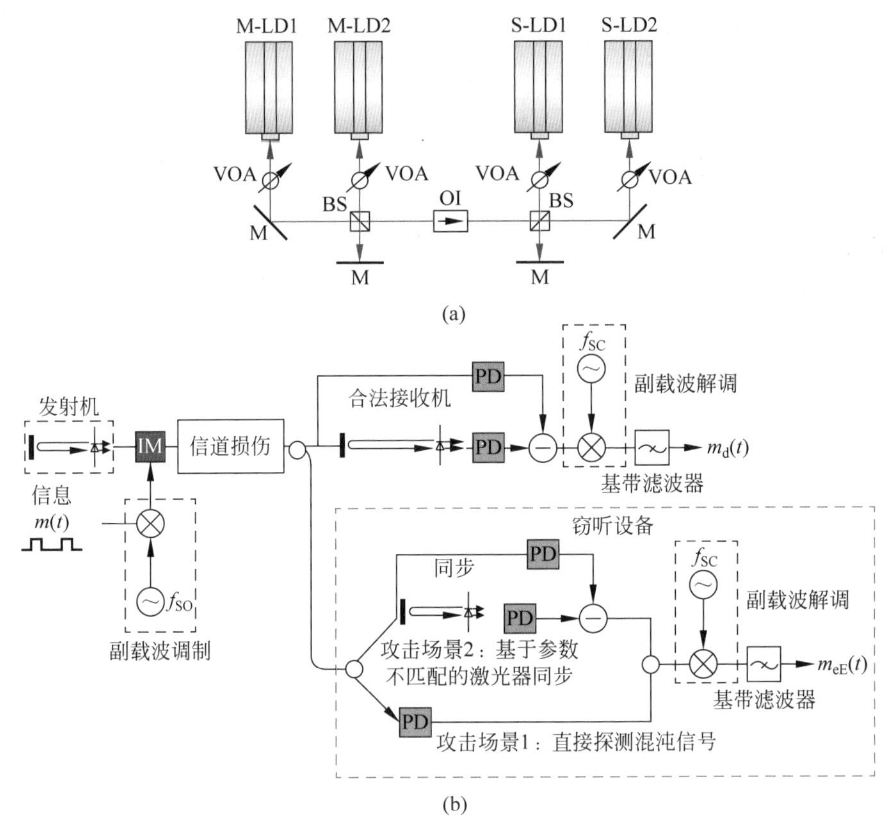

图 6.2.14 混沌保密通信方案示意图(Rotntani et al.,2010;Bogris et al.,2007)
(a)光谱复用;(b)频谱搬移

6.2.3 长距离

传输距离是混沌保密光通信面临的另一挑战。在传输过程中,混沌信号受光纤信道损伤影响而失真,导致同步质量下降,限制了传输距离,即同步距离决定传输距离。其中,信道损伤主要包括掺铒光纤放大器引入的自发辐射噪声、光纤非线性效应(主要是自相位调制)以及光纤色散。本节将介绍研究者在提高混沌同步(即混沌保密光通信)距离方面的一些探索性工作。

如 6.2.2 节所述,已报道的混沌保密光通信距离均在数百千米左右。主要原因是,研究学者仅考虑抑制光纤色散以及带外自发辐射噪声对混沌信号的损伤。王安帮等通过系统研究滤波器线宽、光纤色散补偿偏差以及混沌入纤功率对混沌激光传输保真度的影响，探明了单跨光纤混沌同步的极限距离，实验装置如图6.2.15所示。驱动激光器在外部镜面反馈下产生混沌信号。该信号经过掺铒光纤放大器(EDFA1)、光滤波器(OF1)后一分为二：一路直接注入响应激光器RL_A中；另一路经过单模光纤(SMF)、色散补偿光纤(DCF)、EDFA2和OF2后注入响应激光器RL_B中。利用光电探测器(PD)将激光器输出的光信号转换为电信号之后，使用频谱分析仪测量混沌信号的频谱，并用高速实时示波器采集其时序，对应的光谱可用光谱分析仪直接测量得到。其中，EDFA1用于对混沌信号进行预放大、调节入纤功率(P_{in})，EDFA2用来补偿光纤链路和光滤波器引入的损耗、调节出纤功率(P_{out})。OF1、OF2分别用于滤除EDFA1、EDFA2引入的放大器自发辐射噪声(ASE)。DCF用于补偿SMF引入的色散。

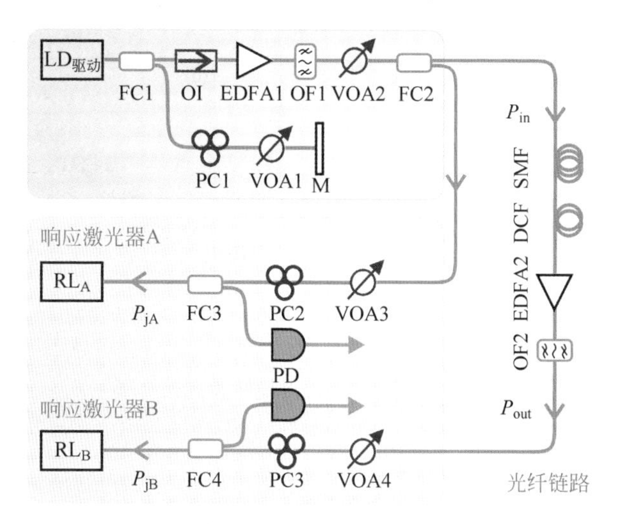

图6.2.15　单跨光纤长距离共驱混沌同步实验装置

通过优化滤波器线宽为0.2 nm、色散偏差为0 ps/nm、入纤功率为18 mW，获得了200 km长距离混沌保真传输。利用保真传输的混沌信号驱动响应激光器，实现混沌同步。其中，响应激光器RL_A、RL_B的阈值电流分别为16 mA和16.6 mA。RL_A的偏置电流为22.4 mA，工作温度为22.5 ℃，自由运行时的输出功率为0.98 mW；RL_B的偏置电流为20.8 mA，工作温度为20.1 ℃，自由运行时的输出功率为1.52 mW。两个响应激光器自由运行时的中心波长均为1549.48 nm。调节EDFA1的增益为32 dB，并调节VOA1使入纤功率$P_{in}=18$ mW，同时调节EDFA2的增益使$P_{out}=2$ mW，并通过VOA3、VOA4使注入功率$P_{jA}=0.95$ mW、$P_{jB}=0.79$ mW。

实验结果如图6.2.16所示，其中图(a)和(b)分别为响应激光器的光谱和频谱，可以发现谱线均具有较高的一致性。此时，混沌频谱的80%能量带宽为

9.6 GHz——为消除高频噪声对同步的影响，将示波器通道内的截止带宽设置为12 GHz。图 6.2.16(c)和(d)分别为响应激光器输出的同步时序及其关联点图，此时同步系数(互相关系数)可达 0.904，满足了实际应用中的同步要求。

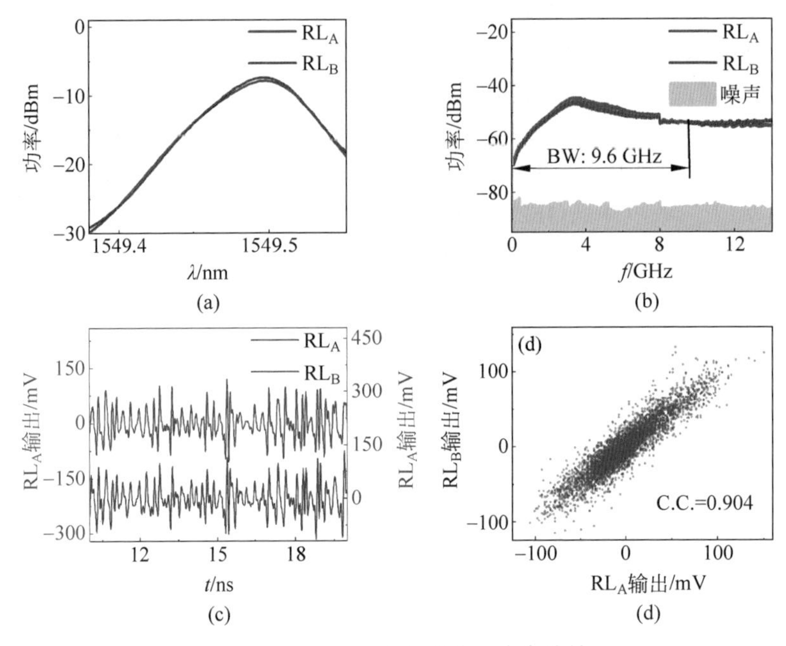

图 6.2.16　200 km 共驱混沌同步实验结果

(a) 光谱；(b) 频谱；(c) 时序；(d) 关联点图

由上述结果可知，单跨混沌同步(混沌保密光通信)的距离极限为 200 km，该距离可适用于城域网通信，但面向城际网(500～1000 km)还存在差距。进一步延长传输距离的典型方式是多跨中继，但如何抑制信道损伤累积成为关键。上海交通大学义理林团队和华中科技大学刘德明团队相继提出基于相干检测和数字信号处理算法的多跨中继长距离混沌同步方案(Yang et al.，2020；Fu et al.，2021)。该方法可实现色散精确补偿与非线性抑制，在理论上可实现 1000 km 的混沌同步。王安帮等实验发现，在 EDFA 中继的情况下通过优化入纤功率、单跨光纤长度以及中继跨数，可实现约 800km 混沌传输，但难以进一步提升。主要原因是，在仅使用 EDFA 补偿光纤链路损耗时，引入的 ASE 噪声较大，尤其是多个跨段级联时，ASE 噪声会成倍叠加，导致混沌信号保真度急剧下降。众所周知，分布式拉曼光纤放大器(DFRA)具有噪声系数低的特点，通常配合 EDFA 用于传统长距离光纤传输。因此，利用 EDFA 与 DFRA 共同补偿光纤链路的损耗(混合中继)，可进一步提升混沌信号在光纤链路中的传输性能(Wang et al.，2023)。

为了验证混合中继长距离传输的可行性，首先利用光纤环路代替直传链路实现多跨段混沌信号传输。实验装置如图 6.2.17 所示，利用外腔反馈激光器产生混沌信号并通过 EDFA1 进行功率放大，同时利用光滤波器 OF1 对放大后的混沌信号滤波。放大、滤波后的信号由 PC2 输入强度调制器(EOM)，并由 FC2 一分为二，其中一路直接输出，另一路则经过光纤环路传输后输出。调制信号周期为 32 ms，占空比为 0.0625%，即单个周期内混沌信号的持续时间为 20 μs。其中，光纤环路由标准单模光纤、色散补偿光纤、DFRA、EDFA2、OF2 和 FC2 组成。EDFA1 用于调节输入 EOM 的混沌信号功率，DFRA 和 EDFA2 用于补偿光纤链路、OF2 和 FC2 引入损耗，OF1、OF2 分别用于滤除 EDFA1、EDFA2 引入的 ASE 噪声，色散补偿光纤用于补偿单模光纤引起的色散。EOM 对混沌信号进行周期性开关调控，调控信号由任意波形发生器(AWG)产生，PC2 用于调节输入 EOM 的信号偏振态。实验中，将 1455 nm 的拉曼泵浦激光器通过 1455/1550 nm 波分复用器接入光纤链路，DFRA 的增益由拉曼泵浦激光器的输出功率控制。利用示波器在 FC2 端口采集经过 0～N 次循环之后的混沌信号，分别计算第 2 至 $N+1$ 次输出混沌信号与第 1 次输出混沌信号之间的互相关，得到混沌信号长距离传输后的保真度。

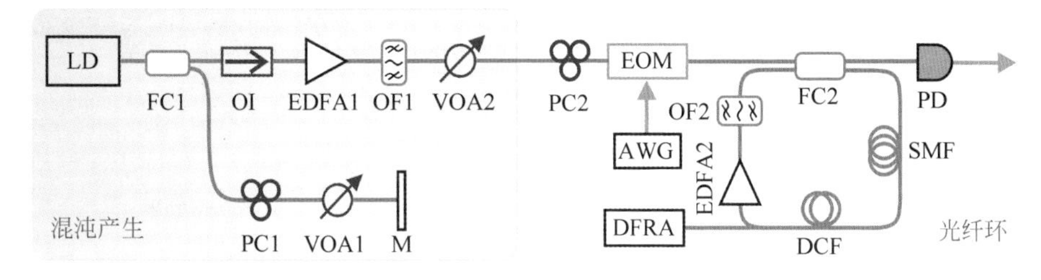

图 6.2.17　混合中继光纤环路长距离传输实验装置

图 6.2.18 为传输前后混沌信号互相关系数(保真度)随入纤功率的变化曲线。其中，光纤长度为 120 km，DFRA 与 EDFA 增益比 G_D/G_E 动态变化以补偿全部传输损耗，从而保证入纤功率等于出纤功率。图 6.2.18(a)～(c)分别给出了入纤功率为 2 mW、4 mW 和 6 mW 时，最大保真度对应的相关曲线。其保真度的典型值分别为 0.9930、0.9946 和 0.9935，说明入纤功率不同，混沌信号保真度也不同。图 6.2.18(d)给出了混沌信号保真度随入纤功率以及增益比的变化曲线。从实验结果可以看出，在固定混合增益比下，混沌信号的保真度随着入纤功率的增大呈现先增大后降低的趋势。主要原因是，随着入纤功率的增大，输出端混沌信号的信噪比增大，对应混沌激光传输保真度逐渐增加。入纤功率继续增大，光纤的非线性效应凸显，导致保真度的增大幅度逐渐降低。当非线性效应与信噪比的作用达到平衡时，就得到了该增益比下传输前后混沌信号的最大保真度。当入纤功率继续增大时，非线性效应的作用超过信噪比的作用，保真度开始下降。值得注意的是，混

合增益比也需要优化，以获得最大的保真度。这是因为，高增益下的 DFRA 也会引入自发辐射噪声，存在一个最优的混合增益比来平衡 DFRA 带来的性能提升与下降。

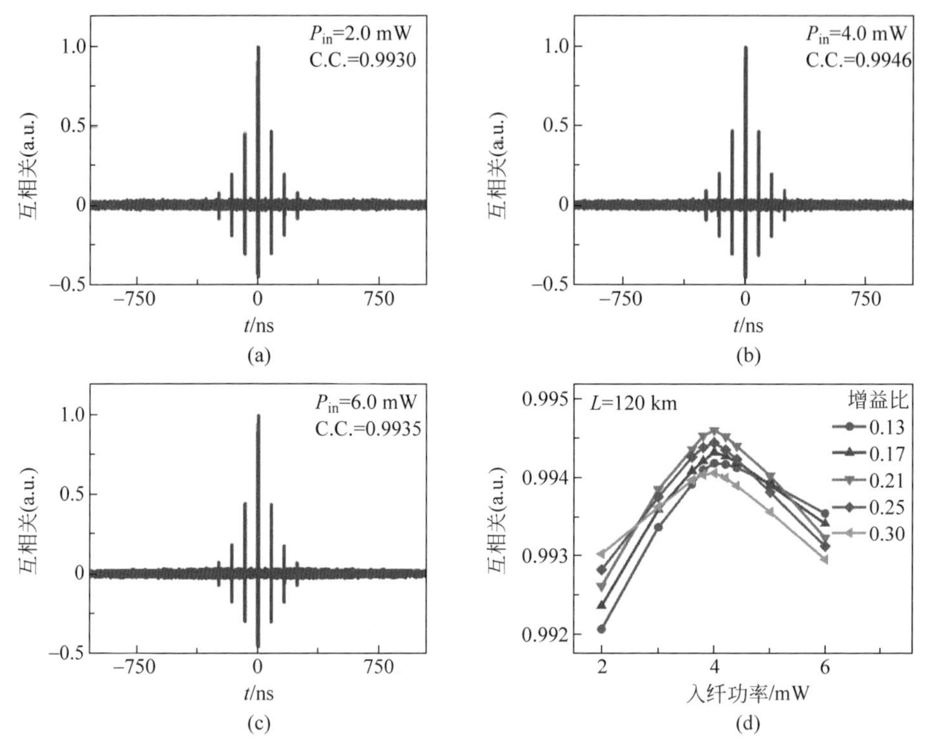

图 6.2.18　入纤功率以及增益比对混沌信号保真度的影响

(a)～(c) 入纤功率为 2 mW、4 mW 和 6 mW 时，传输前后信号的互相关曲线；

(d) 信号保真度随入纤功率以及增益比的变化曲线

从上述实验结果可以发现，在单跨光纤长度固定的条件下，存在一个最优入纤功率 P_{in} 和最佳增益比，使混沌信号传输性能最优。为了优化单跨光纤保真传输距离，我们进一步研究不同长度光纤链路下，入纤功率以及增益比对混沌信号传输保真度的影响($P_{in}=P_{out}$)。当光纤长度越长时，光纤链路的损耗就越大，对应的入纤功率也随之增大，需要优化 EDFA1、DFRA 和 EDFA2 的增益以满足入纤功率等于出纤功率的需求。此外，实验中滤波器线宽设置为 0.2 nm，光纤链路的色散为 0 ps/nm。

图 6.2.19(a)～(c)分别给出了光纤长度为 120 km、130 km 和 150 km 时，传输前后混沌信号的相关曲线，其保真度的典型值分别为 0.9946、0.9939 和 0.9909，说明传输距离不同时，混沌信号的保真度也不同。图 6.2.19(d)给出了混沌信号

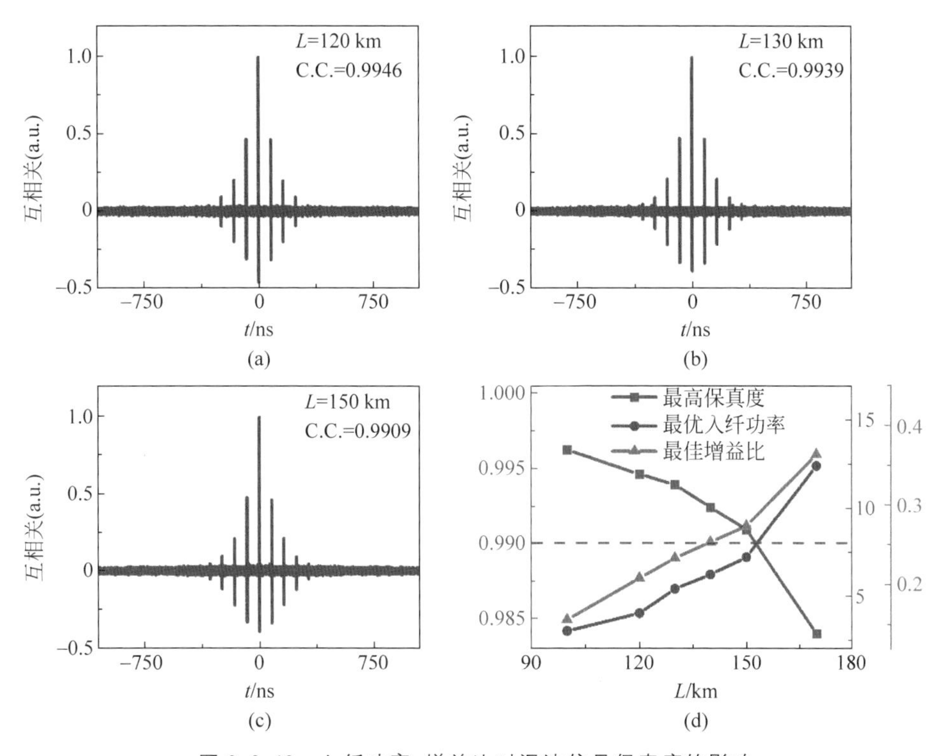

图 6.2.19 入纤功率、增益比对混沌信号保真度的影响

(a)～(c) 传输距离分别为 120 km、130 km、150 km 时，信号的互相关曲线；

(d) 最高保真度、最优入纤功率和最佳增益比随传输距离的变化曲线

的最高保真度、最优入纤功率和最佳增益比随光纤长度变化的曲线，其中红色曲线为混沌信号保真度随光纤长度变化的曲线，蓝色曲线为最优入纤功率随光纤长度变化的曲线，绿色曲线为最佳增益比随光纤长度变化的曲线。可以看出，随着光纤链路长度逐渐增大，混沌信号的传输保真度逐渐降低，对应的最优入纤功率逐渐增大。原因如下：光纤长度增加，EDFA2 的增益也会相应增加以补偿链路损耗，从而引入更多的 ASE 噪声，导致信噪比降低。此外，入纤功率和拉曼增益的增大会导致光纤非线性效应增强，也会对混沌信号造成损伤，导致混沌信号的传输保真度降低。因此，单跨光纤长度越长，混沌激光保真度下降趋势越大。

由上述结果可知，单跨光纤长度分别为 120 km、130 km 和 150 km 时，混沌激光的传输保真度均在 0.99 以上，其对应的最优入纤功率分别为 4 mW、5.4 mW 和 7.2 mW。选取上述长度光纤作为单跨链路，调节 EDFA1 增益获得对应的最优入纤功率，同时调节 DFRA 和 EDFA2 的增益，使其与环路总损耗相等。此时滤波器线宽设置为 0.2 nm，光纤链路的色散为 0 ps/nm。如图 6.2.20(a)～(c)所示。当传输距离分别为 840 km、910 km 和 900 km 时，其保真度的典型值分别为 0.934、

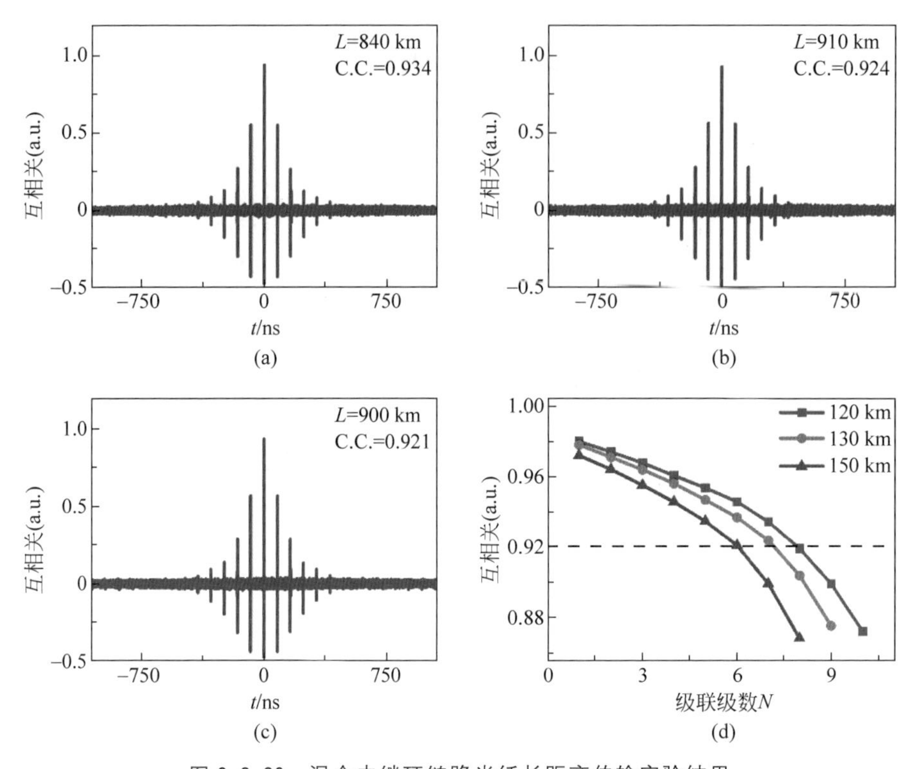

图 6.2.20 混合中继环链路光纤长距离传输实验结果

(a)～(c) 距离为 840 km、910 km 和 900 km 时，传输前后混沌信号的互相关曲线；
(d) 单跨光纤长度为 120 km、130 km 和 150 km 时，混沌激光传输保真度随级联级数 N 的变化曲线

0.924 和 0.921。图 6.2.20(d)给出了混沌激光传输保真度随级联级数 N 的变化曲线。可以发现保真度随着级联级数 N 的增加而降低。其原因是，多次循环导致 ASE 噪声不断积累，恶化混沌信号信噪比，信号保真度也随之降低。此外，当单跨光纤链路较长时，混沌信号功率高，光纤非线性效应增强，进一步恶化了混沌信号保真度。以传输前后混沌信号保真度 0.92 为标准，混沌信号保真传输的最长传输距离为 910 km，其对应的单跨段光纤链路长度 $L=130$ km。

基于上述结果，构建了基于混合中继的直链路光纤长距离共驱混沌同步系统，如图 6.2.21 所示。外腔反馈半导体激光器产生的驱动信号经 EDFA1 放大、OF1 滤波之后由 FC2 一分为二，一路直接注入响应激光器 RL_A，另一路经过直链路光纤传输后注入响应激光器 RL_B。光纤链路由 8 跨零色散光纤级联而成，每跨光纤长度 $L=130$ km。此外，每跨段的功率损耗由 DFRA 和 EDFA 共同补偿，并用滤波器滤除带外 ASE 噪声。

实验中，优化入纤功率 $P_{in}=5.4$ mW，调节 DFRA 与 EDFA 的增益比为

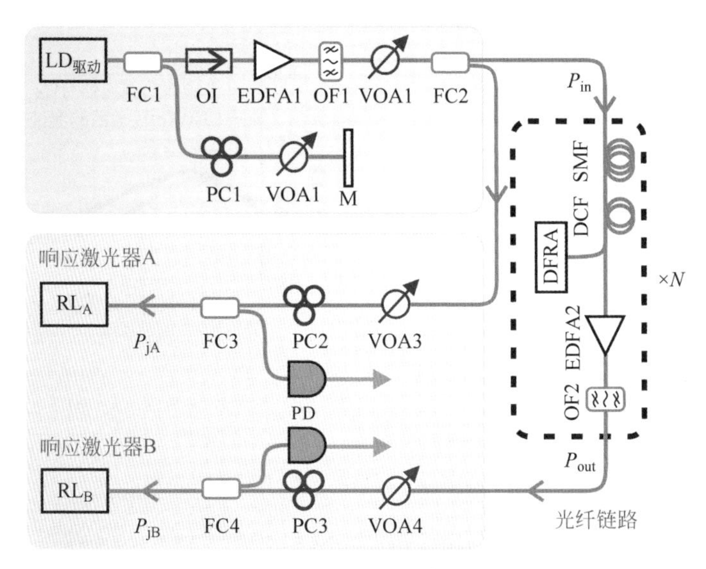

图 6.2.21 混合中继直链路光纤长距离共驱混沌同步实验装置

0.23，并保证每跨段的入纤功率等于出纤功率，即 $P_{in}=P_{out}=5.4$ mW。结果如图 6.2.22 所示，其中图 6.2.22(a)红色曲线为传输前的混沌信号光谱，蓝色曲线为传输后的光谱。可以发现，传输后光谱两侧的噪声水平明显抬高，并存在一定程度的信号失真。图 6.2.22(b)红色曲线为传输前的混沌信号频谱，蓝色曲线为传输后的频谱，灰色区域为噪声基底：0～3 GHz 范围内传输前后混沌信号重合度较高，3～8 GHz 频率范围内混沌信号失真严重，是相关性下降的主要诱因；当频率范围超过 8 GHz 时，因 ASE 噪声积累，信号功率水平提高。图 6.2.22(c)红色曲线为传输前混沌信号的时序，蓝色曲线为传输后时序，两路混沌信号具有很高的相似性。图 6.2.22(d)为传输前后混沌信号时序的关联点图，相关性(保真度)达 0.947，表明实现了 1040 km 的混沌信号保真传输。

以上述混沌信号驱动响应激光器，实现长距离共驱同步。实验中，调节 VOA3、VOA4，使注入功率 $P_{jA}=0.95$ mW、$P_{jB}=0.79$ mW。结果如图 6.2.23 所示，其中图(a)红色曲线为 RL_A 的光谱，蓝色曲线为 RL_B 的光谱，可以发现谱线具有较高的一致性。图 6.2.23(b)红色曲线为 RL_A 输出的频谱，蓝色曲线为 RL_B 输出的频谱，带宽为 9.6 GHz：激光器输出信号的频谱在 3～6 GHz 频率范围内重合度较低，是相关性下降的主要原因。图 6.2.23(c)和(d)分别为响应激光器输出的同步时序及其关联点图，此时同步系数可达 0.915，满足了实际应用中的同步要求。值得注意的是，相较于 0.947 的保真度，1040 km 混沌同步系数略有下降，主要原因是激光器加工工艺偏差导致响应激光器存在一定的参数失配。通过优化激光器加工技术，改善激光器参数匹配程度，可进一步提高混沌同步质量。

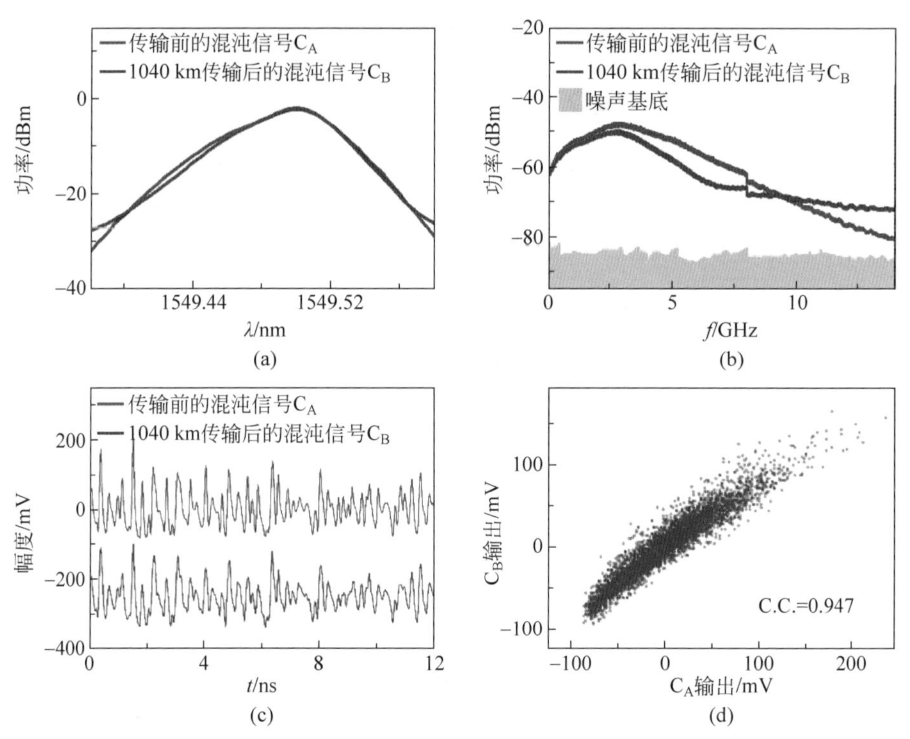

图 6.2.22 1040 km 混沌激光保真传输实验结果

(a) 光谱；(b) 频谱；(c) 时序；(d) 关联点图

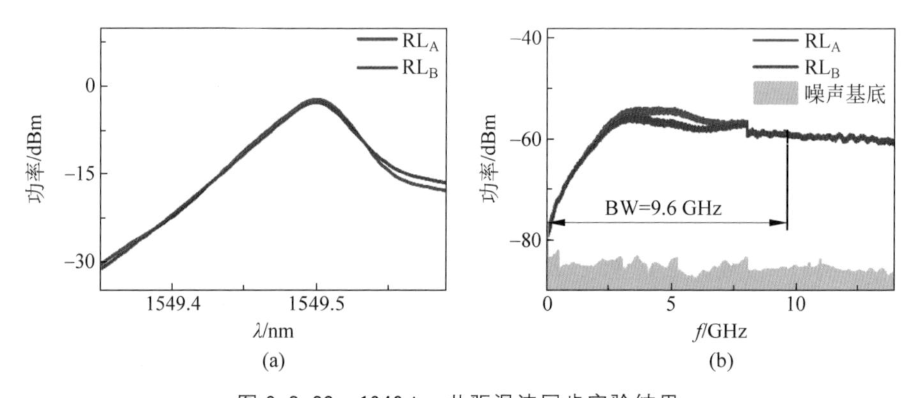

图 6.2.23 1040 km 共驱混沌同步实验结果

(a) 光谱；(b) 频谱；(c) 时序；(d) 关联点图

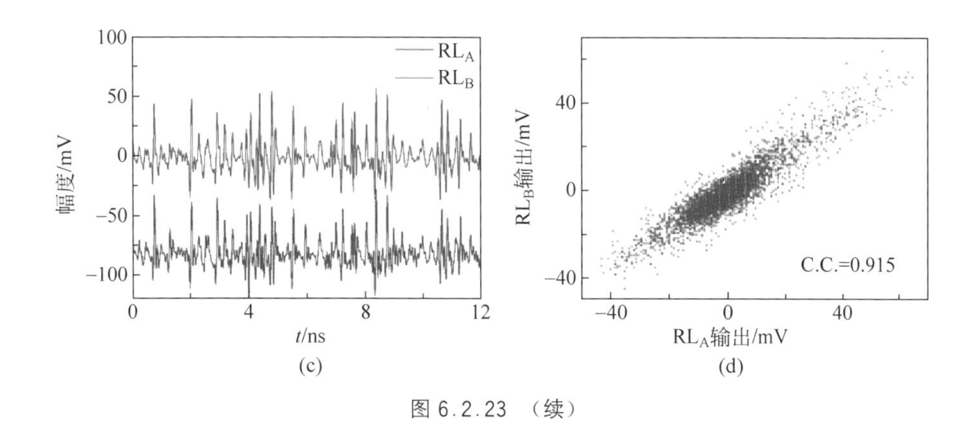

图 6.2.23 （续）

6.2.4 集成化

由离散器件搭建而成的混沌保密光通信系统，体积大、鲁棒性低、实用化难度高。因此，作为保密通信的核心器件，混沌半导体激光器的集成化受到广泛关注。2008 年，欧盟第六届科技框架计划 PICASSO 项目研制了首个光子集成的外腔反馈混沌半导体激光器(Argyris et al.，2008)。随后，德国莱茵-赫兹研究所、日本 NTT 公司与埼玉大学、中国科学院北京半导体研究所、太原理工大学都先后报道了集成的混沌半导体激光器，结构图和研制时间如图 6.2.24 所示。

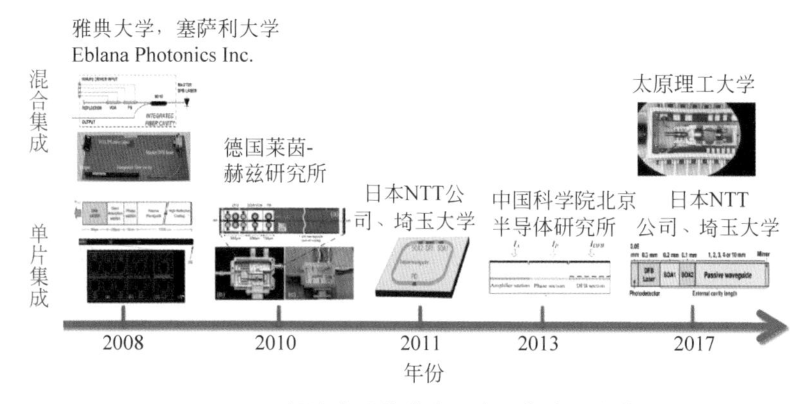

图 6.2.24　混沌半导体激光器光子集成研究进展

目前，单片光子集成混沌半导体激光器主要有如下几种结构。

三段式结构，如图 6.2.25(a)所示，包含 DFB 激光器、相位区、放大区，后两者构成反馈外腔。外腔长度约为 600 μm，属于短腔反馈(反馈时延小于激光器弛豫振荡周期)，需要较强的放大才能产生混沌。该集成混沌激光器报道者有德国莱因-赫兹研究所(Bauer et al.，2004)，中国科学院半导体研究所和西南大学等(Yu et al.,2014)。

四段式集成结构如图 6.2.25(b)所示,增加一个长直无源波导区,增加外腔反馈长度至 1 cm 以满足长腔反馈条件,可产生复杂度更高的混沌激光。报道该结构的主要有雅典大学、塞萨利大学、德国莱因-赫兹研究所、日本埼玉大学等(Harayama et al.,2011; Argyris et al.,2008; Argyris et al.,2010)。

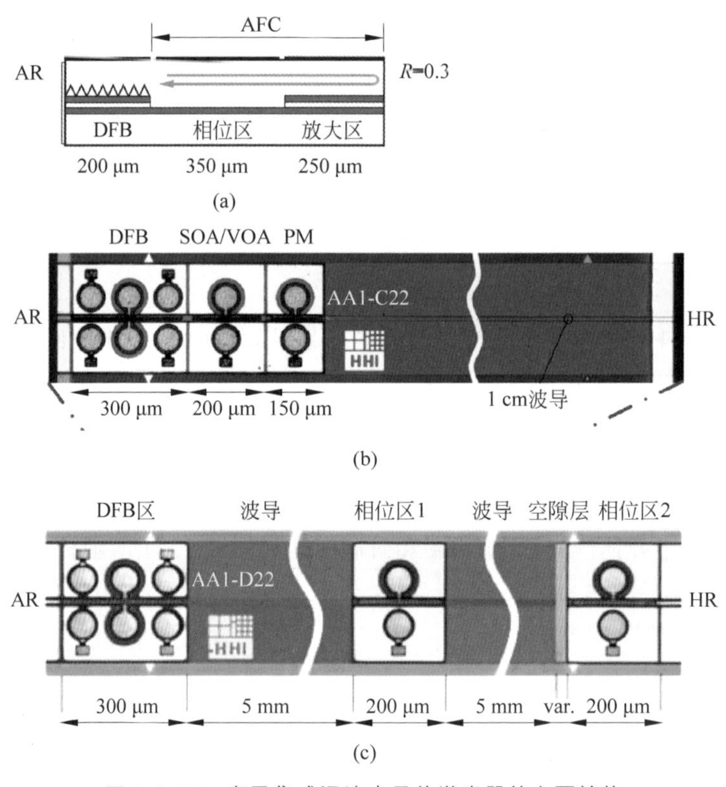

图 6.2.25 光子集成混沌半导体激光器的主要结构

(a) 三段式;(b) 四段式;(c) 五段式

(Bauer et al.,2004; Argyris et al.,2010; Tronciu et al.,2010)

五段式集成结构如图 6.2.25(c)所示,包含一个 DFB 激光器、两个无源波导、两个相位区、一个空隙层。空隙层和外腔后端面镀高反膜,形成多反馈,在不增加外腔长度(1 cm)情况下增加混沌振荡的复杂度(Tronciu et al.,2010)。此外,日本 NTT 公司 Satoshi Sunada 等报道了另一种五段式集成结构,反馈外腔由环形无源波导构成,内置两个 SOA 提供更大的反馈强度增加混沌复杂度;该结构芯片尺寸为 3.5 mm×3.5 mm,反馈腔长约为 12 mm(Sunada et al.,2011)。

然而,目前光子集成混沌半导体激光器在结构和性能上还存在如下问题。

(1) 采用 DFB 半导体激光器,有效带宽低。激光器弛豫振荡频率低(数吉赫兹),

并且激光器对弛豫振荡频率的响应远大于其他频率的,导致混沌动态被弛豫振荡频率主导,频谱不平坦、有效带宽低。虽然研究者已报道多种增强混沌带宽方法(Wang et al.,2009; Wang et al.,2013; Wang et al.,2015),但其结构复杂不易集成。

(2) 反馈外腔几何尺寸较大,约为激光器芯片长度的30倍(1 cm/300 μm):Tilmann Heil等研究表明,长腔反馈诱发外腔模式数量多,更容易产生混沌(混沌区域大、复杂度高)(Heil et al.,2001),其条件是反馈外腔时延大于弛豫振荡周期。由于激光器弛豫振荡频率低(约为5 GHz),目前单片集成的外腔长度至少需要约1 cm。若采用短腔反馈,如三段式集成结构,则必须大幅度放大反馈光;即便如此,由于外腔模式数量少,使得集成激光器的动态行为以纵模拍频振荡为主(Bauer et al.,2004)。

(3) 目前的混沌半导体激光器集成研究尚未综合考虑系统的安全性、高速率等问题。

6.2.5 安全性

混沌保密光通信的关键在于收发机之间的同步,这要求收发机结构参数与工作参数匹配(Y. Chembo Kouomou et al.,2004; Li et al.,2006)。如果窃听者获得了激光器的硬件参数,便可重构系统,与合法通信方实现同步,进而窃取信息。外腔反馈半导体激光器(图6.2.26)由于结构简单、操作灵活,是目前混沌保密通信研究中最常用的收发机,其偏置电流、外腔反馈强度和外腔长度通常被作为硬件加密密钥。

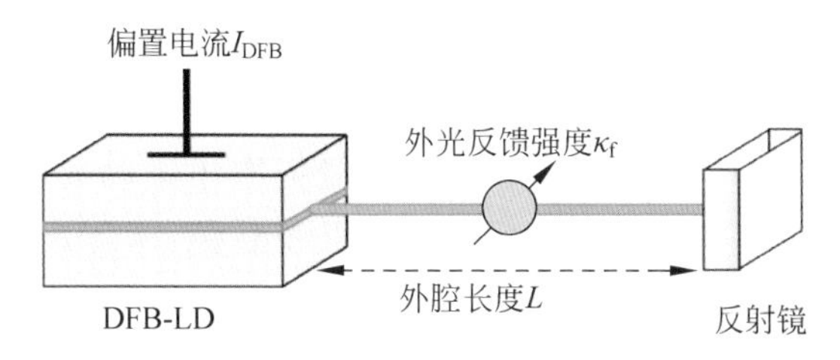

图6.2.26 外腔反馈混沌半导体激光器结构示意图

但是,基于上述硬件参数为密钥的混沌源的安全性不高。这是因为,通过测量通信线路上的混沌光载波功率谱,分析激光器的弛豫振荡频率,可以推知激光器所加载的偏置电流;将截获的混沌载波作自相关运算,从自相关曲线可获取外腔长度信息。外腔反馈半导体激光器密钥空间过小,严重制约高速混沌保密光通信的实用化进程。因此,混沌保密光通信的核心问题是要大幅增加收发系统的密钥空间(Wang et al.,2019)。当密钥空间足够大时,既能满足大量合法用户之间的保密通信,又能增加非法用户的窃取难度。

目前,增加密钥空间的方案主要包括如下三类。

（1）通过增加外腔数量来增加密钥空间

① 双外腔反馈方案。班戈大学 Min Won Lee 等研究发现，双外腔反馈半导体激光器的两个外腔长度在倍数比例下，可以隐藏双外腔的长度信息（Lee et al.，2005）。西南大学夏光琼团队通过调节两个反馈腔的腔长和强度，可实现腔长信息隐藏（Wu et al.，2009）。布鲁塞尔自由大学 Romain Modeste Nguimdo 等发现，通过控制环形腔中相位和幅度耦合参数，可有效防止外腔长度信息被发现（Nguimdo et al.，2012）。

② 三外腔反馈方案。德国哥廷根大学 Alexander Többens 等分析了在三个外腔反馈作用下的半导体激光器动态特性，该方案可隐藏外腔长度，亦可增强混沌通信系统的密钥空间（Többens et al.，2008）。

③ 光栅反馈方案。香港城市大学陈士俊团队利用光纤布拉格光栅构建 DFB 激光器的分布式反馈外腔，实现了外腔长度信息的有效抑制（Li et al.，2015）。

值得注意的是，外腔数量的增加使得混沌通信收发器的空间结构更加复杂，易受环境干扰，通信的鲁棒性降低。而且，反馈强度、外腔长度、偏置电流等参数只有选择在某些特定范围内，才可以隐藏外腔长度信息，这实际上是限制了有效的硬件参数选择空间。

（2）通过伪随机码调制反馈腔长度来增加密钥空间

通过事先预置的伪随机码序列作为私钥，调制外腔反馈激光器的腔长或相位信息，能够增强混沌通信系统的密钥空间。

例如，雅典大学 Adonis Bogris 教授（Bogris et al.，2008）和江宁（Xue et al.，2016）分别利用码长为 2^7 的伪随机码作为私钥调制全光反馈系统中单外腔或者双外腔的反馈相位，证明只有用相同的密钥才能提取出正确的信息。西班牙 Pere Colet 等利用码长为 2^{15} 的伪随机码序列作为共享私钥，调制光电环反馈系统中反馈环的反馈相位，大幅提升了密钥空间（Nguimdo et al.，2011）。华中科技大学胡汉平团队利用逻辑斯谛数字混沌序列调制光电环反馈系统的反馈延迟时间，增加混沌通信系统的密钥空间（Gao et al.，2015）。华中科技大学程孟凡通过二维逻辑斯谛数字混沌系统和光电反馈模拟混沌系统相结合（Cheng et al.，2015），隐藏了数字混沌的周期性以及模拟混沌的延时信息。相较于传统光电反馈模拟系统，密钥空间提高了 10^{40} 倍。

但是，对于结构简单的外腔反馈半导体激光器，用伪随机码调制来增强密钥空间与算法公开的非对称加密方案类似，其安全性依赖于私钥而非器件的物理参数，无法发挥混沌保密通信特有的硬件加密优势。

（3）通过增加反馈环的复杂性来增加密钥空间

在反馈回路中嵌入可调控的光电器件，通过增加控制混沌态的器件数量来提升混沌通信系统的密钥空间。例如，程孟凡提出用分数傅里叶变换对混沌光载波进行后续处理以增强密钥空间(Cheng et al.,2014)。然而，分数傅里叶变换目前只能在算法上实现，且需要通过伪随机码序列进行控制。义理林团队提出在光电振荡器的反馈环中引入多个法布里-珀罗标准具，通过调控法布里-珀罗标准具的中心频率来控制混沌同步，采用16个级联的法布里-珀罗标准具理论上可以将密钥空间增加至10^{48}(Hou et al.,2016)。但是，在实际系统中16个法布里-珀罗标准具的引入会严重降低光功率，同时导致系统庞大、无法集成、对环境敏感，成本高昂。

可见，通过增加插入器件的复杂性来增加密钥空间的方法，不便于集成和规模化生产，硬件一致性难以保证，合法通信双方实现混沌同步困难，难以完成通信。

王安帮等提出利用收发机的结构参数联合工作参数，协同组合扩大密钥空间的概念。通过设计多区级联耦合腔半导体激光器(MSCCSL)构建高速混沌保密光通信收发模块，显著提高混沌保密通信收发系统的密钥空间。提出的混沌保密光通信收发模块示意图如图6.2.27所示，利用两DFB激光器的光场互相注入隐藏弛豫振荡频率(Wang et al.,2009)，同时两个有源区的偏置电流(I_{DFB1}、I_{DFB2})亦可用作密钥，实现密钥空间维度扩展。MSCCSL共有5个调控参数(I_{DFB1}、I_{DFB2}、I_{P1}、I_{P2}和I_A)，5个相互独立的参数均可以进行高精度控制，构成收发系统的五维密钥空间。由于时间序列分析法无法获取相位的变化(Hei et al.,2002)，相位调制编码信号I_{P1}和I_{P2}的引入，还可有效隐藏密钥参数。保守估计，以电流调节精度为0.02 mA，可控范围10 mA为例，单个相位区调制信号的组合在2^{16}时，其密钥空间为2^{59}，并且密钥空间还会随着激光器集成区间个数的增加呈指数增长。此外，MSCCSL是一种集成的混沌通信收发光模块，依靠微纳制造工艺的集成化保证了收发模块规模化生产时的一致性，同时提高了系统的鲁棒性。

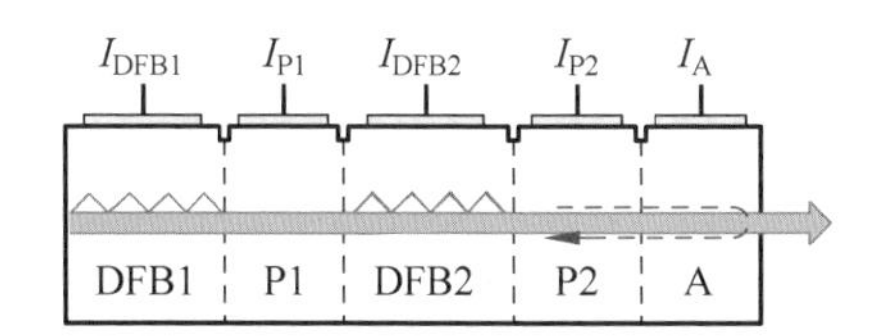

图6.2.27　多区级联耦合腔半导体激光器结构示意图

6.3 展望

目前混沌同步、信息加载与解调等基本理论问题已取得突破，点对点的高速混沌光纤通信的现场试验也获得成功。从实际应用角度以及目前文献报道分析，混沌保密光通信研究有望在以下几个方面取得重大突破。

混沌收发器集成技术：欧盟 PICASSO 计划仅是针对最简单的单外腔反馈半导体激光器进行集成设计和研究，研制了混合集成和单片光子集成两种激光器；中国科学院半导体研究所、西南大学、太原理工大学等单位目前也正在探索单片集成的光反馈混沌激光光源。然而，目前的集成研究尚未综合考虑系统的安全性、高速率等问题，因此收发系统的集成技术是混沌光通信面向实际应用的必然研究趋势。

增强系统安全性：目前所报道的混沌光通信系统，特别是两个百千米局域网混沌通信系统，均采用具有单延迟反馈环结构的混沌收发机。一方面，混沌载波存在时延特征，该特征可以从载波的自相关曲线或功率谱中窃取，导致结构参数泄露，从而存在被攻击的可能。另一方面，混沌收发机只有几个外部参数可以用作硬件密钥以选择混沌态，导致密钥空间不足，存在被暴力攻击的可能。研究学者主要关注如何隐藏时延特征，尚未综合考虑密钥空间及结构可集成性等问题。因此，如何有效增强混沌光通信系统安全性将是重点研究方向。

提升系统传输速率：目前，混沌光通信现场传输速率的实验纪录是 10 Gbit/s（法国贝桑松），实验室纪录是 60 Gbit/s。然而，当前主流骨干网、城域网单波光通信速率已经超过 100 Gbit/s，将混沌光通信速率提升至 100 Gbit/s 及以上，实现与商用光通信系统融合是混沌光通信研究的另一重要趋势。

增加系统通信距离：目前报道的混沌光通信现场试验均是在百千米城域网内完成，实验室条件下的通信距离约 300 千米，尚无广域通信报道。广域间的保密通信不仅需要高速率，同样需要更长距离传输。最近，研究学者相继提出传输距离超过 1000 千米的混沌同步理论与实验方案，如何进一步利用长距离混沌同步实现广域保密通信是未来研究方向之一。

组网技术：通信系统要求多节点组网互通，因此如何实现混沌光通信系统的多节点同步与组网是混沌光通信技术迈向实际应用的最后一关。目前的研究主要集中在点到点的混沌光通信，深入探索多节点网络混沌同步及组网技术将是混沌光通信的研究趋势。

参考文献

AI J Z，WANG L L，WANG J，2017. Secure communications of CAP-4 and OOK signals over MMF based on electro-optic chaos[J]. Optics Letters，42(18)：3662-3665.

ANNOVAZZI-LODI V，BENEDETTI M，MERLO S，et al，2005. Optical chaos masking of video signals[J]. IEEE Photonics Technology Letters，17(9)：1995-1997.

ARGYRIS A，GRIVAS E，BOGRIS A，et al，2010. Transmission effects in wavelength division multiplexed chaotic optical communication systems[J]. Journal of Lightwave Technology，28

(21): 3107-3114.

ARGYRIS A, GRIVAS E, HAMACHER M, et al, 2010. Chaos-on-a-chip secures data transmission in optical fiber links[J]. Optics Express, 18(5): 5188-5198.

ARGYRIS A, HAMACHER M, CHLOUVERAKIS K E, et al, 2008. Photonic integrated device for chaos applications in communications[J]. Physical Review Letters, 100(19): 194101-1-194101-4.

ARGYRIS A, SYVRIDIS D, LARGER L, et al, 2005. Chaos-based communications at high bit rates using commercial fibre-optic links[J]. Nature, 438(7066): 343-346.

BAUER S, BROX O, KREISSL J, et al, 2004. Nonlinear dynamics of semiconductor lasers with active optical feedback[J]. Physical Review E, 69(1): 016206-1-016206-10.

BOGRIS A, ARGYRIS A, CHLOUVERAKIS K E, et al, 2008. WDM transmission of chaotic signals[C]. Brussels: 34th European Conference on Optical Communication.

BOGRIS A, CHLOUVERAKIS K E, ARGYRIS A, et al, 2007. Subcarrier modulation in all-optical chaotic communication systems[J]. Optics Letters, 32(15): 2134-2136.

BOGRIS A, RIZOMILIOTIS P, CHLOUVERAKIS K E, et al, 2008. Feedback phase in optically generated chaos: A secret key for cryptographic applications[J]. IEEE Journal of Quantum Electronics, 44(2): 119-124.

BULDÚ J M, GARCÍA-OJALVO J, TORRENT M C, 2004. Multimode synchronization and communication using unidirectionally coupled semiconductor lasers[J]. IEEE Journal of Quantum Electronics, 40(6): 640-650.

CHENG M, DENG L, GAO X, et al, 2015. Security-enhanced OFDM-PON using hybrid chaotic system[J]. IEEE Photonics Technology Letters, 27(3): 326-329.

CHENG M, DENG L, LI H, et al, 2014. Enhanced secure strategy for electro-optic chaotic systems with delayed dynamics by using fractional Fourier transformation[J]. Optics Express, 22(5): 5241-5251.

CUOMO K M, OPPENHEIM A V, 1993. Circuit implementation of synchronized chaos with applications to communications[J]. Physical Review Letters, 71(1): 65-68.

FISCHER I, LIU Y, DAVIS P, 2000. Synchronization of chaotic semiconductor laser dynamics on subnanosecond time scales and its potential for chaos communication[J]. Physical Review A, 62(1): 011801-1-011801-4.

FU Y D, CHENG M F, JIANG X X, et al, 2019. High-speed optical secure communication with external noise source and internal time-delayed feedback loop[J]. Photonics Research, 7(11): 1306-1313.

FU Y D, CHENG M F, SHAO W D, et al, 2021. Analog-digital hybrid chaos-based long-haul coherent optical secure communication[J]. Optics Letters, 46(7): 1506-1509.

GAO X, XIE F, HU H, 2015. Enhancing the security of electro-optic delayed chaotic system with intermittent time-delay modulation and digital chaos[J]. Optics Communications, 352: 77-83.

GASTAUD N, POINSOT S, LARGER L, et al, 2004. Electro-optical chaos for multi-10 Gbit/s optical transmissions[J]. Electronics Letters, 40(14): 898-899.

GE Z T, HAO T F, CAPMANY J, et al, 2020. Broadband random optoelectronic oscillator[J].

Nature Communications,11(5724): 1-8.

GAO Z S,WU Q Q,LIAO L,et al,2022a. Experimental demonstration of synchronous privacy enhanced chaotic temporal phase en/decryption for high speed secure optical communication [J]. Optics Express,30(17): 31209-31219.

GAO Z S, LIAO L, SU B, et al, 2022b. Photonic-layer secure 56 Gb/s PAM4 optical communication based on common noise driven synchronous private temporal phase en/decryption[J]. Optics Letters,47(19): 5232-5235.

HALLE K S, WU C W, ITOH M, et al, 1993. Spread spectrum communication through modulation of chaos[J]. International Journal of Bifurcation and Chaos,3(2): 469-477.

HARAYAMA T,SUNADA S,YOSHIMURA K,et al,2011. Fast nondeterministic random-bit generation using on-chip chaos lasers[J]. Physical Review A,83(3): 031803.

HEIL T,FISCHER I,ELSÄSSER W,et al,2001. Dynamics of semiconductor lasers subject to delayed optical feedback: The short cavity regime[J]. Physical Review Letters, 87(24): 243901-1-243901-4.

HEIL T,MULET J,FISCHER I,et al,2002. ON/OFF phase shift keying for chaos-encrypted communication using external-cavity semiconductor lasers[J]. IEEE Journal of Quantum Electronics,38(9): 1162-1170.

HOU T T, YI L L, YANG X L, et al, 2016. Maximizing the security of chaotic optical communications[J]. Optics Express,24(20): 23439-23449.

JIANG N, PAN W, LUO B, et al, 2012. Bidirectional dual-channel communication based on polarization-division-multiplexed chaos synchronization in mutually coupled VCSELs[J]. IEEE Photonics Technology Letters,24(13): 1094-1096.

JIANG N,XUE C,LV Y,et al,2016. Physically enhanced secure wavelength division multiplexing chaos communication using multimode semiconductor lasers[J]. Nonlinear Dynamics,86(3): 1937-1949.

JIANG N,ZHAO A K,XUE C P,et al,2019. Physical secure optical communication based on private chaotic spectral phase encryption/decryption[J]. Optics Letters,44(7): 1536-1539.

KANAKIDIS D,ARGYRIS A,SYVRIDIS D,2003. Performance characterization of high-bit-rate optical chaotic communication systems in a back-to-back configuration[J]. Journal of Lightwave Technology,21(3): 750-758.

KE J X, YI L L, XIA G Q, et al, 2018. Chaotic optical communications over 100-km fiber transmission at 30-Gb/s bit rate[J]. Optics Letters,43(6): 1323-1326.

KE J X,YI L L,YANG Z,et al,2019. 32 Gb/s chaotic optical communications by deep-learning-based chaos synchronization[J]. Optics Letters,44(23): 5776-5779.

KOUOMOU Y C,COLET P,GASTAUD N,et al,2004. Effect of parameter mismatch on the synchronization of chaotic semiconductor lasers with electro-optical feedback[J]. Physical Review E,69(5): 056226-1- 056226-15.

KUSUMOTO K,OHTSUBO J,2002. 1. 5-GHz message transmission based on synchronization of chaos in semiconductor lasers[J]. Optics Letters,27(12): 989-991.

LAVROV R,JACQUOT M,LARGER L,2010. Nonlocal nonlinear electro-optic phase dynamics demonstrating 10 Gb/s chaos communications[J]. IEEE Journal of Quantum Electronics, 46(10): 1430-1435.

LEE M W, SHORE K A, 2005. Two-mode chaos synchronization using a multimode external-cavity laser diode and two single-mode laser diodes[J]. Journal of Lightwave Technology, 23(3): 1068-1073.

LI S S, CHAN S C, 2015. Chaotic time-delay signature suppression in a semiconductor laser with frequency-detuned grating feedback [J]. IEEE Journal of Selected Topics in Quantum Electronics, 21(6): 541-552.

LI X, PAN W, LUO B, et al, 2006. Mismatch robustness and security of chaotic optical communications based on injection-locking chaos synchronization [J]. IEEE Journal of Quantum Electronics, 42(9): 953-960.

LI Y L, WANG Y C, WANG A B, 2008, Message filtering characteristics of semiconductor laser as receiver in optical chaos communication[J]. Optics Communication, 281(9): 2656-2662.

MATSUURA T, UCHIDA A, YOSHIMORI S, 2004. Chaotic wavelength division multiplexing for optical communication[J]. Optics Letters, 29(23): 2731-2733.

MURAKAMI A, SHORE K A, 2005. Chaos-pass filtering in injection-locked semiconductor lasers[J]. Physical Review A, 72(5): 053810-1-053810-8.

NGUIMDO R M, COLET P, LARGER L, et al, 2011. Digital key for chaos communication performing time delay concealment[J]. Physical Review Letters, 107(3): 034103-1-034103-4.

NGUIMDO R M, VERSCHAFFELT G, DANCKAERT J, et al, 2012. Loss of time-delay signature in chaotic semiconductor ring lasers[J]. Optics Letters, 37(13): 2541-2543.

OGORZALEK M J, 1993. Taming chaos. Ⅰ. synchronization[J]. IEEE Transactions on Circuits and Systems I: Fundamental Theory and Applications, 40(10): 693-699.

PAUL J, LEE M W, SHORE K A, 2004. Effect of chaos pass filtering on message decoding quality using chaotic external-cavity laser diodes[J]. Optics Letters, 29(21): 2497-2499.

RONTANI D, LOCQUET A, SCIAMANNA M, et al, 2010. Spectrally efficient multiplexing of chaotic light[J]. Optics Letters, 35(12): 2016-2018.

RONTANI D, MERCIER E, SCIAMANNA M, 2016. Enhanced complexity of optical chaos in a laser diode with phase-conjugate feedback[J]. Optics Letters, 41(20): 4637-4640.

SAKURABA R, IWAKAWA K, UCHIDA A, 2015. Tb/s physical random bit generation with bandwidth-enhanced chaos in three-cascaded semiconductor lasers[J]. Optics Express, 23(2): 1470-1490.

SUNADA S, HARAYAMA T, ARAI K, et al, 2011. Chaos laser chips with delayed optical feedback using a passive ring waveguide[J]. Optics Express, 19(7): 5713-5724.

TANG S, LIU J M, 2001. Message encoding-decoding at 2.5 Gbits/s through synchronization of chaotic pulsing semiconductor lasers[J]. Optics Letters, 26(23): 1843-1845.

TRONCIU V Z, MIRASSO C R, COLET P, et al, 2010. Chaos generation and synchronization using an integrated source with an air gap[J]. IEEE Journal of Quantum Electronics, 46(12): 1840-1846.

TÖBBENS A, PARLITZ U, 2008. Dynamics of semiconductor lasers with external multicavities

[J]. Physical Review E,78(1): 016210-1-016210-7.

UCHIDA A, LIU Y, DAVIS P, 2003. Characteristics of chaotic masking in synchronized semiconductor lasers[J]. IEEE Journal of Quantum Electronics,39(8): 963-970.

VANWIGGEREN G D, ROY R, 1998. Communication with chaotic lasers[J]. Science, 279 (5354): 1198-1200.

VIKTOROV E A,MANDEL P,2001. Synchronization of two unidirectionally coupled multimode semiconductor lasers[J]. Physical Review A,65(1): 015801-1-015801-4.

WANG A B,WANG B J,LI L,et al,2015. Optical heterodyne generation of high-dimensional and broadband white chaos[J]. IEEE Journal of Selected Topics in Quantum Electronics,21(6): 531-540.

WANG A B,WANG Y C,YANG Y B,et al,2013. Generation of flat-spectrum wideband chaos by fiber ring resonator[J]. Applied Physics Letters,102(3): 031112-1-031112-5.

WANG A B,WANG Y C,WANG J F,2009. Route to broadband chaos in a chaotic laser diode subject to optical injection[J]. Optics Letters,34(8): 1144-1146.

WANG D M,WANG LS,GUO Y Y,et al,2019,Key space enhancement of optical chaos secure communications: chirped FBG feedback semiconductors laser[J]. Optics Express, 27(3): 3065-3073.

WANG L S,GUO Y Y,WANG D M,et al,2019. Experiment on 10-Gb/s message transmission using an all-optical chaotic secure communication system[J]. Optics Communications, 453: 124350.

WANG L S,MAO X X,WANG A B,et al,2020. Scheme of coherent optical chaos communication [J]. Optics Letters,45(17): 4762-4765.

WHITE J K,MOLONEY J V,1999. Multichannel communication using an infinite dimensional spatiotemporal chaotic system[J]. Physical Review A,59(3): 2422-2426.

WANG L S, WANG J L, WU Y S, et al, 2023. Chaos Synchronization of semiconductor lasers over 1040 km fiber relay transmission with hybrid amplification[J]. Photonics Research, 11 (6): 953-960.

WU J G,XIA G Q,WU Z M,2009. Suppression of time delay signatures of chaotic output in a semiconductor laser with double optical feedback[J]. Optics Express,17(22): 20124-20133.

XUE C,JIANG N,LV Y,et al,2016. Security-enhanced chaos communication with time-delay signature suppression and phase encryption[J]. Optics Letters,41(16): 3690-3693.

YANG Q, QIAO L J, WEI X J, et al, 2021. Flat broadband chaos generation using a semiconductor laser subject to asymmetric dual-path optical feedback[J]. Journal of Lightwave Technology,39(19): 6246-6252.

YANG Z,YI L L,ZHUGE Q B,et al,2020. Chaotic optical communication over 1000 km transmission by coherent detection[J]. Journal of Lightwave Technology,38(17): 4648-4655.

YU L,LU D,PAN B,et al,2014. Monolithically integrated amplified feedback lasers for high-quality microwave and broadband chaos generation[J]. Journal of Lightwave Technology, 32(20): 3595-3601.

ZHAO A K,JIANG N,LIU S Q,et al,2020. Generation of synchronized wideband complex signals and its application in secure optical communication[J]. Optics Express,28(16): 23363-23373.

ZHAO A K, JIANG N, LIU S Q, et al, 2021. Physical layer Encryption for WDM optical communication systems using private chaotic phase scrambling[J]. Journal of Lightwave Technology,39(8): 2288-2295.

ZHANG J Z,WANG A B,WANG J F,et al,2009. Wavelength division multiplexing of chaotic secure and fiber-optic communications[J]. Optics Express,17(8): 6357-6367.

第 7 章

物理随机数发生器

随机数的产生是一个历久弥新的研究课题，这源于其重要的科学意义和广泛的应用背景。在科学计算中，随机数被普遍应用于蒙特卡罗仿真、统计抽样及人工神经网络等诸多领域。在工程实践中，随机数可用作雷达中的测距信号、光时域反射仪中的探测信号、遥控遥测中的测控信号、数字通信中的加扰和解扰信号、码分多址中的地址码和扩频码等。此外，随机数还常被用于检测光通信器件的性能和通信系统的质量。

在信息安全领域，随机数更是扮演着极其重要的角色。在保密通信中，一般利用随机数作为密钥对明文信息进行加密，只要密钥不被破解，就可以保证所传输信息的安全。随着现代计算机技术及通信技术的迅速发展，特别是互联网络的普及，信息安全受到世界各国的高度关注。产生安全、可靠的随机数已经关系到国家安全、金融稳定、商业机密、个人隐私等众多方面。

香农(Claude Elwood Shannon)的理论研究证明，如果加密所用的密钥是完全随机的，并且与所要加密的信息的长度一致，且一次性使用，那么这种“一次一密”的加密技术就是不可破解、绝对安全的(Shannon et al.，1949)。在数字通信中，要实现这种理论上绝对安全的“一次一密”保密方案，首先要具备三个技术：①能产生完全随机的真随机数；②能够快速产生大量随机数，其产生码率不低于通信的信息传输速率；③实现密钥的远程分发，即密钥不能被破解与泄密。因此，从信息安全的角度考虑，随机数产生研究有两个主要方向：一是要求产生的随机数完全随机，二是随机数的高速产生技术。

产生随机数的装置统称为随机数发生器(random number generator，RNG)。依据发生机制的不同，随机数发生器可分为两大类：伪随机数发生器(pseudorandom number generator,PRNG)和物理随机数发生器(physical random number generator,PhRNG)。

伪随机数发生器通过对一些算法赋予不同的种子,可以用计算机便捷地生成具有一定周期的、快速的(码率可达几十吉比特每秒)随机数,如现在的通信系统中最常用的 DES 算法、RSA 算法等。阿尔卡特-朗讯公司已研制出码长为 2^7-1,码率达 86 Gbit/s 的伪随机发生器芯片(Wohlgemuth et al.,2005);加拿大多伦多大学报道了码长为 $2^{31}-1$,码率为 72 Gbit/s 的伪随机发生装置(Dickson et al.,2005)。但伪随机数发生器存在两个致命缺陷:①一旦算法与种子被破解,则随机数不仅可以复制,甚至可以预测;②产生的随机序列长度有限,存在周期性。随着计算机运算能力的不断提高,破解以伪随机数加密的密文事件层出不穷。因此,用伪随机数作为密钥理论上是不安全的。

物理随机数发生器是利用自然界微观量子效应(如核辐射衰变)或宏观随机现象(自发辐射噪声)作为熵源,产生的非周期、无法预测的真随机数的装置。目前,物理随机数发生器产品多数是基于热噪声、振荡器抖动、单光子等随机熵源研制的。例如:1995 年,美国 Comscire 公司研发出 20 kbit/s 的真随机数发生器是将热噪声作为熵源,2003 年该公司对系统进行了升级,使其码率提高至 1 Mbit/s;2007 年,复旦大学曾晓洋教授报道了其研发的基于振荡器的真随机数发生器芯片,测试速率为 4 Mbit/s;基于单光子源的随机数发生器的典型产品是瑞士 ID Quantique 公司生产的 Quantis 系列产品,单路输出的随机数的最高码率为 4 Mbit/s,4 路复用后的码率可达 16 Mbit/s。然而,受限于传统熵源带宽,常见物理随机数产生速率处于兆比特每秒量级。

基于混沌电路熵源的随机数发生器是利用混沌系统的初值敏感性和长期不可预测性等性质来产生物理随机数,如映射混沌、分段线性混沌、伪混沌压缩、细胞神经网络混沌、蜗卷混沌、时空混沌、混沌物理不可克隆函数以及记忆混沌等。但是,受限于上述混沌电路带宽,其实时产生速率往往低于 1 Gbit/s。

混沌激光的频谱可高达数十吉赫兹,是一种宽带的物理熵源。2007 年 6 月,编者与学生汤君华等提交了利用混沌激光产生高速真随机码的中国发明专利。2008 年,*Nature Photonics* 上刊登了一篇利用混沌激光作为熵源,码率为 1.7 Gbit/s 的高速物理随机数发生器的实验结果(Uchida et al.,2008)。该成果的发表标志着物理随机数发生器的速率一举从 Mbit/s 量级跃升到 Gbit/s 量级,这一突破引起了世界各国相关研究小组的关注,也掀起了以混沌激光作为新型宽带熵源实现高速物理随机数发生器的研究热潮。

7.1 基于混沌的随机数产生原理

依据熵源的不同,混沌随机数发生器可分为三类:电学混沌随机数发生器、光电混沌随机数发生器和全光混沌随机数发生器。

电学混沌随机数发生器是指以混沌电路作为熵源,在电域内量化编码,经过一定的后处理,产生随机数的装置。电学混沌随机数发生器的原理如图 7.1.1 所示。图 7.1.1(a)是 1 位量化方案,电连续时间混沌熵源产生的模拟混沌信号经过 1 位模数转换器后,将电混沌信号转换为原始的 0、1 码。原始 0、1 码的均衡性及随机性较差,经后处理技术使产生的随机数满足随机数标准。图 7.1.1(b)是多位量化方案,是在 1 位量化方案基础上的改进,用多位模数转换器替代 1 位模数转换器,将电连续时间混沌熵源产生的模拟混沌信号量化为多位原始 0、1 码,使得产生随机数的速率大大提高,但产生随机数的质量可能劣化严重,所以多位量化方案需要更复杂的后处理技术,确保产生的随机数质量。

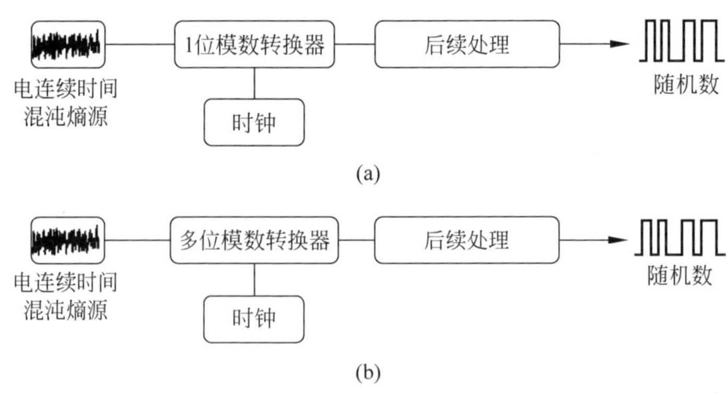

图 7.1.1 电学混沌随机数发生器原理框图

(a) 1 位量化方案;(b) 多位量化方案

光电混沌随机数发生器是指将混沌激光作为熵源,利用光电探测器将光混沌信号转换成电混沌信号,在电域内完成量化编码,经过一定的后处理,产生随机数的装置。根据所使用的光子熵源的不同,又可以将光电混沌随机数发生器分为基于连续时间混沌源的光电混沌随机数发生器和基于离散时间混沌源的光电混沌随机数发生器两类。这两类混沌随机数发生器结合不同的后续处理,可以对产生的随机数的质量进一步优化以及提高产生随机数的码率。

如图 7.1.2 所示是基于连续时间混沌源的光电混沌随机数发生器的原理框图。连续时间混沌光源作为物理熵源,熵源产生的混沌光输出经过光电探测器,将混沌光信号转换为混沌电信号,此时的混沌电信号是模拟量,不能直接应用,需要进行模数转换,转化为随机的 0、1 码。根据不同速率和质量需求,实际中使用的模数转换器分为 1 位和多位。模数转换后的 0、1 码由于受到电子噪声等的影响，0、1 码的均衡性较差。为了优化产生的随机码质量，可对产生的随机码进行延迟差分、颠倒异或、位序翻转等后处理，经过后处理优化的随机码质量会大大提高。

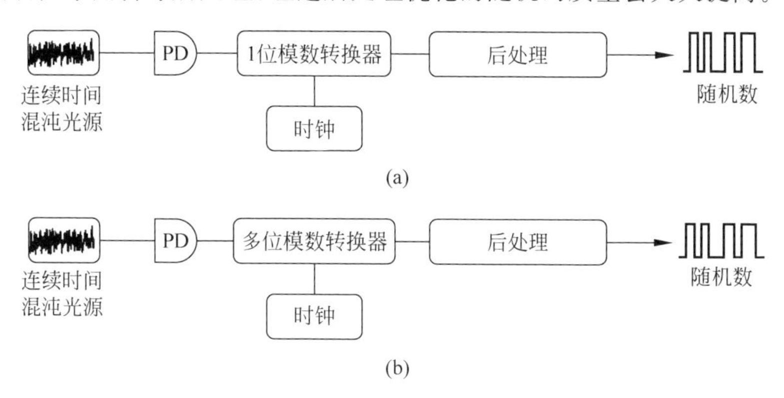

图 7.1.2　基于连续时间混沌光源的光电混沌随机数发生器原理框图

(a) 1 位量化方案；(b) 多位量化方案

如图 7.1.3 所示是基于离散时间混沌光源的光电混沌随机数发生器原理框图。与基于连续时间混沌源的光电混沌随机数发生器不同，它选择离散时间混沌光源作为物理熵源，将熵源产生的脉冲光分为两路，其中一路进行延迟，分别经过光电探测器后，将两路信号输入差分比较器，产生质量更好的随机数。

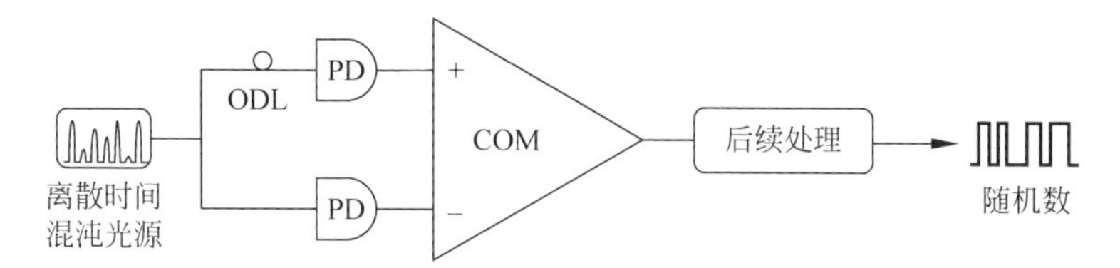

图 7.1.3　基于离散时间混沌光源的光电混沌随机数发生器原理框图

信息大爆炸时代，需要更高码率的随机数来加密信息保证信息的安全，但是由于光电探测器及电时钟等存在“电子带宽瓶颈”，大大限制了产生随机数的速率，全光混沌随机数发生器的随机码提取过程完全在光域中进行，规避了“电子速率瓶颈”的限制，为产生超高速物理随机数打下理论基础。

全光混沌随机数发生器是指利用混沌光源，在光域内采样量化编码，经过相应的后处理，产生光域上的随机数装置。根据使用熵源的不同，可以将全光光学混沌随机数发生器分为基于连续混沌光的全光混沌随机数发生器和基于离散时间混沌光的全光混沌随机数发生器两类。二者除熵源不同，基于离散时间混沌源的全光混沌随机数发生器不需要全光采样器。这两类全光混沌随机数发生器均涉及全光采样技术、全光比较技术、全光触发技术以及全光异或门技术等，以保证在光域中完成随机数的产生。

如图7.1.4所示是全光混沌随机数发生器原理框图。图7.1.4(a)是基于连续时间混沌源的全光混沌随机数发生器原理框图，连续时间混沌光源作为熵源，经过全光采样器，将连续时间混沌光源转换为离散光脉冲，然后进行在光域的全光量化，量化为0、1码，整个随机码产生的过程都是在光域中进行的，大大提高了随机数的产生速率。图7.1.4(b)是基于离散时间混沌光源的全光混沌随机数发生器原理框图，应用了可以直接产生类似于连续时间混沌源采样后信号的离散光脉冲作为物理熵源，后续步骤与基于连续时间混沌源的全光混沌随机数发生器相同。

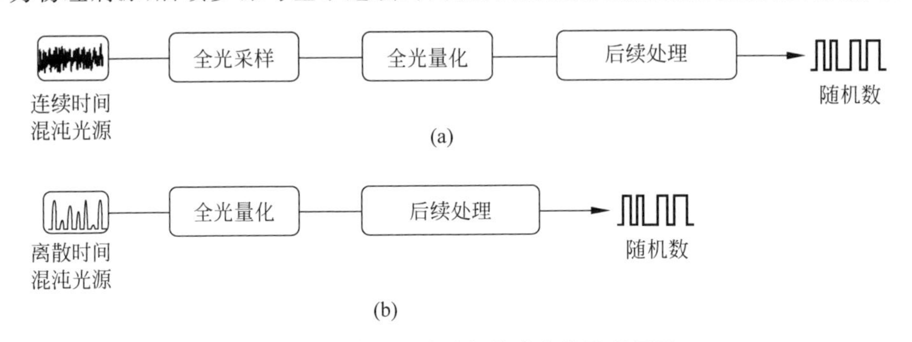

图7.1.4　全光混沌随机数发生器原理框图

(a) 基于连续时间混沌源方案；(b) 基于离散时间混沌源方案

7.2　电学混沌随机数发生器

作为物理混沌系统的实现方式之一，混沌电路具有结构简单、实现方式多样等优点。研究者利用混沌电路已经构造出多种混沌随机数发生器方案(Acosta et al.，2017)。相较于热噪声放大和振荡环"抖动"采样等技术实现的传统随机数发生器，这些方案具有功耗低、随机数产生速率快、随机性好等优点，并且部分方案已经实现了随机数发生器的集成化和芯片化(Kim et al.，2017；Park et al.，2015)。

按照混沌系统的性质划分，混沌随机数发生器可以分为基于离散时间混沌映射电路的随机数发生器和基于连续时间混沌振荡器的随机数发生器两类。本节将重点介绍这两类随机数发生器技术，其内容涉及混沌产生的基本理论、随机数发生器设计方法与典型实现技术以及安全评估方法等。

7.2.1　基于离散时间混沌映射电路的随机数发生器

目前，基于离散时间混沌映射电路的随机数发生器主要采用易于实现的一维离散映射。常见的一维离散映射有：Tent 映射、Bernoulli 移位映射以及 Logistic 映射等。其中，Tent 映射、Bernoulli 移位映射又属于分段线性一维映射(piecewise-linear one-dimensional map，PL1D Map)。由于分段线性一维映射中只含有加、减、取模以及倍乘等运算，易于使用模拟电路搭建，因而成为离散时间混沌映射随机数发生器的研究热点。

Bernoulli 移位映射的迭代方程如式(7.2.1)所示

$$f(x_n)=\begin{cases}2x_n+e_n, & 0\leqslant x_n<1/2\\ 2x_n-1+e_n, & 1/2\leqslant x_n<1\end{cases} \tag{7.2.1}$$

式中，e_n 为高斯白噪声信号，x_n 为映射任意时刻的输入。式(7.2.1)的电路实现如图 7.2.1(a)所示，对应的相图如图 7.2.1(b)所示。方程的初始状态是由不可预测的热噪声或环境噪声所决定，其相应的马尔可夫链如图 7.2.1(c)所示。这是一个公平抛硬币的马尔可夫链，如图 7.2.1(d)所示，对应于一个真随机系统。

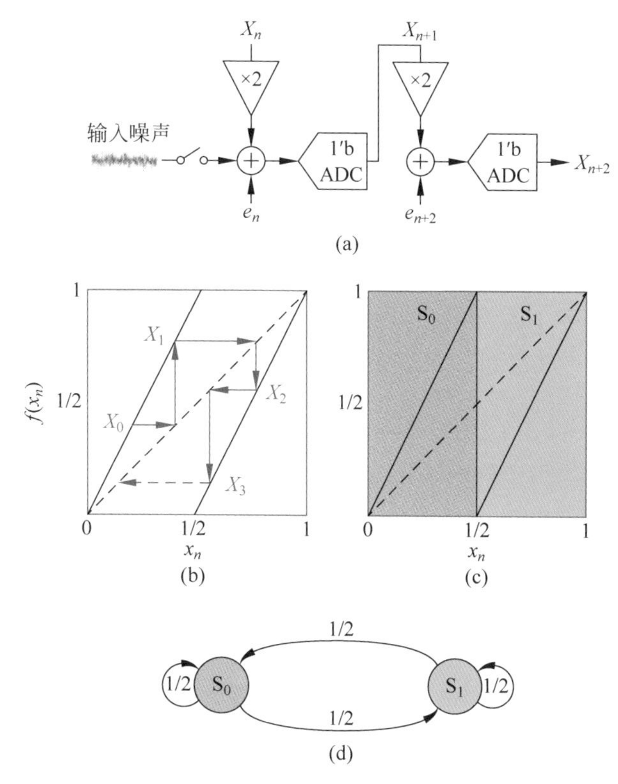

图 7.2.1 混沌映射实现和线性马尔可夫映射(Kim et al.，2017)

(a) 混沌映射电路；(b) 线性马尔可夫映射；

(c) 马尔可夫演化混沌映射；(d) 公平抛硬币的马尔可夫链

一维离散映射的模拟电路实现方法主要有：开关电容技术(Espejo-Meana et al.,2002；王欣等,2009)、开关电流技术(Stojanovski et al.,2001；Wang et al.,2005)、Pipeline ADC 结构(Gerosa et al.,2001)以及电容电荷再分配技术(黄谆等,2004)等。其中开关电流技术(电流模)相对于开关电容技术(电压模)的优势在于它与数字 CMOS 工艺更加兼容。而采用 Pipeline ADC 结构是为了充分利用成熟的 ADC 电路技术,其混沌系统的数学表述如下(Zhou et al.,2006)：

$$s(n+1)=S[s(n)]=\gamma\{s(n)-\mathrm{round}[s(n)]\} \tag{7.2.2}$$

$$u(n)=\mathrm{round}[s(n)] \tag{7.2.3}$$

式中,$s(n)\in\mathrm{R}$ 代表系统状态,$u(n)$代表第 n 个随机序列采样值,round(x)代表最接近 x 的整数值。该系统将会给产生的序列引入随机性,因为从 $u(n)$推出 $s(n)$ 必然有一个误差,通过乘法因子($\gamma>1$)的放大,将会在下一个采样 $u(n+1)$中引入不确定性。式(7.2.2)所表示的算法可以很好地用 Pipeline ADC 来实现,利用 ADC 的量化误差产生随机数。图 7.2.2 给出了一种基于 Pipeline ADC 的随机数发生器结构框图,图 7.2.3 为每一级电路实现原理图(Kim et al.,2017)。

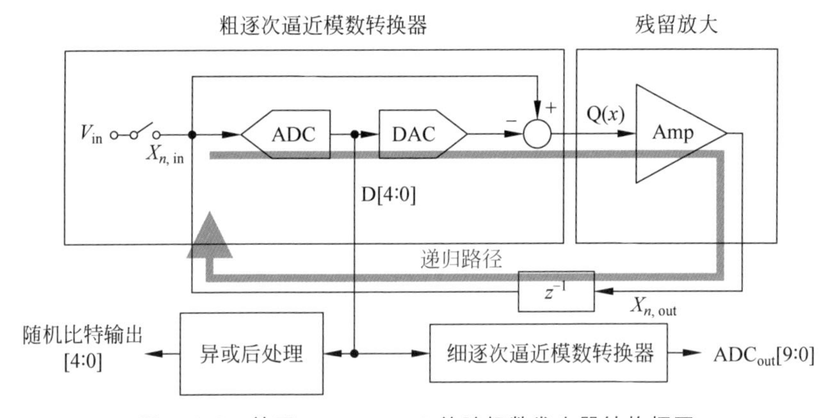

图 7.2.2　基于 Pipeline ADC 的随机数发生器结构框图

图 7.2.4 为图 7.2.2 所述随机数发生器的芯片照片。该随机数发生器芯片采用 180 nm CMOS 工艺制造,其核心大小仅为 30 μm×150 μm(不含 SAR ADC),其 SAR ADC 分辨率为 10 bit,随机数产生速率可达 270 kbit/s,核心功耗为 82 nW。

为了检验图 7.2.2 所述随机数发生器生成的随机数统计特性,共采集了 10 组原始随机数(每组 100 Mbit),并使用美国国家标准局 NIST SP800-22 随机性检验标准套件对这些随机数进行了测试,测试结果见表 7.2.1,原始随机数通过了 15 项测试中的 10 项,表 7.2.1 第二列的“通过比例”栏显示了 10 组随机数通过测试的组数,没有超过半数的视为不通过测试。原始随机数数据经异或处理后,则可以通过 NIST SP800-22 中的全部 15 项测试，见表格右侧两栏（据 NIST SP800-22 标准，显著水平值取 0.01，当 P 值大于 0.0001 且通过 P 值百分比大于 0.9806 时为通过）。

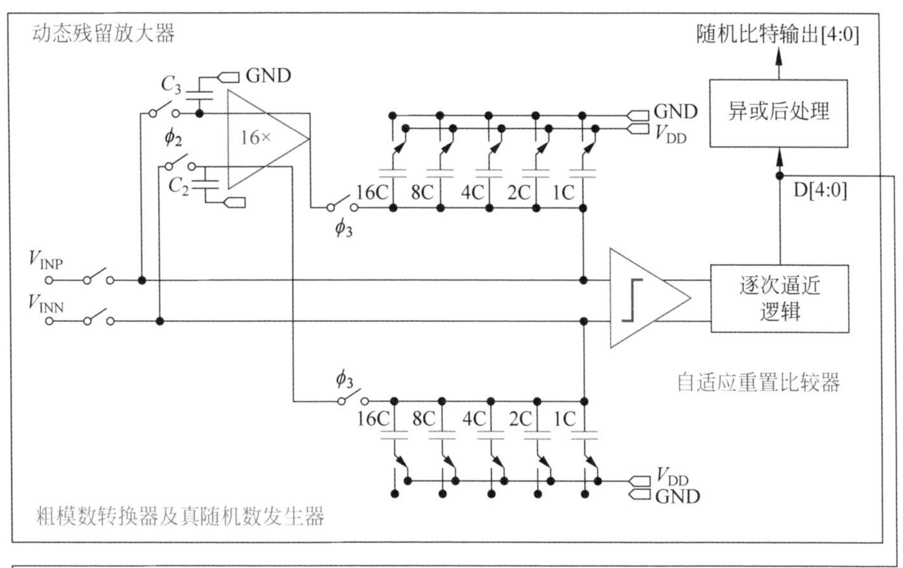

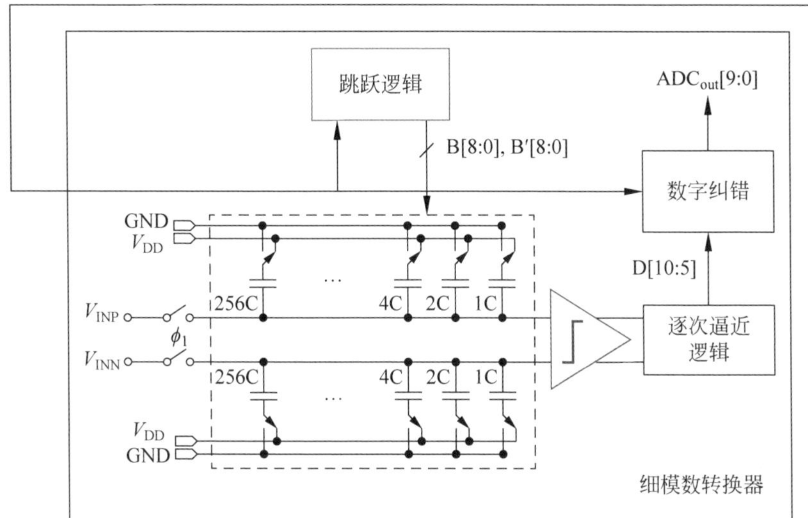

图 7.2.3　基于 Pipeline ADC 的随机数发生器电路原理图架构（Kim et al.，2017）

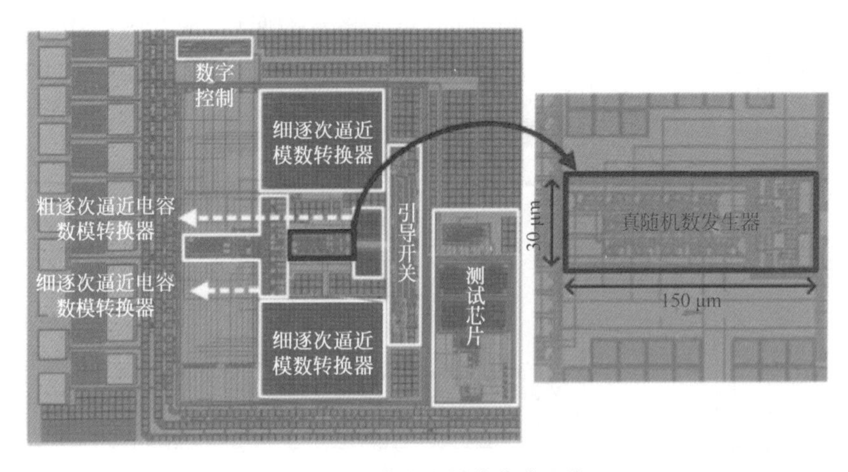

图 7.2.4　图 7.2.2 所述随机数发生器的芯片照片(Kim et al.,2017)

表 7.2.1　离散混沌映射生产随机数的 NIST SP800-22 测试结果

NIST SP800-22 统计测试内容	原始数据测试结果		后处理后的测试结果	
	通过比例	结果	*P* 值	结果
单比特频数检验	10/10	通过	0.604516	通过
块内频数检验	8/10	通过	0.479845	通过
累积和检验	10/10	通过	0.67032	通过
游程检验	3/10	不通过	0.248512	通过
块内最长游程检验	10/10	通过	0.411082	通过
二元矩阵秩检验	10/10	通过	0.403234	通过
离散傅里叶变换检验	3/10	不通过	0.532412	通过
非重叠模板匹配检验	5/10	不通过	100%	通过
重叠模板匹配检验	10/10	通过	0.088015	通过
Maurer 的通用统计检验	3/10	不通过	0.171075	通过
近似熵检验	10/10	通过	0.255739	通过
随机游动检验	10/10	通过	0.295780	通过
随机游动状态频数检验	10/10	通过	0.082536	通过
序列检验	5/10	不通过	0.179012	通过
线性复杂度检验	10/10	通过	0.288754	通过

7.2.2　基于连续时间混沌振荡器的随机数发生器

自治布尔网络电路产生的布尔混沌是一种典型的连续时间混沌。研究者已经提出多种利用布尔混沌来产生高速随机数的技术方案(Rosin et al.,2013; Park et al.,2015; Ma et al.,2018)。这些工作表明,利用低速的混沌电路也可以通过简单的并行化处理，进而实现高的随机数产生速率（≥10 Gbit/s）。

1. 基于混合布尔网络的混沌随机数发生器

基于混合布尔混沌的随机数发生器如图 7.2.5(a)～(d)所示，是一个由自治布尔网络和同步布尔网络组成的混合布尔网络（Rosin et al.，2013）。其中自治布尔网络部分是由逻辑异或门 XOR 和异或非门 XNOR 组成的环形振荡器，包含 N 个自治节点（$N-1$ 个节点执行 XOR，1 个节点执行 XNOR）。每个节点具有三个输入端，其中两个输入来自相邻节点，第三个输入则来自自身输出（自反馈）。图 7.2.5(e)～(i)为 N 取不同值时所对应自治布尔网络的拓扑结构。图 7.2.6(a)～(f)分别为 N 取不同值时所对应自治布尔网络的输出信号时序，以及时序信号中连续两个布尔转换之间的时间差 Δt 的概率密度分布函数。

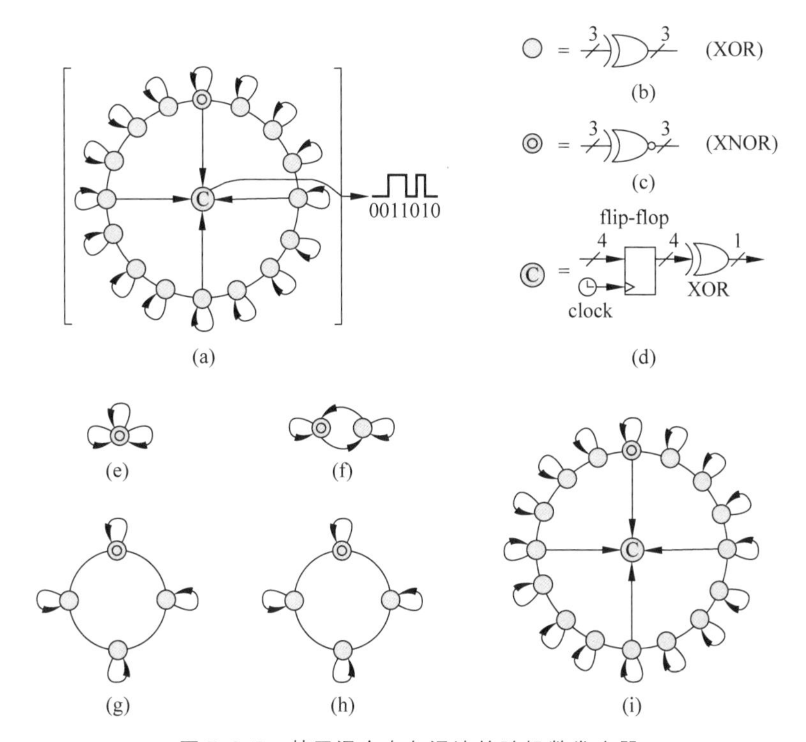

图 7.2.5　基于混合布尔混沌的随机数发生器

(a) 由节点数 $N=16$ 的自治布尔网络和同步布尔网络组成的混合布尔网络。无箭头的连线表示连接是双向的；(b)、(c) 三输入异或门 XOR 和异或非门 XNOR 节点；(d) 同步布尔网络；(e)～(i) $N=1$，$N=2$，$N=4$，$N=5$ 和 $N=16$ 时的混合布尔网络拓扑结构（Rosin et al.，2013）

自治布尔网络中 N 取不同值时输出信号的熵的计算公式如下：

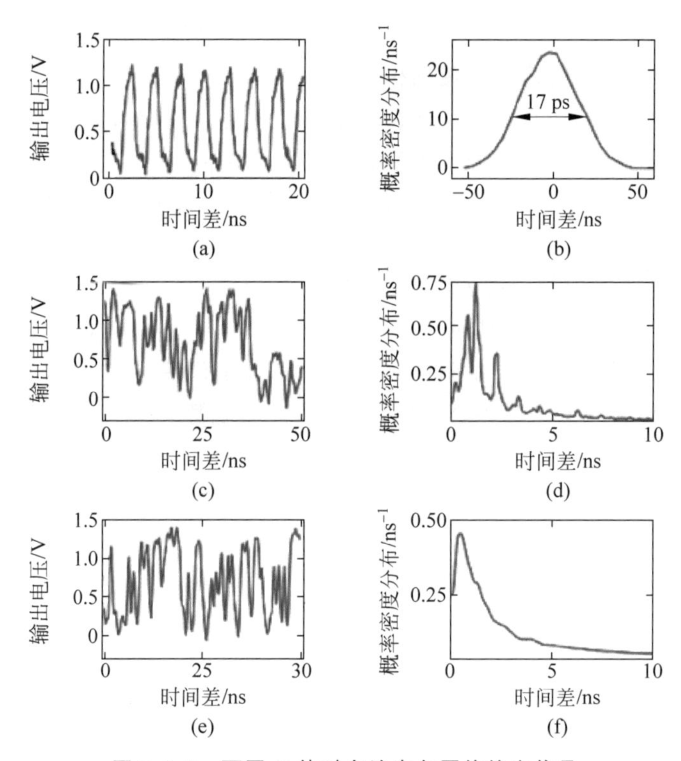

图 7.2.6 不同 N 值时自治布尔网络输出信号

(a) $N=5$ 的自治布尔网络输出时序信号，显示周期性动态；(b) $N=5$ 时，时序信号中连续两个布尔变换之间的时间差 Δt 的分布，其概率密度函数(PDF)为高斯函数；(c) $N=6$ 时，自治布尔网络输出时序信号，显示混沌性动态；(d) $N=6$ 时，Δt 的 PDF；(e) $N=16$ 时，自治布尔网络输出时序信号，显示混沌性动态；(f) $N=16$ 时，Δt 的 PDF(Rosin et al.，2014)

$$H(X)=-\sum_{i=1}^{n}p(x_i)\log_2 p(x_i) \tag{7.2.4}$$

式中，$X=\{x_i\}_{i=1}^{n}$ 是随机变量，$p(x_i)$ 是 x_i 的概率。图 7.2.7 为不同节点数量下，自治布尔网络输出信号的熵值变化情况。当 $N<5$ 时，熵为 $H=0$ bit/sample；当 $N=5$ 时，熵为 $H\approx(0.30\pm0.01)$bit/sample，电路处于周期振荡状态；在 $N=6$ 时，熵增加到 $H\approx(0.82\pm0.01)$bit/sample，电路处于混沌状态。对于 $N>7$，$H\approx(0.96\pm0.01)$bit/sample，接近 H 的最大值 1 bit/sample。

由于 $N>7$ 后，自治布尔网络的输出均具有高熵值，因此理论上每个节点都可以用于产生随机数。但是，实际情况是这些随机数均无法通过 NIST SP800-22 随机性检验标准，原因是节点的输出信号中约有 0.1%的偏置(1 和 0 数量不相等)。具体解决办法是增加同步布尔网络用于消偏操作。如图 7.2.5(d)所示，同步布尔网络由四个 D 触发器和一个 4 输入 XOR 门组成，其中 D 触发器用于将自治布尔

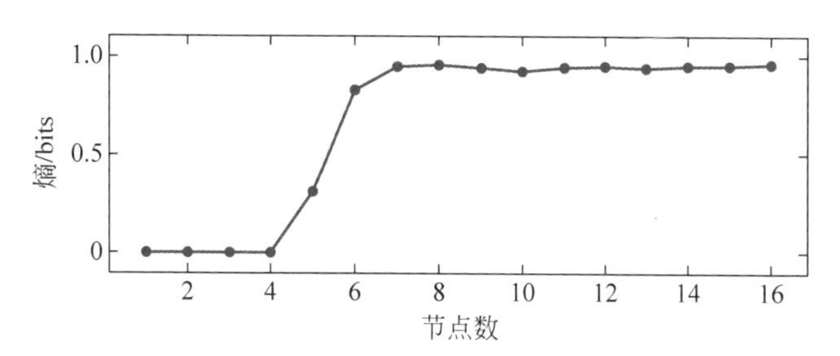

图 7.2.7　不同节点数量 N 所对应的熵动态变化(Rosin et al.,2013)

网络输出的布尔混沌转换为同步布尔信号("0"和"1"的比特流)。随后,四组比特流输入 4 输入端的 XOR 逻辑门进行异或处理以降低偏置。由于四组比特流之间已无相关性(互相关系数低于 7.5%);因此,经同步自治布尔网络异或处理后输出的随机数序列可以顺利通过随机性检验标准测试。

如图 7.2.5(a)所示的混沌随机数发生器可以在各种 FPGA 或 CPLD 平台上实现,具体包括 Altera Cyclone Ⅳ、Altera Stratix Ⅳ、Xilinx Virtex Ⅵ和 CPLD Altera MAX Ⅱ等,其随机数产生速率可达 100 Mbit/s。虽然单个混合布尔网络的随机数发生器速率较低;但因其使用的逻辑门数量仅占 FPGA 资源的一小部分(约占 Altera Cyclone Ⅳ FPGA 上逻辑门总数的 0.02%)。因此,通过并行 128 个结构相同的混合布尔网络的随机数发生器,可以实现 12.8 Gbit/s 的随机数生成速率且可通过 NIST SP800-22 测试,测试结果见表 7.2.2,测试随机数由 1000 个 1 Mbit 数据组成。测试结果显示所有 P 值均大于 10^{-4},比例大于 0.9805。

表 7.2.2　NIST SP800-22 测试结果(Rosin et al.,2013)

NIST SP800-22 统计测试	P 值	比　例	结　果
单比特频数检验	0.0856	0.991	通过
块内频数检验	0.7887	0.993	通过
累积和检验	0.3191	0.988	通过
游程检验	0.2954	0.989	通过
块内最长游程检验	0.0081	0.992	通过
二元矩阵秩检验	0.1147	0.995	通过
离散傅里叶变换检验	0.4750	0.991	通过
非重叠模板匹配检验	0.1445	0.983	通过
重叠模板匹配检验	0.6621	0.987	通过
Maurer 的通用统计检验	0.0288	0.990	通过
近似熵检验	0.5728	0.989	通过
随机游动检验	0.3694	0.982	通过

续表

NIST SP800-22 统计测试	P 值	比 例	结 果
随机游动状态频数检验	0.3917	0.982	通过
序列检验	0.5544	0.987	通过
线性复杂度检验	0.4944	0.992	通过

2. 基于自治布尔网络的随机数发生器

图 7.2.8 为基于自治布尔网络的随机数发生器，主要由三部分构成：熵源、熵提取电路以及实时后处理电路(Ma et al.,2018)。熵源由自治布尔网络振荡器构成，其输出信号为具有高熵值的连续时间混沌；熵提取电路由一个 D 触发器构成，其在时钟信号控制下对熵源输出信号进行采样、量化，产生随机的二进制比特序列；实时后处理电路由一个十位的线性移位反馈寄存器构成，其功能是消除随机数中携带的偏置(随机数序列中 0 和 1 个数不相等的现象)，提高其随机性。

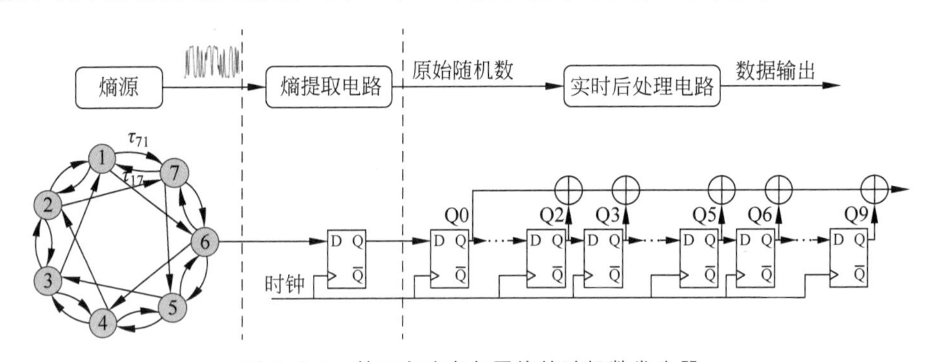

图 7.2.8 基于自治布尔网络的随机数发生器

图 7.2.8 中各部分电路的结构和工作原理详述如下。

熵源：由基于自治布尔网络的混沌振荡器构成，网络中包含 7 个节点(6 个节点为 XOR 门，1 个节点为 XNOR 门)，每个节点具有三个输入端，其中两个输入来自相邻节点，第三个输入则来自相邻节点的相邻节点。各节点间传输路径上的延迟时间为 τ_{ij} ($1\leqslant i\leqslant 7, 1\leqslant j\leqslant 7$)。

熵源电路可以利用现场可编程门阵列 FPGA(Altera Cyclone Ⅳ FPGA cyclone Ⅳ,EP4CE10F17C8N)来实现，其产生布尔混沌的时序、频谱和自相关分别如图 7.2.9(a)～(c)所示。从图中可以看出，布尔混沌的电压呈现大幅随机起伏(约 2 V)，其频谱平坦且带宽达 620 MHz(－10 dB 带宽)，其自相关曲线的半高全宽约为 1 ns。如图 7.2.9(d)所示，布尔混沌信号中连续两个布尔转换之间的时间差 Δt 的概率密度分布为泊松分布，经拟合计算得到 $\lambda=4$。可以发现，布尔混沌的 Δt 比热噪声引起的振荡器相位噪声(数十皮秒)增加了约 2 个数量级，这意味着振荡器相位噪声在自治布尔网络中获得了混沌系统的非线性放大，更有利于从中提取实时速率更高的随机数序列。

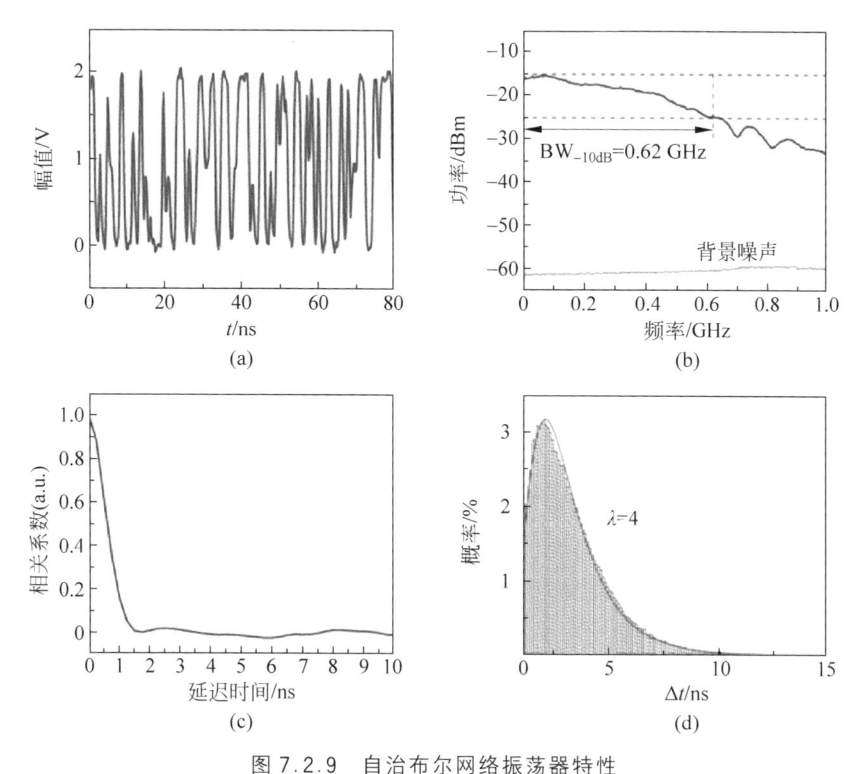

图 7.2.9　自治布尔网络振荡器特性

(a) 时序；(b) 频谱；(c) 自相关；(d) 频率分布直方图

熵提取电路：熵提取电路(由一个受时钟控制的 D 触发器构成)完成对布尔混沌信号的采样、量化，进而产生 0/1 二进制随机数序列$\{s_n(t)\}|_{t=1}^{\infty}$。采样、量化函数定义如下：$\{s_n(t)\}|_{t=1}^{\infty}=T_n(x_i)=\begin{cases}0, & x\in[0,V_{cc}/2]\\1, & x\in[V_{cc}/2,V_{cc}]\end{cases}$，$V_{cc}$ 为 D 触发器的工作电压，D 触发器的时钟信号频率决定了随机数发生器的速率。D 触发器的工作原理是，当采集信号处于时钟信号的上升沿时，输出信号 Q 等于 D 端输入信号，此时可以实现布尔混沌信号的采样，D 触发器真值见表 7.2.3。

在 D 触发器工作过程中，要建立“0”和“1”两个稳定状态，输入端的信号需要满足时钟上升沿到达之前和时钟上升沿到达之后这段保持时间内保持稳定。若不满足该条件，触发器将出现亚稳态，导致输出随机数序列的随机统计特性恶化。为了消除上述现象，在熵提取电路的后端增加了实时后处理电路。

表 7.2.3　D 触发器真值表

D	Q	说　明
0	0	在时钟信号上升沿时，输出状态与 D 端状态相同
0	0	
1	1	
1	1	

实时后处理电路：为了提高所产生随机数的随机性，在熵提取电路输出端增加了实时后处理电路。目前，常见的后处理技术有：异或树、冯・诺依曼校正器、哈希函数以及线性移位反馈寄存器（Xu et al.，2016；Wang et al.，2016）等。异或树后处理，当其级联位数过少时，对于提高随机数随机性、减小偏置的效果不明显，而且还会造成随机数输出速率的损失；而使用冯・诺依曼校正器后处理也同样存在随机数速率损失的问题；哈希函数后处理，对于提高随机数的随机性具有较好的效果，但是其实现算法复杂，通过 FPGA 或电路实现时会占用较多资源，造成随机数发生器结构复杂、功耗大等问题。相较于以上后处理技术，线性移位反馈寄存器后处理具有结构简单、消耗硬件资源较少、处理效果好等优点，而且更重要的是它不会造成随机数速率的损失，因而具有较好的应用前景。如图 7.2.8 所示的随机数发生器采用了由十位线性反馈移位寄存器（LSFR）构成的后处理电路，其特征多项式为 $f(x)=x^9+x^6+x^5+x^3+x^2$。利用香农熵公式计算了所产生随机数序列的熵值：在后处理之前，原始随机数序列的熵值为 $H=0.999501$ bit/sample，经过实时后处理电路后，随机数序列的香农熵增至 $H=0.999999$ bit/sample，表明随机数序列中残存的偏置得到消除，其随机性得到了增强。

当时钟信号设定为 100 MHz 时，如图 7.2.8 所示随机数发生器的实时速率为 100 Mbit/s，所产生随机数序列的时序、眼图及二维点阵图（1 Mbit）如图 7.2.10 所示。相比于前述基于混合布尔网络的随机数发生器，该技术使用了更少的数字器件，仅需 7 个逻辑门和 11 个 D 触发器。通过并行 $L=100$ 个同样结构的随机数发生器单元（图 7.2.11）即可实现实时速率达 10 Gbit/s 随机数产生速率，而此时也仅需 1800 个 LE 单元，从所使用的 FPGA（EP4CE10F17C8N 为 Altera 的低成本 FPGA，总逻辑单元为 10320LEs）来看，仅占其总资源的 17%。因此，随机数发生器的速率还有较大的提升空间。

为了测试所产生随机数的质量，对其进行了随机性检验测试。采集 1 Gbit 随机数（1000 组，每组 1 Mbit）进行了 15 项测试，显著水平值 $\alpha=0.01$。测试结果见表 7.2.4，可见，基于自治布尔网络振荡器产生的 1 Gbit 随机数通过了 15 项测试，表明其具备良好的随机性。

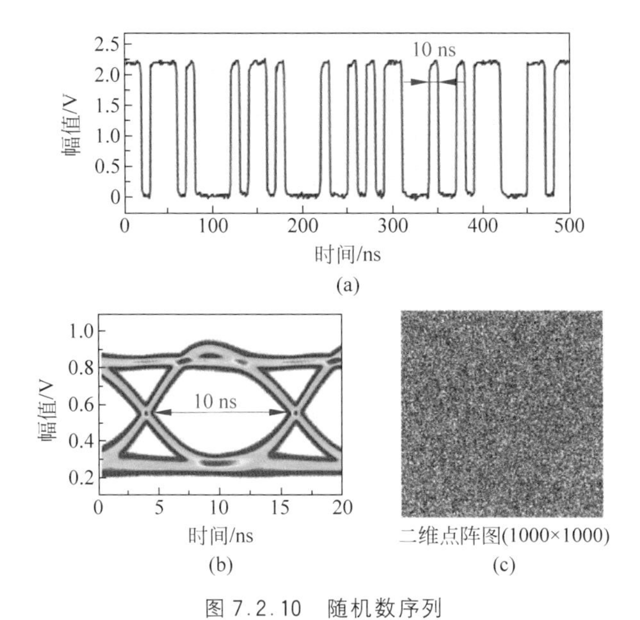

图 7.2.10　随机数序列

(a) 时序；(b) 眼图；(c) 二维点阵图

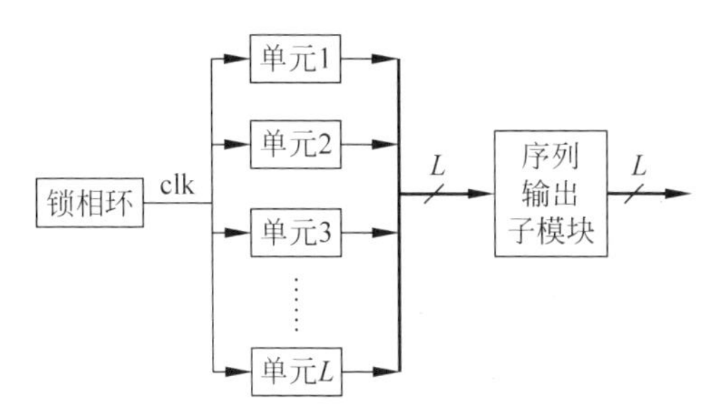

图 7.2.11　10 Gbit/s 随机数发生器

表 7.2.4　NIST SP800-22 测试结果

NIST SP800-22 统计测试	P 值	比　例	结　果
单比特频数检验	0.751866	0.987	通过
块内频数检验	0.209948	0.995	通过
累积和检验	0.488534	0.991	通过
游程检验	0.245490	0.993	通过
块内最长游程检验	0.012387	0.990	通过
二元矩阵秩检验	0.394195	0.985	通过
离散傅里叶变换检验	0.765632	0.987	通过

续表

NIST SP800-22 统计测试	*P* 值	比 例	结 果
非重叠模板匹配检验	0.272977	0.984	通过
重叠模板匹配检验	0.572847	0.990	通过
Maurer 的通用统计检验	0.900569	0.991	通过
近似熵检验	0.955835	0.985	通过
随机游动检验	0.997972	0.986	通过
随机游动状态频数检验	0.425817	0.989	通过
序列检验	0.238035	0.990	通过
线性复杂度检验	0.120207	0.989	通过

基于自治布尔网络的随机数发生器如图 7.2.12 所示，其产生的随机数可以通过 SMA 接口输出，还可以通过 USB 2.0 高速数据接口传输至计算机，传输速率可达 300 Mbit/s。随机数发生器实现原理如图 7.2.13 所示，由 3 部分组成：①在 FPGA 中实现随机数的产生、双端口异步 FIFO 的数据缓冲和数据传输逻辑判断；②USB 2.0 高速接口芯片 CY7C68013A，采用 Slave FIFO 16 位工作模式实现数据高速传输；③上位机随机数读取软件由 Microsoft Visual C++编程实现，通过驱动程序，对 USB 2.0 传输的随机数进行读取和存储。图 7.2.13 中，数据总线功能描述见表 7.2.5。

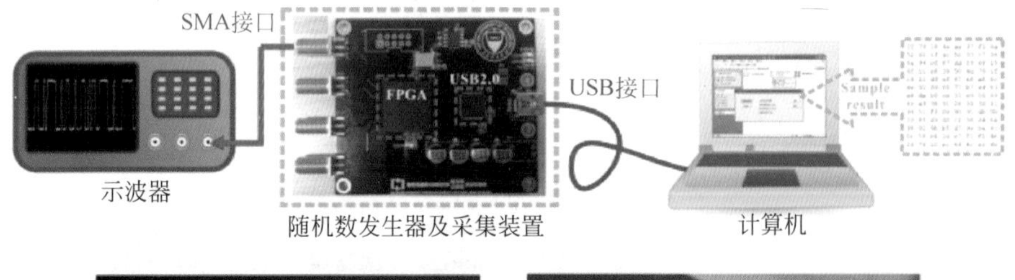

图 7.2.12 基于自治布尔网络的随机数发生器

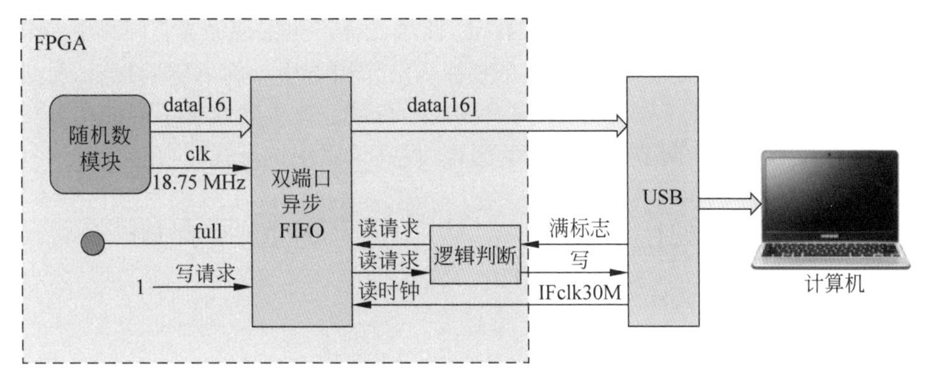

图 7.2.13 基于自治布尔网络的随机数发生器原理图

表 7.2.5 数据总线功能描述表

符　　号	参　　数
data[16]	16 位数据线
clk	同步时钟线
full	双端口异步 FIFO 满标志位
wr_req	双端口异步 FIFO 的写请求,固定写入
rd_req	USB 内部 FIFO 的读请求
rd_emp	双端口异步 FIFO 的空标志
rd_clk	USB 端同步时钟线
full_flag	USB 内部 FIFO 的满标志
write	FPGA 对 USB 的写请求

7.3 光学混沌随机数发生器

7.3.1 光电混沌随机数发生器

基于光电技术的方案是指将混沌光源,用光电探测器转换成电信号,在电域内完成随机数提取的方案。按照提取随机数的过程不同,进一步将基于光电技术的产生方案细分为基于单路混沌激光的 1 位 ADC 提取技术、基于双路混沌激光的 1 位 ADC 提取技术、基于单路混沌激光的多位 ADC 提取技术和基于后续处理技术的随机数产生方案。

1. 基于单路混沌激光的 1 位 ADC 提取技术

如图 7.3.1(a)所示延迟差分比较方案(Zhang et al.,2012)中,激光器和光纤反射镜之间形成了一个反馈腔。腔中的偏振控制器和可调谐衰减器用来控制反馈光的偏振匹配及强度。半导体激光器产生的激光进入偏振控制器和耦合比为

60∶40 的光耦合器，在反馈腔中形成扰动，使激光器产生混沌激光；再利用差分比较器对宽带混沌激光信号延迟作差，在时钟驱动作用下用 1 位 ADC 对该信号进行量化，后续经异或处理操作，获得了高质量的随机数。此方案改善了混沌信号的稳定性，可有效避免精确调节阈值电压的困难，提高了系统抗干扰能力。

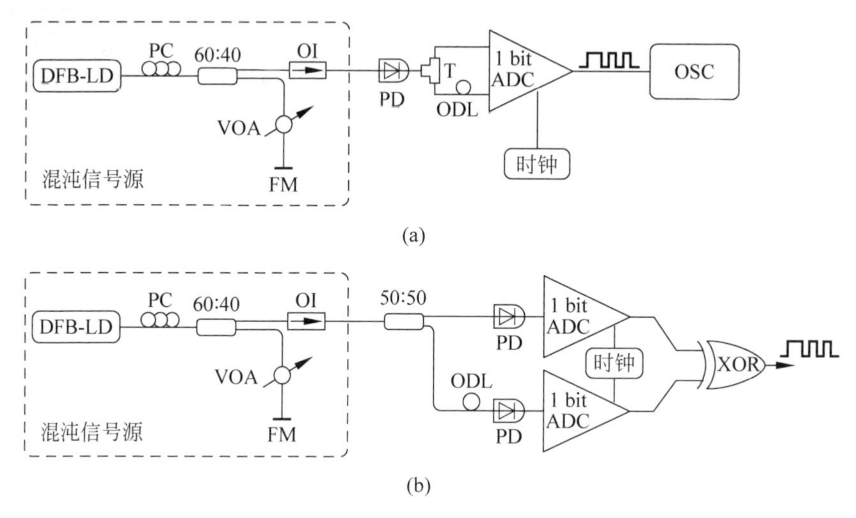

图 7.3.1　两种随机数产生方案

(a) 延迟差分比较方案；(b) 延迟异或方案

进一步研究发现：若将单个混沌激光器经 50∶50 的耦合器分成两路信号，分别经各自的 1 位 ADC 比较量化得到两路二进制码，通过延迟异或处理，可以消除光反馈激光器弱周期性的影响，降低系统复杂度，具体实验装置如图 7.3.1(b)所示。

在上述研究的基础上，编者课题组研发了国际上第一台基于混沌激光的实时、高速物理随机数发生器样机，其码率在 0 ～ 4.5 Gbit/s 连续可调，可连续稳定工作至少 24 h(Wang et al.，2013)，具体装置如图 7.3.2 所示。图 7.3.2(a)为工作原理图，图 7.3.2(b)和(c)是该随机数样机的外观与内部结构照片，尺寸为 30 cm×26 cm×12 cm。基于光反馈半导体激光器产生的混沌激光信号通过光电探测器(PD)转换成电信号，然后通过 T 型连接器(Tee)分成两路信号，两路信号分别进入比较器(COM)中，通过与它们各自的比较器的阈值相对比，输出两路二进制流。需要注意的是，进入比较器的两路信号之间和每一个比较器输入信号间要有一定的延迟，避免信号产生互相关；之后，在相同时钟信号控制的触发器作用下，二进制数据流被量化为两路随机数序列；最后经过异或门(XOR)输出高速随机数。

实验中，激光器偏置电流为 1.6 倍的阈值电流，中心波长为 1554 nm。控制反馈强度为 40％的条件下，利用实时示波器在 40 GSa/s 的采样率下采集长度为

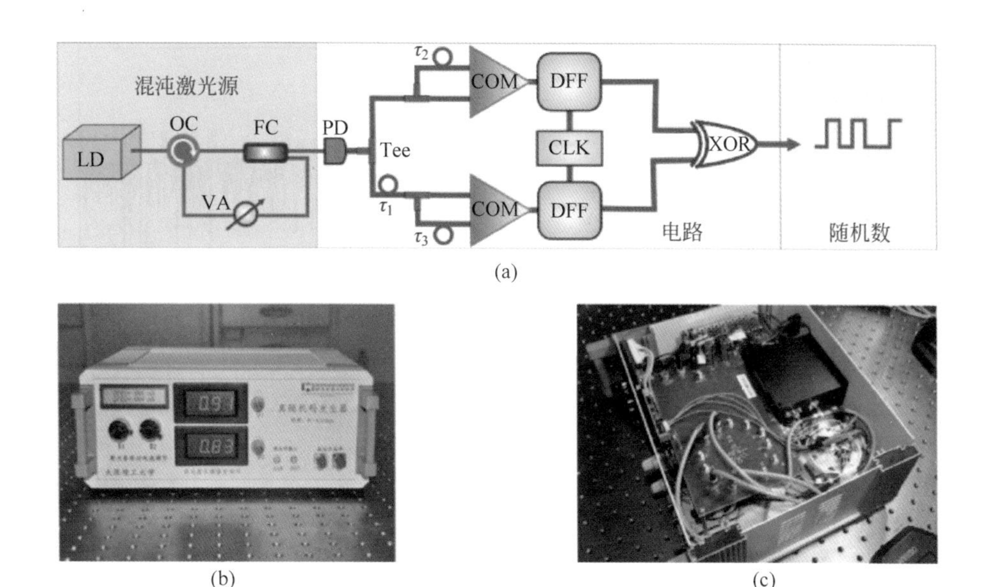

图 7.3.2　4.5 Gbit/s 物理随机数样机

(a) 原理图；(b) 样机外观照片；(c) 样机内部构造照片

50 μs 的混沌数据来分析混沌激光信号特征，结果如图 7.3.3 所示。图 7.3.3(a)和(b)分别为带宽约 7 GHz 的混沌激光信号的频谱和时序图，呈现了混沌宽带宽、幅度大的特性。如图 7.3.3(c)所示，混沌信号的幅值概率分布不是标准的高斯分布，这种情况下用固定阈值电压比较法产生随机数，势必导致 0、1 码偏离率较大。图 7.3.3(d)是混沌信号的自相关曲线，发现在延迟时间为 74 ns 处出现相关系数约为 0.2 的相关峰，它对应着混沌激光的时延特性。

上述非对称幅值分布和阈值电压漂移问题可以用差分比较方法来解决。图 7.3.4(a)和(b)分别为所得差分信号的时序和幅值分布。由图可见信号幅值关于 0 对称分布，皮尔森中值偏斜度仅为 −0.001。也就是说，尽管混沌信号呈现非对称分布，但差分比较方法可抵消这种影响。

采用延迟异或可以消除混沌信号弱周期性引起的信号相关性。两路存在 5 ns 延迟时间的信号在频率为 4.5 GHz 的时钟触发下，通过异或处理后产生的随机码的波形和眼图如图 7.3.5 所示。

必须指出的是，上述方案中采样过程是在电域中进行的。电子时钟的抖动限制了电子 ADC 的带宽。鉴于此，李璞等提出全光采样高速物理随机数发生器方案(Li P et al.，2018)，并实验产生了 10 Gbit/s 的全光随机数。

图 7.3.6(a)为全光采样高速随机数发生器样机照片，由激光混沌源、光子采样器和光子量化器三层组成。其原理框图如图 7.3.6(b)所示，锁模激光器产生超短

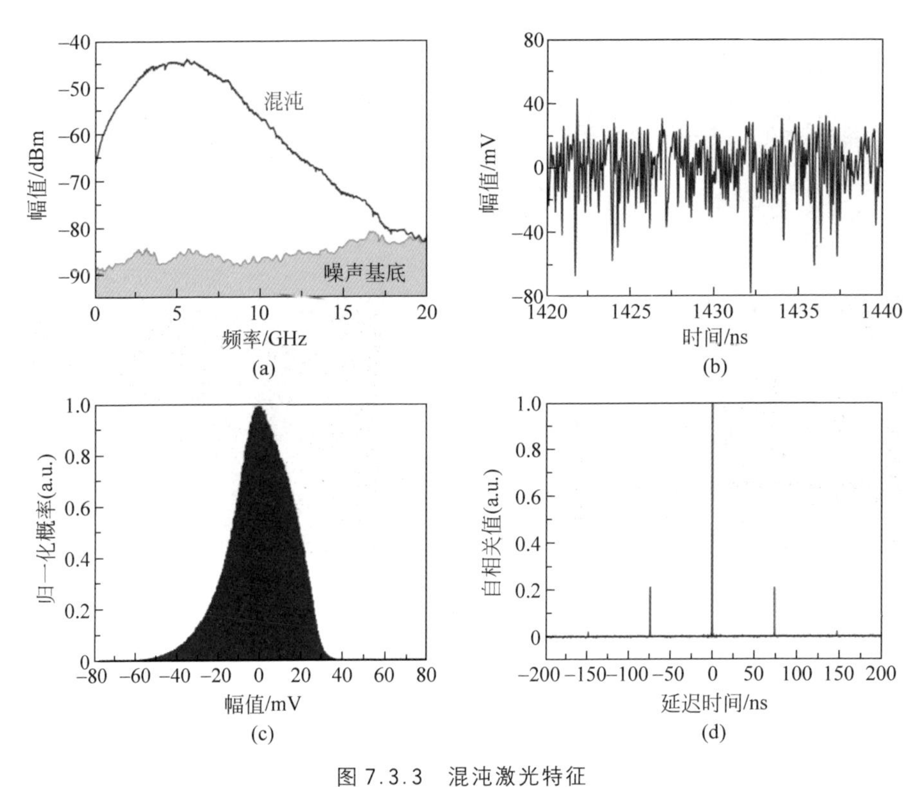

图 7.3.3 混沌激光特征

(a) 频谱；(b) 时序波形；(c) 幅值概率分布；(d) 自相关曲线

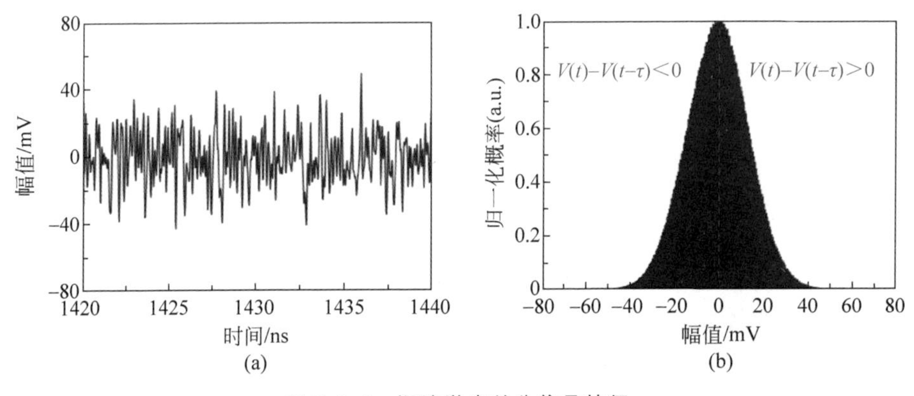

图 7.3.4 混沌激光差分信号特征

(a) 时序波形；(b) 幅值概率分布

光脉冲序列作为光时钟，驱动光子采样器及量化器，实现从混沌激光中提取物理随机数。图 7.3.6(c)为随机数产生的装置示意图：(i)为混沌激光器模块，两个分布反馈半导体激光器(DFB-LD)级联成单向主从结构。其中 DFB-LD1 与光环行器

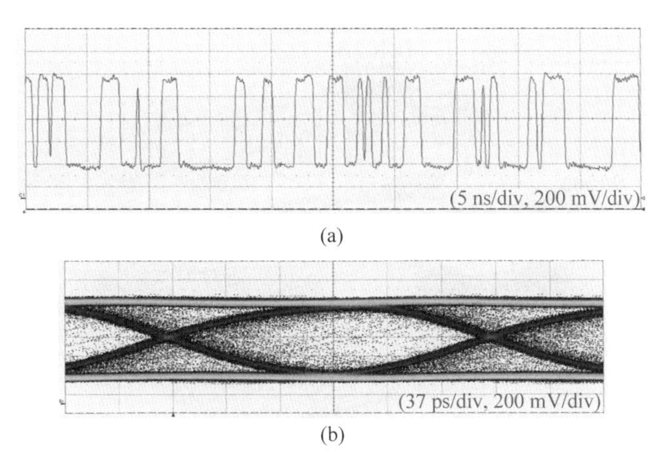

图 7.3.5　实时示波器所记录的 4.5 Gbit/s 随机码

(a) 时序；(b) 眼图

OC 相连接，产生初始混沌激光，而 DFB-LD2 用来提高混沌的带宽。(ii)为光子采样器功能模块，利用来自锁模激光器的光脉冲流作为控制时钟，周期性地开关控制半导体光放大器 SOA，混沌在时域内离散化，转换为包含混沌幅值信息的混沌脉冲。(iii)为光子量化器模块，混沌脉冲首先被分割成两路具有相对时延的信号流，经过光电转换后，进入差分比较器(COM)，将两束脉冲峰值量化为无偏随机电平值。由于存在系统热噪声，使得产生的随机电平流存在较强的波形畸变，可通过电光调制器(EOM)将这些随机电平调制成归零码。

图 7.3.7 为所产生混沌激光的频谱和自相关曲线。图 7.3.7(a)中的红色曲线

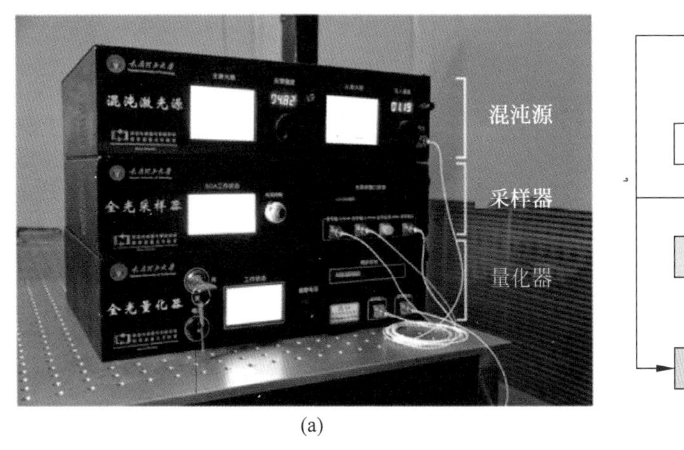

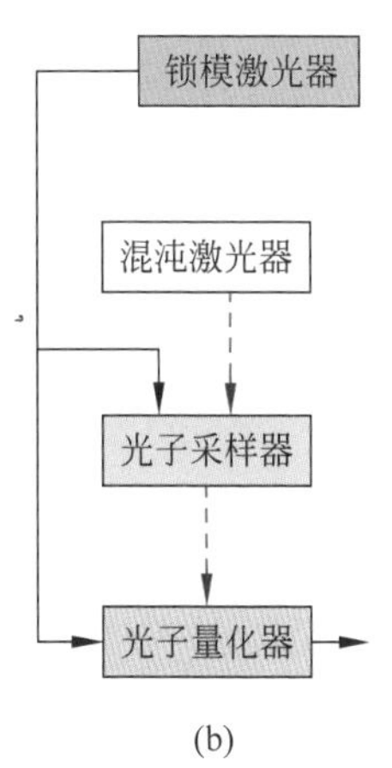

(a)　　(b)

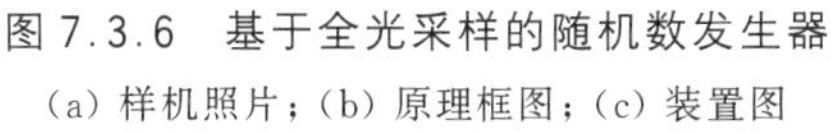

图 7.3.6　基于全光采样的随机数发生器

(a) 样机照片；(b) 原理框图；(c) 装置图

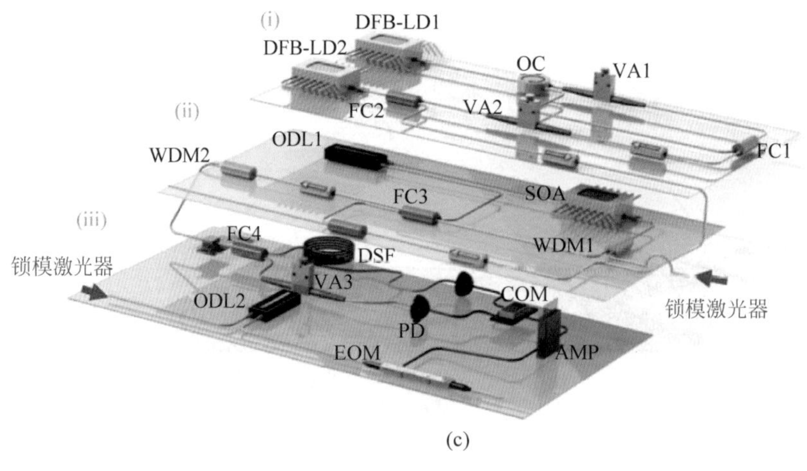

(c)

图 7.3.6 （续）

显示了 DFB-LD1 的初始混沌输出的频谱，其峰值集中在激光弛豫频率附近区域。为了获得更高的混沌带宽，将初始混沌光注入自由运行的 DFB-LD2 中，通过可变衰减器(VA-2)将注入强度设置为 7.0%，DFB-LD2 输出宽带激光混沌，其频谱为图 7.3.7(a)中的蓝色曲线。与初始混沌相比，频谱变得更平坦，此时混沌带宽约为 11.2 GHz，大约是光注入前的两倍。图 7.3.7(b)中的插图是初始混沌信号的自相关曲线，蓝色曲线是光注入后的自相关曲线。这表明混沌光注入后自相关系数明显降低。

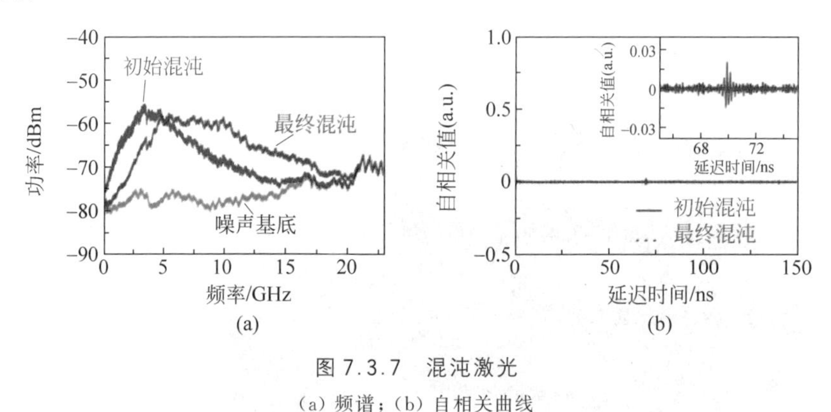

图 7.3.7 混沌激光

(a) 频谱；(b) 自相关曲线

图 7.3.8 为光子采样器的测试结果。图 7.3.8(a)中的图(i)为采样前的时域连续混沌波形；图(ii)为时域连续混沌信号经过光采样后得到的离散脉冲序列。图 7.3.8(b)为采样后的混沌脉冲峰值的幅值概率分布，使用的数据总量为 1 Mbits，可见峰值的概率密度函数不是高斯分布，偏离率较大，需要进一步处理。

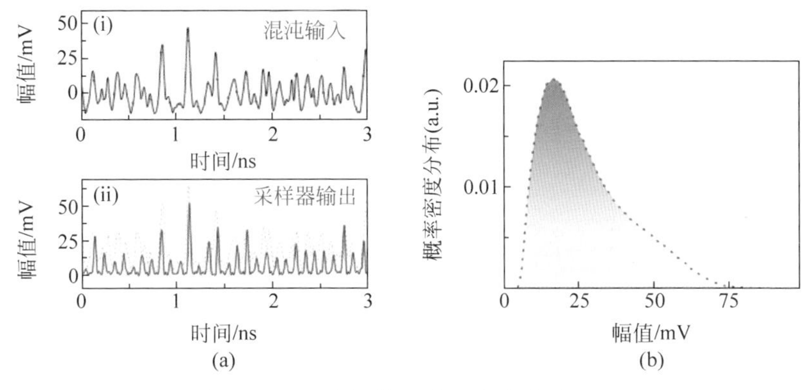

图 7.3.8　时域采样(a)和幅值概率分布(b)

平衡探测方法可以有效地纠正输入信号的系统性偏差,减少脉冲峰值概率分布函数的偏离率。图 7.3.9 是平衡光检测的实验装置图。采样后的混沌脉冲均匀地分成两路,分别由平衡光探测器 BPD 的正、负两端输入,通过光延迟线调整两个混沌脉冲序列的相对时延,延迟时间设置为 200 ns(锁模激光器脉冲周期的整数倍),以确保原始信号与延迟信号的互相关系数基本接近于 0。图 7.3.10(a)是使用带宽为 45 GHz 的平衡探测器检测得到的随机数波形,其中正脉冲为逻辑"1",负脉冲为逻辑"0":在 1 ns 的时间间隔中有 10 个脉冲。这意味着随机数的生成速率为 10 Gbit/s——该速率由锁模激光器的时钟速率决定。最后 0 位或 1 位的不同振幅可以通过限幅放大器进一步整形。图 7.3.10(b)为不同样本量 $n=0.1$,0.2,…,1.0 Mbits 偏离率的大小。

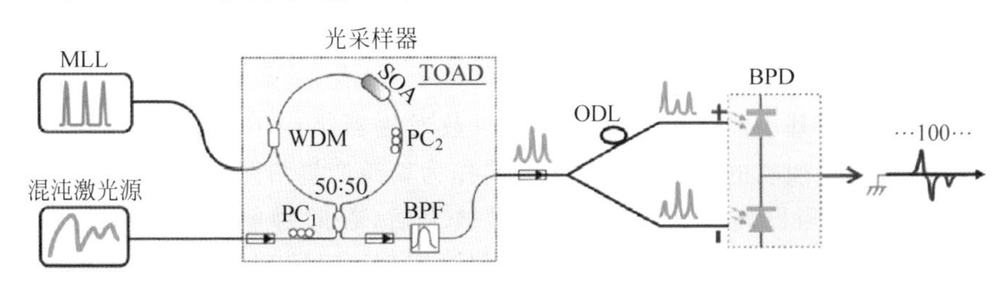

图 7.3.9　基于平衡光检测的随机数产生原理图

为了检验随机数的质量,首先测量了 1 M 个随机数归一化自相关曲线,如图 7.3.11(a)所示。从图中可以观察到归一化自相关曲线一直保持在 $3\sigma_c$ 以下,说明随机数序列是统计独立的。图 7.3.11(b)是 NIST 测试(NIST test suite,2018)的统计结果,结果表明 15 项测试结果全部通过。

由此可见,锁模激光器的超低时间抖动,结合全光采样技术,可以提升物理随机数的产生速率。同时,平衡光检测技术的引入使该方法具有自适应生成统计无

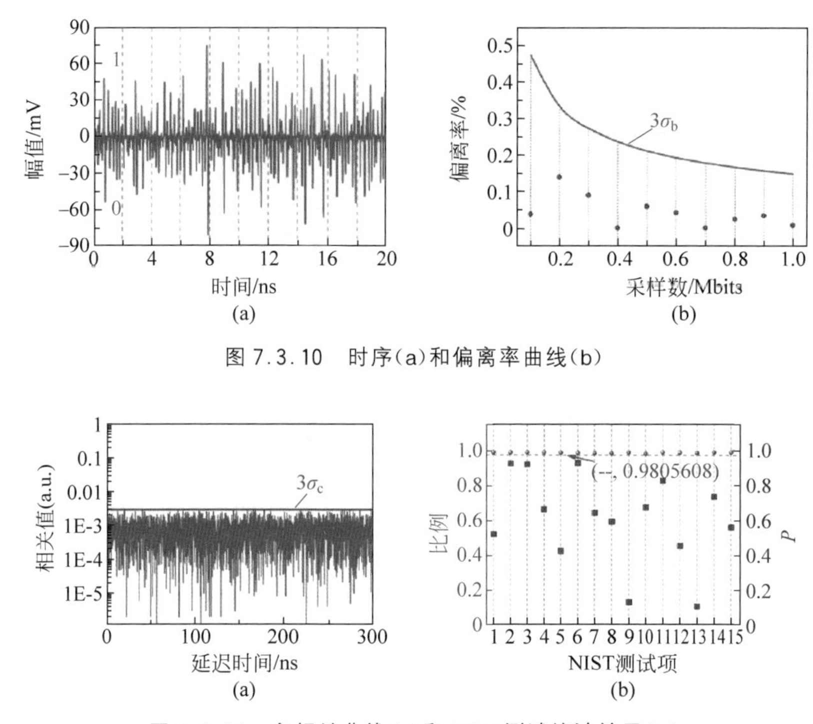

图 7.3.10　时序(a)和偏离率曲线(b)

图 7.3.11　自相关曲线(a)和 NIST 测试统计结果(b)

偏随机数的能力。实验中，利用由两个级联激光器组成的混沌源成功地实现了 10 Gbit/s 的实时随机数产生，如果熵源带宽进一步提高，并采用最先进的平衡探测器，该方法在当前技术水平下可提取的随机数生成速率当可达到 100 Gbit/s。

2. 基于双路混沌激光的 1 位 ADC 提取技术

图 7.3.12 为基于双路混沌激光的随机数发生器结构示意图(Uchida et al.，2008)。利用两路独立的光反馈混沌激光器作为熵源产生两路混沌激光信号，分别经过各自光电探测器转换成电信号，经过放大后，在时钟触发作用下利用 1 位 ADC 进行量化，产生两组相互独立的二进制码序列；后续利用异或技术消除光反馈混沌激光器固有的弱周期性，得到了实时速率达 1.7 Gbit/s 的物理随机数。图 7.3.12(b)显示的是两个混沌输出的激光强度、外部时钟和生成的随机数时序图，图 7.3.12(c)是生成随机数的眼图。

3. 多位 ADC 随机数提取技术

利用混沌激光和 1 位 ADC 量化技术可以使产生随机数的实时速率达到吉比特每秒以上，但受限于 ADC 器件带宽，速率很难进一步提高。利用多位 ADC 可以将每一个采样点量化成多位随机码，极大提高了单次采样信息的利用率。

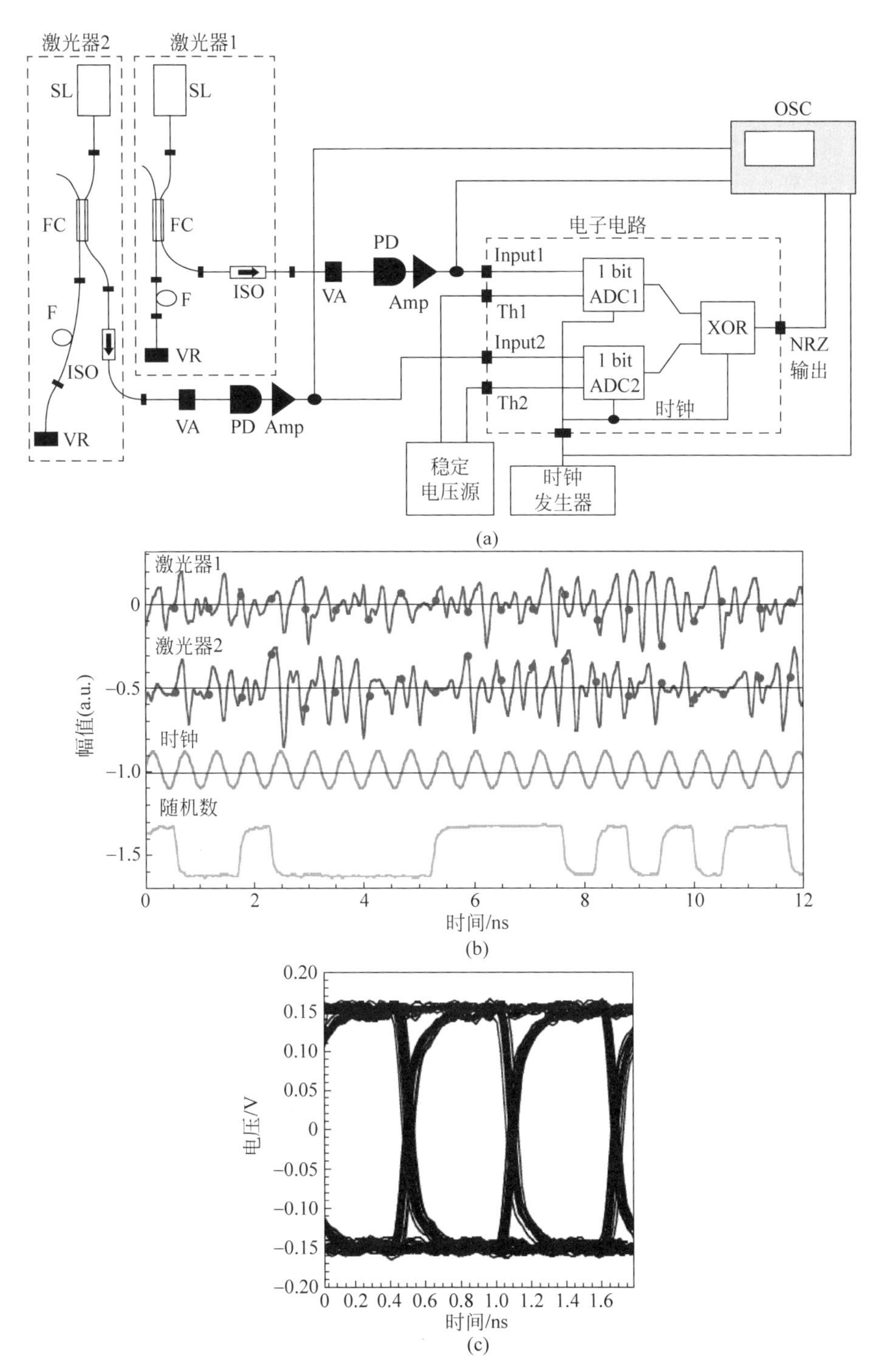

图 7.3.12　内田淳夫课题组提出的物理随机数生成方案与结果(Uchida et al.,2008)

(a) 实验装置示意图；(b) 从混沌信号提取随机数示意图；(c) 生成的随机数眼图

8位ADC对混沌信号进行量化编码提取随机数的方案，如图7.3.13所示(Reidler et al.,2009)。单个半导体激光器在空间光反馈作用下产生强度随机起伏的混沌光信号，经光电探测器转换成电信号，在2.5 GHz时钟触发作用下利用8位ADC对其进行量化编码，每个采样点被编码成8位二进制码，之后经过一个移位缓存器，对相邻的两个采样点对应的8位二进制码进行差分处理，保留最低有效位(LSBs)5位，最终获得了等效速率为12.5 Gbit/s（=2.5 GSa/s×5 LSBs）的随机数序列。随机数通过了国际随机数行业测试标准。

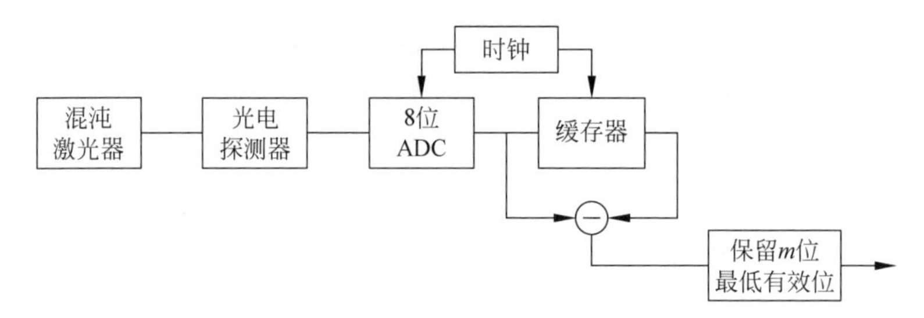

图7.3.13 基于8位ADC的随机数提取方案(Reidler et al.,2009)

图7.3.14中给出了随机数产生的示意图。在40 GHz的采样频率下获取的4 ns长度的混沌数据，其中大圆点表示当触发时钟频率为2.5 GHz时的采样点，图片下方为相邻的两个采样点进行差分处理，保留5位有效位后获得的随机数序列。

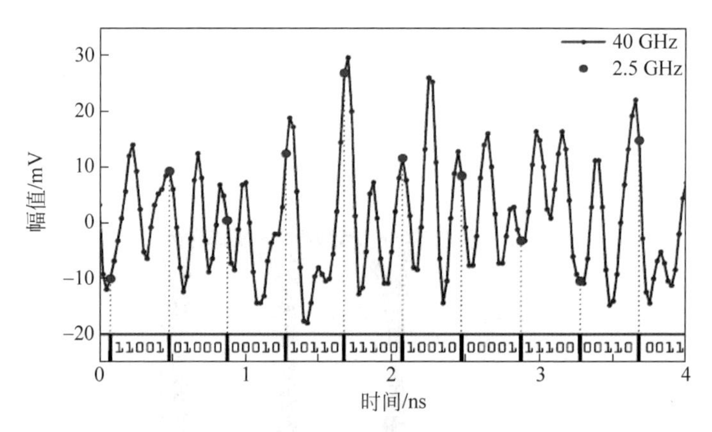

图7.3.14 随机数产生示意图(Reidler et al.,2009)

该方案首次将物理随机数产生速率提高到了10 Gbit/s量级；不仅如此，它还能克服混沌激光信号分布不对称的缺陷，提高了随机数生成的系统鲁棒性。

4. 随机数后续处理技术

除上述各方案，研究学者们还采用其他类型的混沌激光器作为随机数提取熵源，如偏振反馈式混沌激光器、光注入型混沌激光器、带宽增强型混沌激光器、光反馈半导体环形激光器等，这些工作在不同程度上改善了熵源随机性，提高了系统性能。特别值得关注的是，在这些方案中也涌现了一些新的后续处理技术（表 7.3.1），对提高产生的物理随机数质量有重要意义。

表 7.3.1　基于混沌激光的随机数产生方案

混沌熵源	后续处理	最大产生速率/（Gbit/s）	实时或离线产生	参考文献
单个光反馈半导体激光器	8 位 ADC+高阶差分处理+15 位最低有效位	300（=20 GSa/s×15 LSBs）	离线	Kanter et al.，2010
单个光子集成混沌激光器	16 位 ADC+14 位最低有效位	140（=10 GSa/s×14 LSBs）	离线	Argyris et al.，2010
两个带宽增强型混沌激光器	8 位 ADC+异或+6 位最低有效位	75（=12.5 GSa/s×6 LSBs）	离线	Hirano et al.，2010
单个偏振反馈式混沌激光器	8 位 ADC+4 位最低有效位	4（=1 GSa/s×4 LSBs）	离线	Oliver et al.，2011
互注入半导体激光器	8 位 ADC+异或+7 位最低有效位	17.5（=2.5 GSa/s×7 LSBs）	离线	Wu et al.，2012
单个反馈半导体环形激光器	8 位 ADC+异或+4 位最低有效位	40（=10 GSa/s×4 LSBs）	离线	Nguimdo et al.，2012
光注入半导体激光器	8 位 ADC+3 位最低有效位+异或	30（=10 GSa/s×3 LSBs）	离线	Li et al.，2012
单个反馈 DFB 激光器	基于 FPGA 的位序翻转	4	实时	Shinohara et al.，2017
单个 DBR 激光器	8 位 ADC+5 位最低有效位	0.5	离线	Verschaffelt et al.，2017
单个反馈 DFB 激光器	基于 FPGA 的差分、异或、位序翻转+8 位最低有效位	28.8（=3.6 GSa/s×8 LSBs）	实时	Ugajin et al.，2017
互注入 VCSEL 激光器	异或+m 位最低有效位	160	离线	Tang et al.，2018

例如通过增加后续差分处理的级数，突破混沌激光带宽的限制，进一步提升随机数的产生速率（Reidler et al.，2009）。如图 7.3.15 所示：混沌激光信号经光电探测器后，经 8 位 ADC 转换为数字信号（0、1 码序列）。该数字信号被缓存器存储为后续差分处理做准备，每次差分处理的结果又存入下一个缓存器，如此循环往复，经过 $n+1$ 个缓存器时，将会产生 n 阶差分序列。最终通过选择 m 位最低有效位，获得了高速随机数序列。

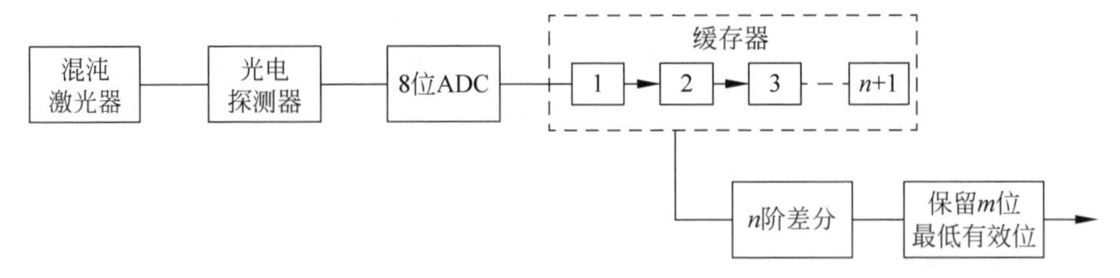

图 7.3.15　基于一个 8 位 ADC 和多个缓存器的随机数生成方案(Reidler et al.,2009)

图 7.3.16 示意了速率为 100 Gbit/s(＝20 GSa/s×5 LSBs)的随机数的差分处理过程：第一行为在采样率为 20 GSa/s 时,经过 4 阶差分处理后得到的信号的时序图；第二行则是通过对上面选择 5 位最低有效位的十进制表示形式。

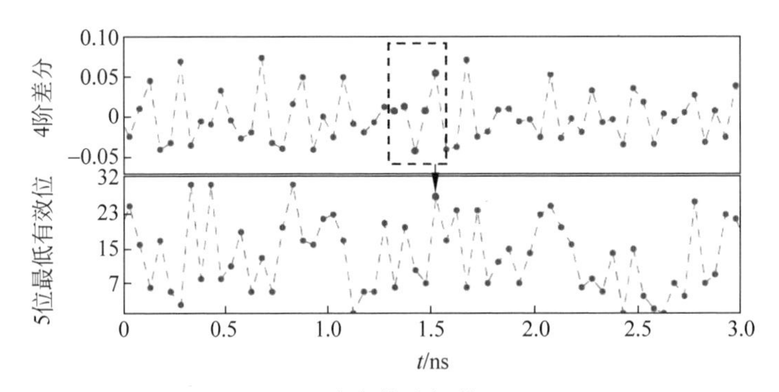

图 7.3.16　100 Gbit/s 速率的随机数(Reidler et al.,2009)

研究表明：光反馈混沌激光系统输出的混沌激光信号被采样率为 20 GSa/s 的示波器采样存储后,当取差分处理级数为 16 级时,通过抽取 15 位最低有效位的方法,可以获得等效速率达 300 Gbit/s(＝20 GSa/s×15 LSBs)的超高速物理随机数。

7.3.2　全光随机数发生器

全光随机数是指随机码的提取过程完全在光域中执行,彻底规避了“电子瓶颈”的限制,具有实时输出超高速率随机码的实力。

全光随机数产生方法主要涉及全光采样技术、全光比较技术、全光触发技术以及全光异或门技术等。本节提出了几种全光随机数的实现方案,理论分析表明：这些方法所产生的物理随机数均可成功通过随机数行业测试标准——NIST 统计测试套件及 Diehard 统计测试包。

1. 双混沌激光源全光随机数产生方案

图 7.3.17 是基于双混沌光源产生全光随机数的原理框图。混沌熵源发出强

度随机起伏的宽带、大幅度混沌激光信号，注入全光采样器中。全光采样器在外加光时钟脉冲的触发下完成对混沌光信号的采样，产生重复频率确定、幅度随机起伏的混沌脉冲序列，进入全光量化器；经全光量化器的作用，实现对混沌脉冲序列的编码，得到一路全光二进制码序列。为了消除混沌熵源的弱周期性，又构建了另一独立的混沌激光熵源及一套对称的全光采样、量化装置，产生出另一路独立的全光二进制码序列；最终利用全光异或门对两路二进制码序列实施逻辑运算，进一步优化随机性，实现全光随机数产生。

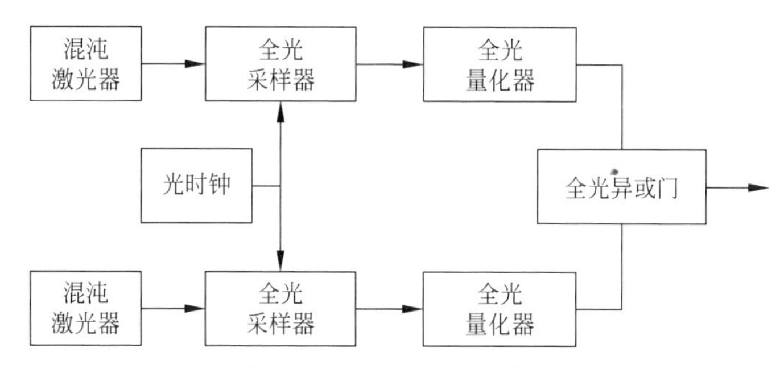

图 7.3.17 双混沌激光源的全光随机数发生器原理框图

全光采样器的作用是将连续混沌激光信号转变成离散信号。本方案中，对混沌信号的全光采样过程是基于高非线性光纤中的四波混频效应实现的。具体实现过程如图 7.3.18(b)所示：光时钟源发射的中心频率为 ω_1 的光脉冲序列作为泵浦信号和中心频率为 ω_2 的混沌光信号作为探测信号，经一光耦合器同时注入到一段

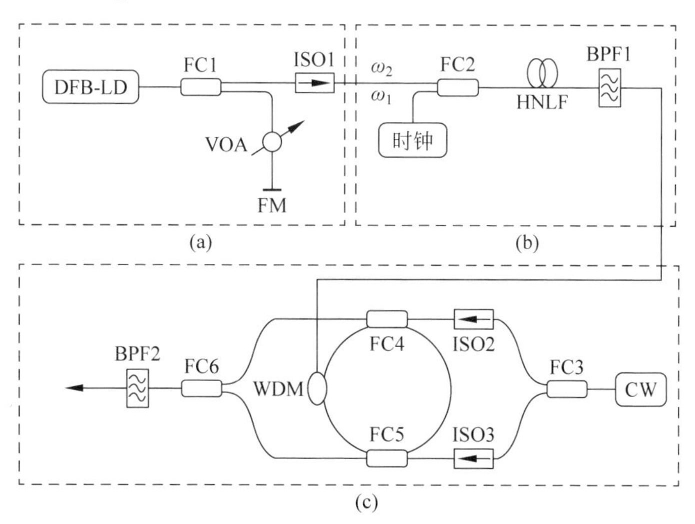

图 7.3.18 全光随机数产生方案示意图

(a) 混沌激光器；(b) 全光采样器；(c) 全光比较器

高非线性光纤中。在部分简并条件下，两者之间将发生四波混频效应，激发出频率为 $\omega_3=2\omega_1-\omega_2$ 的闲散光脉冲序列。当满足一定的相位匹配条件时，该闲散光脉冲的幅值将线性正比于混沌信号的强度信息，这时就可以用来完成对混沌信号的全光采样，产生的混沌脉冲序列由中心频率为 ω_3 的光带通滤波器输出。

基于高非线性光纤中的四波混频效应实现全光采样的过程，可以采用以下耦合振幅方程描述：

$$\frac{\mathrm{d}A_1}{\mathrm{d}z}=\mathrm{i}\gamma[(|A_1|^2+2|A_2|^2+2|A_3|^2)A_1+2A_1^*A_3A_2\mathrm{e}^{\mathrm{i}\Delta kz}]-\frac{\alpha A_1}{2} \tag{7.3.1}$$

$$\frac{\mathrm{d}A_2}{\mathrm{d}z}=\mathrm{i}\gamma[(|A_2|^2+2|A_1|^2+2|A_3|^2)A_2+A_1^2A_3^*\mathrm{e}^{-\mathrm{i}\Delta kz}]-\frac{\alpha A_2}{2} \tag{7.3.2}$$

$$\frac{\mathrm{d}A_3}{\mathrm{d}z}=\mathrm{i}\gamma[(|A_3|^2+2|A_1|^2+2|A_2|^2)A_3+A_1^2A_2^*\mathrm{e}^{-\mathrm{i}\Delta kz}]-\frac{\alpha A_3}{2} \tag{7.3.3}$$

$$\Delta k=-(2\pi c/\lambda_1^2)D_\lambda(\lambda_2-\lambda_1)^2(\lambda_1-\lambda_0) \tag{7.3.4}$$

$$K=\Delta k+2\gamma P_1 \tag{7.3.5}$$

式中，A_1、A_2 和 A_3，λ_1、λ_2 和 λ_3 分别表示泵浦光、信号光及闲频光的振幅和波长，Δk 表示光纤材料色散及波导色散引起的相位失配，K 表示四波混频相位失配量用以表征四波混频转化效率，α 表示光纤损耗系数，γ 表示光纤非线性系数，λ_0 为光纤零色散波长，D_λ 为零色散波长处的色散斜率，Z 为光纤长度，P_1 为泵浦光功率。要实现较理想的全光采样，必须做到三点：①四波混频效应的转换效率尽可能高，即特征量 K 的值要尽量靠近 0；②光纤色散导致的信号失真要尽可能低；③参量增益曲线要尽可能平坦。

图 7.3.19 给出了基于四波混频效应的全光采样仿真结果。由图中可见，混沌脉冲序列的幅值与原混沌信号呈线性正比关系，证明该方案可成功完成对混沌信号的无失真采样。

经过全光采样，获得了幅度随机起伏、重复频率固定的混沌脉冲序列。接下来，需要经过全光比较器的量化处理才能转换为二进制脉冲序列。本方案采用一个高非线性光纤环形振荡器来实现全光比较功能，如图 7.3.18(c)所示。该装置利用了一个高非线性光纤环的马赫-曾德尔干涉仪结构(Li et al.，2005)，两个光耦合器分别构成干涉仪的输入端口和输出端口，两条直光纤构成干涉仪的两臂，两臂分别通过两个光耦合器和共享一个高非线性光纤环。

全光比较功能的具体实现过程：一束连续光信号作为探测光被光耦合器(FC1)等分为两路，进入干涉仪的上、下两臂。隔离器 ISO2 和 ISO3 是为了防止回流现象对探测信号造成扰动。接着，上、下两路探测光信号又会被它们各自对应的光耦合器(FC4、FC5)分成两部分，一部分经过各自耦合器的直通臂到达干涉仪输

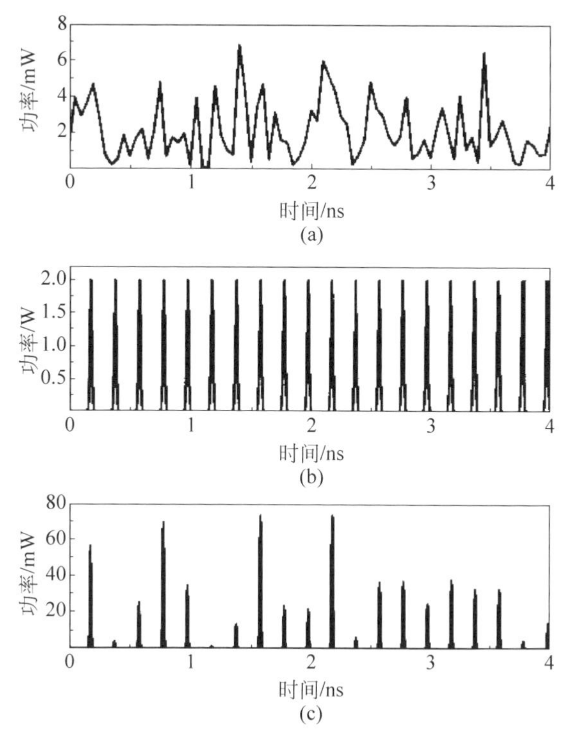

图 7.3.19　基于四波混频效应的全光采样仿真结果

(a) 混沌信号时序图；(b) 时钟脉冲序列；(c) 采样后获得的混沌脉冲序列

出端口 FC6 处，另一部分则由各自耦合器的交叉臂进入高非线性光纤环中。之后，利用一个波分复用耦合器 WDM 将采样后获得的混沌脉冲序列作为泵浦光注入高非线性光纤环中。由于交叉相位调制效应及自相位调制效应的存在，干涉仪上、下两臂进入光纤环中的探测光将发生不同的相移，最后在光纤耦合器 FC6 处发生干涉输出。当泵浦光功率小于某一阈值时，信号光相干相消、无输出；当泵浦光功率大于该阈值时，使得上、下两臂探测光发生有效相位差 π 时，信号光将会相干相长、完全输出。正是基于此种现象，全光比较功能才得以实现。

干涉仪上、下两臂探测信号在耦合器 FC6 处的有效相位差 $\Delta\varphi_{\mathrm{eff}}$ 可以表示为

$$\Delta\varphi_{\mathrm{eff}}=\varphi_{2\text{-eff}}-\varphi_{1\text{-eff}}=a\tan\left[\frac{1+r^2}{1-r^2}\tan\left(\frac{\varphi_1}{2}\right)\right]-a\tan\left[\frac{1+r^2}{1-r^2}\tan\left(\frac{\varphi_2}{2}\right)\right] \tag{7.3.6}$$

式中，$\varphi_{1\text{-eff}}$ 和 $\varphi_{2\text{-eff}}$ 分别为干涉仪上、下臂探测光最终的有效相移量，φ_1 和 φ_2 分别为上、下臂探测光信号经历的单程相移量。最终输出的光强如下：

$$T=\frac{1}{2}[1-\cos(\Delta\varphi_{\mathrm{eff}})] \tag{7.3.7}$$

图 7.3.20 为理论仿真获得的透射率随泵浦光信号功率改变的变化关系。图 7.3.21 给出了混沌脉冲序列量化前、后的对比结果。由图可见,当泵浦混沌脉冲的峰值功率大于 29.5 mW 时,全光比较器有脉冲输出,编码为“1”;反之,全光比较器输出低光平,编码为“0”。

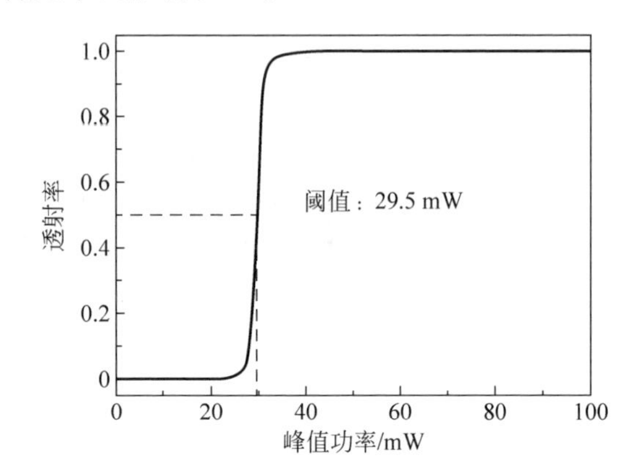

图 7.3.20　基于高非线性光纤振荡器的全光比较器透射曲线

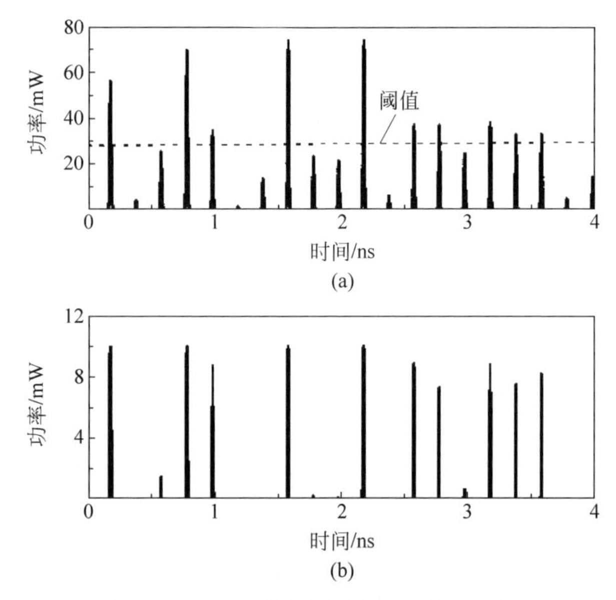

图 7.3.21　全光比较器量化前、后结果对比

(a) 混沌脉冲序列;(b) 全光比较器输出

经过以上各个模块的处理后,已获得了一串全光二进制码序列。但是混沌激光信号含有时延特性,会遗传到相应的全光二进制码当中,需后续处理来消除。另一方面,由图 7.3.21 可以看出,全光量化后获得的二进制码序列“1”码脉冲参差不

齐，导致整个序列的消光比较差，也要求进一步后续处理来纠正。

为此需要采用异或技术来矫正上述两个缺陷。这需要构建另一路独立的二进制码产生链路，将这两路独立的二进制码进行全光异或处理。需要注意的是，第二链路中选用的光反馈半导体激光器必须满足两个条件：①与第一链路中的混沌熵源独立；②与第一链路中混沌熵源的外腔循环时间不成整数比。

下面分析全光异或门的工作过程。图7.3.22是全光异或门的结构示意图，本质上是一个高非线性光纤环境（Miyoshi et al.，2008）。一串低功率的光时钟脉冲序列作为探测信号经一50∶50的光耦合器FC3分成两路进入高非线性光纤环中，分别沿顺时针（CW）和逆时针（CCW）方向传输。与此同时，之前经采样及量化单元获得的两路二进制链路中产生的全光二进制序列作为泵浦信号经光放大器（AMP1、AMP2）、光隔离器（ISO1、ISO2）后，分别通过波分复用耦合器（FC1、FC2）对称地进入光纤环境之中。由于交叉相位调制效应的影响，两路二进制序列将联合影响探测时钟信号的相位，最终探测光在FC3处发生干涉，由光带通滤波器输出。

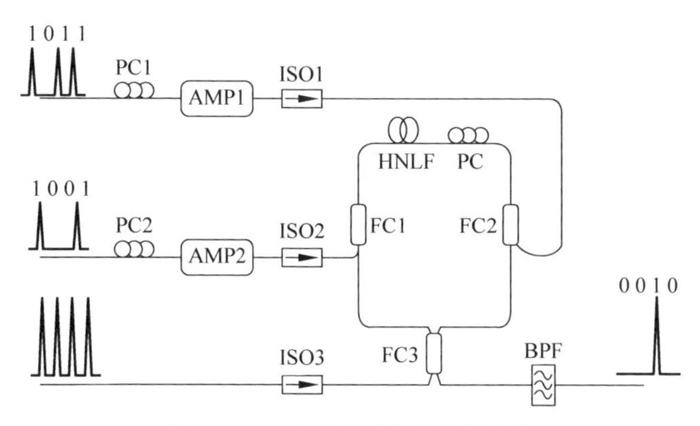

图7.3.22　全光异或门结构示意图

探测光信号在FC3处最终的耦合输出功率 P_{out} 可简单描述如下：

$$P_{\text{out}}=\frac{1}{2}P_{\text{in}}[1-\cos(\varphi_{\text{CW}}-\varphi_{\text{CCW}})] \tag{7.3.8}$$

式中，P_{in} 表示探测光时钟信号的输入功率。φ_{CW} 和 φ_{CCW} 分别表示CW和CCW探测光的相移。合理调节光放大器使二进制序列脉冲的峰值功率恰好能引起探测信号发生一个π的相移。这样的话，当两路二进制序列同时出现“1”或“0”脉冲时，探测信号的相移差将对应0或者2π，相干相消，无输出。反之，当两路二进制序列在同一时刻两两不同时，则最终的相移差将对应±π，相干相长，有输出。图7.3.23是仿真后得到的全光异或门结果图。

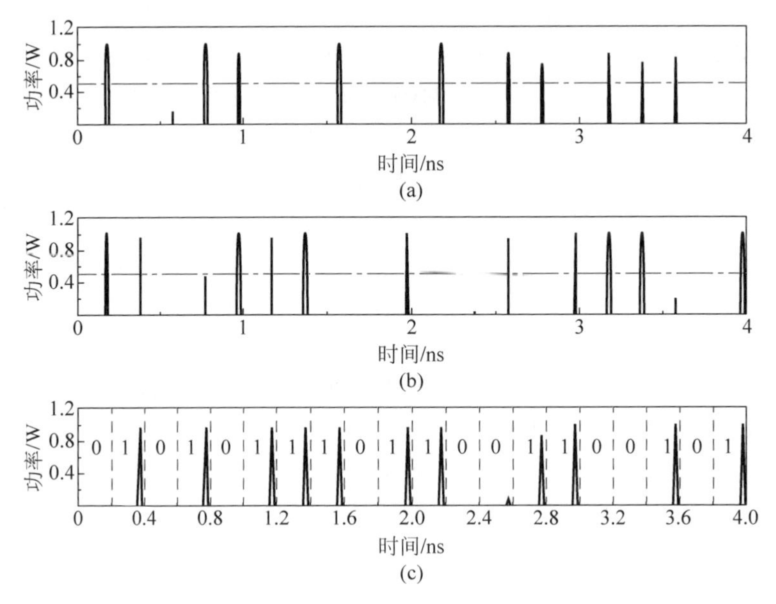

图 7.3.23　全光异或门仿真结果

(a) 第一链路产生的二进制码序列；(b) 第二链路产生的二进制码序列；(c) 异或门的输出信号(全光随机数)

2. 单混沌激光源的全光随机数产生方案

基于单混沌激光源的全光随机数发生器原理如图 7.3.24 所示。这里同样需要进行后续处理来消除混沌熵源引入的时延特性。与上一方案不同的是，本方案不再需要构建另一独立的混沌熵源，而是在原有混沌熵源基础上分出一路，并经过满足一定条件的延迟，通过另一套对称的全光采样、量化装置，产生第二路全光二进制码序列；最终利用全光异或门对这两路二进制码序列实施逻辑后续处理，实现随机性的进一步优化，从而获得更优的全光真随机数。该后续处理方法称作"延迟异或"。

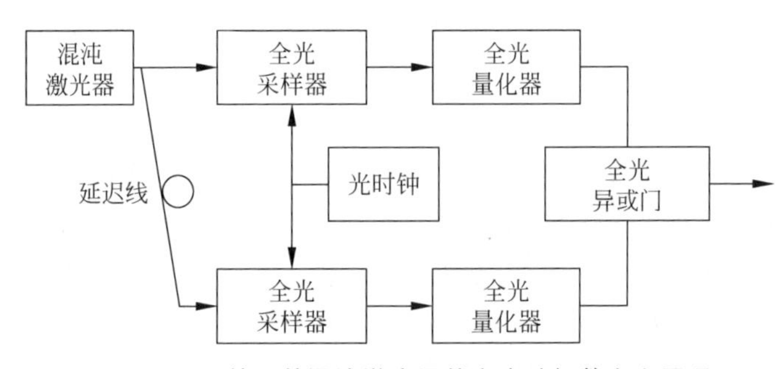

图 7.3.24　基于单混沌激光源的全光随机数产生原理

本方案中,全光采样是基于高非线性光纤的萨格奈克干涉仪实现的,而全光比较器则是利用四分之一波长相移 DFB 激光器来完成,如图 7.3.25。

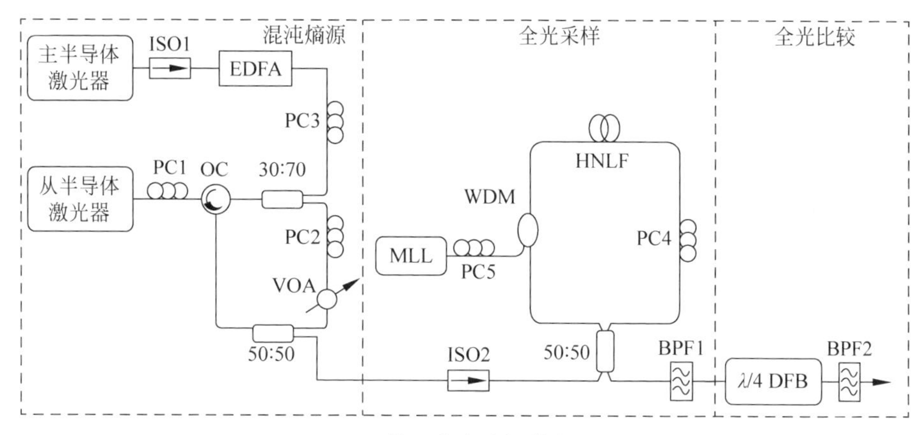

图 7.3.25　单源全光随机数产生示意图

本方案中的全光采样器是一个基于高非线性光纤的萨格奈克干涉仪(lkeda et al.,2006)。对混沌信号的采样过程如下:锁模激光器(波长为 λ_2)产生的采样光时钟脉冲序列作为控制光经波分复用耦合器注入萨格奈克环中,引起高非线性光纤的交叉相位调制。混沌激光(波长为 λ_1)则作为探测光经 3 dB 耦合器进入光纤环中,分成两路:一路沿顺时针方向传播,另一路沿逆时针方向传播。两路探测光在高非线性光纤中经受不同相位调制后,最后同时到达输出端发生干涉,其输出信号幅度由控制光引起的交叉相位调制效应来决定。萨格奈克环中的 PC4 用于调节偏振态,使干涉仪输出信号的消光比达到最大。探测光输入端口处放置的光隔离器用来阻止探测光和控制光回流入混沌光源。采样后得到的混沌脉冲序列经耦合器输出端后面的带通滤波器输出。

探测光信号(超宽带混沌激光)在输出端口的透射光功率 P_{out} 应满足下式:

$$P_{\text{out}}=\frac{1}{2}P_{\text{in}}[1-\cos(\varphi_{\text{CW}}-\varphi_{\text{CCW}})] \tag{7.3.9}$$

式中,P_{in} 表示混沌激光信号的功率。顺时针和逆时针传输的探测光信号因交叉相位调制效应发生的相移分别是 φ_{CW} 和 φ_{CCW},可表示为 $\varphi_{\text{CW}}=2\gamma P_{\text{peak}}L$,$\varphi_{\text{CCW}}=2\gamma P_{\text{ave}}L$。参量 γ 是高非线性光纤的非线性系数,P_{peak} 表示时钟脉冲的峰值功率,P_{ave} 表示时钟脉冲的平均功率,而 L 则表示高非线性光纤的长度。通过调节时钟脉冲的峰值功率、平均功率以及高非线性光纤的长度,可以使两者的相位差为 π 或者 0。这样,相应的混沌光会由输出端口全部输出或者反射回萨格奈克环中,从而实现对混沌激光的采样。采样速率由采样时钟脉冲的重复频率决定,并最终决定随机数的码率。

λ/4 相移 DFB 激光器中存在的光判决现象(Huybrechts et al.,2008):一个两端镀增透膜的 λ/4 相移 DFB 激光器偏置于阈值以上,当用一波长处于光栅禁带之外的外部光注入此激光器时,该激光器的激射状态会呈现出双稳态。其中一个稳态对应激光器处于激发状态,另一个稳态对应激光器处于熄灭状态。如图 7.3.26 所示。当注入光功率低于阈值功率时,激光器的输出功率保持在一个较高的水平,约为 1 mW;一旦外部注入光的功率高于阈值功率,激光器的输出功率会跳变至一个较低水平,约等于 0 mW。图中迟滞回线区域的宽度可通过减小 λ/4 相移 DFB 激光器的偏置电流,将其调节到更窄,直至宽度为 0。

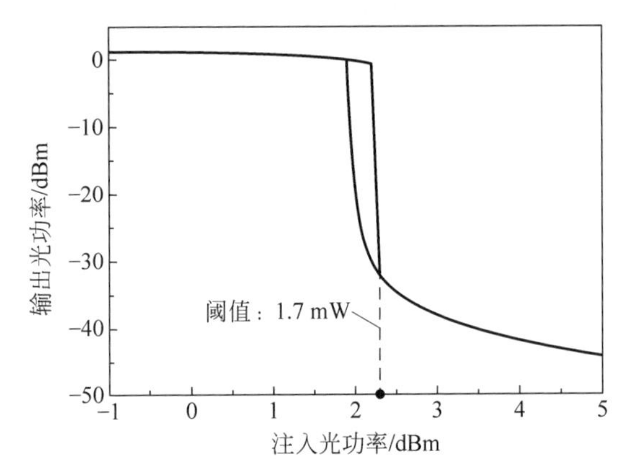

图 7.3.26 λ/4 相移分布反馈半导体激光器输出状态存在的光判决现象

这种阈值判决效应可实现全光比较器的功能:通过光放大器或衰减器控制采样后混沌脉冲序列的峰值功率,使其平均功率处于阈值处;然后将其注入 λ/4 相移 DFB 激光器中,利用带通滤波器移除被放大的注入光,仅让 λ/4 相移 DFB 激光器的出射光通过。这样,当混沌脉冲功率高于阈值时,λ/4 相移 DFB 激光器输出时序上会出现一个低功率水平,编码为"0";否则,输出时序保持在一个高功率水平,编码为"1",就实现了对混沌脉冲序列的比较量化。图 7.3.27 是仿真获得的全光比较器的输出波形,即二进制序列。"0"与"1"之间的消光比高达 30 dB,每一位占据 100 ps 的时间。

经过以上过程,获得了速率由采样时钟重复频率决定的二进制序列。但是它仍遗传着混沌熵源中从激光器对应的时延特性。为了消除这个不利因素,二进制序列需要经过全光异或处理才能实现可靠的随机数产生。

采用一个两臂带有相同高非线性光纤的马赫-曾德尔干涉仪可搭建一个全光异或门,如图 7.3.28 所示。分布反馈半导体激光器(DFB-LD)发出的连续光被 3 dB 光纤耦合器 FC1 分成两束,作为探测光分别注入干涉仪上、下两臂。共享同一混沌熵源的两条二进制码产生链路(RNG1 和 RNG2)分别被各自对应的掺铒光

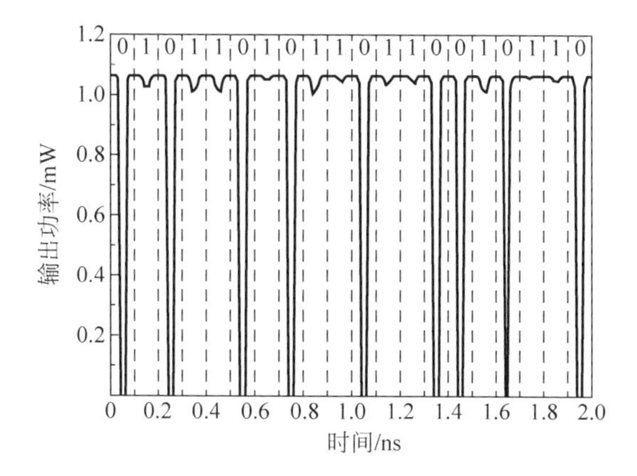

图 7.3.27　全光比较器输出信号(二进制序列)的时序图

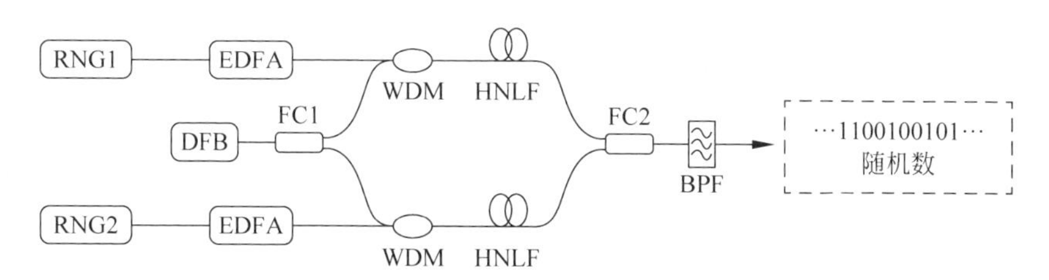

图 7.3.28　基于高非线性光纤马赫-曾德尔干涉仪的全光异或门结构示意图

纤放大器(EDFA)放大后,经波分复用耦合器(WDM),作为控制光进入上、下两臂。这时,由于高非线性光纤中交叉相位调制效应的存在,控制光将引起探测光相位的变化,上、下两臂间出现相位差。最终,两路探测光在另一端的 3 dB 光纤耦合器 FC2 输出,将相位转换为强度信息,异或后产生的全光随机码经带通滤波器输出。探测光在光耦合器 FC2 处的最终输出功率 P'_{out} 可表示如下:

$$P'_{\text{out}} = \frac{1}{2} P'_{\text{in}} [1 - \cos(\Phi_{\text{arm1}} - \Phi_{\text{arm2}})] \tag{7.3.10}$$

式中:P'_{in} 代表连续光功率的一半;Φ_{arm1} 和 Φ_{arm2} 则是由控制光所导致的相位变化,它们同输入的随机数信号(控制光)的功率成正比。与前面提到的全光采样器相似,通过调节控制光强度和高非线性光纤参数,可以做到:当信号(控制光)处于"1"水平时,探测光会发生一个 π 弧度的相移;当信号(控制光)处于"0"水平时,探测光的相位不发生变化。全光异或功能得以实现,相应的具有更好随机性的随机数序列亦得以产生。此过程可用真值表 7.3.2 更直观地表示。表中的信号 1 和信号 2 分别对应着注入干涉仪上、下臂中的两路二进制随机序列信号。图 7.3.29 是仿真得到的全光异或门输出时序,即最终的全光随机码序列。可以看到,随机数的速率为 10 Gbit/s(与全光采样器处的采样时钟重复频率一致)。

表 7.3.2 全光异或门真值表

信号 1	信号 2	$\Phi_{arm1}-\Phi_{arm2}$	异或结果
0	0	$0-0$	0
0	1	$0-\pi$	1
1	0	$\pi-0$	1
1	1	$\pi-\pi$	0

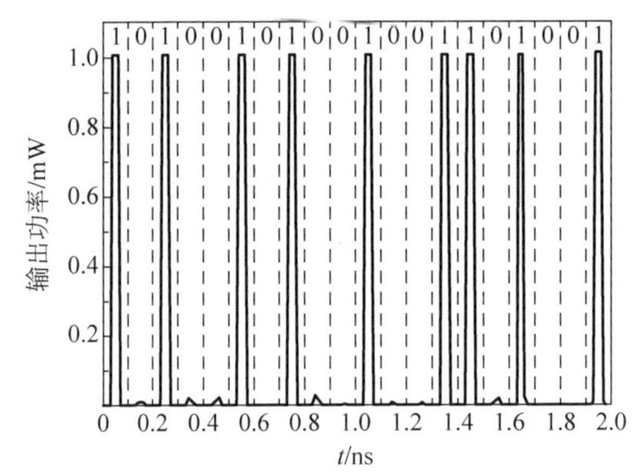

图 7.3.29 全光异或门输出信号(随机码序列)的时序图

3. 基于脉冲混沌的全光随机数产生方案

不同于连续型激光混沌信号,离散型激光混沌信号仅定义在离散的时刻点上,也就是说取在一组离散值上。在物理上,离散型激光混沌表现为一串重复频率固定、幅值呈现混沌起伏的光脉冲序列。

尽管直接产生离散型激光混沌信号的系统很少见,但依然存在。例如,在满足一定条件时,某些锁模激光器和自脉动激光器系统是能够直接发射出幅值随机起伏、重复频率不变的光脉冲序列的。

这里以直接发射离散型激光混沌信号的光学系统为基础,对其产生高速物理随机数的可行性进行论证。以离散型激光混沌信号为熵源的高速随机数产生技术具有至少两个不同于以往的技术特征:①由于离散混沌激光信号,本身就是一个重复频率固定的脉冲序列,因而可以直接对其进行量化产生随机数;这样就不再需要采样步骤,有效避免了因外部触发时钟抖动而可能引起的信号失真,提高了信噪比。②离散混沌激光信号往往不具有时延特性或者弱周期性,因而原理上无需采用后续优化处理,便能获得高质量的随机数。这两个特征大大降低了随机数产生系统的成本和复杂度。

下面介绍以锁模光纤激光器发出的脉冲幅度混沌作为离散熵源,利用全光触发技术对其进行量化编码,最终输出高质量物理随机数序列的方案。脉冲幅度混沌是本随机数发生器中采用的随机熵源，由一个锁模激光器产生的，如图7.3.30所示。这个锁模激光器是基于非线性偏振旋转效应技术的被动锁模光纤环形激光器。环形腔包含以下元件：偏振相关隔离器、两个偏振控制器、一段单模光纤和一段掺铒光纤。一个1480 nm的泵浦光信号通过波分复用耦合器与掺铒光纤相连，用以为整个环形腔提供增益。最终产生的锁模脉冲序列经光耦合器输出。

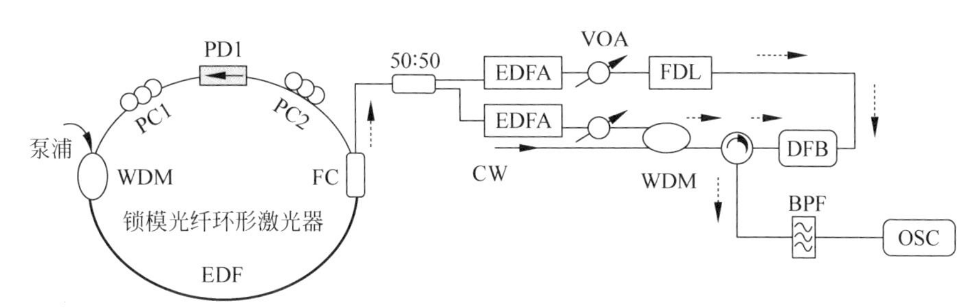

图7.3.30 基于锁模光纤激光器脉冲幅度混沌的全光随机数产生示意图

脉冲幅度混沌是被动锁模光纤激光器的一种固有属性。固定偏振控制器于合适角度，改变泵浦光功率，可以使锁模脉冲激光器输出的脉冲序列具有随机起伏的峰值功率，呈现离散混沌特性(Zhao et al.，2004；Tang et al.，2005)。这里着重研究脉冲幅度混沌的随机特性，并证实它可以作为随机数发生器的理想随机源。

基于非线性偏振旋转技术的被动锁模光纤激光器产生脉冲幅度混沌的过程可以用一组耦合非线性薛定谔方程建模如下：

$$\frac{\partial u}{\partial Z}=\mathrm{i}\frac{\Delta\beta}{2}u-\delta\frac{\partial u}{\partial T}-\mathrm{i}\frac{\beta_2}{2}\frac{\partial^2 u}{\partial T^2}+\frac{\beta_3}{6}\frac{\partial^3 u}{\partial T^3}+$$
$$\mathrm{i}\gamma\left(|u|^2+\frac{2}{3}|\nu|^2\right)u+\frac{\mathrm{i}\gamma}{3}\nu^2u^*+\frac{g}{2}u+\frac{g}{2\Omega_g^2}\frac{\partial^2 u}{\partial T^2} \tag{7.3.11}$$

$$\frac{\partial \nu}{\partial Z}=-\mathrm{i}\frac{\Delta\beta}{2}\nu+\delta\frac{\partial \nu}{\partial T}-\mathrm{i}\frac{\beta_2}{2}\frac{\partial^2 \nu}{\partial T^2}+\frac{\beta_3}{6}\frac{\partial^3 \nu}{\partial T^3}+$$
$$\mathrm{i}\gamma\left(|\nu|^2+\frac{2}{3}|u|^2\right)\nu+\frac{\mathrm{i}\gamma}{3}u^2\nu^*+\frac{g}{2}\nu+\frac{g}{2\Omega_g^2}\frac{\partial^2 \nu}{\partial T^2} \tag{7.3.12}$$

以上方程中，u 和 ν 分别表示沿光纤上两个正交偏振模式中传播的光脉冲序列归一化的电场包络。$\Delta\beta=2\pi/L_B$ 表示两个正交模式间的波数差(式中，L_B 代表光纤拍频长度)，而 $\delta=\beta_{1x}-\beta_{1y}$ 表示两个正交偏振模式间的线性群速度差(式中，β_{1x} 和 β_{1y} 分别对应两正交偏振模式的线性群速度)。β_2 和 β_3 分别表示群速度色散和三阶色散系数。γ 表示光纤的非线性参数。g 是光纤中的增益饱和系数，而 Ω_g 则是激光器的增益带宽。

对于单模光纤来说，g 取作0。对于掺铒光纤，

$$g = G \cdot \exp\left[-\int(|u|^2 + |\nu|^2)\mathrm{d}t / P_{\mathrm{sat}}\right] \tag{7.3.13}$$

式中,G 代表小信号增益系数,P_{sat} 表示饱和能量。在仿真过程中,整个环形腔的长度 L 设置为 10 m。其中,包含一段群速度色散 $\beta_2 = 50\ \mathrm{ps/(nm \cdot km)}$ 的 2 m 长掺铒光纤和两段群速度色散 $\beta_2 = -30\ \mathrm{ps/(nm \cdot km)}$ 的 4 m 长的单模光纤。仿真中用到的其他参数取值如下:γ,4 $\mathrm{W^{-1} \cdot km^{-1}}$;$\beta_3$,0.1 $\mathrm{ps^2/(m \cdot km)}$;$\Omega_g$,25 nm;$L_{\mathrm{B}}$,$L/2$;$P_{\mathrm{sat}}$,250;起偏器与光纤快光轴的夹角 θ 等于 0.125π。

采用傅里叶分步算法可对上述方程进行求解。将偏振控制器偏振方向控制在线性腔相位延迟偏置区,通过改变泵浦光的功率,该锁模光纤激光器可以轻松地实现自启动锁模,输出稳定的锁模脉冲。固定偏振控制器的偏振状态,增加泵浦光功率,在很大一个范围内,脉冲序列都是稳定且幅值均一的。但是一旦脉冲的能量超过特定阈值,锁模光纤激光器的输出状态将经历准周期路线进入混沌态。

图 7.3.31 给出了一个典型的准周期进入混沌的过程。在仿真中,线性腔相位延迟偏置设置为 1.6 π。从图中可以看到,当泵浦功率较低(如 $G = 338\ \mathrm{km^{-1}}$)时,锁模激光器工作稳定,输出一串幅值均一的脉冲序列;进一步增加泵浦光的功率到一个确定阈值(如 $G = 342\ \mathrm{km^{-1}}$)时,锁模激光器将工作在二倍周期状态,输出脉冲序列的强度在两个不同数值之间周期交替;这时,再稍微增大一点泵浦功率(如 $G = 346\ \mathrm{km^{-1}}$),一个多倍周期状态的脉冲序列将出现;最终,当泵浦功率足够强(如 $G = 348\ \mathrm{km^{-1}}$)时,锁模光纤激光器将骤然进入混沌状态,产生脉冲幅度混沌。为了更直接地观察锁模激光器工作状态的变化,分别将各个状态下锁模激光器输出脉冲序列的峰值功率提取出来,绘制了如图 7.3.31(a2)~(d2)所示的二维图。图中的点代表每运行一圈输出脉冲的功率。

下面将分析脉冲幅度混沌的随机特性。事实上,在整个仿真过程中,当泵浦功率处于 348~350 $\mathrm{km^{-1}}$ 范围时,锁模激光均工作在混沌状态。这里,任意选取混沌区中的任意工作点来分析脉冲幅度混沌信号的统计特性。图 7.3.32 给出了混沌脉冲序列中脉冲功率的自相关曲线、第一回归映射图以及幅值分布图。由图 7.3.32(a)可见,自相关曲线上没有出现谐振峰,这表明脉冲幅度混沌相关性不明显,不含周期性谐振成分;另外,如图 7.3.32(b)所示,第一回归映射图中不存在任何确定性图案,亦证实了脉冲幅度混沌处于随机起伏状态;更重要的是,脉冲幅度混沌具有对称的概率统计分布(图 7.3.32(c))。这些特征都是极其有利于高质量物理随机数的产生。

尽管非周期振荡轨迹和类图钉型自相关曲线是混沌信号的特征,但并非充分条件,这是因为噪声信号同样可以具有这些特性。这就要求一个更加深入的分析来确定锁模光纤激光器的最终状态究竟是否是混沌。为此,采用延迟坐标法对原

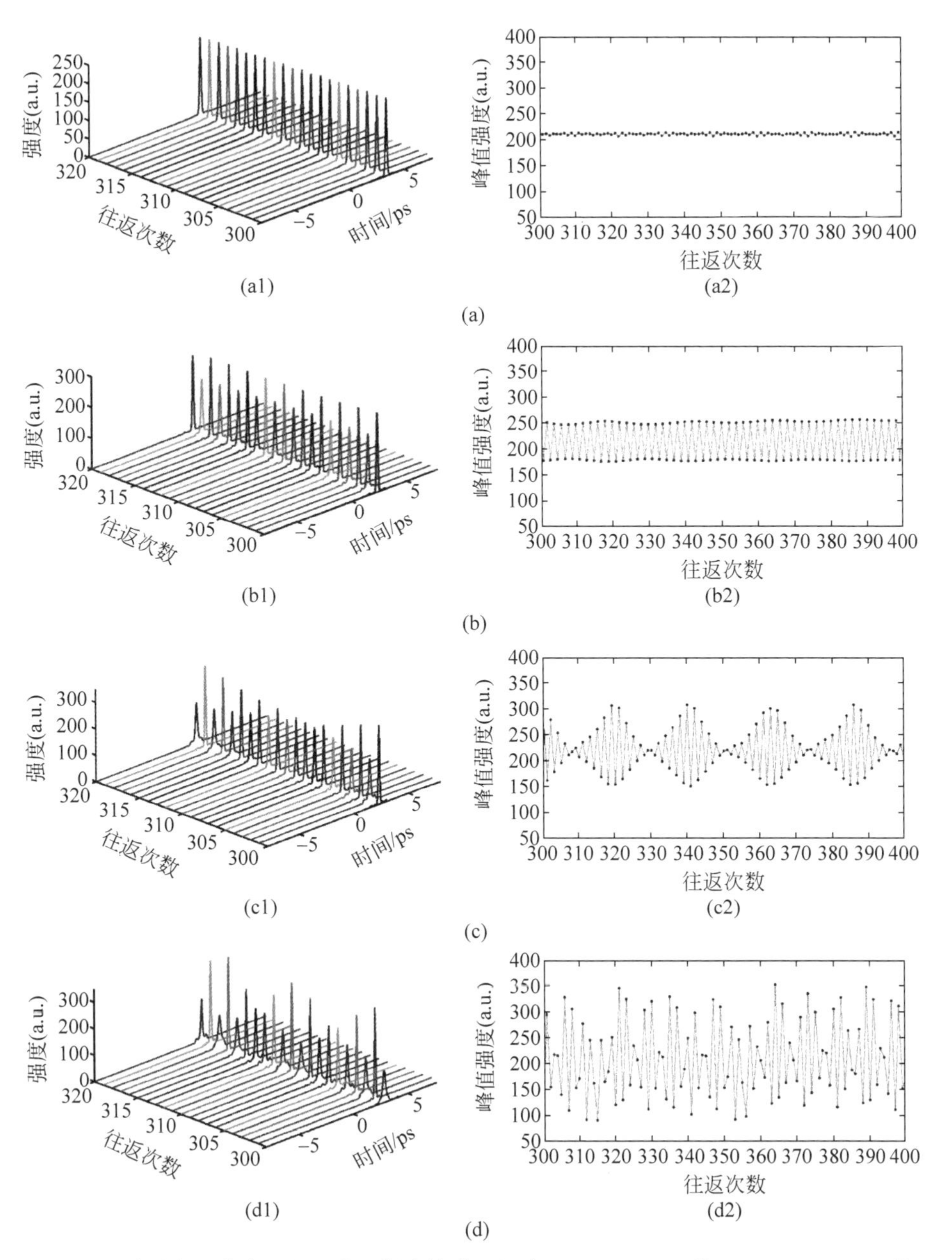

图 7.3.31　锁模光纤激光器经历准周期路线进入混沌((a1)～(d1)三维图,(a2)～(d2)二维图)

(a) 一倍周期状态($G=338\ \mathrm{km}^{-1}$);(b) 二倍周期态($G=342\ \mathrm{km}^{-1}$);

(c) 多倍周期状态($G=346\ \mathrm{km}^{-1}$);(d) 混沌状态($G=348\ \mathrm{km}^{-1}$)

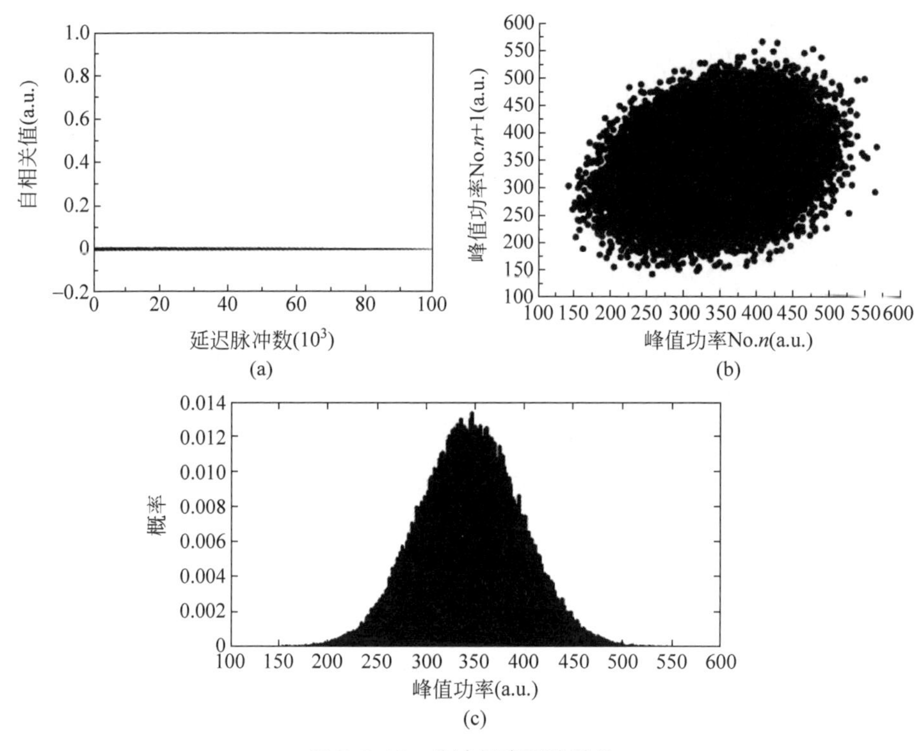

图 7.3.32　脉冲幅度混沌特性

(a) 自相关曲线；(b) 第一回归映射；(c) 幅值分布直方图

始一维混沌数据的相空间进行重构，继而利用 Grassberger-Procaccia(GP)算法(Grassberger et al.,1983)获得了离散混沌信号的关联维数随嵌入维数的变化曲线，如图 7.3.33 中方块所示。在计算中采用了 20000 个数据点。若锁模激光器的输出状态是混沌或者有色噪声，则该曲线会随着嵌入维数的增大收敛于一个确定值。这个数值一般用作信号的关联维数。而对于白噪声信号，关联维数将随着嵌入维数的增大单调递增，不会收敛。由图 7.3.33 可以清楚地看到关联维数呈现出了收敛状态，这意味着锁模激光器的状态一定不是白噪声。

但是由于 GP 算法不仅对线性相关敏感，也对非线性相关敏感。换句话说，该曲线的收敛可能是混沌引起的，也可能是由有色噪声导致的。为了确定锁模激光器的状态确实是混沌，又利用原始数据生成一串与之具有相同线性相关特性的"代理数据"(Prichard et al.,1994)，进而重复上述 GP 算法，计算"代理数据"的关联维数随嵌入维数的变化曲线，如图 7.3.33 中的圆点所示。通过与原始数据相应变化曲线的对比，可以发现代理数据的关联维数不再具有收敛特性。根据这一对比结果，可以排除掉有色噪声的影响，断定锁模激光器的输出状态确为混沌。

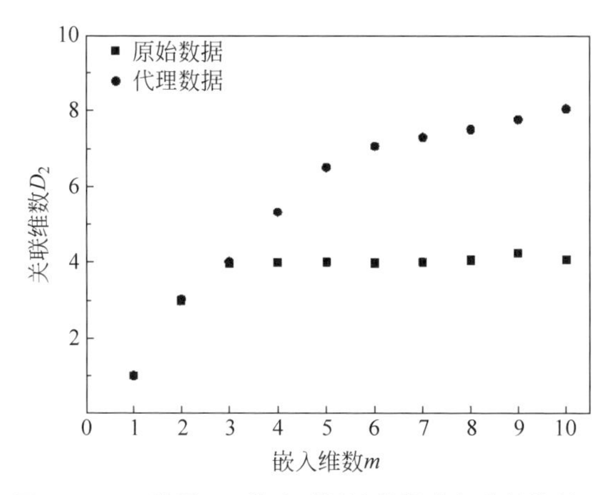

图 7.3.33　利用 GP 算法对混沌数据进行分析的结果

经过上述过程获取了脉冲幅度混沌信号需要经过量化后才能转变成随机码。在本方案中采用的全光量化器是由 $\lambda/4$ 相移 DFB 激光器构建的全光触发器。具体操作过程如图 7.3.30 右半部分所示：一个普通的 DFB 激光器产生的连续光信号(CW)作为保持光(保持光功率等于图 7.3.26 中双稳态区域左边沿对应的功率)由四分之一波长相移 DFB 激光器的左端面注入。进而，采样后获得的混沌脉冲序列经一个 3 dB 耦合器等分成两部分，分别作为 set 信号和 reset 信号由四分之一波长相移 DFB 激光器的左、右两侧注入；set 和 reset 信号进入相移激光器的时间上具有一定延迟，通过光纤延迟线予以控制。只要 set 信号中出现一个的功率大于 ΔP 的脉冲，相移激光器的状态将出现切换，经历那段确定时间延迟后，相应的 reset 信号中相对应的那个脉冲必然会将相移激光器的输出状态又切换回来。注：ΔP 定义为图 7.3.26 中双稳态区域跨越的功率宽度。这样的话，我们只需将采样后获得的混沌脉冲序列的均值功率设置为 ΔP，则能实现对该脉冲序列的比较和保持功能，产生二进制码序列。该技术不同于前面两节方案中提及的全光比较器，它使每个码元的宽度能获得精准控制。图 7.3.34 为上述全光量化的仿真结果。图 7.3.34(a)是脉冲幅度混沌信号，重复速率 20 MHz，脉冲幅度随机起伏；该重复速率由光纤锁模激光器的环形腔长度唯一确定。图 7.3.34(b)是经 3 dB 分路后注入相移 DFB 左端的 set 信号；图 7.3.34(c)对应由相移 DFB 激光器右侧注入的 reset 信号，与 set 信号波形相同，但存在一个 25 ns 的延迟；图 7.3.34(d)则是相移 DFB 激光器(全光触发器)的最终输出波形，亦即对混沌脉冲序列的全光量化后获得的随机码序列。可以看到，该随机码序列中的码元宽度为 50 ns，0 码与 1 码间的消光比高达 30 dB。

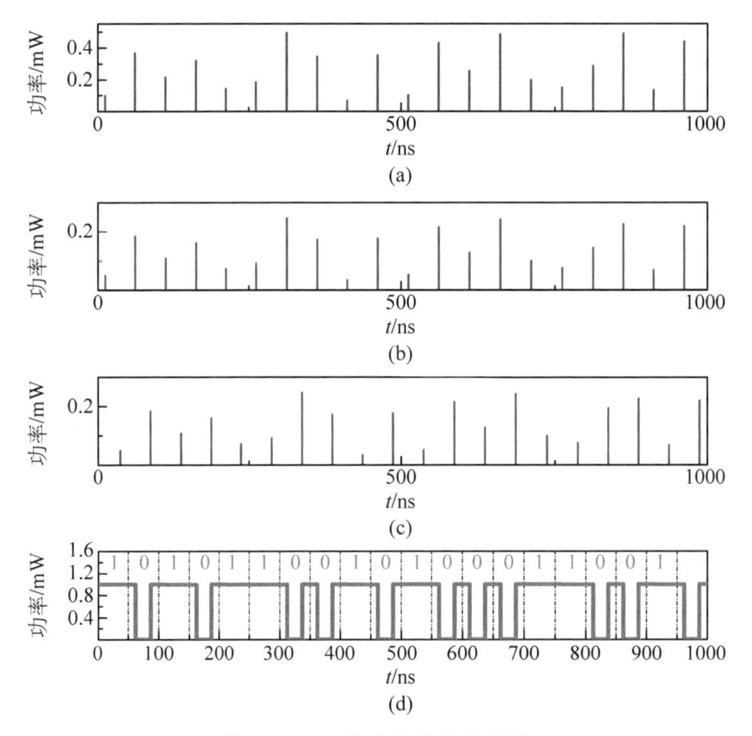

图 7.3.34　全光量化仿真结果

(a) 锁模激光器输出的脉冲幅度混沌信号；(b) 注入全光触发器左端面的脉冲幅度混沌；(c) 注入全光触发器右端面的脉冲幅度混沌；(d) 随机码序列

参考文献

ACOSTA A J, ADDABBO T, TENA-SÁNCHEZ E, 2017. Embedded electronic circuits for cryptography, hardware security and true random number generation: an overview[J]. International Journal of Circuit Theory and Applications, 45(2): 145-169.

ARGYRIS A, DELIGIANNIDIS S, PIKASIS E, et al, 2010. Implementation of 140 Gb/s true random bit generator based on a chaotic photonic integrated circuit[J]. Optics Express, 18(18): 18763-18768.

CHLOUVERAKIS K E, ADAMS M J, 2004. Two-section semiconductor lasers subject to optical injection[J]. IEEE Journal of Selected Topics in Quantum Electronics, 10(5): 982-990.

DICKSON T, LASKIN E, KHALID I, et al, 2005. A 72 Gb/s 2 31-1 PRBS generator in SiGe BiCMOS technology[C]. San Francisco: Solid-State Circuits Conference.

ESPEJO-MEANA S, RODRIGUEZ-VAZQUEZ A, HUERTAS J L, et al, 1989. Application of chaotic switched-capacitor circuits for random number generation[C]. Brighton: European

Conference on Circuit Theory & Design.

GEROSA A,BERNARDINI R,PIETRI S,2001. A fully integrated 8-bit,20 MHz,truly random numbers generator,based on a chaotic system[C]. Austin: Southwest Symposium on Mixed-Signal Design.

GRASSBERGER P, PROCACEIA I, 1983. Characterization of strange attractors[J]. Physical Review Letters,50(5): 346-349.

HIRANO K, YAMAZAKI T, MORIKATSU S, et al, 2010. Fast random bit generation with bandwidth-enhanced chaos in semiconductor lasers[J]. Optics Express,18(6): 5512-5524.

HUYBRECHTS K, D OOSTERLINCK W, MORTHIER G, et al, 2007. Proposal for an all-optical flip-flop using a single distributed feedback laser diode[J]. IEEE Photonics Technology Letters,20(1): 18-20.

HUYBRECHTS K,MORTHIER G,BAETS R,2008. Fast all-optical flip-flop based on a single distributed feedback laser diode[J]. Optics Express,16(15): 11405-11410.

IKEDA K, ABDUL J M, TOBIOKA H, et al, 2006. Design considerations of all-optical A/D conversion: nonlinear fiber-optic Sagnac-loop interferometer-based optical quantizing and coding[J]. Journal of Lightwave Technology,24(7): 2618.

KIM M,HA U,LEE K J,et al,2017. A 82-nW chaotic map true random number generator based on a sub-ranging SAR ADC[J]. IEEE Journal of Solid-State Circuits,52(7): 1953-1965.

LI J,LI L,ZHAO J,et al,2005. Ultrafast,low power,and highly stable all-optical switch in MZI with two-arm-sharing nonlinear ring resonator[J]. Optics Communications,256(4): 319-325.

LI P,GUO Y,GUO Y,et al,2018. Ultrafast fully photonic random bit generator[J]. Journal of Lightwave Technology,36(12): 2531-2540.

LI P, GUO Y, GUO Y Q, et al, 2018. Self-balanced real-time photonic scheme for ultrafast random number generation[J]. APL Photonics,3(6): 061301.

LI P,SUN Y Y,LIU X L,et al,2016. Fully photonics-based physical random bit generator[J]. Optics Letters,41(14): 3347-3350.

LI P,ZHANG J G,SANG L X,et al,2017. Real-time online photonic random number generation[J]. Optics Letters,42(14): 2699-2702.

LI X,CHAN S,2012. Random bit generation using an optically injected semiconductor laser in chaos with oversampling[J]. Optics Letters,37(11): 2163-2165.

MA L, ZHANG J, LI P, et al, 2018. High-speed physical random number generator based on autonomous Boolean networks[J]. Journal of Central South University (Science and Technology),49(4): 888-892.

MIYOSHI Y, IKEDA K, TOBIOKA H, et al, 2008. Ultrafast all-optical logic gate using a nonlinear optical loop mirror based multi-periodic transfer function[J]. Optics Express,16(4): 2570-2577.

NGUIMDO RM,VERSCHAFFELT G,DANCKAERT J,et al,2012. Fast random bits generation based on a single chaotic semiconductor ring laser[J]. Optics Express,20(27): 28603-28613.

OLIVER N,SORIANO M C,SUKOW D W,et al,2011. Dynamics of a semiconductor laser with polarization-rotated feedback and its utilization for random bit generation[J]. Optics Letters,

36(23): 4632-4634.

PARK M,RODGERS J C,LATHROP D P,2015. True random number generation using CMOS Boolean chaotic oscillator[J]. Microelectronics Journal,46(12): 1364-1370.

PRICHARD D, THEILER J, 1994. Generating surrogate data for time series with several simultaneously measured variables[J]. Physical Review Letters,73(7): 951.

REIDLER I, AVIAD Y, ROSENBLUH M, et al, 2009. Ultrahigh-speed random number generation based on a chaotic semiconductor laser[J]. Physical Review Letters,103(2): 024102.

ROSIN D P, RONTANI D, GAUTHIER D J, 2013. Ultrafast physical generation of random numbers using hybrid Boolean networks[J]. Physical Review E,87(4): 040902.

RUKHIN A, SOTO J, NECHVATAL J, et al, 2001. A statistical test suite for random and pseudorandom number generators for cryptographic applications [R]. Booz-Allen and Hamilton Inc Mclean Va.

SHANNON C E, 1949. Communication theory of secrecy systems[J]. Bell System Technical Journal,28 (4): 656-715.

SHINOHARA S, ARAI K, DAVIS P, et al, 2017. Chaotic laser based physical random bit streaming system with a computer application interface [J]. Optics Express, 25 (6): 6461-6474.

STOJANOVSKI T,KOCAREV L,2001. Chaos-based random number generators-part I: analysis cryptography[J]. IEEE Transactions on Circuits and Systems I: Fundamental Theory and Applications,48(3): 281-288.

TANG D Y,ZHAO L M,LIN F,2005. Numerical studies of routes to chaos in passively mode-locked fiber soliton ring lasers with dispersion-managed cavity [J]. Europhysics Letters, 71(1): 56.

TANG X, XIA G Q, JAYAPRASATH E, et al, 2018. Multi-channel physical random bits generation using a vertical-cavity surface-emitting laser under chaotic optical injection[J]. IEEE Access,6: 3565-3572.

UCHIDA A, AMANO K, INOUE M, et al, 2008. Fast physical random bit generation with chaotic semiconductor lasers[J]. Nature Photonics,2(12): 728-732.

UGAJIN K,TERASHIMA Y,IWAKAWA K,et al,2017. Real-time fast physical random number generator with a photonic integrated circuit[J]. Optics Express,25(6): 6511-6523.

VERSCHAFFELT G,KHODER M,GUY V D S,2017. Random number generator based on an integrated laser with on-chip optical feedback [J]. Chaos: An Interdisciplinary Journal of Nonlinear Science,27(11): 114310.

WANG A B,LI P,ZHANG J Z,et al,2013. 4.5 Gbps high-speed real-time physical random bit generator[J]. Optics Express,21(17): 20452-20462.

WANG C C,HUANG J M,CHENG H C,et al,2005. Switched-current 3-bit CMOS 4.0-MHz wideband random signal generator [J]. IEEE Journal of Solid-State Circuits, 40 (6): 1360-1365.

WANG Y,HUI C,LIU C,et al,2016. Theory and implementation of a very high throughput true random number generator in field programmable gate array [J]. Review of Scientific

Instruments,87(4): 044704.

WOHLGEMUTH O, MULLER W, PASCHKE P, et al, 2005. Digital SiGe-chips for data transmission up to 85 Gbit/s[C]. Paris: European Gallium Arsenide and Other Semiconductor Application Symposium.

WU J G, TANG X, WU Z M, et al, 2012. Parallel generation of 10 Gbits/s physical random number streams using chaotic semiconductor lasers[J]. Laser Physics,22(10): 1476-1480.

XU X, WANG Y, 2016. High speed true random number generator based on FPGA[C]. LosAngdes: International Conference on Information Systems Engineering.

ZHOU T,ZHOU Z,YU M,et al,2006. Design of a low power high entropy chaos-based truly random number generator[C]. Singapore: IEEE Asia Pacific Conference on Circuits and Systems.

ZHANG J Z,WANG Y C,LIU M,et al,2012. A robust random number generator based on differential comparison of chaotic laser signals[J]. Optics Express,20(7): 7496-7506.

ZHAO L, TANG D, LIN F, et al, 2004. Observation of period-doubling bifurcations in a femtosecond fiber soliton laser with dispersion management cavity[J]. Optics Express, 12(19): 4573-4578.

黄谆,周涛,白国强,等,2004.一种基于混沌的真随机源电路[J].半导体学报,25(3): 333-339.

王欣,周童,王永生,等,2009.一种基于混沌原理的真随机数发生器[J].微电子学与计算机, 26(2): 141-145.

第8章

基于混沌同步的密钥分发

8.1 引言

香农已经理论证明：如果密钥是与明文等长的仅用一次的完全随机码，则只要保证了密钥的分发安全，加密就是不可破解的。可见，密钥分发是保密通信研究最重要的内容。

目前数字保密通信系统的加密技术主要有对称加密、非对称加密两种。

对称加密是指通信收发双方的加密和解密所用的密钥是相同的。对称加密又分为流加密和分组加密。流加密是用事先分发的短密钥作为种子，通过随机数生成算法产生连续的密钥流，再用密钥流对明文按照比特位逐位加密。常见的流密码算法有 Micrisoft office 软件中的 RC4 算法、移动通信中的 A5/1 算法、蓝牙通信的 E0 密码算法。分组加密是将明文按 64、128 或 256 位等分成不同的组，在一组内同时对多位明文进行加密。典型的分组密码算法有美国国家标准局颁布的 DES 算法（因安全性不高，现已不推荐使用）、AES 算法和我国 2016 年颁布的 SM4 密码算法。对称加密的优点是加解密速度快，但存在着无法保证密钥的安全分发难题。

非对称加密是指通信的收发双方用于加密和解密的密钥是不同的。通信的双方利用数学上的单向函数，各自设置一对密钥（公钥和私钥），发送方 A 用自己的私钥对明文进行加密，并将公钥发送给接收方 B；B 用 A 的公钥计算出自己的私钥，实现对 A 加密信息的解密。典型的非对称加密算法是麻省理工学院的 Ron Rivest、Adi Shamir 和 Leonard Adleman 三人联合提出的 RSA 算法。非对称加密避免了相同密钥在公开信道中的传输，部分减轻了密钥分发和管理的难题。但非对称加密涉及到大量的复杂计算，如 RSA 算法的密钥长度高达 2048 位或 3072

位，解密速度慢。特别是，非对称加密的安全性取决于一些数学难题的计算复杂度，如大素数的因式分解、模幂运算等，但今天的数学难题可能明天就会被科学家找到求解办法。而且，非对称加密是假设窃听者仅具备有限的计算能力这一基础上，但是计算机处理速度一直在快速提高。

量子密钥分发是通过量子态来编码。基于不确定性原理，窃听者无法准确获得量子态信息；又由于量子的不可克隆性原理，使得任何对量子密钥的窃听都会不可避免地对合法通信双方产生干扰而被发现。因此从原理上来讲，量子密钥分发是无条件安全的(Bennett et al.，2014)。量子密钥分发已经取得重要进展(Lo et al.，2014；Sasaki et al.，2014；Korzh et al.，2015)。在国家持续强力支持下，中国科技大学、国防科技大学、上海交通大学、山西大学等许多研究单位已取得了许多原创性的成果。2015 年 2 月 15 日，*Nature* 报道了潘建伟院士课题组实现了 11 个量子比特的自旋-轨道角动量纠缠的多自由度隐形传态(Wang et al.，2015)。量子密钥分发研究目前存在的困难有：高效单光子源制备困难，需用经典保密技术防止窃听者假扮合法接收者，特别是短的安全分发距离和低的成码率更是量子密钥分发应用亟需解决的两大难题。另外，关于量子密钥分发的安全性尚存在着一些争议(Lydersen et al.，2010；Barrett et al.，2013；Curty et al.，2014)。

在量子密钥分发技术努力解决码率低、距离短两大问题的同时，研究者也在探索其他密钥分发方案。例如，利用超长光纤激光器波长选择可实现 100 bit/s、500 km 的密钥分发(El-Taher et al.，2014)；利用无线公共噪声信道的"短时一致性"可实现 22 bit/s 的短距离密钥分发(Patwari et al.，2010)。进一步，将无线噪声信道替换为有线噪声信道，分发速率和距离可分别提升至 160 bit/s 和 26 km(Kravtsov et al.，2013)。然而，上述方案的密钥分发速率依然无法满足现代通信的速率需求。

1993 年，瑞典 Ueli M. Maurer 教授证明：当通信双方从相关的信号源中提取密钥，并通过公开信道交换信息，只要窃听者的信道噪声高于合法用户的信道噪声，则合法用户就可能实现满足信息安全的密钥分发(Maurer，1993)。Maurer 的理论要求从大量的随机数中提取安全密钥，考虑其生成安全密钥的速率较低，如果没有快速产生大量随机数技术，则此研究结果实际意义不大。特别是，科学家在此之前还没有找到能够在异地产生相同信号的方案。近年来，基于混沌激光器产生高速随机数的研究取得了突出进展，可产生吉比特每秒甚至是数百吉比特每秒的物理随机数。特别是，参数匹配的激光器之间可以实现混沌同步，即两个激光器之间通过单向耦合、双向耦合、共同驱动等多种方式输出相同的混沌波形。利用同步的混沌波形，并结合随机数产生技术，有望为高速密钥分发提供解决途径。目前，报道的方案主要包括基于互耦合混沌同步的密钥分发和基于共同驱动混沌同步的密钥分发。

8.2 基于互耦合混沌同步的密钥分发

2010 年，Ido Kanter 等理论提出基于互耦合混沌同步的密钥分发方案（Kanter et al.，2010），并于 2016 年被实验验证（Porte et al.，2016），如图 8.2.1 所示。两个参数接近的混沌激光器通过互注入实现同步，各自利用己方密钥独立地调制激光器偏置电流，随后将己方调制序列与对方调制序列作差，选取强度抵消部分所对应的密钥作为一致密钥，最终实现速率为 11 Mbit/s 的密钥分发。该方案首次实验验证了基于互耦合同步的密钥分发。然而其本质仍然是以混沌激光作为载波，密钥分发的安全性有一定保证，速率较为可观，但是受限于同步机制无法实现长距离密钥分发。更关键的是，上述方案并未充分利用混沌激光在高速密钥产生方面的优势。

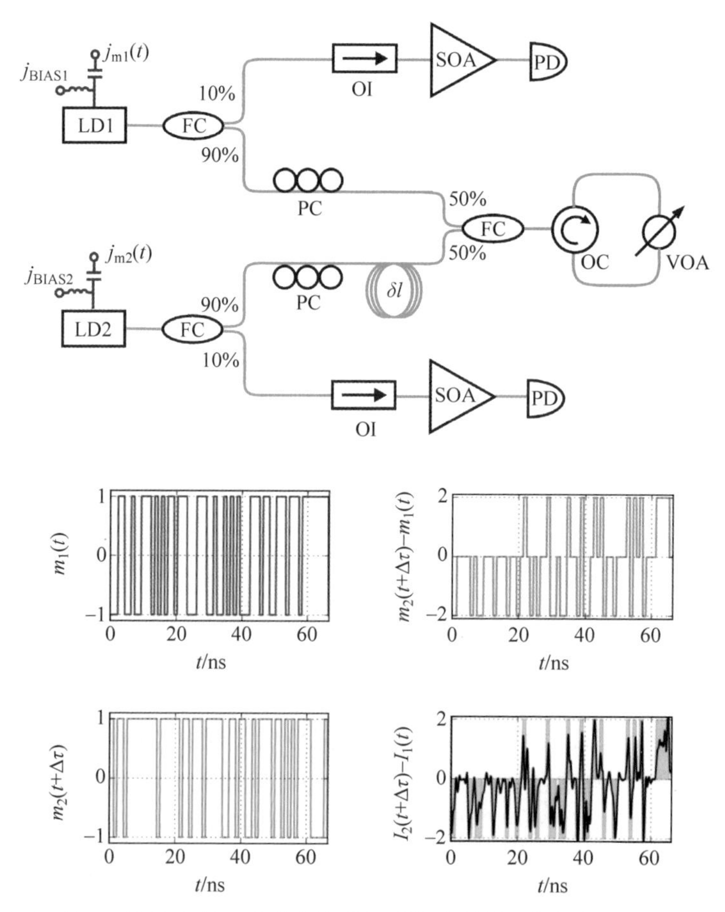

图 8.2.1 基于互耦合混沌同步的密钥分发实验装置图及结果（Porte et al.，2016）

2016年，Apostolos Argyris将随机数产生与混沌同步相结合，有效提高了密钥分发速率，实验装置与结果如图8.2.2所示。利用动态中继的互耦合结构建立了高质量混沌同步(Argyris et al.，2016a)，并通过对同步时域波形进行模数转换实现了吉比特每秒量级的密钥分发。此外，该方案利用前向纠错方法有效降低了密钥的误码率(Argyris et al.，2016b)。

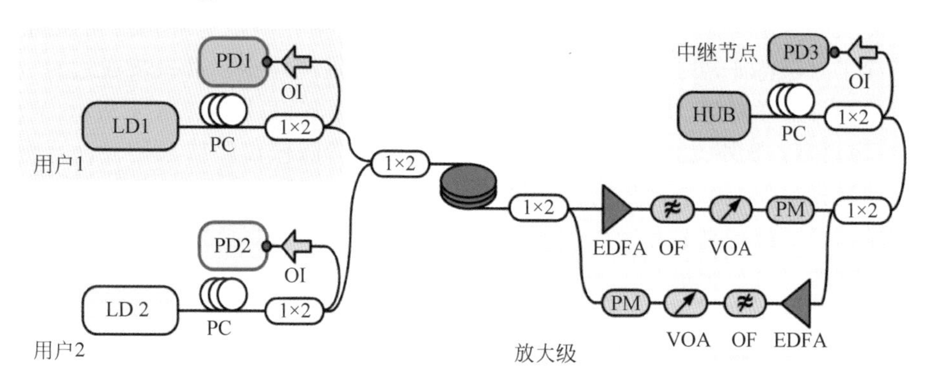

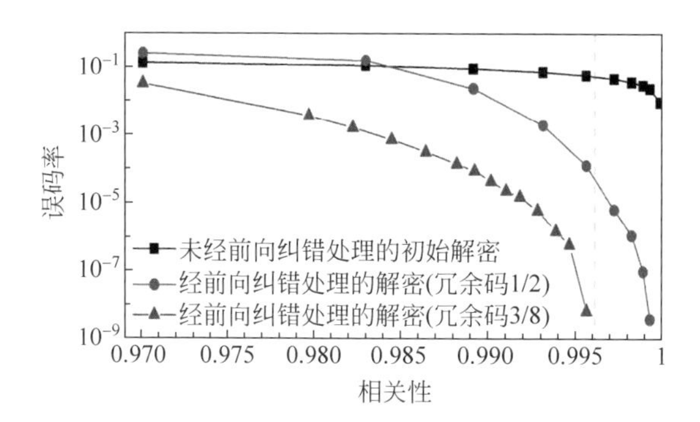

图8.2.2　基于动态中继的互耦合同步实验装置以及密钥误码率随同步性能的变化(Argyris et al.，2016b)

上述方案实现的密钥分发速率虽然较高，但存在明显的安全缺陷——需要在公共信道传输同步的混沌信号，增加了合法用户信息泄露的可能性，给密钥分发带来了安全隐患。此外，在上述密钥分发方案中，合法用户密钥分发的安全性只能依赖于同步性优势，无法对分发系统的安全性进行主动调控。

8.3　基于共同驱动混沌同步的密钥分发

为充分利用混沌激光在高速随机数产生领域的优势，满足长距离、高速安全通信的要求，研究者逐渐转向基于共同驱动混沌同步的密钥分发研究。该方案中，用于随机数产生的混沌信号不在公共信道传输，密钥分发系统的安全性得以提高。此外，共同驱动的混沌同步具有更高的鲁棒性，可保证长距离传输后的高质量同步。

外腔反馈半导体激光器因结构简单、操作灵活以及易于集成等优势而成为共驱同步系统中驱动源的首选，但镜面反馈腔的存在导致激光器的输出信号中隐含有外腔长的时延特征，降低了系统安全性。王龙生等利用啁啾光纤光栅(CFBG)反馈消除了时延特征，并以它为驱动源获得了高质量混沌同步。进一步通过对同步的时序进行采样量化，实时产生了 2.5 Gbit/s 的高速密钥，如图 8.3.1 所示(Wang et al.，2020)。此外，如图 8.3.2 所示，香港城市大学陈仕俊团队利用光注入混沌半导体激光器作为驱动，同样获得了高质量的混沌同步，理论上可产生速率可调的相同密钥——最高速率可达 2 Gbit/s(Li et al.，2017)。但是，由于驱动激光器和响应激光器之间存在相关性，导致上述密钥分发方案仍然存在一定的安全隐患。

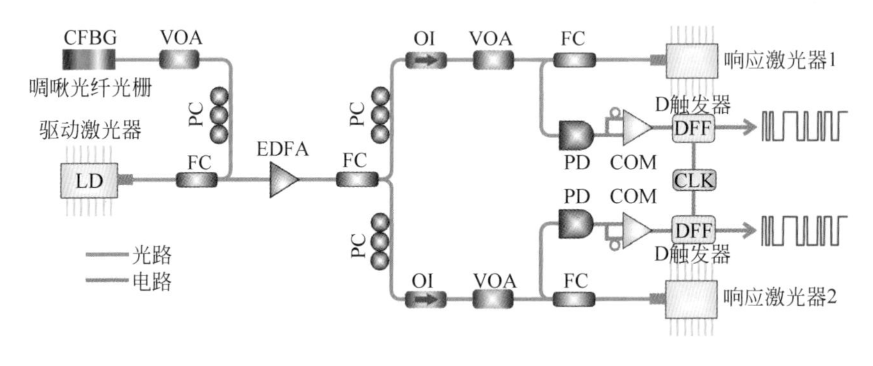

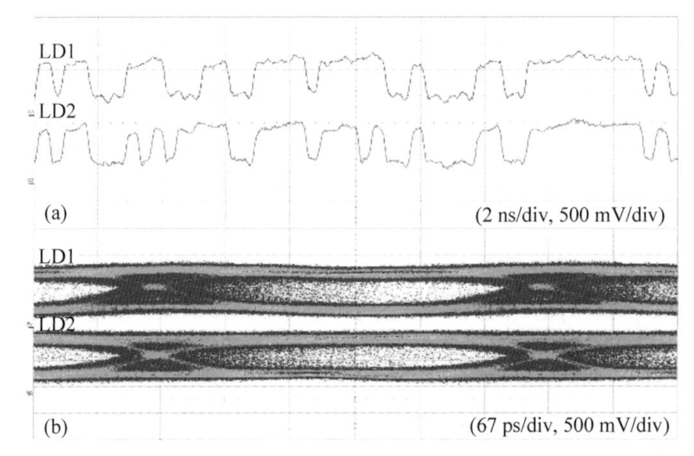

图 8.3.1　基于啁啾光纤光栅反馈激光器驱动同步的密钥分发实验装置及产生的密钥码型图与眼图(Wang et al.，2020)

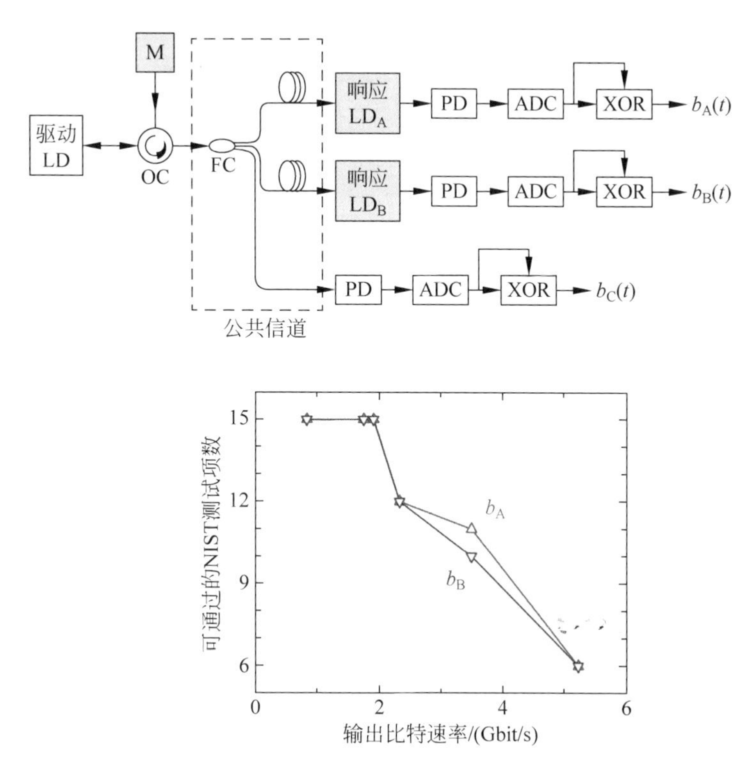

图8.3.2　基于光注入半导体激光器驱动同步的密钥分发方案示意图以及不同速率下密钥的随机性测试结果(Li et al.,2017)

2012年,Kazuyuki Yoshimura提出基于共同噪声驱动混沌同步的密钥分发方案(Yoshimura et al.,2012),如图8.3.3所示。利用宽带噪声信号驱动通信双方的混沌激光器,在注入锁定效应下,两响应激光器实现了高质量的同步,而驱动与响应激光器之间相关性非常低。此外,通信双方各自利用己方密钥独立调制反馈相位:相位调制相同,混沌波形同步;否则不同步。通过交换各自密钥,选取相同密钥所对应的同步波形作为一致密钥,最终实现密钥分发。由于窃听者以现有技术无法对宽带噪声信号实现完全复制,并且无法完全得知通信双方的随机调制,从而保证了密钥分发的安全。最终实验实现了传输距离为120 km,速率为182 kbit/s的密钥分发。为进一步增强其安全性,如图8.3.4所示,将同步激光器级联,可得到120 km,64 kbit/s的密钥分发(Koizumi et al.,2013)。可见,随着安全性的提高,密钥分发速率降低。但是,就上述分发速率而言,远未达到混沌激光器产生吉比特每秒量级密钥的水平。主要原因是:随机键控会破坏混沌同步,而同步恢复过程需要较长时间,进而限制密钥分发速率。

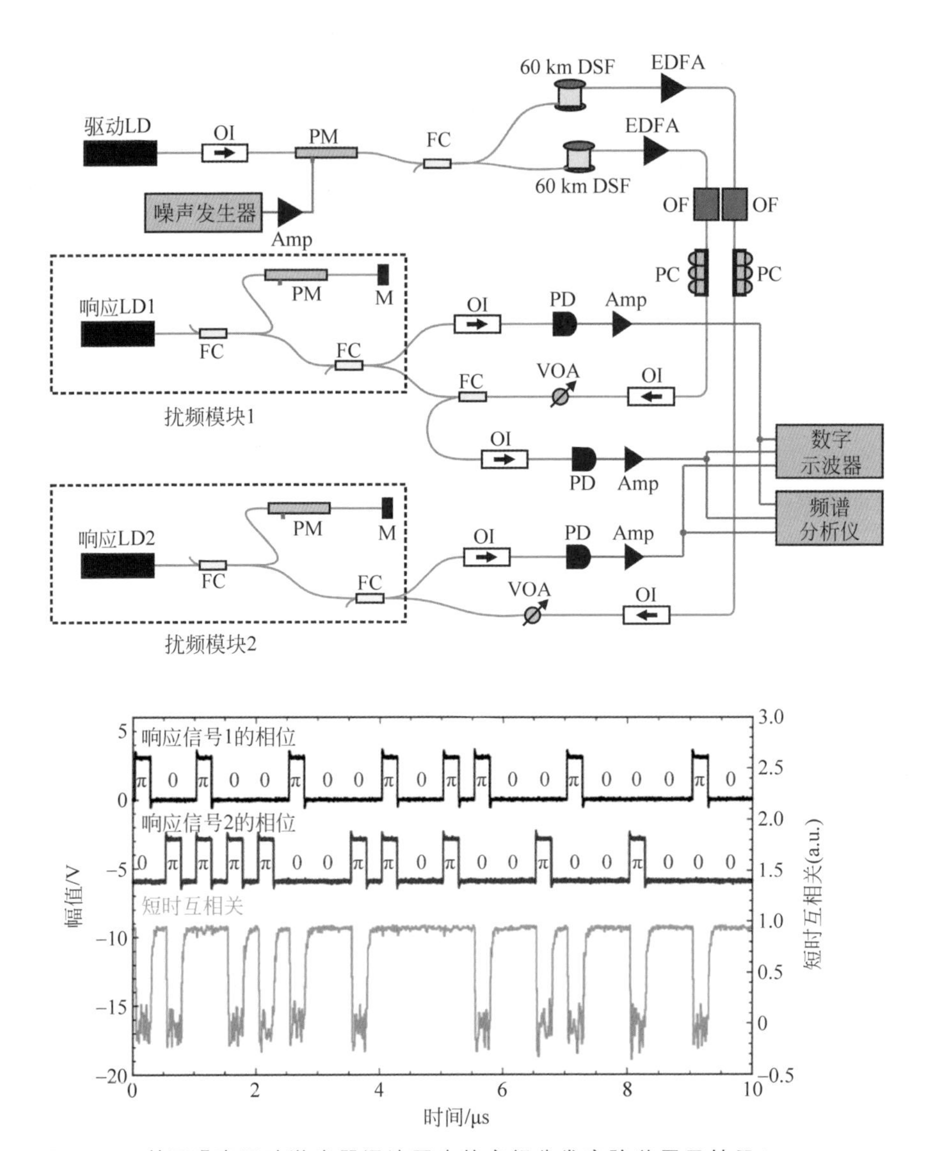

图 8.3.3　基于噪声驱动激光器混沌同步的密钥分发实验装置及结果(Yoshimura et al.,2012)

在上述基于共同驱动混沌同步的密钥分发系统中,混沌激光器均是通过离散器件搭建,体积庞大、鲁棒性差且难以实用化。2017 年,Takuma Sasaki 研制了光子集成半导体激光器(PIC),并基于驱动混沌同步实现了速率为 184 kbit/s 的密钥分发,如图 8.3.5 所示。该工作表明混沌密钥分发向集成化应用迈出了重要的一步(Sasaki et al.,2017)。但是,受限于同步恢复时间,其密钥分发速率依然无法满足现有通信速率需求。

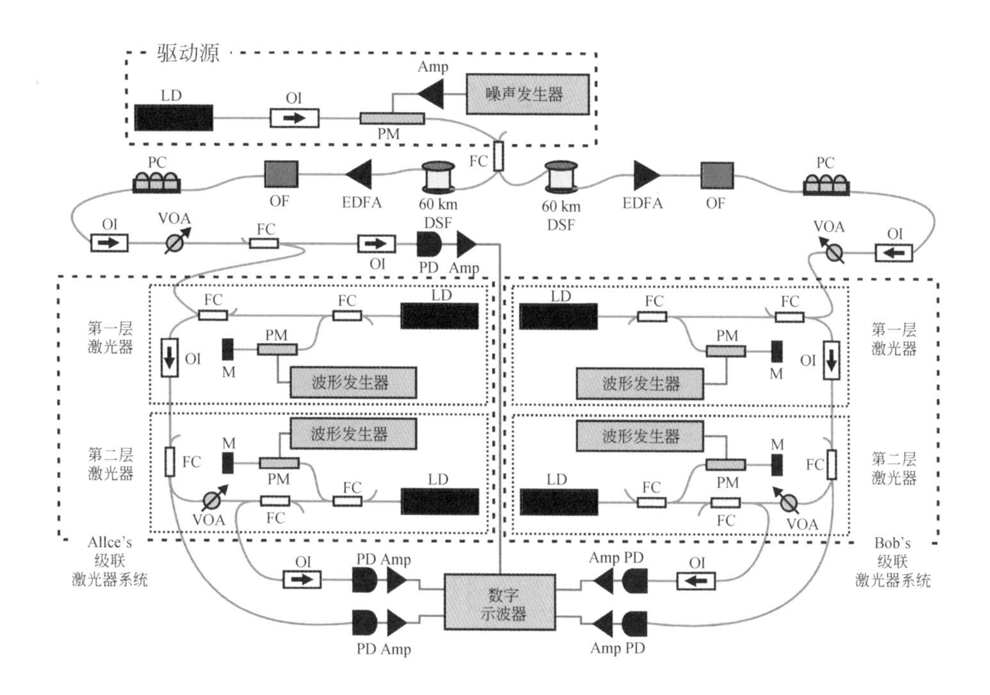

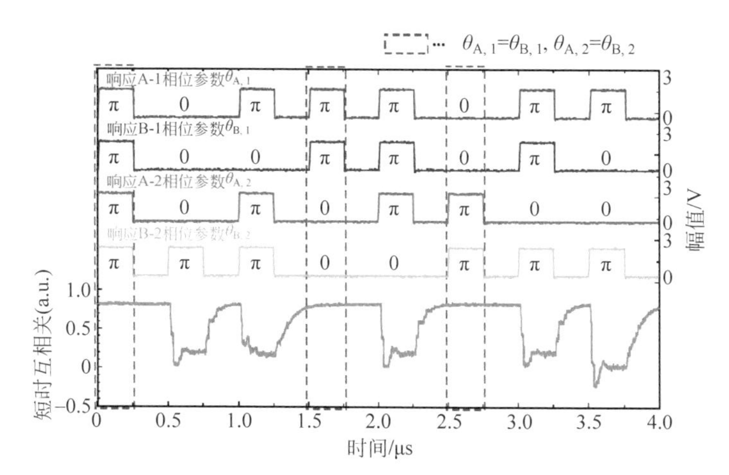

图 8.3.4　基于噪声驱动级联激光器混沌同步的密钥分发实验装置及结果(Koizumi et al.,2013)

因此,针对消除同步恢复时间限制的密钥分发方案被提出。电子科技大学江宁教授提出基于动态后续处理的混沌密钥分发:将私钥调制添加至随机数产生的异或过程中,可避免对系统同步性的破坏,进而消除混沌同步恢复时间的限制,理论上可以实现吉比特每秒量级的密钥分发(Xue et al.,2015)。此外,该团队进一步提出基于混沌同步动态键控的密钥分发:以调制密钥作为"密钥池",通过计算

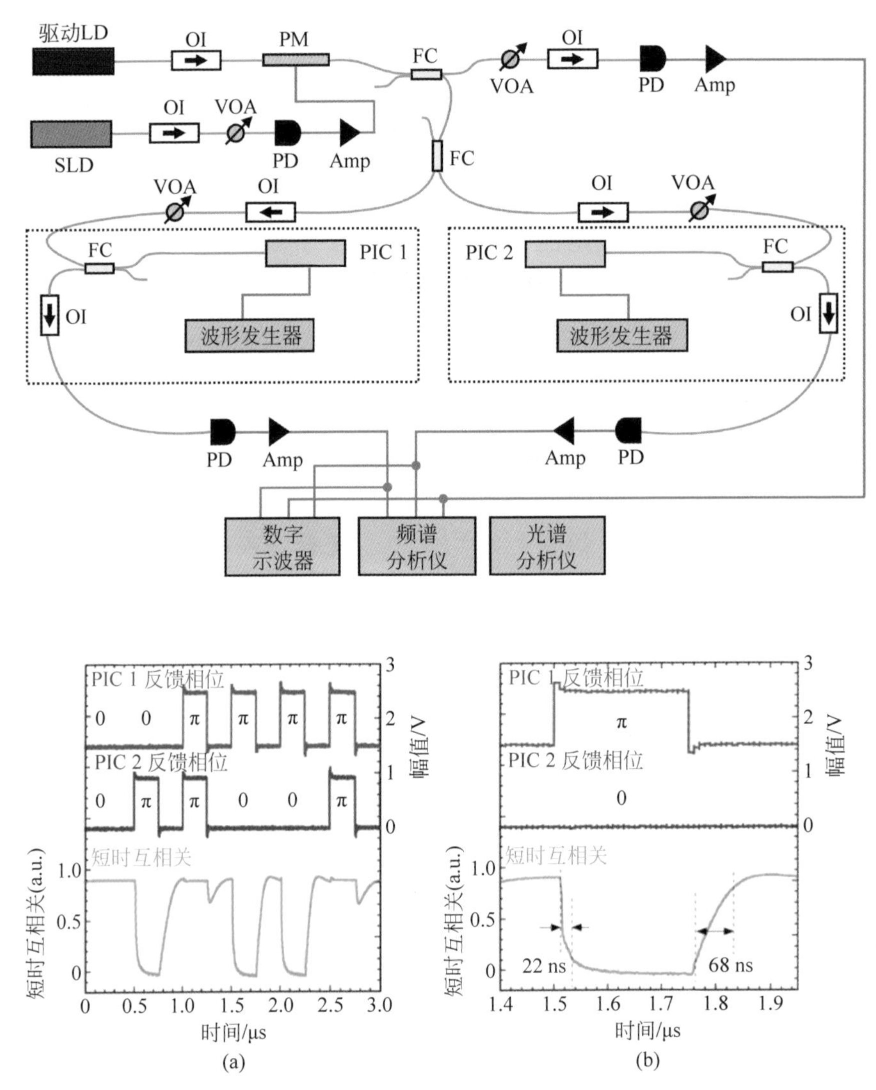

图 8.3.5　基于光子集成半导体激光器共驱混沌同步的密钥分发实验装置及结果（Sasaki et al.，2017）

通信双方混沌波形的相关性来确定密钥调制是否相同，进而提取一致密钥——相关性高，调制私钥相同；相关性低，调制私钥不同（Xue et al.，2016）。该方法虽然可以实现密钥分发，但由于私钥调制速率慢，将调制密钥作为“密钥池”从根本上限制了密钥分发的速率。此外，王龙生等提出基于色散键控开环混沌同步的密钥分发，利用开环结构降低混沌同步恢复时间，理论上也可实现吉比特每秒量级的密钥分发（Wang et al.，2019）。上述理论工作对于提高密钥分发速率均是有益探索，但有待实验验证。

作者团队提出基于 FP 激光器模式键控混沌同步的高速密钥分发方案，并进行了实验验证(Gao et al.,2021)。其原理如图 8.3.6 所示，一对参数匹配的开环多纵模 FP 激光器(FP_A 和 FP_B)作为合法用户 Alice 和 Bob 的随机物理熵源，由第三方共同驱动源输出的宽带随机信号同时扰动，使其实现多纵模混沌激光同步。通信双方同时对各自响应激光器输出的多纵模激光进行单模滤波，输出中心波长分别为 λ_0 和 λ_1 的单纵模混沌激光。通信双方利用各自的二进制随机控制码 C_A 和 C_B 对两个单纵模信号(λ_0 和 λ_1)进行独立随机地选择输出：当 C_A(C_B)为“0”时，FP 激光器输出波长为 λ_0 的单纵模；当 C_A(C_B)为“1”时，FP 激光器输出波长为 λ_1 的单纵模，此过程称为响应 FP 激光器单纵模的动态滤波。由此，通信双方分别获得了输出模式随机键控的混沌激光时间序列：只有当 $C_A=C_B=0$ 或 1 时，通信双方响应 FP 激光器输出的单纵模中心波长相同($\lambda_0\lambda_0$ 或 $\lambda_1\lambda_1$)(图中所标示的红色控制码和对应的纵模中心波长)，在此区间内的混沌激光信号是同步的；当 $C_A \neq C_B$ 时，通信双方输出单纵模中心波长不同($\lambda_0\lambda_1$ 或 $\lambda_1\lambda_0$)(图中所标示的黑色控制码和对应的纵模中心波长)，此区间内的混沌激光信号相关性很低。随后，通信双方对输出模式随机键控的混沌激光时间序列进行特定频率的采样后再进行量化，独立生成各自的原始密钥序列 X_A 和 X_B，从相同随机控制码区间对应的同

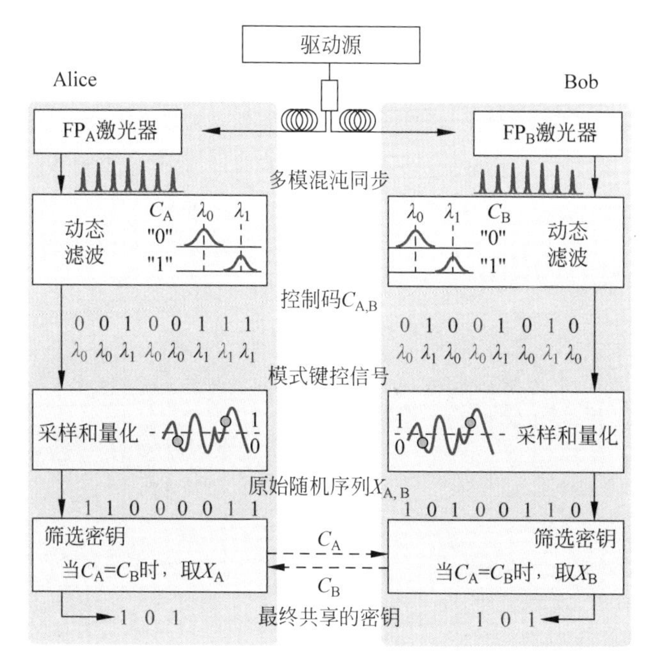

图 8.3.6　基于开环 FP 激光器输出模式随机键控的密钥分发原理示意图

步激光序列中提取的密钥在原理上是一致的(图中所标示的红色随机密钥)。最后,通信双方通过公共信道交换并对比双方的控制码 C_A 和 C_B,筛选出与相同随机控制码($C_A=C_B$)对应的一致随机密钥(101)作为通信双方最终共享的安全密钥。

基于上述方案原理,搭建了基于开环 FP 激光器输出模式随机键控密钥分发的实验系统,实验装置如图 8.3.7 所示。首先,超辐射发光二极管(superluminescent diode,SLD)输出的自发辐射光经过滤波放大后由耦合比为 50∶50 的光耦合器均分成两束,分别经过 80 km 色散补偿后的光纤进行传输,单向注入通信双方 Alice 和 Bob 的响应激光器(FP_A 和 FP_B)中,光纤由 66 km 标准单模光纤和 14 km 色散补偿光纤组成。通信双方采用对称的系统进行共享密钥的产生。这里仅介绍 Alice 方的装置,经长距离传输后的驱动信号由掺铒光纤放大器(EDFA)进行放大,以提供足够的注入功率。可调衰减器调节响应激光器的注入强度,偏振控制器调节驱动信号的偏振态,驱动信号由环行器注入响应激光器中。激光器受驱动信号扰动产生的多纵模混沌激光信号由环行器的另一端口输出,随后由 EDFA 放大后输入波分复用器(WDM)进行滤波并分束,滤出中心波长分别为 λ_0 和 λ_1 的单纵模,每个单纵模的输出光路上均设置电光调制器(EOM),利用二进制随机序列 C_A 及其反相(逻辑非)序列 $\bar{C}_A$ 对两个 EOM 进行开关控制,实现两个单纵模的随机选择输出,此过程对应图中的动态滤波。两个单纵模光路由光耦合器耦合后,经光电探测器转化为电信号,由高速示波器对其时间序列进行采集。通信双方分

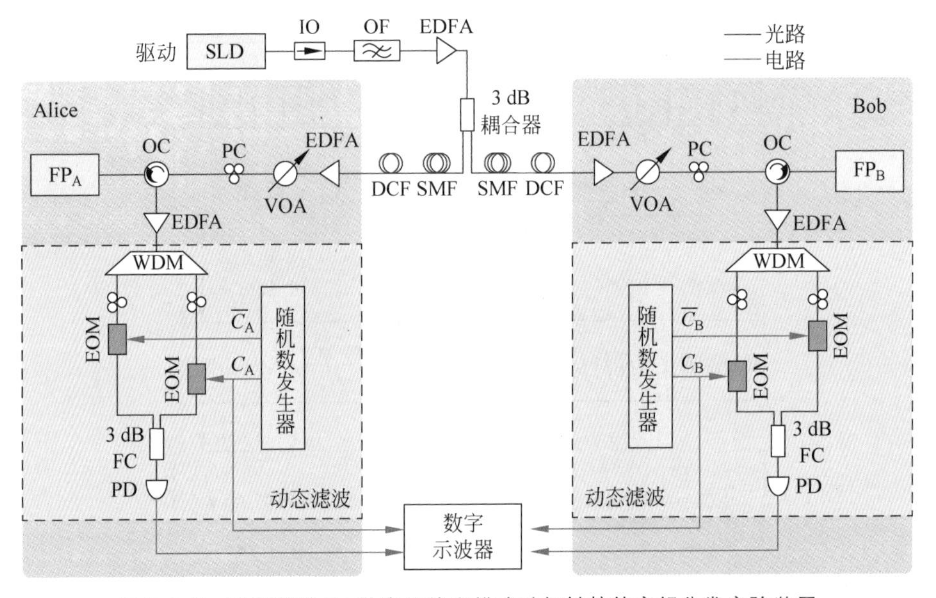

图 8.3.7 基于开环 FP 激光器输出模式随机键控的密钥分发实验装置

别对各自随机键控后的混沌激光序列进行相同频率采样，随后用双阈值量化方法(Koizumi et al.，2013)进行量化并生成原始随机序列，通过对比双方随机控制码序列并筛选相同控制码对应区间内提取的随机密钥作为最终共享密钥，由此完成密钥分发。

实验中，通信双方 WDM 的两条滤波光路中均设置电光调制器(EOM)，分别由二进制非归零随机码及与其反相的(逻辑非)信号控制，对两个单纵模混沌激光信号进行开关键控。实验所用的二进制非归零随机码由布尔混沌物理随机数发生器芯片(Zhang et al.，2009)产生，最大速率为 200 Mbit/s。当二进制随机控制码为“0”时，通信双方 FP 激光器输出中心波长为 λ_0 的单纵模混沌激光；当随机控制码为“1”时，通信双方 FP 激光器输出中心波长为 λ_1 的单纵模混沌激光。两路单纵模信号经 3 dB 光耦合器随机输出，生成模式随机键控的混沌激光信号。

图 8.3.8 为输出模式随机键控混沌激光同步的实验结果。图中的第一行、第二行灰色曲线分别为通信双方 Alice 和 Bob 调制 λ_0 单纵模激光信号的二进制非归零随机控制码序列。红色和紫色曲线分别为 Alice 和 Bob 输出的模式键控混沌激光时间序列，第三行绿色曲线为 Alice 和 Bob 的时间序列短时互相关结果，短时互相关计算时间窗口长度为 1 ns。由图中所示结果可以看出，当 Alice 和 Bob 的随机控制码相同(00 或 11)时，通信双方输出单纵模混沌激光时间序列的短时互相关系数在 0.93 左右；当随机控制码不同(01 或 10)时，短时互相关系数在 0.25 左右。由此，通信双方实现了混沌激光同步的随机键控。

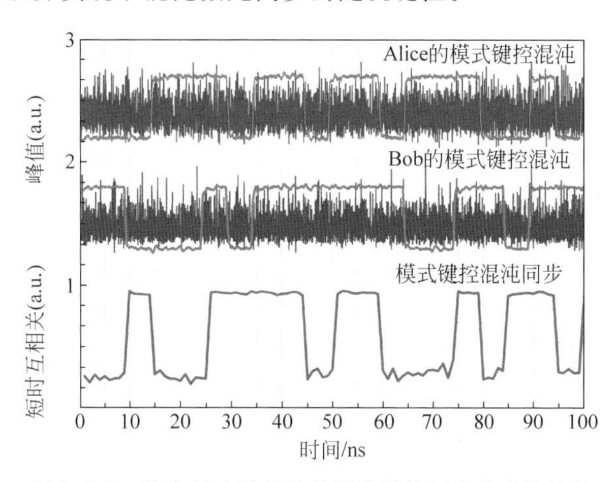

图 8.3.8　输出模式随机键控混沌激光同步的实验结果

对图 8.3.8 中通信双方从不同步到同步的瞬态切换部分进行放大得到图 8.3.9。同步恢复时间为双方随机控制信号由不同到相同切换的瞬间到短时互相关系数达到 0.90 的时间长度。从图 8.3.9 可看出，此方案的同步恢复时间约为 1 ns。在此方案中，两个响应 FP 激光器的多纵模激光状态和多纵模激光同步性并未改变，同步恢复时间来源于双方随机控制码在高低电平之间切换的响应时间，而并非响应激光器状态改变的瞬态响应时间。相对于光反馈相位随机键控方案，此同步恢复时间大大缩短。因此，利用此方案可以有效地提高密钥分发的速率。

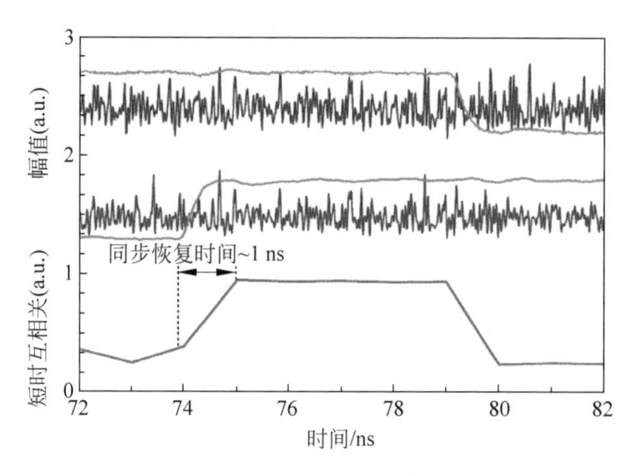

图 8.3.9　混沌同步恢复时间

实验中，利用采样率为 80 GSa/s 的示波器对通信双方随机键控混沌激光信号进行采集，随机键控速率为 200 Mbit/s，即键控周期长度为 5 ns，则每个键控周期内有 400 个采样点。若每个键控周期内仅提取一个采样点进行量化，就严重限制了密钥的生成速率。为了提高密钥分发速率，可以在每个键控周期内提取多个采样点进行量化。同时，为了保证密钥的安全性，可以使每个键控周期内生成的最终共享密钥个数少于 8 bit，即一个字节长度。即使窃听者可以猜对一个相同控制码且成功获取了对应产生的最终密钥，也无法破解出一个字节的信息。

最终，实验中以 3.2 GSa/s 的采样率对通信双方的随机键控混沌激光序列进行降采样处理，选取保证生成密钥中“1”码所占比例在 0.5±0.003 范围内的上下阈值参数 C_+ 和 C_- 对降采样序列进行双阈值量化。最终生成的密钥误码率和速率结果如图 8.3.10 所示，密钥误码率和速率均随着量化阈值增加而降低，当误码率达到 3.8×10^{-3} 时，密钥生成速率为 0.75 Gbit/s。此时，双阈值量化的上阈值参数 C_+ 为 0.253，下阈值参数 C_- 为 0.493，密钥生成率为 0.2344，保留率为 0.4708。因此，每个相同控制码的键控周期内生成的最终共享密钥个数为 5 ns×3.2 Gbit/s×0.4708≈7.5 bit，小于 8 bit，可以保证最终共享密钥的安全性。同时，我们对生成的密钥进行了 NIST 测试，最终生成的密钥通过了 15 项测试，表明其具有良好的随机性，结果见表 8.3.1。

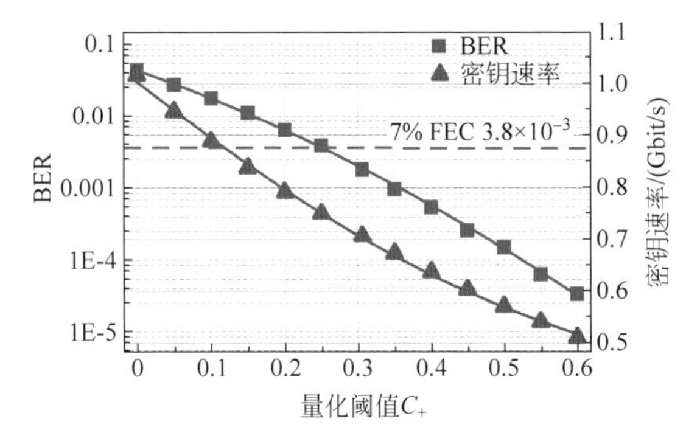

图 8.3.10 采样率为 3.2 GSa/s 时,密钥误码率和生成速率随上阈值参数 C_+ 的变化

表 8.3.1 密钥序列的 NIST 测试结果

统计测试	F-P_A			F-P_B		
	P 值	比例	结果	*P* 值	比例	结果
单比特频数检验	0.522100	0.9890	Success	0.461612	0.9860	Success
块内频数检验	0.422638	0.9920	Success	0.585209	0.9900	Success
累积和检验	0.350485	0.9890	Success	0.471146	0.9870	Success
游程检验	0.997147	0.9920	Success	0.721777	0.9890	Success
块内最长游程检验	0.994944	0.9870	Success	0.745908	0.9930	Success
二元矩阵秩检验	0.878618	0.9880	Success	0.919131	0.9900	Success
离散傅里叶变换检验	0.420827	0.9840	Success	0.568739	0.9840	Success
非重叠模板匹配检验	0.012043	0.9920	Success	0.006906	0.9860	Success
重叠模板匹配检验	0.937919	0.9860	Success	0.090388	0.9840	Success
Maurer 的通用统计检验	0.138069	0.9890	Success	0.435430	0.9930	Success
近似熵检验	0.814724	0.9940	Success	0.339271	0.9920	Success
随机游动检验	0.048229	0.9891	Success	0.040363	0.9888	Success
随机游动状态频数检验	0.008120	0.9922	Success	0.149903	0.9919	Success
序列检验	0.137282	0.9910	Success	0.188601	0.9930	Success
线性复杂度检验	0.166260	0.9900	Success	0.140453	0.9890	Success

8.4 展望

高速密钥安全分发是香农“一次一密”绝对安全保密通信的最后一个技术障碍。基于混沌同步的密钥分发是一种有别于量子密钥分发的经典方案,且有望为高速密钥安全分发提供一种备选途径。混沌密钥分发的未来发展方向主要集中在

安全性、高速率以及长距离三方面。现有基于混沌同步键控的密钥分发的安全性有待提供自洽的理论证明。面对窃听能力的不断提升，增大混沌物理熵源的复杂度或硬件参数空间可进一步提高其安全性。但提高安全性的同时也带来了密钥分发速率慢的弊端。这主要是由于私钥键控过程中存在破坏同步的现象，而同步恢复所需时间较长(数十纳秒)。研究者曾尝试通过短腔光子集成混沌激光器缩短同步恢复时间，但结果表明对同步恢复时间没有明显改善。通过激光器模式键控混沌同步可有效降低同步恢复时间，进而提高密钥分发速率。基于此方法，面向更高速率需求，未来可通过波分复用(采用多个模式并行产生物理随机数)进一步提高密钥分发速率。此外，目前密钥分发距离均为百千米左右，适用于城域网通信。城际网、骨干网通信要求进一步提高传输距离，可借鉴传统光纤通信中的长距离传输技术(如拉曼放大、信道损伤数字补偿等)，实现更长距离的混沌同步与密钥分发。

参考文献

ARGYRIS A, PIKASIS E, SYVRIDIS D, 2016a. Highly correlated chaotic emission from bidirectionally coupled semiconductor lasers[J]. IEEE Photonics Technology Letters, 28(17): 1819-1822.

ARGYRIS A, PIKASIS E, SYVRIDIS D, 2016b. Gb/s one-time-pad data encryption with synchronized chaos-based true random bit generators[J]. Journal of Lightwave Technology, 34(22): 5325-5331.

BARRETT J, COLBECK R, KENT A, 2013. Memory attacks on device-independent quantum cryptography[J]. Physical Review Letters, 110(1): 010503-1-010503-5.

BENNETT C H, BRASSARD G, 2014. Quantum cryptography: public key distribution and coin tossing[J]. Theoretical Computer Science, 560(12): 7-11.

CURTY M, XU F, CUI W, et al, 2014. Finite-key analysis for measurement-device-independent quantum key distribution[J]. Nature Communications, 5: 3732-1-3732-7.

EL-TAHER A, KOTLICKI O, HARPER P, et al, 2014. Secure key distribution over a 500 km long link using a Raman ultra-long fiber laser[J]. Laser & Photonics Reviews, 8(3): 436-442.

GAO H, WANG A B, WANG L S, et al, 2021. 0.75 Gbit/s high-speed classical key distribution with mode-shift keying chaos synchronization of Fabry-Perot lasers[J]. Light: Science & Applications, 10(1): 1-9.

KANTER I, BUTKOVSKI M, PELEG Y, et al, 2010. Synchronization of random bit generators based on coupled chaotic lasers and application to cryptography[J]. Optics Express, 18(17): 18292-18302.

KOIZUMI H, MORIKATSU S, AIDA H, et al, 2013. Information-theoretic secure key distribution based on common random-signal induced synchronization in unidirectionally-coupled cascades of semiconductor lasers[J]. Optics Express, 21(15): 17869-17893.

KORZH B,LIM C C W,HOULMANN R,et al,2015. Provably secure and practical quantum key distribution over 307 km of optical fibre[J]. Nature Photonics,9(3): 163-168.

KRAVTSOV K, WANG Z, TRAPPE W, et al, 2013. Physical layer secret key generation for fiber-optical networks[J]. Optics Express,21(20): 23756-23771.

LI X Z,LI S S,CHAN S C,2017. Correlated random bit generation using chaotic semiconductor lasers under unidirectional optical injection[J]. IEEE Photonics Journal,9(5): 1-11.

LO H K,CURTY M,TAMAKI K,2014. Secure quantum key distribution[J]. Nature Photonics, 8(8): 595-604.

LYDERSEN L, WIECHERS C, WITTMANN C, et al, 2010. Hacking commercial quantum cryptography systems by tailored bright illumination[J]. Nature Photonics,4(10): 686-689.

MAURER U M,1993. Secret key agreement by public discussion from common information[J]. IEEE Transactions on Information Theory,39(3): 733-742.

PATWARI N,CROFT J,JANA S,et al,2010. High-rate uncorrelated bit extraction for shared secret key generation from channel measurements [J]. IEEE Transactions on Mobile Computing,9(1): 17-30.

PORTE X,SORIANO M C,BRUNNER D,et al,2016. Bidirectional private key exchange using delay-coupled semiconductor lasers[J]. Optics Letters,41(12): 2871-2874.

SASAKI T, KAKESU I, MITSUI Y, et al, 2017. Common-signal-induced synchronization in photonic integrated circuits and its application to secure key distribution[J]. Optics Express, 25(21): 26029-26044.

SASAKI T, YAMAMOTO Y, KOASHI M, 2014. Practical quantum key distribution protocol without monitoring signal disturbance[J]. Nature,509(7501): 475-478.

WANG X L,CAI X D,SU Z E,et al,2015. Quantum teleportation of multiple degrees of freedom of a single photon[J]. Nature,518(7540): 516-519.

WANG L S, WANG D M, GAO H, et al, 2020. Real-time 2. 5-Gb/s correlated random bit generation using synchronized chaos induced by a common laser with dispersive feedback[J]. IEEE Journal of Quantum Electronics,56(1): 2000208.

XUE C, JIANG N, LV Y, et al, 2017. Secure key distribution based on dynamic chaos synchronization of cascaded semiconductor laser systems [J]. IEEE Transactions on Communications,65(1): 312-319.

XUE C,JIANG N,QIU K,et al,2015. Key distribution based on synchronization in bandwidth-enhanced random bit generators with dynamic post-processing[J]. Optics Express,23(11): 14510-14519.

YOSHIMURA K, MURAMATSU J, DAVIS P, et al, 2012. Secure key distribution using correlated randomness in lasers driven by common random light[J]. Physical Review Letters, 108(7): 070602.

ZHANG R,CAVALCANTE H L D S,GAO Z,et al,2009. Boolean chaos[J]. Physical Review E, 80(4): 045202.

第 9 章

毫米波及太赫兹噪声源

9.1 噪声源概述

噪声的分类有多种：从噪声产生的原理划分，可分为热噪声、散粒噪声、闪烁噪声、1/f 噪声、量子噪声等；从噪声的频率划分，可分为低频噪声、中频噪声、高频噪声(可继续细分为微波噪声、毫米波噪声、太赫兹噪声等)；从电磁波的要素划分，可分为相位噪声、幅度噪声等；从功率谱密度划分，可分为白噪声、有色噪声等。

噪声是电子器件与通信系统中最普遍的干扰源。噪声的存在，会恶化器件或传输系统的信噪比、影响器件的灵敏度、降低器件的最小可测分辨率。

噪声源(又称为噪声发生器)，是指在特定频率范围内人为产生功率谱平坦、幅度随机变化的噪声生成仪器。在本书中，噪声发生器与噪声源二者是相同的，名称可以混用。

9.1.1 噪声源的应用领域

噪声源具有出乎常人预料的重要应用。

既然噪声是电子器件与通信系统中最普遍的干扰源，那么向待测器件或系统输入精确已知的噪声，就能测量待测器件的噪声系数、评估待测器件的性能、检验待测系统的抗干扰能力等。

噪声源最重要的应用之一是对器件的噪声系数(noise figure，NF)测试。通常用噪声因子(F)来表征一个器件或系统的输入信噪比与输出信噪比之比，而噪声系数 NF($=10\lg F$)是噪声因子的分贝表示。可以看出，噪声系数反映了信号经过器件后信噪比的恶化程度，是评估所测器件或系统性能优劣的一个重要指标。或者说，噪声源是新型电子器件，特别是毫米波或太赫兹波等高频器件研发环节中的一个重要工具。如，2022 年加州大学洛杉矶分校 Aydin Babakhani 团队用美国 VDI 公司的噪声源测试了他们研制的 140～220 GHz 的低噪声放大器噪声系数(Mehta et al.，2022)。图 9.1.1 给出了测量待测器件噪声系数的原理示意图。

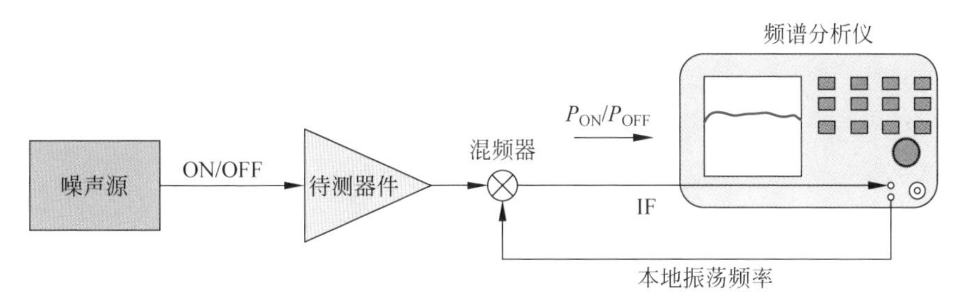

图 9.1.1　测量待测器件噪声系数的实验原理示意图

噪声源也是标定对地观测卫星或气象卫星上的微波辐射计的必要设备，只有经噪声源标定后的辐射计才能保证对地面目标观测的准确性。2022 年，我国国家空间科学中心王振占团队用热噪声源对我国正在研发的卫星载荷——640 GHz 大气临边探测仪进行了标定(Xu et al.，2022)。

利用宽光谱噪声的非相干特性，还可以消除单频连续波的高相干性引起的散斑噪声，改善成像质量。我国中国科学院上海微系统研究所曹俊诚团队结合计算层析，在国内首次实现了 90～140 GHz 的太赫兹噪声的三维成像(周涛等，2017)。

噪声源在雷达领域也有着重要应用。小功率的噪声源可应用于电子对抗和分析雷达的抗干扰能力(Paik et al.，2014)；大功率的噪声源可作为噪声雷达的发射源。如，北约组织自 2008—2018 年 10 年间，连续资助乌克兰、德国、法国、意大利、波兰和土耳其等国的多家单位联合研究，在三个噪声雷达专项(分别为 SET-101：Noise Radar Technologies；SET-184：Capabilities of Noise Radar 和 SET-225：Spatial and Waveform Diverse Noise Radar)的资助下，2008 年，乌克兰国家科学院(NASU)射频物理与电子研究所(IRE)验证了 Ka 波段(36～36.5 GHz)的地基噪声合成孔径雷达(图 9.1.2)(Tarchi et al.，2010)；2018 年，由德国弗劳恩霍夫高频物理学和雷达技术研究所(Fraunhofer Institute for High-frequency Physics and Radar Techniques)和土耳其海军研究中心司令部(Turkish Naval Research Center Command)合作，完成了岸基噪声雷达的外场试验，测量了 10 km 的海上目标(Savci et al.，2020)。

同时，基于毫米波噪声源，大阪大学的永妻忠雄(Tadao Nagatsuma)教授实现了对藏在信封中的刀片的二维成像(Nagatsuma et al.，2009)，如图 9.1.3 所示；

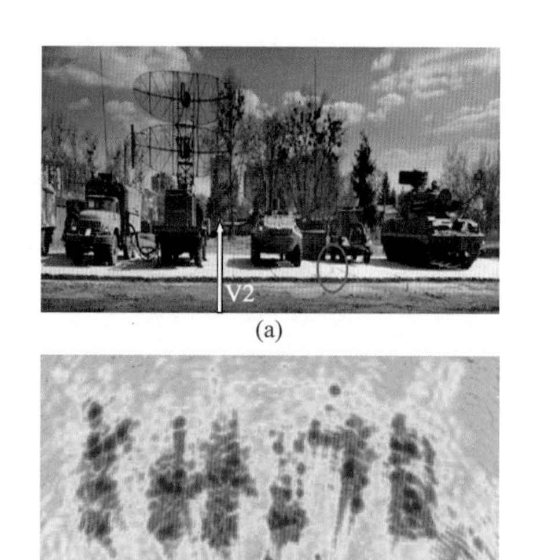

图 9.1.2　北约研制的 Ka 波段噪声雷达对目标物(a)的雷达成像(b)(Lukin et al., 2016)

基于太赫兹噪声源,德国弗劳恩霍夫工业数学所研发出一种准时域的太赫兹互相关光谱仪,用于物质成分检测和透射成像(Molter, et al., 2021)。

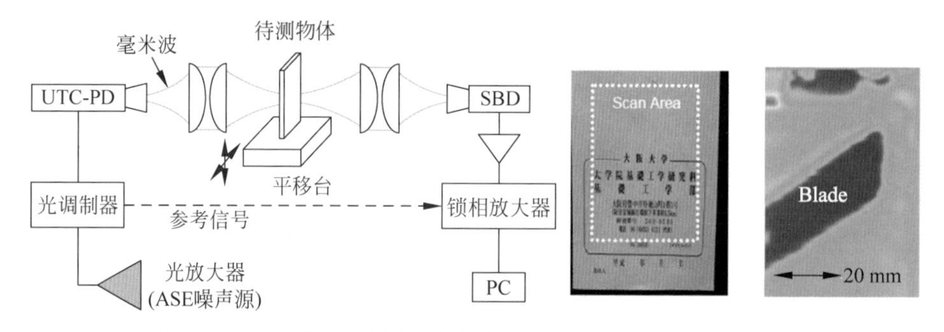

图 9.1.3　基于毫米波噪声源的透射成像(Nagatsuma et al., 2009)

综上所述,噪声产生技术在器件性能测试、雷达、成像、时域光谱分析和矢量网络分析等方面都有着重要的应用。

9.1.2　噪声源的主要参数

噪声源有四个重要参数:频率范围、等效噪声温度、超噪比及超噪比平坦度。

频率范围是指可输出的噪声信号的频率上限与下限。对噪声源而言,频率范围越宽越好。

等效噪声温度 T_E 的定义源自于热噪声,是指噪声源输出功率所对应的黑体

在某个温度下辐射出来的可用噪声功率。等效噪声温度 T_E 可用下式表示

$$T_E=\frac{P_A}{kB} \tag{9.1.1}$$

式中，P_A 为资用噪声功率，k 为玻尔兹曼常数，B 为测量带宽。通常通过频谱仪等仪器进行噪声功率谱测量，其功率谱密度 S_N 可表示为

$$S_N=kT_E \tag{9.1.2}$$

超噪比(excess noise ratio, ENR)是评估噪声源输出功率大小的重要指标，是指输出的噪声功率超过电阻热噪声在标准室温(290 K)下输出功率的倍数(用 dB 表示)。超噪比可以用下式表示：

$$\mathrm{ENR}=10\lg\left(\frac{T_h-T_c}{T_0}\right) \tag{9.1.3}$$

式中，T_h 和 T_c 分别表示噪声源在正常工作(热态)和关闭状态(冷态)下输出的等效噪声温度，T_0 为 290 K 的标准室温。由式(9.1.2)，超噪比也可表示为

$$\mathrm{ENR}=10\lg(kT_h-kT_c)-10\lg(kT_0) \tag{9.1.4}$$

在标准室温下，热噪声输出噪声功率谱密度 $10\lg(kT_0)=-174$ dBm/Hz，$T_c\approx T_0$。设噪声源在正常工作状态下产生的功率谱密度 $S_a(f)=10\lg(kT_h)$。故，超噪比可用式(9.1.5)近似表达：

$$\mathrm{ENR}=10\lg(kT_h)-10\lg(kT_0)=S_a(f)+174 \tag{9.1.5}$$

超噪比与等效噪声温度实际上都反映了噪声功率大小，两者具有式(9.1.6)的变换关系，图 9.1.4 给出了超噪比与等效噪声温度的关系曲线。

$$T_E=(10^{\frac{\mathrm{ENR(dB)}}{10}}+1)\times 290\ \mathrm{K} \tag{9.1.6}$$

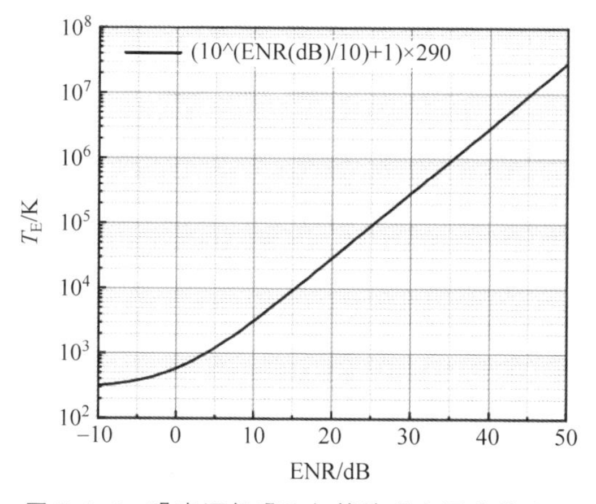

图 9.1.4　噪声源超噪比与等效噪声温度的关系

从图 9.1.4 中可以看出，5 dB 超噪比要求噪声温度超过 1000 K，10 dB 超噪比

对应约 3000 K 的等效噪声温度；15 dB 超噪比对应于 9460 K 的等效噪声温度；要获得 40 dB 的超噪比就需要 2900290 K 的热噪声电阻温度。

超噪比平坦度定义为特定频率范围内超噪比的最大值和最小值之差的一半，反映了在噪声源的工作频率范围内噪声功率谱的波动情况，可用下式表示：

$$\mathrm{Fl}_{\mathrm{ENR}}=\pm\frac{\mathrm{ENR}_{\max}-\mathrm{ENR}_{\min}}{2} \tag{9.1.7}$$

式中，$\mathrm{Fl}_{\mathrm{ENR}}$ 表示平坦度，$\mathrm{ENR}_{\max}$ 和 $\mathrm{ENR}_{\min}$ 分别表示固定频率范围内超噪比的最大值和最小值。通常用 dB 来表示平坦度的大小。

图 9.1.5 示意了噪声源的频率范围、超噪比、超噪比平坦度及等效噪声温度几个参数的含义。

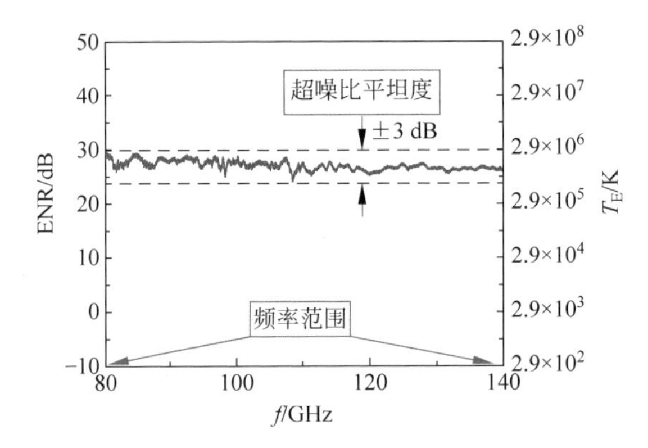

图 9.1.5　噪声源超噪比与等效噪声温度的关系

9.1.3　噪声产生研究的发展趋势

低频的噪声产生技术已相当成熟，数字合成技术可以便利地产生频率低于 1 GHz 的高斯白噪声。数字合成技术是利用 DSP 或可编程门阵列（FPGA），通过线性同余法、移存器法等算法产生伪随机数序列来模拟高斯白噪声的产生。

频率高于吉赫兹的噪声产生技术多是基于物理噪声源，现有的噪声源通常是通过对物理器件中的噪声进行放大与控制，在较大的频率范围内实现可控的噪声功率输出。常见的噪声源有电阻、饱和二极管、气体放电二极管、肖特基二极管、场效应晶体管等。

噪声源的研究方向主要有两个。

一是如何产生更高频率的噪声？前面谈到，噪声源是评估器件噪声系数的必要仪器，是器件研发中的重要工具。近年来，在需求的推动下，毫米波与太赫兹器件的工作频率不断提升，同时呼吁更多频率更高的太赫兹器件的问世。如，国际电信联盟（ITU）已将 275～450 GHz 频段建议为室内通信频段，美国喷气推进实验室研发出576～589 GHz的高分辨成像雷达(Cooper et al.,2008)；欧洲航天局研制的MetOp-SG ICI卫星设有448 GHz和664 GHz等多个观测频率。这些器件的研发亟需相应的噪声源来提供性能评估。

但是,世界上现有噪声源的最高频率却远低于已有器件的工作频率,这是因为,要在很宽的频率范围内产生平坦的噪声,在技术上比研发单频器件的难度要大很多。而且噪声源属于专业测试工具,市场小、经济效益低,难以获得市场资本的青睐。

2022年,欧洲航天局发表了一篇题为*Solid-state diode technology for millimeter and submillimeter-wave remote sensing applications: current status and future trends*的综述文章(Cuadrado-Calle et al., 2022)。文中分别总结了目前混频器及噪声源的最高频率及输出功率(图9.1.6)。从图中可以看出,混频器的工作频率已经超过1 THz,而噪声源的最高频率仅为325 GHz。

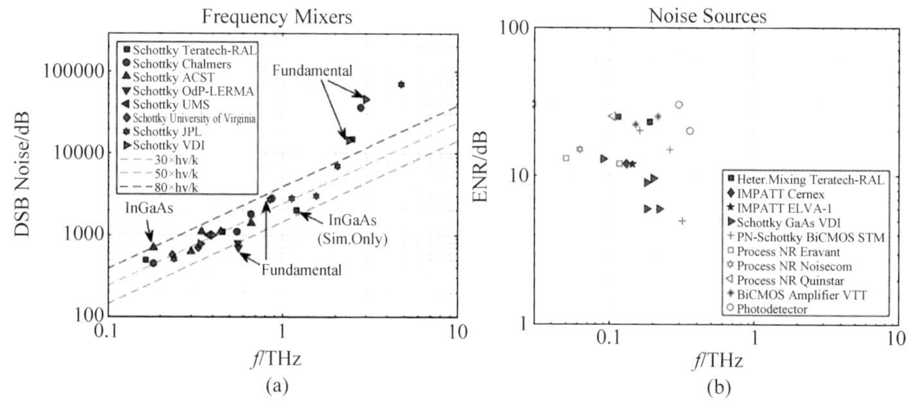

图9.1.6　目前频率最高的混频器(a)及噪声源的频率及超噪比(b)

方框中列出了实现的器件与生产厂商(Cuadrado-Calle et al., 2022)

二是如何实现超噪比更大、更平坦的噪声输出？噪声源的超噪比如果过小,会限制其应用范围。如无法对内部噪声较大的器件进行噪声系数测量,也无法应用于噪声成像源或电子对抗源；如果超噪比不平坦,在不同频率处测量的噪声系数不同,影响对器件评估的准确性。

表9.1.1给出了目前世界上频率最高的噪声源的主要提供商及其典型产品的技术指标。

表9.1.1　目前世界上主要国家的最高频率噪声源产品参数比较

国别、公司及产品型号		频率范围/GHz	超噪比/dB	平坦度/dB
中电科思仪	16603HB	0.01～50	10～19	±4.5
美国VDI	WR5.1NS	140～220	8.5	±2.0

续表

国别、公司及产品型号		频率范围/GHz	超噪比/dB	平坦度/dB
美国 Eravant	STZ-06-I1	110～170	12	±2.0
美国 Cernex	CNS-WR-08	90～140	12	±1.5
俄罗斯 ELVA-1	ISSN-03	220～330	45	±14

从表 9.1.1 中可以看出，我国现有噪声源产品的最高频率仅为 50 GHz，与美、俄等国有较大差距，而且按照《瓦森纳协议》、美国出口管制条例(EAR)，发达国家对我国实施毫米波器件禁售及技术封锁。

9.2 毫米波噪声产生技术

本书聚焦于频率大于 100 GHz 的噪声产生研究，未涉及低频噪声以及存在器件寿命短等缺陷的真空电子管、回波放大器、行波管等噪声产生技术。

从研究趋势上看，目前太赫兹噪声产生主要有热力学、电子学和光子学的三种技术方案。

9.2.1 基于热噪声的冷热负载噪声源

1927 年，贝尔实验室的约翰逊(John Bertrand Johnson)发现：一定温度下的电阻，即使不加电压，其内部电子的热运动也会在电阻两端产生一个均方值不为零的噪声电压(Johnson，1927)。约翰逊的同事哈里-奈奎斯特(Harry Nyquist)(也是奈奎斯特采样定理的发明人)根据约翰逊的实验结果，理论推导出噪声电压的表达式(Nyquist，1928)：

$$V_{\mathrm{n}} = \sqrt{\frac{4h\nu BR}{e^{h\nu/kT} - 1}} \approx \sqrt{4kTBR} \tag{9.2.1}$$

式中，普朗克常数 $h=6.62\times10^{-34}\ \mathrm{W\cdot s^2}$，玻尔兹曼常数 $k=1.38\times10^{-23}\ \mathrm{W\cdot s/K}$ 为，T 是绝对温度(单位为 K)，B 是测量噪声的带宽(单位为 Hz)，R 是电阻(单位为 Ω)。

因此，任何绝对零度以上的电阻都可等效为一个内阻为 R 的噪声源，若在其输出端接上一个负载电阻 R_{L}，当 $R_{\mathrm{L}}=R$ 构成共轭匹配电路时，负载电阻中的最大噪声功率为

$$P_{\mathrm{A}} = \left(\frac{V_{\mathrm{n}}}{2R}\right)^2 R = kTB \tag{9.2.2}$$

由上式可知，热噪声的最大噪声功率只与电阻所处的温度 T 和测量带宽 B 有

关，与电阻值无关。热噪声又称约翰逊-奈奎斯特噪声（或约翰逊噪声、奈奎斯特噪声）。

在 1 THz 以下，热噪声源的功率谱可以认为是平坦的，因此可作为毫米波或太赫兹噪声源。如美国阿尔贡国家实验室的热噪声源工作频率高达 850 GHz（Ozyuzer et al.，2007）。

利用热噪声作为噪声源，是通过对电阻终端负载进行制冷或加热，其低温和高温噪声温度由两种不同的系统来实现。冷负载噪声是将电阻负载置于装有制冷液的真空杜瓦瓶中实现。如液氮可以实现 77 K 的低温，液氦则能达到 18 K 的低温。低温噪声需要由低损耗的隔离传输线传输，并通过同轴或波导接口输出；热负载噪声可以通过液体来加热电阻负载实现，或者用电阻丝绕组加热的方式实现更高的噪声温度。

但是，热噪声源有两个缺点：一是热噪声源的超噪比很小。根据 9.1.2 节所述，要获得 15 dB 的超噪比，就要求近 1 万开的电阻温度！如此高的温度，热噪声源很难实现。二是热噪声源多工作在液氮环境，操作不便。热噪声源要提高超噪比，还需尽可能扩大高、低温两个工作点的温差。

因为存在以上两个缺点，热噪声源通常作为对其他类型噪声源标定的噪声基准。美国 Noisecom 公司研制出基于热噪声的系列冷热负载标定噪声源，频率范围覆盖 18～400 GHz，图 9.2.1(a)为其 220～325 GHz 的 NBS 型标定热噪声源。美国 Maury 公司共设计了 13 个型号的标定热噪声源，以覆盖 0～110 GHz 频率范围，实物如图 9.2.1(b)所示。

(a)　　(b)

图 9.2.1　美国公司研发的标定热噪声源实物图片

(a) Noisecom 公司的标定用热噪声源；(b) Maury 公司的标定用热噪声源

图 9.2.2 为中国计量科学研究院信息与电子计量科学研究所建设的我国微波噪声基准，共六个系列，覆盖 500 MHz～110 GHz 的频率范围，等效噪声温度量程为 78～30000 K。

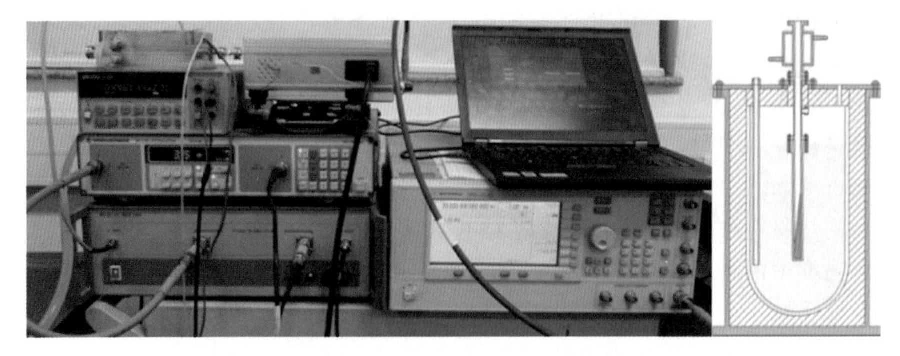

图 9.2.2 中国计量科学研究院建设的我国微波噪声基准

9.2.2 有源冷噪声源

根据场效应管(FET)的等效电路模型,通过在场效应管源极添加电感 L_s,则其输入端的阻抗可等效为一个电容和一个阻值极小的电阻,如图 9.2.3 所示。从热噪声的角度来看,极小的阻值相当于只有一部分电阻产生了噪声,其等效噪声温度将低于所处的环境温度(Frater et al., 1981),相当于在常温环境下就能模拟低温噪声,从而摆脱笨重的液氮罐,故称为有源冷噪声源。

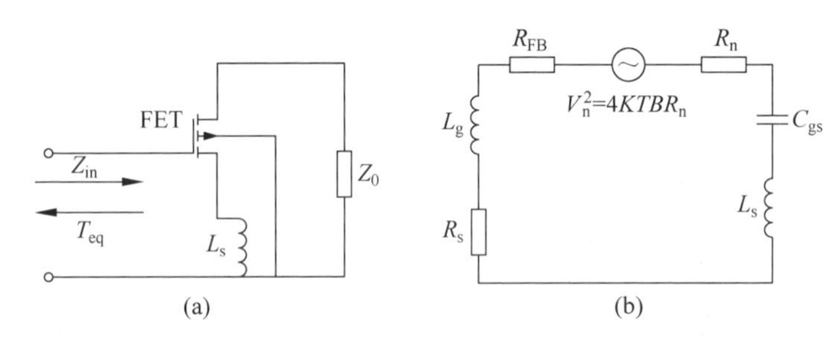

图 9.2.3 有源冷噪声源电路结构及等效输入电路

(a) 引入无噪电感的 FET 电路结构;(b) COL-FET 的等效输入电路

2012 年,德国弗劳恩霍夫研究所 Daniel Bruch 等用异质结双极晶体管,研制出 0~50 GHz 的集成噪声源,可模拟几开温度的辐射噪声(Daniel Bruch et al., 2012);2014 年,德国卡尔斯鲁厄理工学院 Sebastian Diebold 等利用异质结高电子迁移率晶体管(mHEMT),实现了 110 GHz 的 W 波段单片集成有源冷噪声源(Diebold et al., 2014);2015 年,芬兰国家技术研究中心(VTT)研制出 Ka、V、W 波段的有源微波噪声源集成电路,在 31.4~52 GHz 和 89 GHz 处分别产生了 75~141 K 和 170 K 等温噪声(Kantanen et al., 2015)。

我国中国科学院国家空间科学中心王振占采用 E-pHEMT 型管芯研制出了 L

波段的有源微波冷噪声源，在 1.40～1.43 GHz 范围内，可以达到低至 85.3 K 等效噪声温度输出(董帅等，2017)；据文献(陈卓然，2018)，电子科技大学羊恺团队研制出频率范围在 195～205 GHz(频率范围只有 20 GHz)的有源冷噪声源。

有源冷噪声源实际是一种电子产生噪声技术。受电子器件带宽的限制，很难在较大的频率范围产生 100 GHz 以上的噪声信号。但它是唯一的可在常温环境下产生低温噪声的技术，研究者更关注于如何在常温下实现更低的噪声温度。

9.2.3 固态噪声源研究进展

当施加较大反向偏压到半导体 PN 结时，在电场作用下，载流子不断被加速并与晶体原子相碰，激发共价键中的电子形成新的自由电子-空穴对；新产生的载流子又再次碰撞产生自由电子-空穴对，载流子数量倍增，发生雪崩击穿，产生高频振荡或噪声。雪崩二极管有不同的结构，如里德结构(P-N-I-N)、肖特基结构(M-N-N)等。这类噪声源具有体积小、价格低、寿命长、可集成等优点，又称为固态噪声源。制作雪崩二极管的材料可以是砷化镓或硅。砷化镓化合物半导体具有高的击穿电压、大的电子迁移率、高的截止频率和器件品质因数，但制作成本高、功耗大，难以大规模集成。

美国 Cernex 公司研制的 CNS-WR-08 毫米波噪声源及俄罗斯 ELVA-1 公司研制的 220～330 GHz 噪声源都是基于碰撞雪崩渡越时间二极管(IMPATT)实现的。2021 年，电子科技大学羊恺利用 IMPATT 研制出 W 波段噪声源，在 88～96 GHz 范围内得到最大 12.5 dB 的超噪比(孙超，2021)。

我国中国电子科技集团公司第 41 研究所基于 GaAs 肖特基二极管，研制出 10 MHz～50 GHz、超噪比为 5～19 dB 的同轴噪声源。

2014 年，美国加州理工学院基于 GaAs 肖特基二极管，产生了 150～180 GHz 的噪声(Parashare et al.，2014)，如图 9.2.4 所示，在 180 GHz 处的超噪比几乎为零。美国 NASA 戈达德(Goddard)航天飞行中心同样用 GaAs 肖特基二极管产生了 160～210 GHz 的噪声，在 200 GHz 测量的超噪比为 9.6 dB，如图 9.2.5 所示(Ehsan et al.，2015)。但从以上两图可以看出，其超噪比都很小且极不平坦。

目前，美国 VDI 公司基于 GaAs 肖特基二极管，已研制出频率范围为 140～220 GHz 的固态噪声源。

GaAs 二极管无法与硅基集成电路制造工艺兼容，而基于 CMOS 工艺的晶体管的截止频率和最高振荡频率已达到 1 THz，因此，一些研究者重点研究了硅肖特基二极管的噪声产生技术，旨在研发可与集成电路器件集成的噪声源，实现对器件的实时标定，这方面代表性的研究单位是法国国家科学研究中心(CNRS)的电子、微电子及纳米技术研究所(IEMN)。

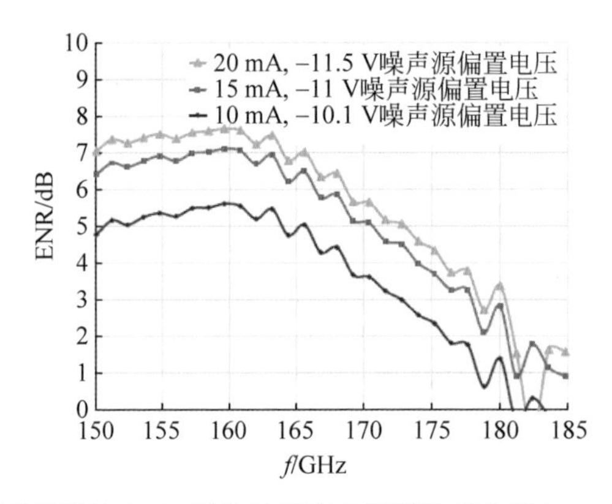

图 9.2.4　加州理工学院的 GaAs 肖特基噪声二极管输出曲线(Parashare et al., 2014)

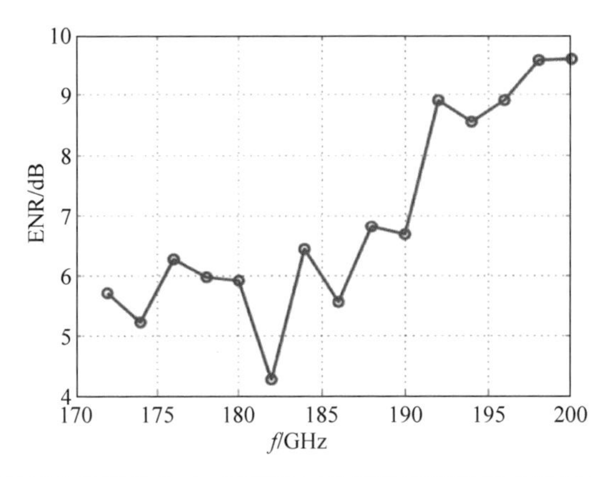

图 9.2.5　美国 NASA 报道的 GaAs 肖特基二极管噪声源输出曲线(Ehsan et al., 2015)

2019 年,IEMN 利用意法半导体公司的 55 nm SiGe BiCMOS 工艺平台制备了可产生了 130～260 GHz 噪声的硅基肖特基二极管(Goncalves et al., 2019);2020 年,他们又将噪声频率提高到 260～325 GHz,但超噪比随着频率增加快速下降,如图 9.2.6 所示(Ghanem et al., 2020)。为提高超噪比,2021 年,IEMN 通过集成 4 个放大器对噪声信号进行放大,但改善超噪比的同时又不得不牺牲噪声频率范围(下降到 140～170 GHz),如图 9.2.7 所示(Fiorese et al., 2021)。

2020 年,美国佐治亚理工学院利用 SiGe BiCMOS 的 130 nm 工艺平台,用弱掺杂集电结 SiGe 异质结双极性晶体管(HBT),研制出了用于星载的集成标定噪声源,但其频率范围仅为 50～70 GHz,且等效噪声温度只有 800 K(Coen et al., 2020)。

2021 年,芬兰国家技术研究中心(VTT)与欧洲航天局(ESA)等合作,利用 SiGe BiCMOS 工艺平台,用输入接地的三级级联 CMOS 放大器产生了 125～

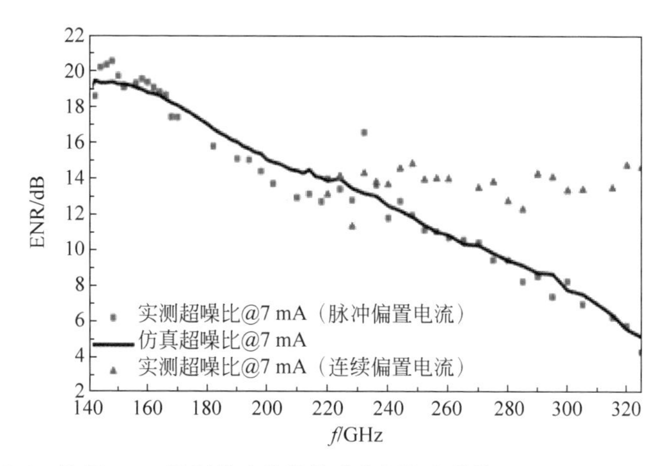

图 9.2.6　法国 IEMN 研制的硅肖特基噪声源输出曲线(Ghanem et al.，2020)

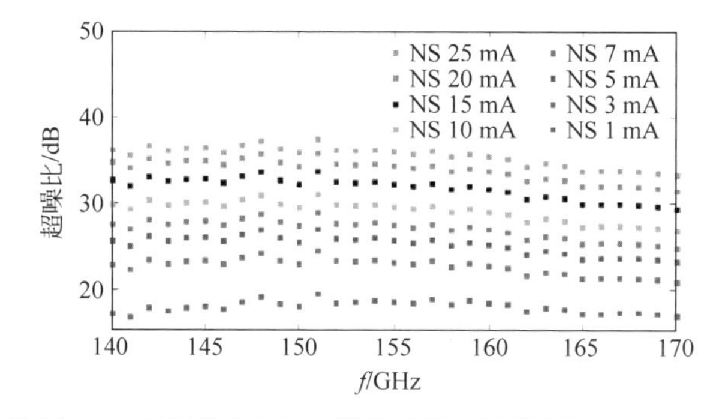

图 9.2.7　法国 IEMN 研制的内置放大器的硅肖特基噪声源(Fiorese et al.，2021)

235 GHz 的噪声，但超噪比不平坦(Forstén et al.，2021)，如图 9.2.8 所示。

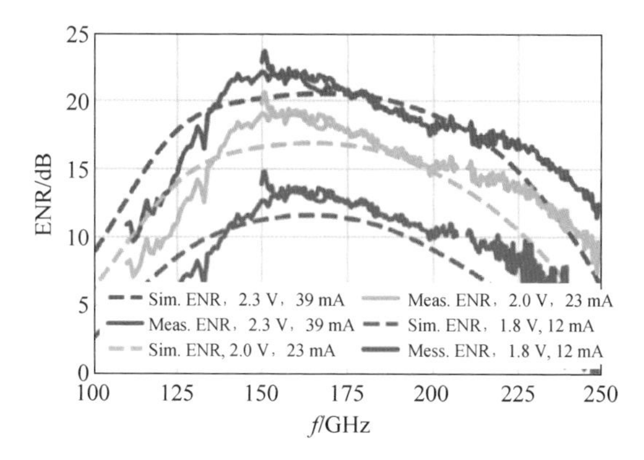

图 9.2.8　芬兰 VTT 研发的 BiCMOS 放大器噪声源输出曲线

由于 CMOS 工艺的 PN 结击穿电压较低，要实现较大输出功率，就需要并联多个晶体管，这会引入更多的寄生效应，制约放大器的带宽与增益。同时，硅基工艺一般采用深掺杂衬底，电磁波泄露会引入较大的损耗，进一步降低功率放大器的效率，基于 CMOS 工艺研发高超噪比毫米波噪声源的技术难度很大。

我国也有单位进行固态噪声源的研究，除了前面介绍过的中国电子科技集团公司第 41 研究所和电子科技大学羊恺团队，还有南京固体器件研究所研制了 18～26.5 GHz 的固体噪声二极管，超噪比大于 25 dB(程耀沃等，1983)。1990 年，中国科学院紫金山天文台曹逸庭使用肖特基二极管，产生了 86～96 GHz 的毫米波噪声，平坦度为 10.5 dB(曹逸庭等，1990)。2006 年，南京电子器件研究所张长明研制出超噪比大于 32 dB、频率范围在 8.6～9.6 GHz 的噪声二极管（张长明等，2006)。

9.2.4 光子毫米波噪声产生技术

光子噪声产生技术就是将宽带的自发辐射的光噪声，经过高速光电探测器转换为电噪声的技术。近些年，以 PIN-PD 和单行载流子光电探测器(UTC-PD)为代表的高速光电探测器取得重要进展，为光子毫米波噪声技术的诞生奠定了基础。

基于光谱-频谱映射，可以将选定光谱的非相干光经光电探测器混频或拍频，产生太赫兹噪声，如图 9.2.9 所示。故用于光混频的光电探测器又称为光混频器(photomixer)。

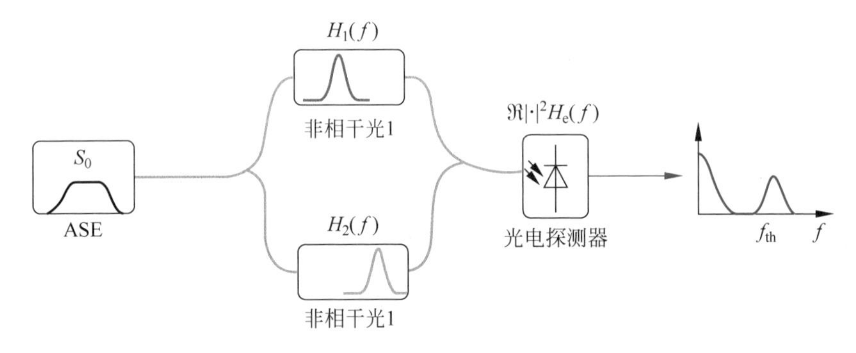

图 9.2.9　光子混频产生毫米波噪声原理示意图

目前，已有带宽超过 300 GHz 的光混频器产品。如 2020 年，德国赫兹研究所(HHI)研制出 220～325 GHz 的波导输出 PIN-PD(Ali et al.，2020)；2021 年，HHI 又研制出 0.1～1 THz 的天线辐射型 PIN-PD(Smith et al.，2021)。日本电信株式会社(NTT)官网上已有 280～380 GHz 的 UTC-PD 产品出售。

英国卢瑟福阿普尔顿实验室(RAL)最早报道了光子技术产生太赫兹噪声的结

果：他们利用掺铒光纤放大器(EDFA)的放大自发辐射噪声(ASE)，产生了160～300 GHz的噪声(Huggard et al.，2004)。

2008年，当时在日本NTT工作的韩国人宋浩镇(Ho-Jin Song)等用掺铒光纤放大器放大的自发辐射噪声，通过两个阵列波导光栅(AWG)对ASE光谱滤波(图9.2.10)，再经过UTC-PD将选定波长的光混频，产生了293～357 GHz，超噪比超过30 dB的太赫兹噪声。但这种方法需要调节阵列波导光栅的滤波通道，进行频谱拼接来获得宽带的毫米波噪声(Song et al.，2008)。2014年，宋浩镇等用光子技术产生的300 GHz噪声源，结合探针台，测量了增益为25 dB的放大器的噪声系数(Song et al.，2014)。

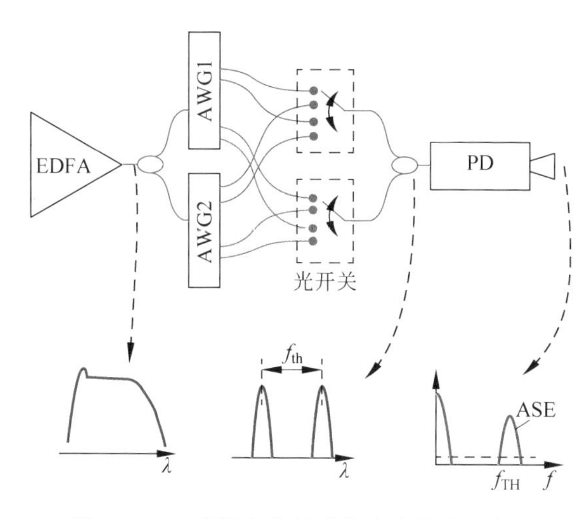

图9.2.10　光子毫米波噪声产生原理示意图

2020年，法国国家科学研究中心(CNRS)IEMN研究所用ASE产生的光噪声，结合UTC-PD构成一个260～320 GHz的噪声源，测量了一个由高电子迁移率场效应晶体管(HEMT)构成的低噪声放大器(LNA)的噪声系数(Ghanem et al.，2020)。图9.2.11(a)是其测量装置示意图，图9.2.11(b)是对低噪声放大器的测量结果。

2019年，Haitham Ghanem等对比了硅肖特基噪声二极管与光子技术产生噪声的频率范围和超噪比，发现无论是噪声频率还是噪声功率(超噪比)，光子噪声要明显优于经典的固态噪声源，如图9.2.12所示(Ghanem et al.，2019)。

作者团队基于光子技术产生了最高频率为390 GHz、超噪比为50 dB的太赫兹噪声(黄奕敏等，2022)，进一步证实了：基于光子技术产生太赫兹噪声具有频率高、超噪比高且平坦等优点，是近年来太赫兹噪声产生研究方向上探索出来的最佳技术路线。

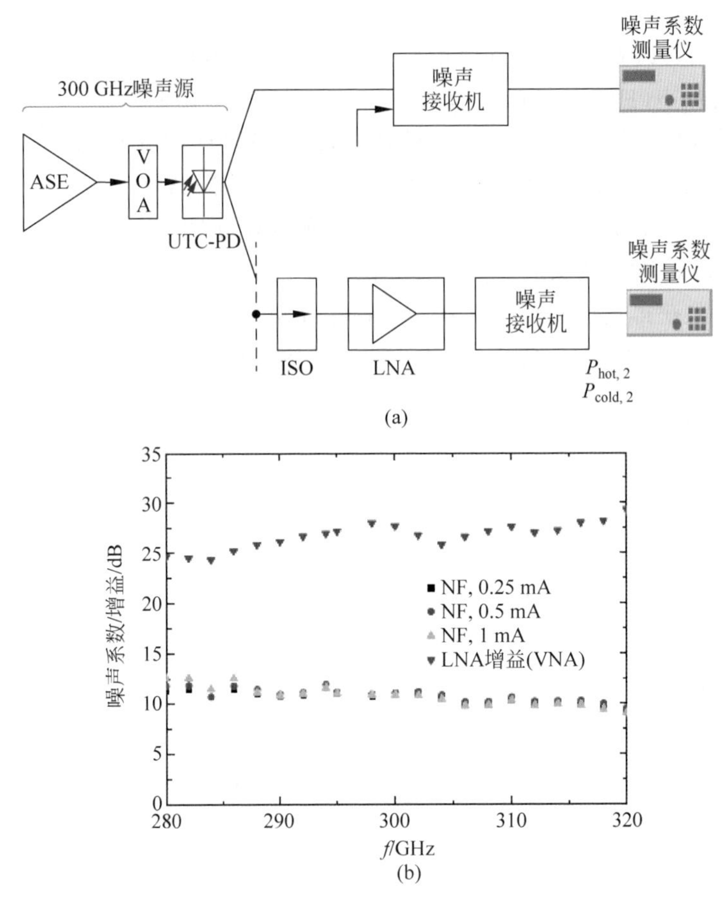

图 9.2.11　法国 CNRS 用光子毫米波噪声源测量 LNA 的装置示意图(a)和测量结果(b)(Ghanem et al.，2020)

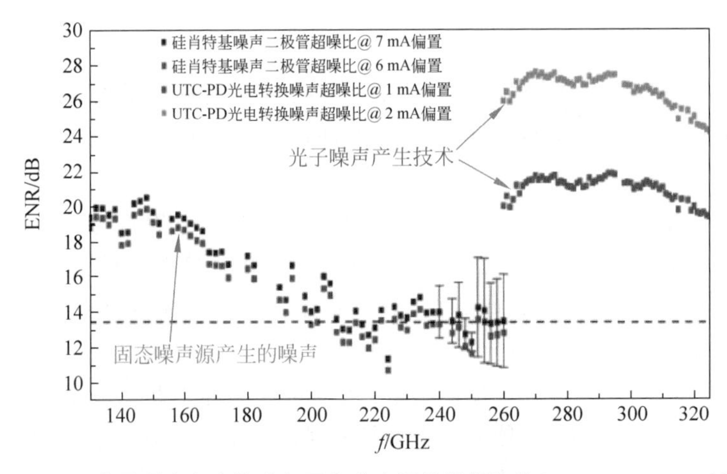

图 9.2.12　光子噪声产生技术与固态噪声源的性能比较(Ghanem et al.，2019)

但是，目前的光子毫米波噪声产生技术所用的光源多采用掺铒光纤放大器的ASE，具有体积大、不便集成、功耗大、热管理困难、光能利用率低等缺点，需要研发专用的混沌熵源。

9.3 基于混沌光的毫米波噪声产生

美国国家标准与技术研究院（NIST）Richard L. Kautz 博士最早提出用混沌产生白噪声的设想（Kautz, 1999）；2007 年，日本明治大学远藤哲郎（Tetsuro ENDO）教授用工作在混沌状态的锁相环产生了高功率的白混沌（Endo et al.，2007）；2016 年，圣彼得堡州立电工大学的 Alexey B. Ustinov 教授用混沌光电振荡环产生了 3～8 GHz 的高斯白噪声（Ustinov et al.，2016）；2015 年，作者团队提出宽带白混沌产生技术，采用外光注入混沌半导体激光器，产生了 50 GHz 的高斯白噪声（Wang et al.，2015）；2017 年，巴西圣保罗大学 Marcio Eisencraft 教授证明了白高斯混沌与白噪声具有相同的特征（Eisencraft et al.，2017）。

上面的研究为用混沌光拍频产生噪声奠定了理论基础和前期验证。

9.3.1 双波长混沌混频

对于混沌光或非相干光，其振幅及相位都是随机变换的，两非相干光混频后，干涉效应将相位噪声也转换为幅度噪声，混频产生的信号在统计特性上进一步增加了随机性和扩充了信号带宽。

两非相干光（或混沌光）混频产生毫米波噪声的结构示意图如图 9.3.1 所示。

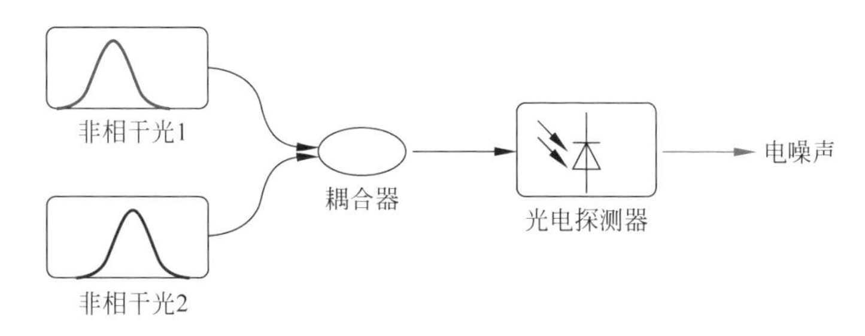

图 9.3.1　混沌光混频产生毫米波噪声示意图

设非相干光 1 和非相干光 2 的光谱均为高斯型，用 $S_1(\nu)$ 和 $S_2(\nu)$ 表示：

$$S_1(\nu)=S_1 e^{-4\ln 2\left(\frac{\nu-\nu_1}{B}\right)^2} \tag{9.3.1}$$

$$S_2(\nu)=S_2 e^{-4\ln 2\left(\frac{\nu-\nu_2}{B}\right)^2} \tag{9.3.2}$$

式中，S_1 和 S_2 分别表示非相干光光谱的振幅，ν_1 和 ν_2 为非相干光的中心频率，$\nu_1>\nu_2$，B 为非相干光光谱的 3 dB 带宽（$B=\frac{c}{\lambda^2}\delta$，其中 c 为光速，λ 为波长，δ 为光谱的线宽）。

两束非相干光混频后，光电探测器输出的光生电流谱密度与光谱的自相关运算成正比，即

$$S_i(f) \propto \Re^2[S_1(\nu)+S_2(\nu)] \otimes [S_1(\nu)+S_2(\nu)]$$

式中，$\Re$ 为光电探测器的响应度，"$\otimes$"表示自相关计算。不考虑 $\nu_2-\nu_1<0$ 的拍频项，则在阻抗匹配情况下光电探测器产生的噪声功率谱密度为

$$S_a(f)=\frac{R_0\Re^2P^2}{4B\sqrt{\frac{\pi}{2\ln 2}}}\left\{2\exp\left[-(4\ln 2)\frac{f^2}{(\sqrt{2}B)^2}\right]+\exp\left[-(4\ln 2)\frac{(f-|\nu_2-\nu_1|)^2}{(\sqrt{2}B)^2}\right]\right\} \tag{9.3.3}$$

式中，R_0 为系统阻抗，P 为入射光功率。光生噪声功率谱 3 dB 带宽 BW 与高斯型光谱的线宽 δ 存在 $\mathrm{BW}=\sqrt{2}\frac{c}{\lambda^2}\delta$ 的线性关系。

以中心频率差为 35 GHz 的两非相干光拍频为例来说明，两光的光谱均为 0.1 nm 线宽的高斯型光谱，如图 9.3.2(a)所示。拍频产生的噪声功率谱如图 9.3.2(b)所示，拍频结果包括两部分：一个中心频率 $f_{c1}=0$ GHz 的半高斯谱和另一个中心频率 $f_{c2}=35$ GHz 的高斯型噪声谱。因为光谱的线宽仅为 0.1 nm，所产生噪声的 3 dB 带宽仅为 17.6 GHz。故，要在大的频率范围内产生平坦的噪声，需要较宽的光谱线宽。如 220～325 GHz 范围内的噪声产生需要 0.59 nm 的光谱线宽。

可见，非相干光拍频的核心问题是产生的噪声功率谱不平坦，需要较宽的光谱线宽或采用多光束混频。

根据式(9.1.5)和式(9.3.3)可知，拍频产生噪声的超噪比主要取决于入射光功率 P、光电探测器响应度 $\Re$ 和非相干光的线宽 δ。因此，可以通过光放大器调控入射光功率和通过光谱滤波器控制光谱的线宽，从而调控噪声源的超噪比。

假设入射光功率不变的情况下，光生毫米波噪声的超噪比与拍频光线宽的关系如图 9.3.3 中的红色曲线所示，此时 PD 响应度 $\Re=0.35$ A/W，入射光功率 $P=15$ dBm。可见，随着光谱线宽增大，超噪比呈对数下降趋势。其原因是在入射光功率保持恒定时，噪声谱的带宽随着光谱线宽增大而线性增加（图中蓝色直线），导致功率谱密度降低。

不同类型的光混频器有着不同的响应度，如 PIN-PD 的响应度要比 UTC-PD 高，而且光电探测器的响应度与其速度成反比。我们选用三种典型的高速光电探测器：① 德国 Fraunhofer 公司的带宽为 145 GHz 的 PIN-PD（CXPDV145、$\Re=$

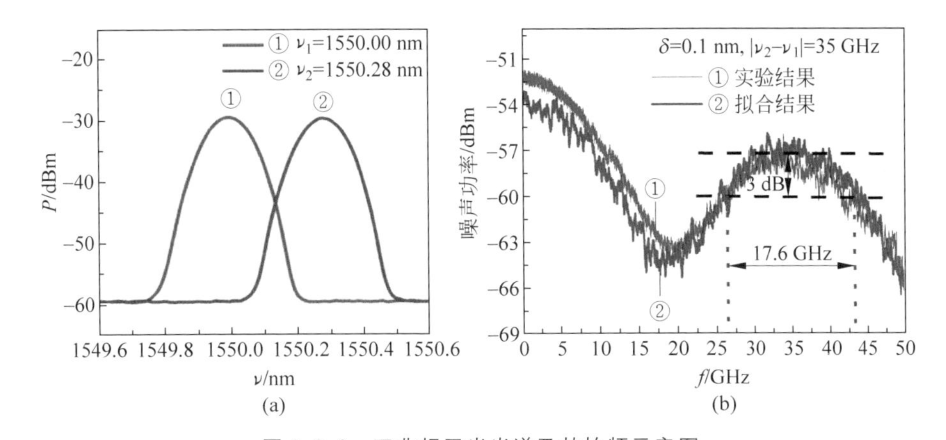

图 9.3.2　双非相干光光谱及其拍频示意图

(a) 线宽为 0.1 nm 双高斯型光谱图；(b) 图(a)拍频后的功率谱

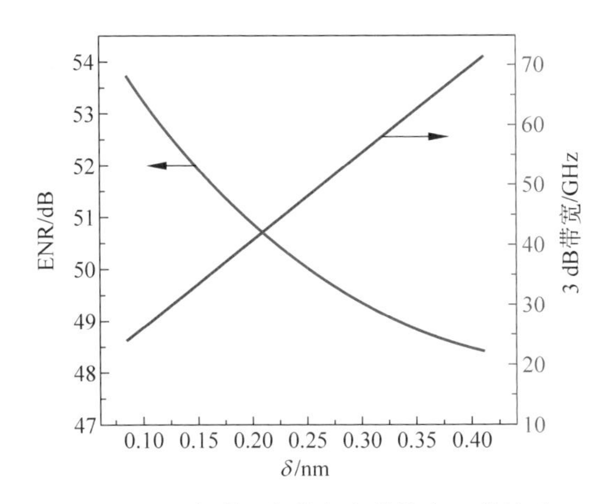

图 9.3.3　超噪比与拍频光谱线宽 δ 的关系

0.4 A/W)；②日本 NTT 公司的 90～140 GHz UTC-PD(IOD-PMF-13001，$\Re$=0.35 A/W)；③清华大学罗毅院士团队研制的 UTC-PD(带宽 150 GHz、$\Re$=0.16 A/W)。仿真模拟发现，光生毫米波噪声的超噪比与入射光功率、探测器响应度成正比，而且对于上面三种商用的高速 PD，在其最大饱和光功率下均可获得超过 50 dB 的超噪比(分别为 53 dB、53 dB 和 55 dB)，如图 9.3.4 所示。

混沌光混频产生毫米波噪声的实验装置如图 9.3.5 所示。双波长混沌光经 EDFA 放大后，通过 NTT 公司的 UTC-PD(IOD-PMJ-13001，220～330 GHz)混频产生中心频率约在 250 GHz 的毫米波噪声。由于所产生的噪声频率超过了频谱仪的最高可测量带宽(67 GHz)，实验中采用混频器进行下变频测量其混频信号的功率谱。

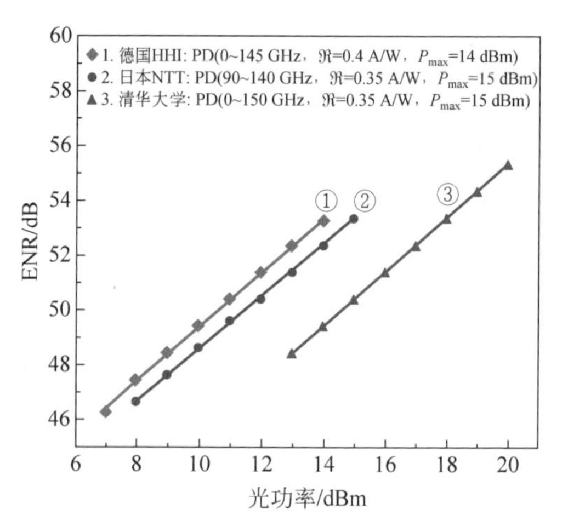

图 9.3.4　三种光混频器可实现的光生毫米波噪声超噪比

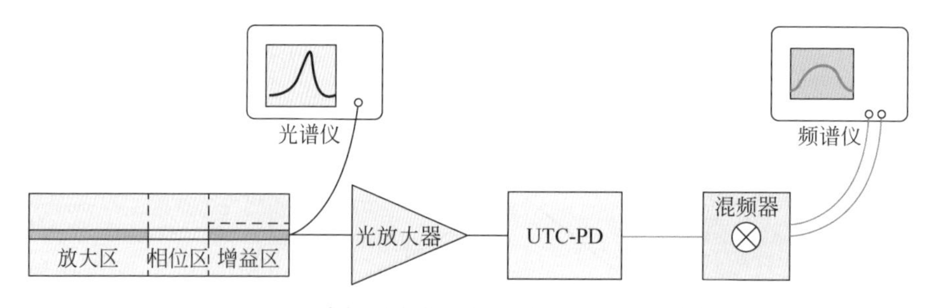

图 9.3.5　双波长混沌产生毫米波噪声实验装置示意图

实验中所用的双波长混沌半导体激光器是由中国科学院北京半导体研究所赵玲娟团队研制的。它包括一个 DFB 增益区、一个相位调制区和一个 SOA 放大区构成,图 9.3.6 示意了双波长混沌激光器的显微照片。

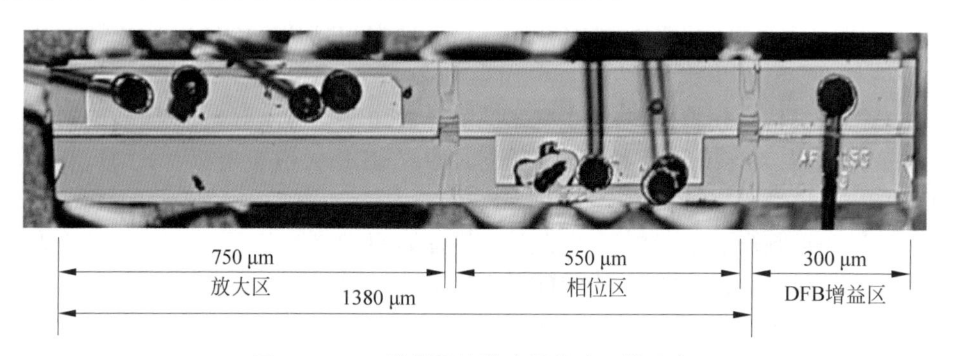

图 9.3.6　双波长混沌激光器芯片显微照片

当 DFB 增益区电流固定($I_{DFB}=35$ mA)，相位区和放大区不加电流时，激光器输出波长分别为 1534.20 nm 和 1536.25 nm 的双波长激光，双波长间隔约为 2 nm，其光谱如图 9.3.7(a)所示。当放大区的电流逐渐增加时，激光器从双波长稳态输出先进入周期振荡，再进入混沌状态，图 9.3.7(b)是双波长混沌光谱图，可以看到光谱展宽(−20 dB 线宽约为 0.4 nm)，此时放大区的工作电流为 22 mA。

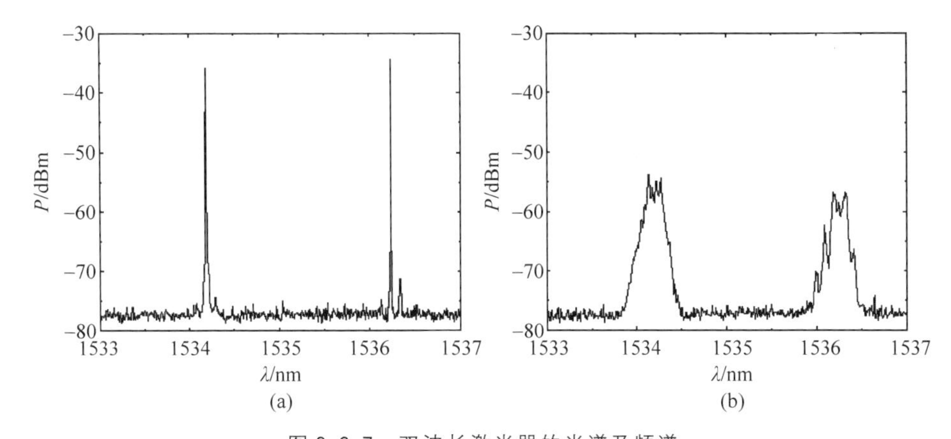

图 9.3.7　双波长激光器的光谱及频谱

(a) 双波长输出光谱；(b) 双波长拍频产生的电信号频谱

双波长混沌光混频产生的毫米波噪声功率谱如图 9.3.8(a)所示，可以看出，因为混沌光谱的线宽不够，产生毫米波噪声的频率范围为 242～286 GHz；图 9.3.8(b)为图 9.3.8(a)对应的超噪比，超噪比的典型值为 45 dB，对应的等效噪声温度约为 1000 万开，可见混沌光混频可产生固态噪声源无法达到的极高超噪比。

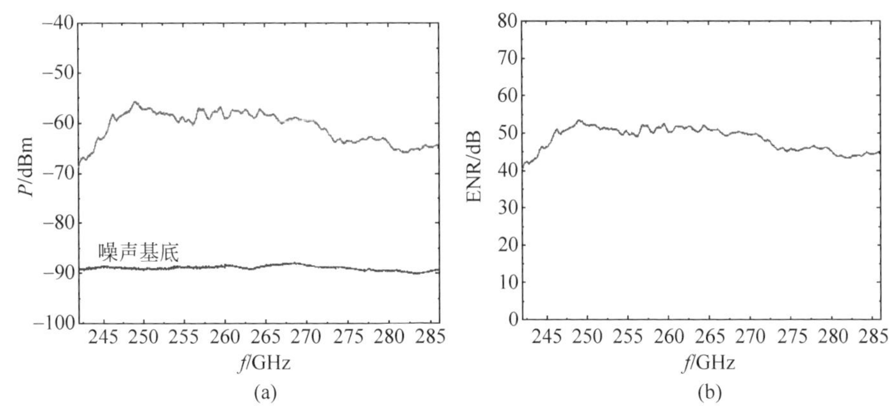

图 9.3.8　双波长混沌混频产生的噪声功率谱及超噪比

(a) 双波长混沌产生的噪声功率谱；(b) 图(a)对应的超噪比

以上实验证明了混沌光混频可产生极高超噪比的毫米波噪声，但限于混沌光谱的线宽，毫米波噪声的频率范围和平坦度（实验为±6 dB）还有待提高。

9.3.2 多波长光混频

9.3.1 节的理论与实验结果表明，光生毫米波噪声的频率范围平坦度取决于混频光的中心波长、线宽。当只有两束光混频时，很难在较大的频率范围内产生平坦的毫米波噪声，如图 9.3.9(a)所示，同时对混沌激光器的光谱线宽提出了较高的要求。但如果能选择多个波长的混沌光进行混频（陈永祥，2022），就会大大缓解对混沌光线宽的技术压力，并能产生平坦的毫米波噪声，如图 9.3.9(b)所示。

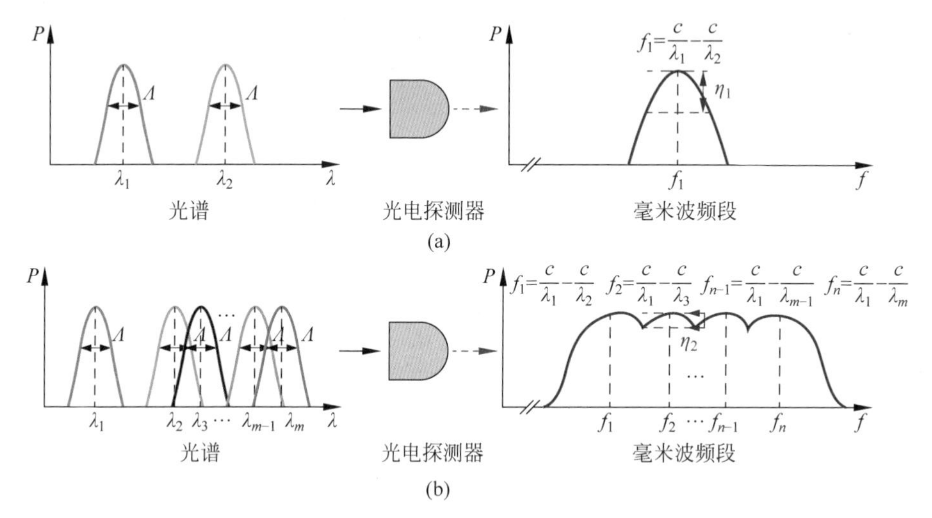

图 9.3.9 混频光数量与噪声谱频率范围及平坦度的关系

(a) 双高斯光谱混频产生噪声谱示意图；(b) 多光谱混频产生噪声谱示意图

假设有 m 个中心波长不同的高斯型混沌光谱 $S_{\text{chao}}(\nu)$，且具有相同的半高全宽，则

$$S_{\text{chaos}}(\nu)=\frac{S_{\text{peak}}}{m}\left\{\exp\left[-\frac{(\nu-\nu_1)^2}{2\Lambda^2}\right]+\cdots+\exp\left[-\frac{(\nu-\nu_m)^2}{2\Lambda^2}\right]\right\} \tag{9.3.4}$$

式中，S_{peak} 为噪声光谱的峰值幅度，v_m 为第 m 个光谱的中心频率，Λ 为光谱的半高全宽。则光生噪声的频谱为

$$S_{\text{a}}(f)=\frac{2kR_0\Re^2(f)P^2}{m\sqrt{\pi}\Lambda}\left\{\frac{1}{m}\exp\left(-\frac{[f-(\nu_m-\nu_{m-1})]^2}{4\Lambda^2}\right)+\cdots+\frac{1}{m}\exp\left(-\frac{[f-(\nu_m-\nu_1)]^2}{4\Lambda^2}\right)+\exp\left[-\frac{f^2}{4\Lambda^2}\right]\right\} \tag{9.3.5}$$

式中，$\Re(f)$为光电探测器的频率响应，P 为平均光功率。

图 9.3.10 是一个中心波长(λ_1)在 1550 nm 与 5 个中心波长分别为 1550.7 nm、1550.8 nm、1550.9 nm、1551 nm 和 1551.1 nm 混频的仿真结果，图 9.3.10 (a)是其光谱图。λ_1 与其他 5 光束混频后，会相应地产生中心频率分别为 $f_1=87.5$ GHz，$f_2=100.0$ GHz，$f_3=112.5$ GHz，$f_4=125.0$ GHz 和 $f_5=137.5$ GHz 5 个高斯型的频谱，其叠加的结果如图 9.3.10 (b)所示。作为对比，如果只用等线宽的双光束(见图 9.3.10 (c))混频，则产生的毫米波噪声就不平坦，在 90～140 GHz 同样的频率范围内，6 光束混频相较于双光束混频，平坦度明显改善(Sun et al.，2021)。

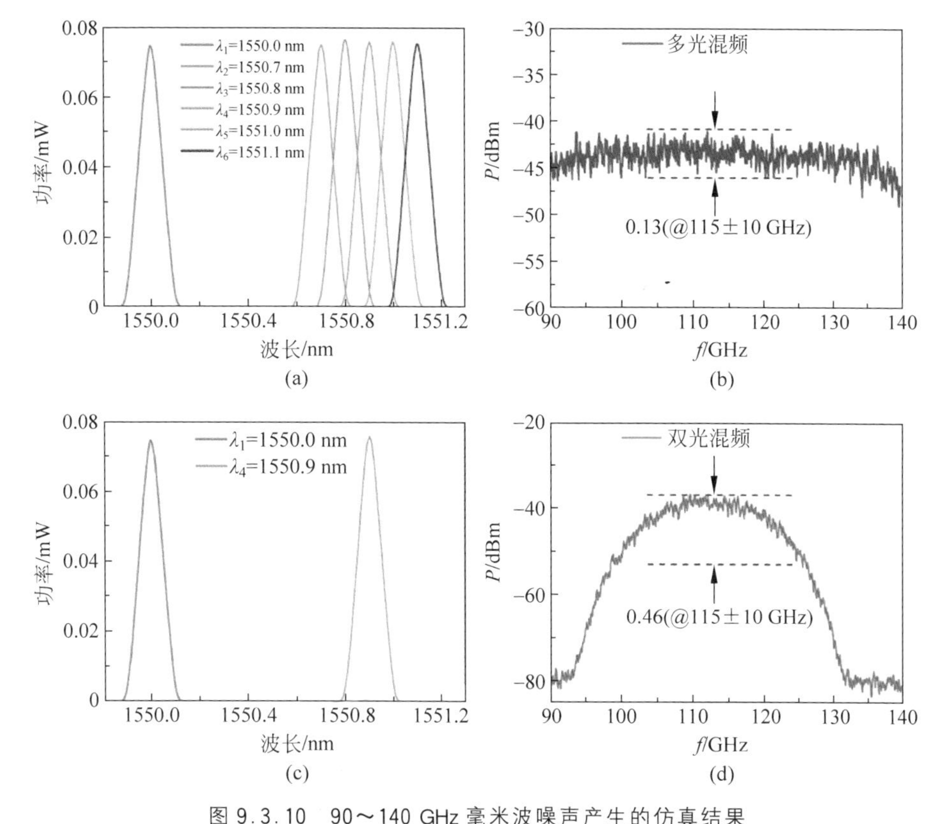

图 9.3.10　90～140 GHz 毫米波噪声产生的仿真结果

(a) 6 个高斯型混沌光谱；(b) 混频的噪声谱；(c) 两个高斯型混沌光谱；(d) 双光混频的噪声谱

在实验中，因为没有足够数量的混沌激光器，我们用 Finisar 公司的可编程光学滤波器(WaveShaper 4000)对超辐射发光二极管(SLD)的宽光谱滤波，产生 6 束中心波长不同(其中心频率依次相差 20 GHz)的非相干光来模拟混沌光。实验中的光混频器为日本 NTT 公司的带宽在 280～380 GHz 的 UTC-PD(NTT，IOD-PMJ-13001)。获得的噪声功率谱如图 9.3.11 所示，在 280～380 GHz 范围内的噪声功率谱平坦度为±2.7 dB。这一实验结果也是目前世界上所产生的频率最高、平坦度最优的噪声信号。

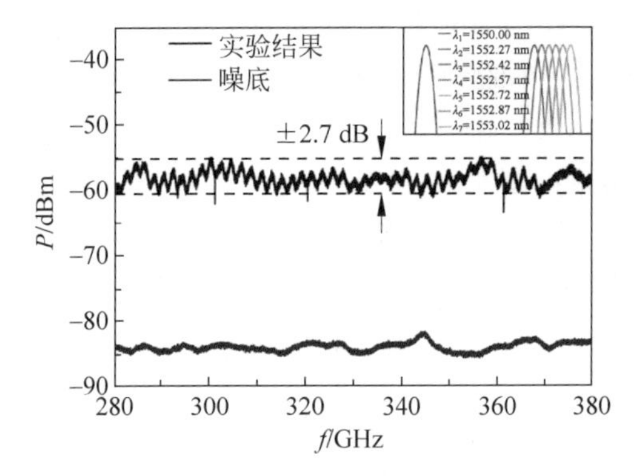

图 9.3.11　6 光束混频产生平坦的噪声功率谱

9.3.3　基于游标效应的混沌光梳混频

多纵模输出的 FP 半导体激光器如果工作在混沌状态下，就类似形成混沌光梳，实现多个混沌光束的混频。

进一步，如果采用两个纵模间隔不同的 FP 混沌激光器进行混频，就可以形成类似游标效应的多光束混频，获得全波段的毫米波白噪声。基于游标效应的多光束混频原理如图 9.3.12 所示。

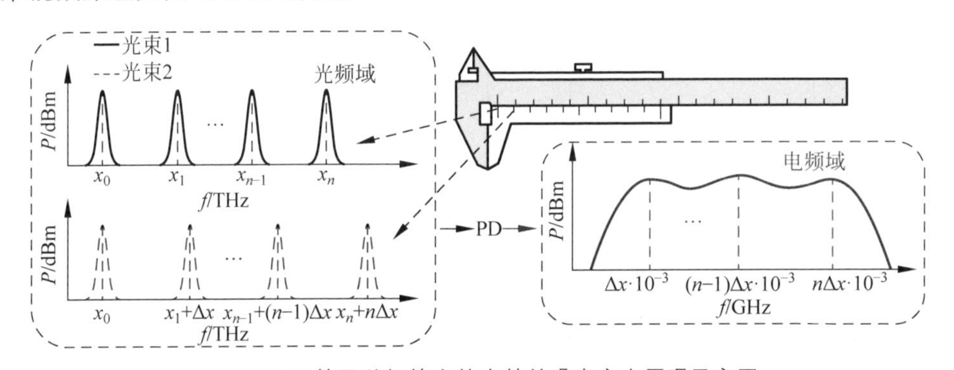

图 9.3.12　基于游标效应的太赫兹噪声产生原理示意图

假设两个混沌光梳均有 $n+1$ 个模式，每一个模式都为具有相同线宽的高斯型光谱。我们设定两光梳的第 0 个模的中心频率均为 x_0，如同游标卡尺的主尺和副尺在 x_0 处进行对准。则两光梳第一个模的频率差为 Δx，第 2 个模的频率差为 $2\Delta x$，以此类推，第 n 个模的频率差为 $n\Delta x$。此时这两束光会在 Δx，$2\Delta x$，…，$n\Delta x$ 处拍频并在频谱上进行叠加，可在 Δx 至 $n\Delta x$ 的频率范围内产生宽带毫米波白噪声。

下面仿真基于游标效应产生30～300 GHz毫米波白噪声的效果。将主尺与副尺的间隔分别设置为3.4 nm和3.2 nm,主尺与副尺的频率差的步长为0.2 nm,即相邻的两个拍频项相差25 GHz。为了方便分析,将光束1和光束2的第一个模的中心波长均设置为1550 nm,并定义为0模($m=0$),其他模式依次定义为1,2,3,…,13模等。则光束1和光束2的模式1,2,3,4,5,6,…,13会在25 GHz,50 GHz,75 GHz,100 GHz,125 GHz,150 GHz,…,300 GHz产生拍频,其中频率步进为25 GHz,如图9.3.13(a)所示。

图9.3.13(b)是当单模光谱的线宽分别为0.1 nm、0.15 nm和0.2 nm时获得的混频结果。可以看出,随着光谱线宽的增加,两束光拍频的频谱逐渐趋于平坦。当高斯型光谱线宽为0.1 nm时,通过对数值仿真的结果进行计算,得到的平坦度小于±0.64 dB。这说明基于游标效应,利用两个混沌FP激光器,在较窄的线宽下也能实现平坦的宽带噪声的产生。

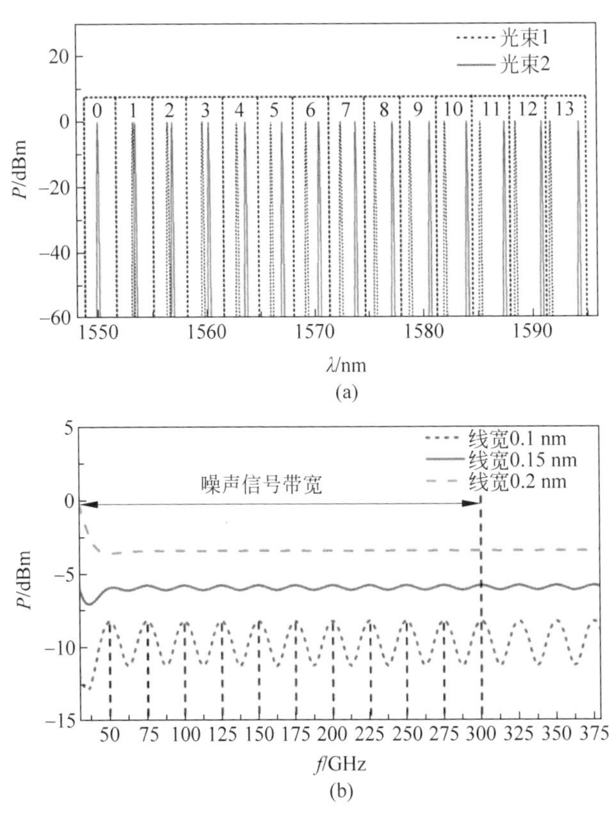

图9.3.13　基于游标效应混频的仿真结果

(a) 混沌光频梳光谱示意图;(b) 不同线宽下混频产生的噪声功率谱

基于游标效应产生宽带平坦的毫米波噪声(Liu et al.,2022)的实验装置如图 9.3.14 所示。FP 激光器($FP\text{-}LD_{1,2}$)和光反射镜($M_{1,2}$)构成上下两个混沌 FP 激光器,偏振控制器($PC_{1,2}$)用于改变注入 FP 激光器($FP\text{-}LD_{1,2}$)的反馈光偏振态,可变光衰减器($VOA_{1,2}$)用于调节注入 FP 激光器的反馈光强度,通过调节可变光衰减器,使得两束游标式多纵模 FP 激光器的光谱进行展宽。光隔离器($ISO_{1,2}$)用于保证两束光单向传输,光耦合器(FC)将两束光谱展宽的多模梳状光进行耦合,然后通过掺铒光纤放大器(EDFA)将光信号进行放大,最后利用高速光电探测器(PD)将光信号转换为宽带平坦的电噪声。

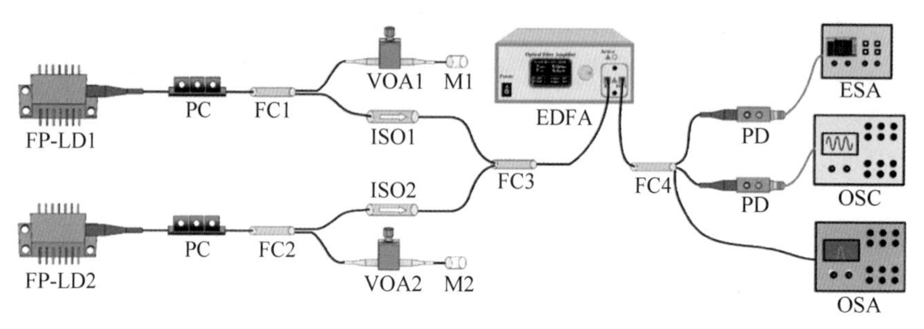

图 9.3.14 利用两个混沌 FP 激光器产生宽带噪声装置示意图

实验中,两个 FP 激光器(Eblana Photonics,EP1550-FP-B)的阈值电流分别为 9.7 mA 和 11.5 mA,通过调节两个激光器的温度控制器(ILX Lightwave LDC-3706),使得两激光器的中心波长在 1550 nm 处对准。两个 FP 激光器的模式间隔分别为 1.36 nm 和 1.26 nm,自由运行时的每个模式的光谱线宽分别为 0.011 nm 和 0.012 nm。当激光器的反馈强度为 20%时,两个 FP 进入混沌状态。图 9.3.15(a)和(c)分别为两个激光器在反馈前后的梳状光谱图,可见两个 FP 激光器进入混沌状态后每个纵模的光谱展宽了近 5 倍,分别为 0.052 nm 和 0.054 nm,如图 9.3.15(b)和(d)所示。

将上面两个 FP 混沌激光器输出的混沌光耦合到带宽为 50 GHz 的探测器进行拍频,实验结果如图 9.3.16 所示。产生了 0～50 GHz 的噪声,平坦度仅为 ±1.45 dB。由于频谱分析仪的本底噪声增加,50 GHz 处的噪声功率谱平坦度变差。

用 SLD 的非相干光结合可编程滤波器来输出两个高斯型梳状谱,并通过掺铒光纤放大器(EDFA, Amonics AEDFA-PA-35)对两束梳状光进行放大与均衡。光混频器为 NTT 的 UTC-PD。混频器为 VDI 公司的 VDI-731 混频器模块,频谱分析仪的带宽为 50 GHz,实验中用的光谱仪为 YOKOGAWA 的 0.02 nm 光谱分辨率的 AQ6370C 光谱仪,示波器为 Lecroy 的 80 GS/s 的 LabMaster10-36Zi 实时示波器。

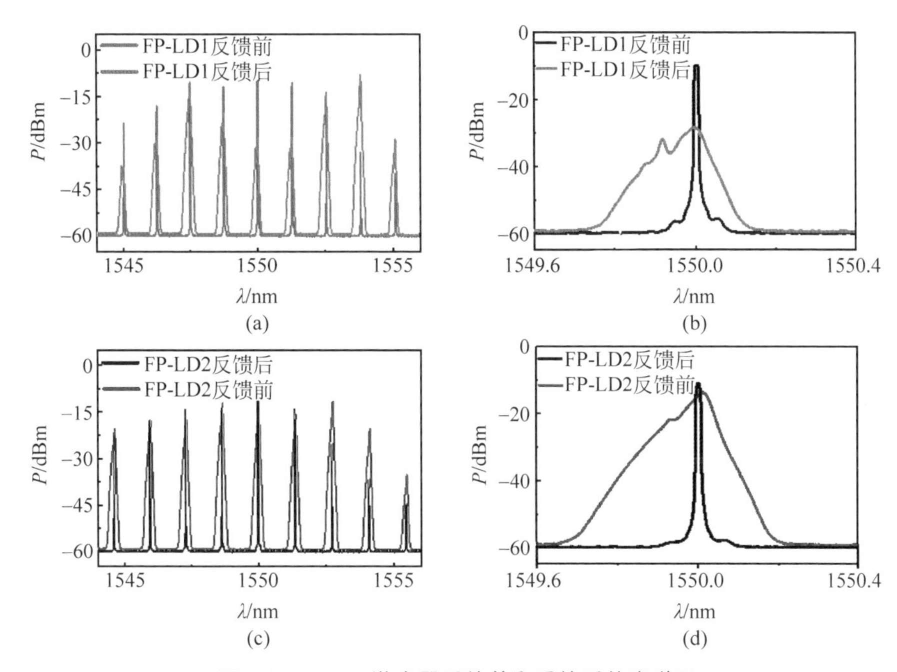

图 9.3.15　FP 激光器反馈前和反馈后的光谱图

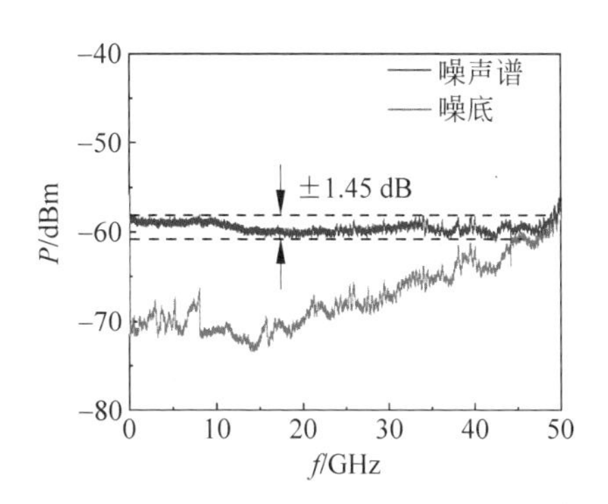

图 9.3.16　混沌梳状光拍频产生的噪声功率谱图

将梳状光中每个模式的光谱线宽都设置为 0.2 nm,第一个模式中心波长均设置为 1550 nm,两束梳状光的模式间隔分别为 3.2 nm 和 3.4 nm。用 NTT 的 130～170 GHz 的混频器（NTT，IOD-PMD-14001）测得的毫米波电噪声功率谱如图 9.3.17(a)所示,噪声谱的平坦度为 ±2.25 dB,此时频谱仪分辨率带宽(RBW)和视频带宽(VBW)分别为 3 MHz 和 5 kHz。图 9.3.17(b)是用 280～380 GHz 的 UTC-PD(IOD-PMJ-13001)测得的噪声功率谱,平坦度为 ±3.1 dB。此时频谱仪的分辨率带宽和视频带宽分别设置为 10 MHz 和 10 kHz。

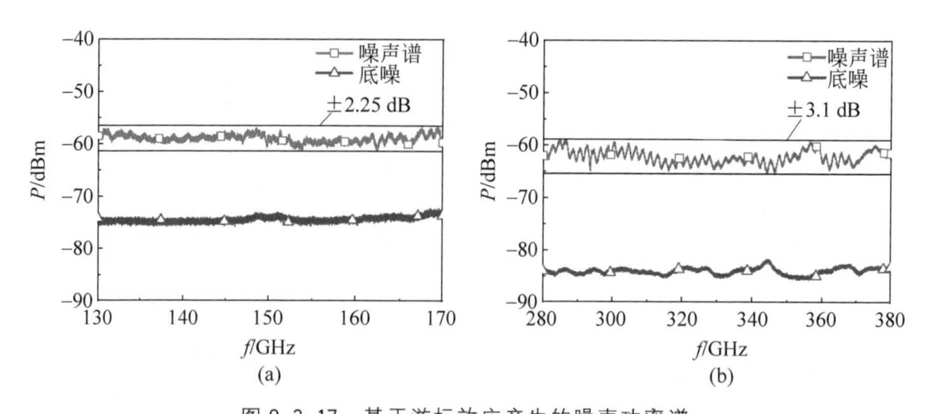

图 9.3.17 基于游标效应产生的噪声功率谱

(a) 130～170 GHz 波段噪声功率谱；(b) 280～380 GHz 波段噪声功率谱

综上，基于游标式的两束梳状光，通过 UTC-PD 混频，得到了 130～170 GHz(平坦度<±2.25 dB)和 280～380 GHz(平坦度<±3.1 dB)的噪声功率谱。如果采用更高带宽的光混频器，可产生太赫兹噪声。

9.3.4 毫米波/太赫兹噪声发生器的研制

在毫米波噪声发生器研制中，考虑到集成难度、生产成本以及滤波效果，我们选用级联式多个反射型光纤光栅(FBG)对超辐射发光二极管(SLD)的宽谱噪声光源级联反射滤波，从而实现多波长的非相干光产生，其原理如图 9.3.18 所示。前级的 FBG 将特定波长的光反射回环形器，其余波长的光透射到后级，后级的 FBG 再反射回特定波长的光。以此类推，这样逐级滤波，最终环形器输出多束(取决于 FBG 的数量)非相干光。

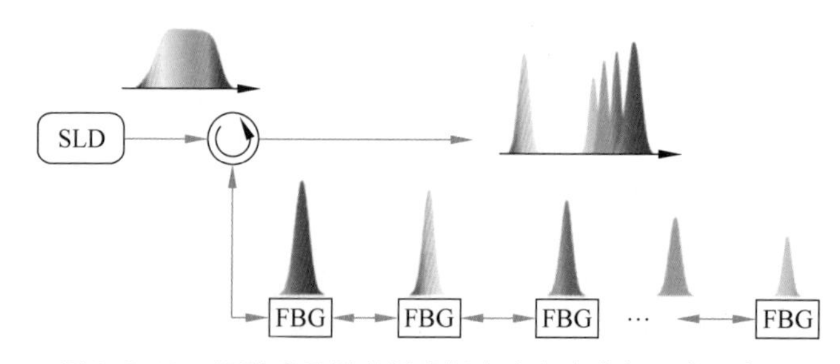

图 9.3.18 级联式反射光纤光栅产生多束非相干光示意图

图 9.3.19 为毫米波噪声发生器装置的结构示意图，蝶形封装的超辐射发光二极管作为宽带光噪声源(Thorlabs，SLD1550S-A40)，在 500 mA 的工作电流下，输出 13 dBm 的宽谱噪声光。噪声光经光环路器，依次经过三个反射率均为 75%的反

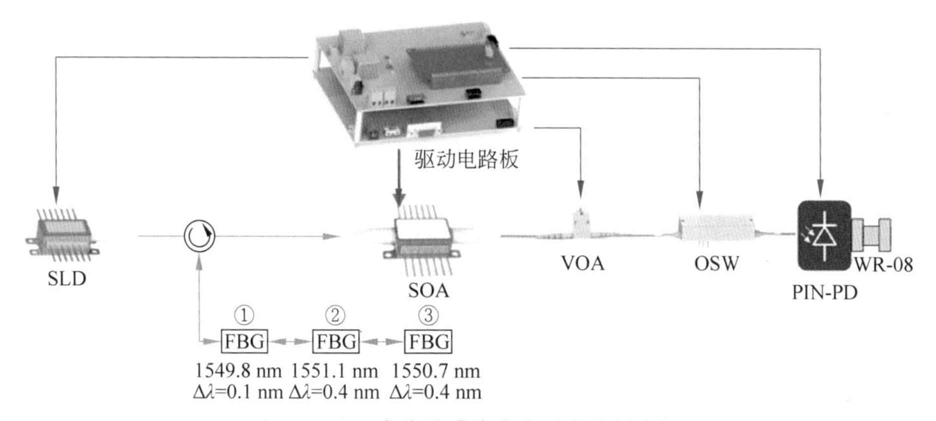

图 9.3.19　毫米波噪声发生器装置示意图

射型光纤光栅，三个光栅的反射波长及线宽分别为 $\lambda_1=1551.0$ nm，$\Delta\lambda_1=0.4$ nm；$\lambda_2=1550.7$ nm，$\Delta\lambda_2=0.4$ nm；$\lambda_3=1549.8$ nm，$\Delta\lambda_3=0.1$ nm。3 束中心波长不同的噪声光的光谱图如图 9.3.20 所示。经过级联 FBG 反射，3 束光的总光功率降为 −7 dBm，再通过半导体光放大器（SOA）放大，经高速 PIN-PD 或 UTC-PD 混频，产生毫米波噪声。图中的可变光衰减器（VOA）是调节入射光的总功率，用于控制光生毫米波的超噪比。驱动电路板用于为 SLD、SOA、VOA、OSW 和 PIN-PD 等器件提供驱动及控制信号，产生的毫米波噪声通过 WR-08 或 WR-03 矩形波导输出、图 9.3.21(a)为装配前的驱动电路及控制系统实物图，图 9.3.21(b)为装配后的噪声源样机照片。

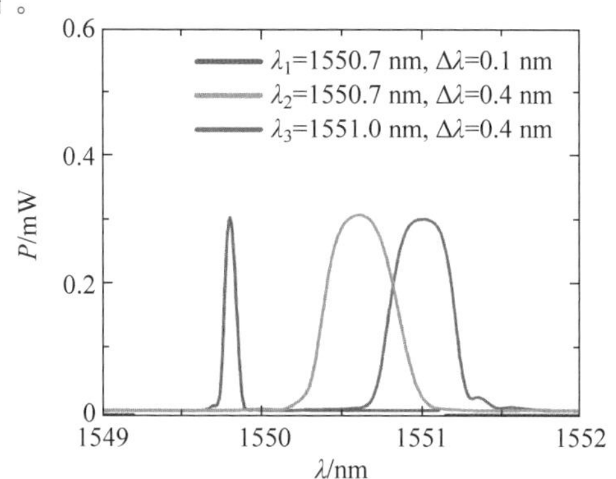

图 9.3.20　毫米波噪声发生器装置示意图

样机前面板包括显示屏、超噪比调节旋钮、光源及光混频器开关按键，其中显示屏可显示超噪比、光源和探测器的工作状态。同时配置了 5 V 的直流电源接口和 +28 V 的 BNC 接口（用于触发测试设备）。主控板上包含了各组件的供电接口和 VOA（0～5 V 直流电压）、OSW（+28 V 转 5 V）等器件的驱动，基于 STM32 微

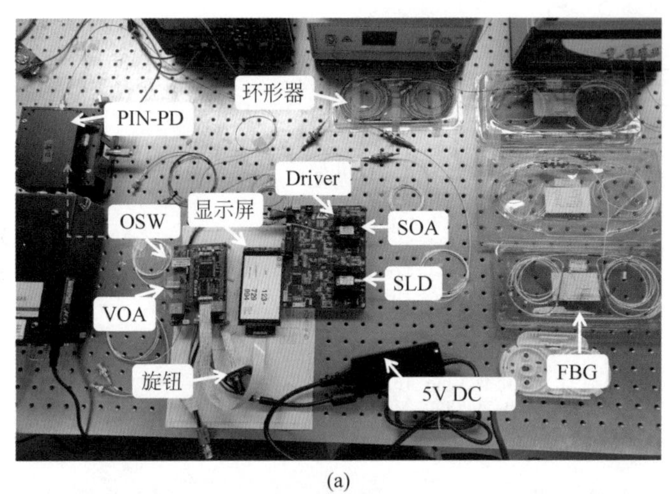

(a)

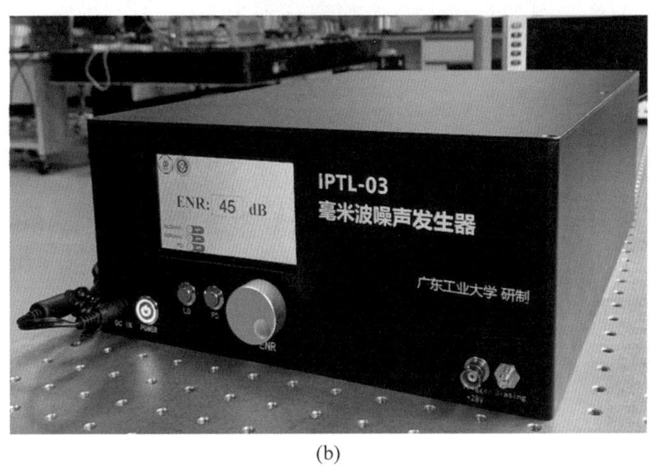

(b)

图 9.3.21　噪声源样机装配前后实物图

(a) 噪声发生器装配前的各器件实物；(b) 装配后的样机照片

控制器用 RT-thread 嵌入式实时操作系统实现系统的控制功能逻辑，可通过串口通信控制驱动电流；光混频器置于电磁屏蔽壳体中，使用独立的偏置电源供电，通过矩形波导转接器连接待测器件。

目前，作者团队已经完成了 F 波段和 H 波段两款毫米波噪声发生器的研制，其中 F 波段毫米波噪声发生器可产生 90～140 GHz、超噪比在 0～35 dB 连续可调、超噪比平坦度≤±2.3 dB 的毫米波噪声；H 波段太赫兹噪声发生器可产生 220～390 GHz、超噪比在 0～45 dB 连续可调、超噪比平坦度≤±2.8 dB 的太赫兹噪声。图 9.3.22 分别示意了两款样机产生的噪声超噪比曲线。

我们同时测试了样机的稳定性和多次开关机的重复性。在 5 h 的连续工作

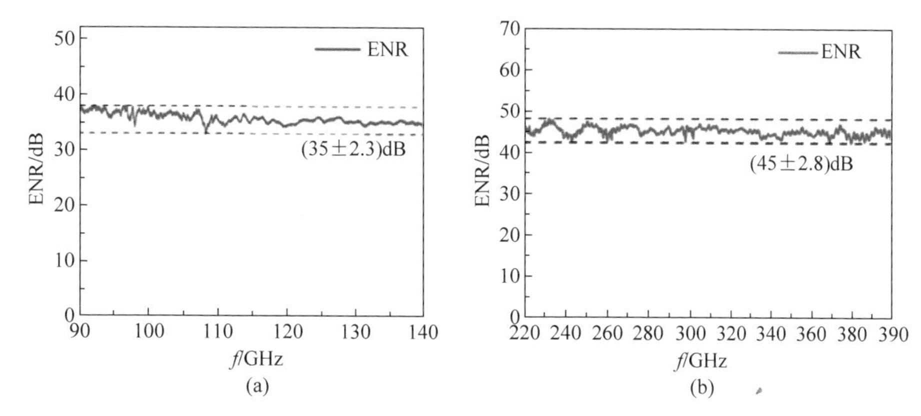

图 9.3.22　两款噪声发生器所产生噪声的超噪比曲线

(a) 毫米波噪声发生器的超噪比；(b) 太赫兹噪声发生器的超噪比

中，样机的超噪比起伏小于 0.8 dB，如图 9.3.23(a)所示；10 次开关机所测得的超噪比绝对不确定度为 0.9 dB，相对不确定度仅为 2%，如图 9.3.23(b)所示。

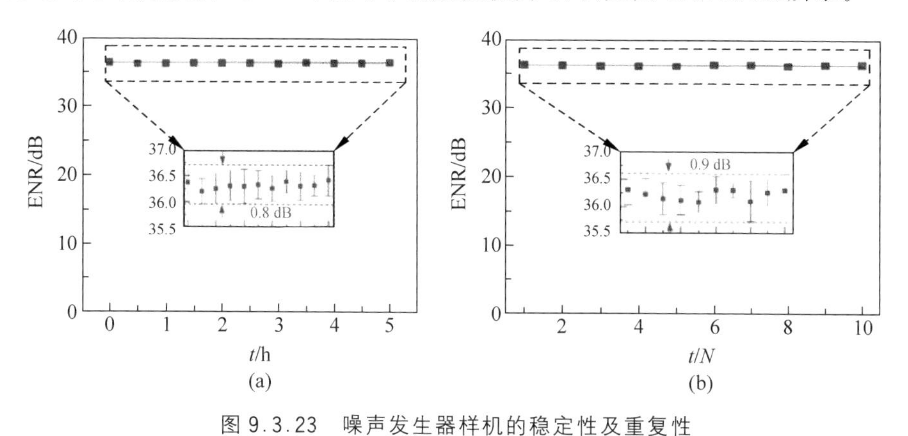

图 9.3.23　噪声发生器样机的稳定性及重复性

(a) 样机超噪比的稳定性；(b) 10 次开关机下超噪比的重复性

9.4　展望

用光子技术产生毫米波及太赫兹噪声，是近年来研究者探明的最优技术路线。未来的研究趋势应该在以下几个方面。

(1) 研究宽带更快、响应度更高的光混频器。

光混频器是光子技术产生毫米波噪声的核心器件，尽管目前 UTC-PD 的带宽已经超过 300 GHz，但太赫兹器件的研发需要工作频率在太赫兹波段的光混频器。

目前日本、德国太赫兹波段光混频器对我国禁运，应探索新型材料、新型结构的太赫兹波段光混频器，如尝试基于光电导的太赫兹噪声源，尽快解决“卡脖子”问题。

（2）研究光谱可控、高亮度的非相干半导体光源。基于 SLD 或 ASE 的非相干光源的光能利用率低，热管理困难，给应用带来不便。

（3）研制片上集成噪声源芯片，以满足对卫星载荷的实时标定或在集成电路中集成噪声源，实现对集成电路的实时监控。

参考文献

ALI M，GARCÍA-MUÑOZ L E，NELLEN S，et al，2020. High-speed terahertz PIN photodiode with WR-3 rectangular waveguide output [C]. Buffalo：45th International Conference on Infrared，Millimeter，and Terahertz Waves.

AZEVEDO G J C，GHANEM H，BOUVOT S，et al，2019. Millimeter-wave noise source development on SiGe BiCMOS 55-nm technology for applications up to 260 GHz [J]. IEEE Transactions on Microwave Theory and Techniques，67(9)：3732-3742.

BRUCH D，AMILS R I，GALLEGO J D，et al，2012. A noise source module for in-situ noise figure measurements from DC to 50 GHz at cryogenic temperatures [J]. IEEE Microwave and Wireless Components Letters，22(12)：657-659.

COEN C T，FROUNCHI M，LOURENCO N E，et al，2020. A 60-GHz SiGe radiometer calibration switch utilizing a coupled avalanche noise source [J]. IEEE Microwave and Wireless Components Letters，(30)4：417-420.

COOPER K B，DENGLER R J，CHATTOPADHYAY G，et al，2008. A high-resolution imaging radar at 580 GHz [J]. IEEE Microwave and Wireless Components Letters，18(1)：64-66.

CUADRADO-CALLE D，PIIRONEN P，AYLLON N，2022. Solid-state diode technology for millimeter and submillimeter-wave remote sensing applications：current status and future trends [J]. IEEE Microwave Magazine，23(6)：44-56.

DIEBOLD S，WEISSBRODT E，MASSLER H，et al，2014. A W-band monolithic integrated active hot and cold noise source [J]. IEEE Transactions on Microwave Theory and Techniques，62(3)：623-630.

EHSAN N，PIEPMEIER J，SOLLY M，et al，2015. A robust waveguide millimeter-wave noise source [C]. Paris：IEEE European Microwave Conference.

EISENCRAFT M，MONTEIRO L H A，SORIANO D C，2017. White Gaussian chaos [J]. IEEE Communications Letters，21(8)：1719-1722.

ENDO T，YOKOTA J，2007. Generation of white noise by using chaos in practical phase-locked loop integrated circuit module [C]. New Orleans：IEEE International Symposium on Circuits and Systems：201-204.

FRATER R H，WILLIAMS D R，1981. An active “cold” noise source [J]. IEEE Transactions on

Microwave Theory and Techniques, 29(4): 344-347.

FIORESE V, AZEVEDO-GONCALVES J C, BOUVOT S, et al, 2021. A 140 GHz to 170 GHz active tunable noise source development in SiGe BiCMOS 55 nm technology [C]. London: 16th European Microwave Integrated Circuits Conference.

FORSTÉN H, SAIJETS J H, KANTANEN M, et al, 2021. Millimeter-wave amplifier-based noise sources in SiGe BiCMOS technology [J]. IEEE Transactions on Microwave Theory and Techniques, 69(11): 4689-4696.

GHANEM H, AZEVEDO G J C, CHEVALIER P, et al, 2020. Modeling and analysis of a broadband Schottky diode noise source up to 325 GHz based on 55-nm SiGe BiCMOS technology [J]. IEEE Transactions on Microwave Theory and Techniques, 6 (68): 2268-2277.

GHANEM H, AZEVEDO-GONÇALVES J C, LÉPILLIET S, et al, 2019. Silicon based diode noise source scaling for noise measurement up to 325 GHz [C]. Pari: 44th International Conference on Infrared, Millimeter, and Terahertz Waves.

GHANEM H, LÉPILLIET S, DANNEVILLE F, et al, 2020. 300-GHz intermodulation/noise characterization enabled by a single THz photonics source [J]. IEEE Microwave and Wireless Components Letters, 30(10): 1013-1016.

HUGGARD P G, AZCONA L, ELLISON B N, et al, 2004. Application of 1.55μm Photomixers as local oscillators & noise sources at millimetre wavelengths [C]. Karlsruhe: Joint 29th International Conference on Infrared and Millimeter Waves and 12th International Conference on Terahertz Electronics: 771-772.

JOHNSON J B, 1927. Thermal agitation of electricity in conductors [J]. Nature, 119(2984): 50-51.

KANTANEN M, WEISSBRODT E, VARIS J, et al, 2015. Active cold load MMICs for Ka-, V-, and W-bands [J]. IET Microwaves, Antennas & Propagation, 9(8): 742-747.

KAUTZ R L, 1999. Using chaos to generate white noise [J]. Journal of Applied Physics, 86(10): 5794-5800.

LIU J B, LIU W J, SUN Y H, et al, 2023. Generation of broadband flat millimeter-wave white noise using rectangular ASE slices mixing [J]. Optics Communications, 530: 129106.

LIU W J, HUANG Y M, SUN Y H, et al, 2022. Broadband and flat millimeter-wave noise source based on the heterodyne of two Fabry-Perot lasers [J]. Optics Letters, 47(3): 541-544.

MEHTA Y, THOMAS S, BABAKHANI A, 2022. A 140-220-GHz low-noise amplifier with 6-dB minimum noise figure and 80-GHz bandwidth in 130-nm SiGe BiCMOS [J]. IEEE Microwave and Wireless Components Letters, 33(2): 200-203.

MOLTER D, KLIER J, WEBER S, et al, 2021. Two decades of terahertz cross-correlation spectroscopy [J]. Applied Physics Reviews, 8(2): 021311.

NAGATSUMA T, KUMASHIRO T, FUJIMOTO Y, et al, 2009. Millimeter-wave imaging using photonics-based noise source [C]. Busan: 34th International Conference on Infrared, Millimeter, and Terahertz Waves.

NYQUIST H, 1928. Thermal agitation of electric charge in conductors [J]. Physical Review, 32(1): 110-113.

OZYUZER L,KOSHELEV A E,KURTER C,et al,2007. Emission of coherent THz radiation from superconductors [J]. Science,318(5854):1291-1293.

PAIK H,SASTRY N N,SANTIPRABHA I,2014. Effectiveness of noise jamming with white Gaussian noise and phase noise in amplitude comparison monopulse radar receivers [C]. Bangalore:2014 IEEE International Conference on Electronics,Computing and Communication Technologies.

PARASHARE C R,KANGASLAHTI P P,BROWN S T,et al,2014. Noise sources for internal calibration of millimeter-wave radiometers [C]. Pasadena:IEEE 13th Specialist Meeting on Microwave Radiometry and Remote Sensing of the Environment.

SAVCI K,STOVE A G,PALO F D,et al,2020. Noise radar—overview and recent developments [J]. IEEE Aerospace and Electronic Systems Magazine,35(9):8-20.

SMITH J, NAFTALY M, NELLEN S, et al, 2021. Beam profile characterisation of an optoelectronic silicon lens-integrated PIN-PD emitter between 100 GHz and 1 THz [J]. Applied Sciences,11(2):465.

SONG H J,SHIMIZU N,FURUTA T,et al,2008. Subterahertz noise signal generation using a photodetector and wavelength-sliced optical noise signals for spectroscopic measurements [J]. Applied Physics Letters,93(24):241113.

SONG H J,YAITA M,2014. On-wafer noise measurement at 300 GHz using UTC-PD as noise source [J]. IEEE Microwave and Wireless Components Letters,24(8):578-580.

SUN Y H,CHEN Y X,LI P,et al,2021. Flat millimeter-wave noise generation by optically mixing multiple wavelength-sliced ASE lights [J]. IEEE Photonics Technology Letters, 33(22):1270-1273.

TARCHI D,LUKIN K,FORTUNY-GUASCH J,et al,2010. SAR imaging with noise radar [J]. IEEE Transactions on Aerospace and Electronic Systems,46(3):1214-1225.

USTINOV A B, KONDRASHOV A V, KALINIKOS B A, 2016. A microwave photonic generator of chaotic and noise signals [J]. Technical Physics Letters,42(4):403-406.

WANG A B,WANG B J,LI L,et al,2015. Optical heterodyne generation of highdimensional and broadband white chaos [J]. IEEE Journal of Selected Topics in Quantum Electronics, 21(6):1800710.

XU H W,LU H,WANG Z Z,et al,2022. The system design and preliminary tests of the THz atmospheric limb sounder (TALIS) [J]. IEEE Transactions on Instrumentation and Measurement,71:800912.

ZHOU T, ZHANG R, YAO C, et al, 2017. Terahertz three-dimensional imaging based on computed tomography with photonics-based noise source [J]. Chinese Physics Letters, 34(8):804206.

曹逸庭,1990. 3mm 肖特基势垒二极管雪崩噪声源 [J]. 红外与毫米波学报,9(4):317-320.

陈永祥,刘文杰,孙粤辉,等,2022. 基于多光混频的方法产生平坦毫米波噪声 [J]. 中国激光, 47(7):169-172.

陈卓然,2018. 三毫米波变温噪声源研究 [D]. 成都:电子科技大学.

董帅,王振占,贺秋瑞,等, 2017. 一种常温条件下的微波冷噪声源设计 [J]. 西安电子科技大学学报，44(1)：112-118.
黄奕敏，刘文杰，郭亚，等，2022. 利用游标效应的两非相干光频梳混频产生全波段毫米波白噪声[J]. 光学学报，42(13)：236-240.
孙超，2021. W 波段噪声源研制[M]. 成都：电子科技大学.
张长明，2006. 高超噪比微波固态噪声源设计[J]. 固体电子学研究与进展，26(2)：194-196.
程耀沃，1983. 18-26.5GHz 固体噪声二极管[J]. 固体电子学研究与进展，3(3)：28-33.

符号及缩略语说明

ADC	模数转换器(Analog-to-Digital Converter)
APD	雪崩光电二极管(Avalanche Photo Diode)
ASE	放大的自发辐射(Amplified Spontaneous Emission)
BER	误码率(Bit Error Ratio)
BFS	布里渊频移(Brillouin Frequency Shift)
BGS	布里渊增益谱(Brillouin Gain Spectrum)
BOCDA	布里渊光相关域分析(Brillouin Optical Correlation Domain Analysis)
BOCDR	布里渊光相关域反射(Brillouin Optical Correlation Domain Reflectometry)
BOTDA	布里渊光时域分析(Brillouin Optical Time Domain Analysis)
BOTDR	布里渊光时域反射(Brillouin Optical Time Domain Reflectometry)
CFAR	恒虚警率(Constant False Alarm Rate)
DAC	数模转换器(Digital-to-Analog Converter)
DCF	色散补偿光纤(Dispersion Compensation Fiber)
DFB	分布反馈(Distributed Feedback)
DFRA	分布式拉曼光纤放大器(Distributed Fiber Raman Amplifier)
DPSK	差分相移键控(Differential Phase-Shift-Keying)
EDFA	掺铒光纤放大器(Erbium-Doped Optical Fiber Amplifier)
ENR	超噪比(Excess Noise Ratio)
EOM	电光调制器(Electro-Optic Modulator)
FC	光纤耦合器(Fiber coupler)
FFT	快速傅里叶变换(Fast Fourier Transform)
FP	法布里-珀罗(Fabry-Perot)
FPGA	现场可编程门阵列(Field Programmable Gate Array)
FWHM	半高全宽(Full Width at Half Maximum)
HDB3	三阶高密度双极性码(High Density Bipolar of Order 3)
HH	水平极化(Horizontal transmitting and Horizontal receiving)

HV	水平-垂直极化(Horizontal transmitting and Vertical receiving)
IMF	本征模态函数(Intrinsic Mode Function)
IPD	反相光电探测器(Inverting Photodiode)
LD	激光二极管/半导体激光器(Laser Diode)
LNA	低噪放大器(Low Noise Amplifier)
LP	拉普拉斯金字塔(Laplacian Pyramid)
LSBs	最低有效位(Least Significant Bit)
LTS	线性趋势去除(Linear Trend Subtraction)
MHOC	多重高阶累积量(Multifold High Order Cumulant)
MTI	移动目标指示器(Moving Target Indicator)
MZM	马赫曾德尔调制器(Mach-Zehnder Modulator)
OC	光环行器(Optical Circulator)
OF	光滤波器(Optical Filter)
OI	光隔离器(Optical Isolator)
OTDR	光时域反射(Optical Time-Domain Reflectometry)
PAM	脉冲幅度调制(Pulse Amplitude Modulation)
PBS	偏振分束器(Polarizing Beam Splitter)
PC	偏振控制器(Polarization Controller)
PCA	主成分分析(Principal Component Analysis)
PM	相位调制(Phase Modulation)
PNR	峰值噪声比(Peak Noise Ratio)
PS	偏振扰偏器(Polarization Scrambler)
QAM	正交幅度调制(Quadrature Amplitude Modulation)
QPSK	正交相移键控(Quadrature Phase Shift Keying)
RNG	随机数发生器(Random Number Generator)
SBS	受激布里渊散射(Stimulated Brillouin Scattering)
SD-FEC	前向纠错软判决(Soft Decision Forward Error Correction)
SIR	信号干扰比/信干比(Signal to Interference Ratio)
SLD	超辐射发光二极管(Super-Luminescent Diode)
SMF	单模光纤(Single Mode Fiber)
SNR	信噪比(Signal to Noise Ratio)
SOA	半导体光放大器(Semiconductor Optical Amplifier)
SVD	奇异值分解(Singular Value Decomposition)
TDR	时域反射(Time Domain Reflectometry)
TMS	时域平均去除(Time-Domain Mean Subtraction)
UTC-PD	单行载流子光电探测器(Uni-Traveling-Carrier Photodiode)
VCSEL	垂直腔面发射激光器(Vertical Cavity Surface Emitting Laser)
VH	垂直-水平极化(Vertical transmitting and Horizontal receiving)
VMD	变分模态分解(Variational Mode Decomposition)
VOA	可调光衰减器(Variable Optical Attenuator)
VV	垂直极化(Vertical transmitting and Vertical receiving)
WDM	波分复用(Wavelength Division Multiplexing)

附　录

作者团队基于混沌源研制的10种仪器

1. 混沌激光测距仪

可实现对多目标的抗干扰测距,测量距离为 130 m。

主要研发人员：王安帮、赵彤、张明江等

研制时间：2009 年

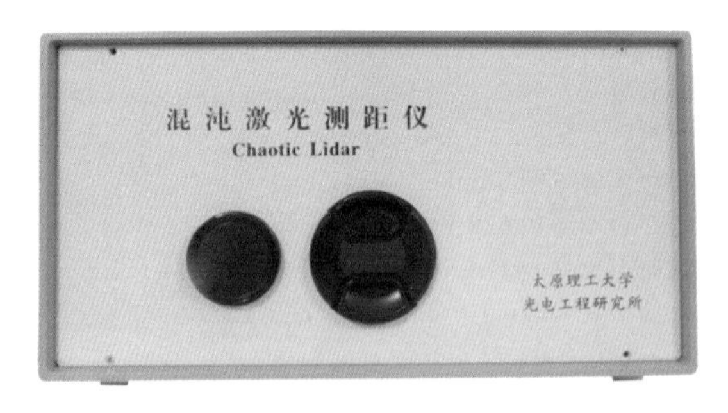

2. 混沌光时域反射仪

测量光纤通信链路故障及衰减。台式或 EIA 标准机架；测量距离≥100 km，6 cm 事件分辨率@0.5 GHz；动态范围≥21 dB(满足 ITU G.983.1)。

主要研发人员：张建国、王安帮、赵彤、郭双琦、乔翊等

研制时间：2011—2014 年

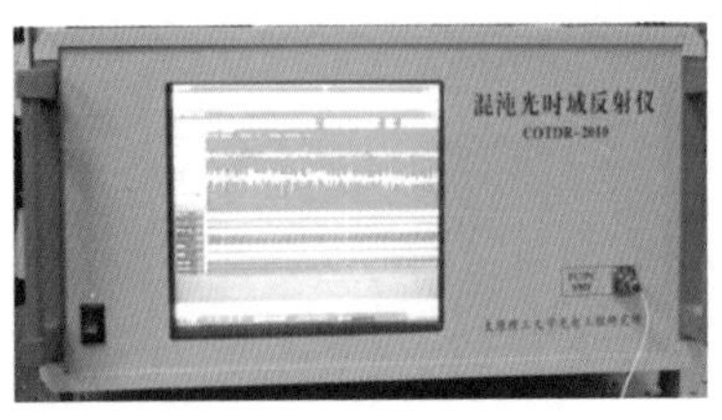

3. 电缆故障检测仪

可实现对电力电缆、同轴电缆的短路、断路故障分析及故障点测量，测量距离为 2000 m，空间为分辨率 0.3 m

主要研发人员：王冰洁、徐航等

研制时间：2014 年

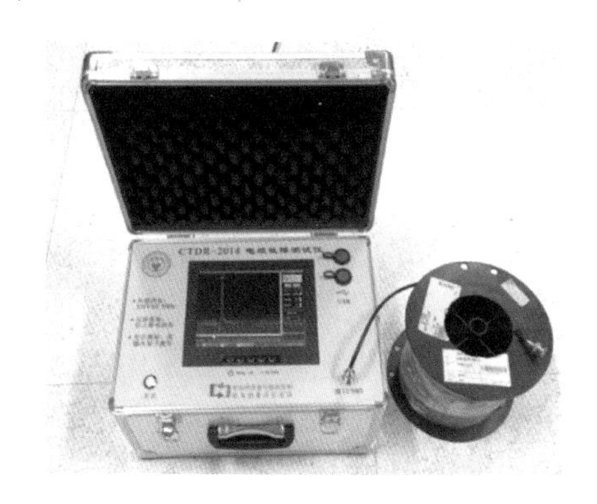

4. 分布式光纤拾音器

可在 10 km 的距离内，用光纤实现对声音等 100 Hz～10 MHz 震动信号的复原与监听，响应时间<1 s；空间全指向性。

主要研发人员：靳宝全、白清、王宇等

研制时间：2016 年

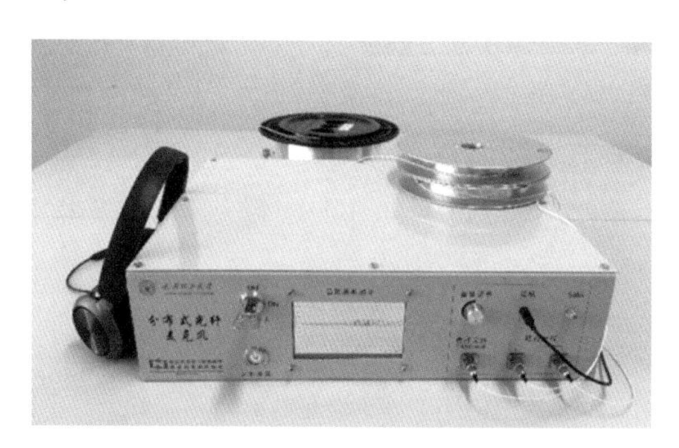

5. 穿墙生命探测雷达

可同时探测人体目标的距离信息和呼吸频率；穿墙厚度为 60 cm@1 m 探测距离，20 cm@5 m 探测距离；距离分辨率为 0.75 m。

主要研发人员：王冰洁、韩润泽、徐航等

研制时间：2018 年

6. 布尔混沌物理随机数发生器

系列非归零随机码发生器，码率 200 Mbit/s($V_{p\text{-}p}$=3.3 V)、2.8 Gbit/s 和 3 Gbit/s($V_{p\text{-}p}$=200 mV)；SMA、Ethernet、USB 3.0 多输出接口。

主要研发人员：张建国、马荔、李璞等

研制时间：2015 年

7. 2.5 Gbit/s 物理随机码发生器

可产生 0～4.5 Gbit/s 码率可调的非归零随机码，码元电压峰峰值为 1$V_{p\text{-}p}$。

主要研发人员：李璞、王安帮、张建国等

研制时间：2014 年

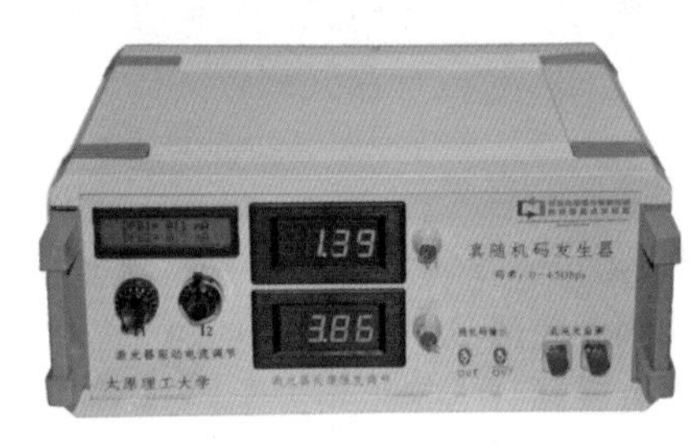

8. 10 Gbit/s 全光随机码发生器

基于对宽带混沌信号的随机采样与量化，可产生 5～10 Gbit/s 码率可调的波长为 1551 nm 非归零随机码；消光比为 15.3 dB。

主要研发人员：李璞、张建国、蔡强、张贝贝、孙媛媛等

研制时间：2017 年

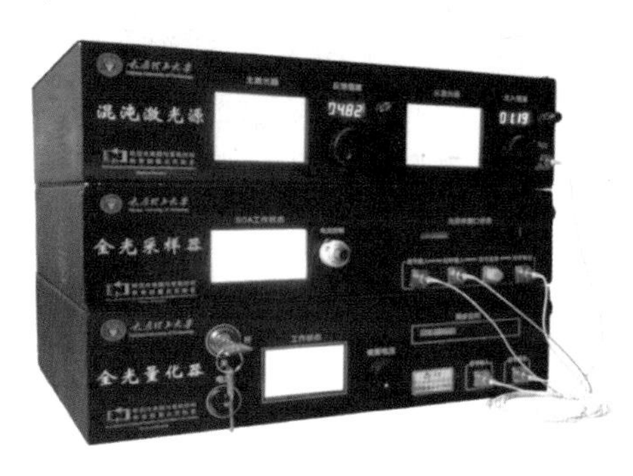

9. 毫米波噪声发生器

产生噪声的频率范围为 90～140 GHz；超噪比 0～35 dB 连续可调；超噪比平坦度≤±2.3 dB；输出波导：WR08。

主要研发人员：刘俊彬、孙粤辉、刘文杰等

研制时间：2022 年

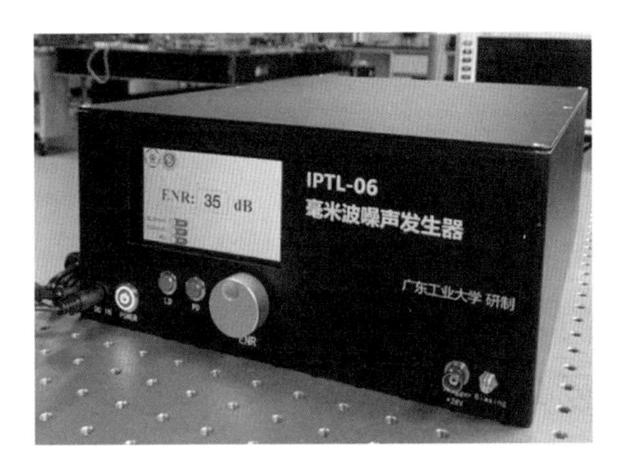

10. 太赫兹噪声发生器

频率范围：220～325 GHz(最高可扩展至 390 GHz)；超噪比 0～45 dB 连续可调，超噪比平坦度≤±3.6 dB；输出波导：WR03。

主要研发人员：赵泽宇、刘丽娟、孙粤辉、刘俊彬等

研制时间：2023 年

ENR: 45 dB
IPTL-03
毫米波噪声发生器
广东工业大学 研制

索　引

NIST SP800-22 随机性检验标准　216
OTDR　10
半导体激光器　150
变分模态分解　27
波分复用无源光网络　74
布尔混沌电路　28
布里渊光相关域反射传感　114
布里渊光相关域分析传感　121
超噪比　10
垂直腔面发射激光器　7,153
等效噪声温度　276
地下管线探测　47
电缆故障　95
电缆故障在线检测　98
多极化天线　45
多重高阶累积量　27
反斯托克斯光　111
固态噪声源　283
光电反馈　6
光电振荡器　158
光反馈　6
光反馈半导体激光器　7
光混频　294
光混频器　11
光纤拾音器　141
光注入　6
光子毫米波噪声产生　286
光子集成混沌半导体激光器　199
光子集成混沌激光器　7
广义同步　7
蝴蝶效应　3
混沌保密通信　4
混沌调制　7
混沌激光　5
混沌激光雷达　9
混沌键控　7
混沌雷达　9
混沌熵源　11
混沌掩模　7
激光测距　9,18
极化混沌探地雷达　44
考毕兹电路　93
拉普拉斯金字塔　45
离散时间混沌映射　214
连续时间混沌振荡　218
密钥分发　8,258
密钥空间　7
全光比较　213
全光采样　213
全光触发　213
全光随机数　238
热噪声　280

瑞利散射　57
神经网络学习　161
生命检测算法　27
生命探测仪　26
时延特征　7
斯托克斯光　111
随机码发生器　312
太赫兹互相关光谱仪　276
太赫兹噪声产生　10
完全同步　7
微波辐射计　275
微波噪声基准　281
物理随机数　8
信息掩藏　168
游标效应　296
有源冷噪声源　282
噪声雷达　8
噪声系数　10
噪声源　274
自相关函数　19
最大李雅普诺夫指数　77